# Elektrische Meßgeräte und Meßeinrichtungen

Von

**A. Palm**

Oberingenieur

Mit 205 Abbildungen im Text
und 6 Tafeln

Springer-Verlag Berlin Heidelberg GmbH

1937

Ursprünglich erschienen bei Julius Springer in Berlin 1937

**Softcover reprint of the hardcover 1st edition 1937**

ISBN 978-3-662-23781-6 ISBN 978-3-662-25884-2 (eBook)
DOI 10.1007/978-3-662-25884-2

# Vorwort.

Das vorliegende Buch ist in Form eines Lehrbuches geschrieben, das die Kenntnis der Grundlagen der Elektrotechnik voraussetzt. Es soll dem Techniker und Ingenieur, auch dem Nicht-Elektroingenieur, vor allem das Wesen und die Anwendungsmöglichkeiten der elektrischen Meßgeräte und Meßeinrichtungen zeigen. Die Beziehung für den Zeigerausschlag ist jeweils kurz abgeleitet und der Aufbau durch Bilder gezeigt. Die Ausführungsformen der Herstellerfirmen sind in kennzeichnenden Beispielen wiedergegeben. Die Schaltungen, insbesondere die der Meßeinrichtungen, sind möglichst vereinfacht dargestellt.

Es blieb so noch Raum für die kurze Darstellung einiger Meßgeräte und -einrichtungen, die schon zur Messung nichtelektrischer Größen gehören, die aber das große Anwendungsgebiet elektrischer Meßmethoden zeigen sollen. Zahlreiche Hinweise auf das Schrifttum geben dem Leser die Möglichkeit, sich über Einzelheiten weitere Auskünfte zu verschaffen.

Die großen Erfahrungen der Firma Hartmann & Braun standen mir in vollem Umfang zur Verfügung, und so wird deren Eigenart in diesem Buch häufig zu finden sein. Ich habe mich bemüht, auch Geräte anderer Firmen nach Möglichkeit zu bringen, und möchte hier für die Überlassung von Schriften und Druckstöcken meinen Dank aussprechen.

Herr Dipl.-Ing. W. Schaaf hat mich bei der Ausarbeitung und Korrektur, und insbesondere bei der Anfertigung der Bilder mit Eifer und Umsicht unterstützt.

Frankfurt a. M., im Januar 1937.

**A. Palm.**
VDE, VDI

# Inhaltsverzeichnis.

## Erster Teil.

## Die Meßgeräte.

## Zweiter Teil.

## Die elektrischen Meßeinrichtungen.

Erster Teil.

# Die Meßgeräte.

Der Verband Deutscher Elektrotechniker (VDE) gibt in den Regeln[1] folgende Begriffserklärung für Meßgeräte und ihre Bestandteile:

„**Meßwerk** ist die Einrichtung zur Erzeugung und Messung des Zeigerausschlags.

**Bewegliches Organ** ist der Zeiger einschließlich der sich mit ihm bewegenden Teile.

**Instrument** ist das Meßwerk zusammen mit dem Gehäuse und dem gegebenenfalls ein- oder angebauten Zubehör.

**Meßgerät** ist das Instrument zusammen mit sämtlichem Zubehör, also auch mit solchem, das nicht untrennbar mit dem Instrument verbunden sondern getrennt gehalten ist. Getrennt gehaltene Meßwandler gelten nicht als Zubehör."

Obwohl also „Instrument" und „Meßgerät" nach dieser Festlegung zuweilen verschiedene Dinge sind, wird das zweite Wort häufig als Verdeutschung des ersten genommen, zumal die angeführte Begriffserklärung keine sachliche Trennung zwischen Instrumenten und Geräten auf der ganzen Linie zuläßt. Auch in diesem Buch wird nicht streng zwischen „Meßgerät" und „Meßinstrument" unterschieden.

## I. Drehspul-Meßgeräte.

VDE: Drehspulinstrumente haben einen feststehenden Magnet und eine oder mehrere Spulen, die bei Stromdurchgang elektromagnetisch abgelenkt werden.

Das Drehspulinstrument mit Stahlmagnet wurde in seiner grundsätzlichen Form zuerst von Deprez und D'Arsonval[2] angegeben und wird daher zuweilen noch nach ihnen benannt. Die erste technische Ausführung mit Spitzenlagerung stammt von Weston[3] und ist heute noch vorbildlich. Das Drehspulgerät ist wegen seiner vorzüglichen Eigenschaften das beste und wichtigste elektrische Meßgerät, insbesondere seitdem es gelang, dieses reine Gleichstrominstrument auch für Messungen von Wechselstrom fast aller Frequenzen verwendbar zu machen. Es soll hier als kennzeichnendes Beispiel für das Meßgerät schlechthin, für die beim Bau aller Gerätegattungen wiederkehrenden

---

[1] Vorschriftenbuch des Verbandes Deutscher Elektrotechniker, 0410. Berlin 1935.

[2] Lumière electr. Bd. 4 (1881) S. 309, Bd. 6 (1882) S. 439.

[3] Electr. Wld., N. Y. Bd. 12 (1888) S. 263.

Gesichtspunkte, wie die Ausführungsformen u. dgl., ausführlich beschrieben werden.

## 1. Meßprinzip.

Ein stromdurchflossener Leiter erfährt in einem Magnetfeld eine Ablenkung. Diese Tatsache bildet die Grundlage der Motoren im Elektromaschinenbau und der meisten Instrumente im Meßgerätebau. Im Luftspalt eines Dauermagnets kann sich eine aus feinen Drähten auf ein Metallrähmchen oder frei gewickelte Spule $S$ (Abb. 1) um die Achse $A$ drehen. Der von der Batterie $B$ über den Widerstand $R$ durch die Spule fließende Strom $I$ wird ihr über die beiden Spiralfedern $F$ zugeführt, die das Rähmchen bei Stromlosigkeit in einer bestimmten, günstigen Lage festhalten.

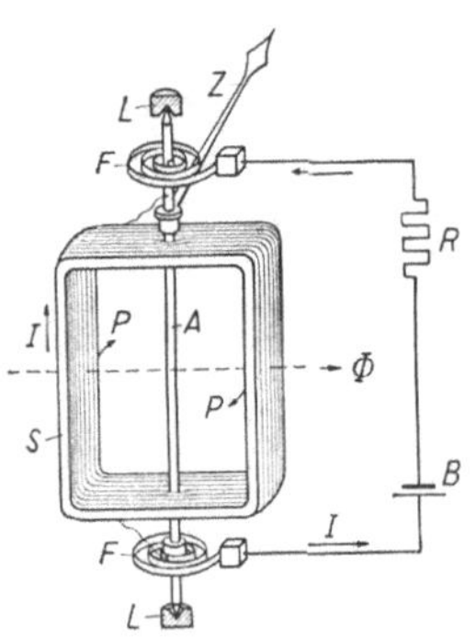


Abb. 1. Bewegliches Organ eines Drehspulmeßwerks (schematisch). *A* Drehachse, *S* Drehspule, *Z* Zeiger, *L* Lager, *F* Spiralfedern (untere gegen die Achse isoliert), *B* Batterie, *R* Ohmscher Widerstand, *I* Spulenstrom, *Φ* Richtung der Kraftlinien des Dauermagnets, *P* Drehkräfte.

Die Richtung der Kraftlinien des Dauermagnets ist durch den Pfeil $\Phi$ angedeutet. Bei Stromdurchgang bildet die Spule ein Magnetfeld aus, das senkrecht zur Windungsebene der Spule steht und das Bestreben hat, die Spule senkrecht zur Richtung der Kraftlinien des Dauermagnets zu stellen, was durch die beiden $P$-Pfeile in Abb. 1 angedeutet ist. Das auf die Spule ausgeübte elektromagnetische Drehmoment (Einstellmoment) hat die Größe:

$$M_e = k_1 \cdot I \cdot w \cdot \mathfrak{B} \text{ cmg}. \qquad (1)$$

Hierbei ist $k_1$ eine Konstante, die die geometrischen Abmessungen der Spule und die Konstanten der Maßsysteme berücksichtigt, $w$ die Windungszahl der Spule, $I$ der Spulenstrom und $\mathfrak{B}$ die Induktion (Kraftliniendichte) im Luftspalt des Magnets an der Stelle, an der sich die zur Spulenachse parallelen Leiter befinden. Bei der Drehung der Spule werden die Spiralfedern gespannt. Dieses mechanische Drehmoment wächst mit zunehmender Drehung der Spule und des mit ihr starr verbundenen Zeigers $Z$. Mathematisch ausgedrückt:

$$M_m = k_2 \cdot \alpha \text{ cmg}. \qquad (2)$$

Hierin ist $M_m$ das mechanische Moment, $\alpha$ der Ausschlagswinkel und $k_2$ die Federkonstante, die von den Abmessungen der Feder und dem Federwerkstoff abhängt.

Kommt das bewegliche Organ zur Ruhe, so sind die beiden Drehmomente, das elektrische und das mechanische, entgegengesetzt gleich. Die elektrische Kraft wird gewissermaßen mit der Federkraft gemessen.

$$M_m = M_e \quad \text{oder} \quad k_2 \cdot \alpha = k_1 \cdot I \cdot w \cdot \mathfrak{B}$$

Hieraus:

$$\alpha = k_3 \cdot I \cdot \mathfrak{B}. \qquad (3)$$

$k_3$ ist wiederum eine Konstante.

Ist die Kraftliniendichte auf dem ganzen Weg der Spule konstant, was für fast alle Drehspulgeräte zutrifft, dann ist der Ausschlagwinkel $\alpha$ nur noch vom Strom $I$ abhängig, d. h. aus dem Ausschlag $\alpha$ kann man sofort auf die Größe des Stromes schließen. Die graphische Darstellung der Gleichung (3) ergibt unter dieser Voraussetzung eine Gerade. Hieraus ergibt sich eine gleichmäßig geteilte Skala. Macht man für irgendeinen gewünschten Zweck durch entsprechende Ausbildung der Polschuhe oder des Polkerns die Induktion im Luftspalt mit dem Ausschlagwinkel veränderlich, dann kann man an Stelle der geradlinigen Abhängigkeit andere Kurvenformen (Skalenverlauf) erhalten. Hiervon wird später noch die Rede sein.

## 2. Aufbau des Meßwerks.

Abb. 2 zeigt das Meßwerk eines in Spitzen gelagerten Drehspulgerätes; der drehbare Teil ist **das „bewegliche Organ"**. Auf der Stahlachse *1*, deren Enden gehärtet und zu feinen Spitzen geschliffen sind, ist die Drehspule *2* befestigt. Ihre Windungen sind auf ein leichtes Aluminiumrähmchen gebracht, das gleichzeitig als Dämpferwicklung dient. Rähmchen und Wicklung müssen sehr genau hergestellt sein, da sie sich mit geringem Spiel in dem Luftspalt zwischen Magnetkern *5* und den Polschuhen *3* des Magnets *4* bewegen. Ferner sind auf der Achse zwei Spiralfedern *6* und *7* befestigt, die — wie schon erwähnt — als mechanische Gegenkraft und als Zuführungsleitungen für den Strom dienen. Wie das Bild zeigt, sind diese Federn in entgegengesetztem Drehsinn gewunden, um Nullpunktänderungen durch Temperaturschwankungen klein zu halten oder ganz zu vermeiden. An Stelle der Spiralfedern verwendet man bei manchen Instrumenten Gewichte als Rückstellkraft. Diese Geräte haben aber den Nachteil, daß das bewegliche Organ recht schwer wird, und daß sie genau senkrecht aufgestellt werden müssen. Auch elastische Drähte oder Bänder werden zur Herstellung der mechanischen Gegenkraft verwendet (Galvanometer). Es gibt ferner Instrumentarten, bei denen eine besondere Spule, eine sog. elektrische Feder, die Gleichgewichtsherstellung ermöglicht (Induktionselektrodynamometer). Bei den Hitzdrahtinstrumenten wirkt die dort angebrachte Blattfeder nicht als Gegenkraft, sondern sie stellt unmittelbar den Zeiger ein. Die meisten Instrumente besitzen jedoch Spiralfedern.

Was die Gewichte für die Waage bedeuten, das sind die Spiralfedern für das Meßgerät. Man hat daher auf ihre Entwicklung besondere Sorgfalt verwendet. Sie werden aus einer Sonderbronze hergestellt — Stahl ist wegen des nahen Magnetfeldes und der Rostgefahr nicht verwendbar. Federn aus diesem Werkstoff haben einen verhältnismäßig niedrigen Ohmschen Widerstand und ändern ihre Richtkraft mit der

Temperatur sehr wenig. Außerdem zeigen sie nur äußerst geringe elastische Nachwirkung, d. h. der Zeiger des längere Zeit mit dem vollen Strom beschickten Instruments nimmt beim Zurückgehen des Stromes auf den Wert Null auch tatsächlich sofort wieder die Nullstellung ein, statt einen langsam verschwindenden Plusfehler zu zeigen. Dennoch bringt man bei wertvollen Instrumenten einen Nullsteller (Indexkorrektion) an, wie dies Abb. 2 zeigt. Das äußere Ende der einen oder auch beider Spiralen ist an einem Hebel *8* befestigt, der um die Lagerschraube der Drehspulachse drehbar ist. Dieser Hebel kann mit einer Exzenterschraube *9* um einen geringen Betrag gedreht werden, der gerade genügt, kleine Änderungen der Zeigernullstellung zu berichtigen. Bei Instrumenten der Klassen *E* und *F* (s. Tafel II b S. 135) müssen nach den VDE-Vorschriften Nullsteller angebracht sein, bei anderen ist es freigestellt[1]. Der Nullsteller muß gefahrlos bedient werden können. Die inneren Enden der gegen die Achse isolierten Spiralfedern führen zu den Spulenenden, ihre äußeren zu den Instrumentklemmen. Oft wird auch die Achse als Stromzuführung benutzt, die eine Spiralfeder sitzt dann leitend auf der Achse. Der Zeiger *10*, fest mit der Drehachse verbunden, spielt über der Skala *11*. Sein Gewicht ist im Verhältnis zu dem der Spule und dem der Achse klein. Sein Trägheitsmoment aber (das mit dem Quadrat des Hebelarms wächst), ist im Verhältnis zum Gesamtträgheitsmoment des beweglichen Organs groß. Der Zeiger muß daher leicht sein und ist meist aus Aluminiumrohr oder -blech hergestellt. An dem der Zeigerspitze entgegengesetzten Ende befinden sich Gegengewichte, um das bewegliche Organ in bezug auf die Achse auszuwiegen (ausbalancieren), so

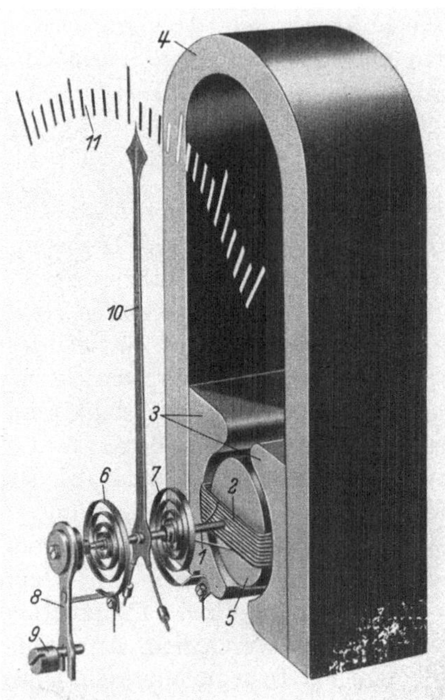


Abb. 2. Drehspulmeßwerk. *1* Drehachse, *2* Drehspule, *3* Polschuhe, *4* Wolframmagnet, *5* Polkern, *6*, *7* Spiralfedern, *8* Nullstellerhebel, *9* Exzenterschraube, *10* Zeiger, *11* Skala.

[1] Die internationalen Regeln bestimmen, daß Instrumente der Klassen 0,2 und 0,5 mit einem Nullsteller ausgeführt werden müssen. Der Regelbereich soll 3% der Skalenlänge für die Klassen 0,2 und 0,5 und 6% für die Klassen 1, 1,5 und 2 nicht überschreiten.

daß das Schwerefeld der Erde keine zusätzlichen Momente hervorruft, und das Instrument dadurch in allen Lagen richtig zeigt.

In Abb. 3 sind Ausführungsmöglichkeiten für **die Lagerung** des beweglichen Organs gezeigt. Je nach dem Gewicht des bewegten Teiles und der Verwendungsart des Meßgerätes wird der Winkel der an die gehärtete Stahlachse angeschliffenen Spitze stumpfer oder spitzer ausfallen, ebenso ist hierdurch der Abrundungsradius der Spitze festgelegt. Bei hohem Systemgewicht und rauher Behandlung wird man eine stärkere Abrundung vorsehen als bei Meßgeräten mit kleinem Systemgewicht und hoher Präzision, bei denen man eine schonende Behandlung voraussetzen kann. Die Stahlspitze *1* dreht sich bei a in einem Bronzelager. In eine Schraube *2* mit sehr feinem Gewinde zur genauen Einstellung in axialer Richtung ist mit einem polierten Körner ein Trichter eingeschlagen, dessen Flankenwinkel und Abrundungsradius etwas größer als an der Stahlspitze sind, damit letztere nur mit einer kleinen Reibungsfläche aufliegt. Bei wertvolleren Geräten verwendet man Steinlager nach Abb. 3b. Ein sorgfältig geschliffener und polierter natürlicher oder künstlich hergestellter Edelstein *3* ist in der „Steinschraube“ *2* gefaßt. Über Trichterwinkel und Abrundungsradius gilt das oben Gesagte. Wegen der Härte der Lagersteine ist das Steinlager besser als das Bronzelager, dafür ist das letztere wesentlich billiger. Die Erfahrung hat gelehrt, daß bei kleinem Gewicht des beweglichen Organs das Bronzelager sehr wohl den Ansprüchen genügt, die man an Schalttafelgeräte stellt. Bei hohem Systemgewicht und bei starken Erschütterungen, z. B. bei schreibenden Geräten und Instrumenten auf Fahrzeugen, verwendet man Zapfenlager (Abb. 3c). An die Achse sind Zapfen von 0,15...0,5 mm Durchmesser angeschliffen und die Enden gut verrundet. Der Zapfen tritt mit passendem Spiel durch den ebenfalls gut abgerundeten „Lochstein“ *3* und wird gegen axiale Verschiebung durch den „Deckstein“ *4* gesichert. Die beiden tadellos polierten Steine werden in einer feingängigen Schraube *2* (Steinschraube) gefaßt. Die Lagerschrauben sind in dem Meßwerkträger (Systemträger) drehbar und werden nach richtiger Einstellung des axialen Spiels durch eine seitliche Feststellschraube mit Kupferzapfen oder durch eine Gegenmutter, meist jedoch durch Lack gegen zufällige Verdrehungen gesichert.

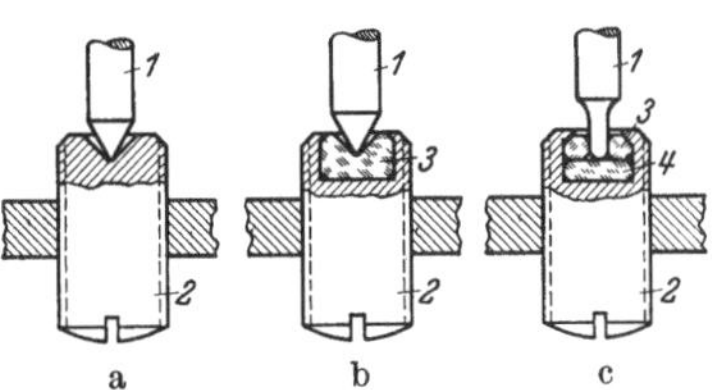

Abb. 3a–c. Lagerungen des beweglichen Organs. a Achsenspitze in Bronzelager, b in Steinlager, c Achszapfen in Lager mit Lochstein (*3*) und Deckstein (*4*). *1* Achse, *2* Steinschraube, *3*, *4* Lagersteine.

**Der Meßwerkträger** (Teil *4* in Abb. 11) — in der Mehrzahl der Ausführungen ein Spritzgußkörper — trägt in seinem Inneren den Polkern *3* und ist nach außen in die Polschuhe gut eingepaßt; er übernimmt die genaue Zentrierung von Polkern und Drehspule in den Polschuhen.

**Der Dauermagnet und die Polschuhe** sind von besonderer Wichtigkeit. Man verlangt vom Magnet eine möglichst hohe Kraftliniendichte (Induktion $\mathfrak{B}$), die sich weder mit der Zeit noch mit der Temperatur ändert. Jahrzehntelang verwendete man überall Wolframstähle, die sich in bezug auf Konstanz der Induktion ausgezeichnet bewährten. Es gibt Magnete, die sich in 40 Jahren nicht nachweisbar veränderten. Die Induktion im Luftspalt liegt je nach Meßwerkart und -größe zwischen 500 und 2500 Gauß. Sie sinkt etwas mit steigender Temperatur, ein Fehler, der praktisch wieder ausgeglichen wird durch den Umstand, daß die Richtkraft der Spiralfeder ebenfalls mit steigender Temperatur nachläßt; in beiden Fällen handelt es sich um sehr kleine Beträge, etwa 0,02%/°C. Die verhältnismäßig hohe Induktion in dem gut geschlossenen Stahl-Eisenkörper wird in ihrer Größe von fremden magnetischen Feldern, z. B. dem Erdfeld, kaum beeinflußt. Nur bei Messungen höchster Genauigkeit macht sich diese Einwirkung störend bemerkbar. Man bringt dann auf dem Meßgerät einen Nordpfeil an, der sowohl bei der Eichung als auch bei der späteren Verwendung nach Norden zeigen muß. Damit ist der Fehler durch das Erdfeld eingeeicht, also ohne Einfluß auf die Anzeige.

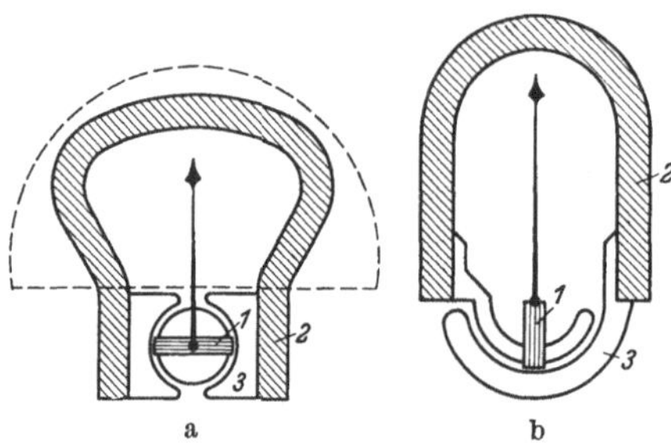

Abb. 4a und b. Wolframmagnete. *1* Drehspule, *2* Magnet, *3* Polschuhe. a Form Weston, S. & H., b mit Hakenpolen für 120° Ausschlag.

In der Abb. 2 ist der auch heute noch viel verwendete Hufeisenmagnet aus Wolframstahl dargestellt. Er wird in warmem Zustand gebogen und dann gehärtet. Seine inneren Flächen, auf die die Polschuhe *3* aufgeschraubt werden, sind genau plan und parallel geschliffen. Die ebenfalls sorgfältig bearbeiteten Polschuhe und der Polkern *5* sind aus weichem Eisen mit geringem magnetischem Widerstand hergestellt, wodurch bei gleichbleibendem Luftspalt die Kraftliniendichte die gewünschte Gleichmäßigkeit erhält. Abb. 4 zeigt ebenfalls Magnete aus Wolframstahl. Bei der Form a (Weston, S. & H.) wird der Magnet bei günstiger Ausnutzung des Raumes unter der gestrichelt eingezeichneten Skala etwas länger als bei der Form nach Abb. 2. Die Abb. 4 zeigt bei b eine hakenförmige Ausbildung der Polschuhe. Die Drehspule ist einseitig auf der Drehachse gelagert und hält dem Zeiger das Gleichgewicht. Diese Form ist nicht sehr verbreitet, obwohl sie einen größeren Zeigerausschlag — etwa 120° — zuläßt als die Ausführung a mit etwa 90°.

Die Leistungsfähigkeit eines Magnets bemißt man, abgesehen von dem Wert $(\mathfrak{B} \cdot \mathfrak{H})_{max}$, nach dem Produkt aus Remanenz und Koerzitivkraft. Hieraus ergibt sich die Stahlmenge, die für eine bestimmte Leistung benötigt wird, damit also die Größe des Meßwerks oder bei gegebener Größe die Empfindlichkeit des Meßwerks. Remanenz ist die Restinduktion $\mathfrak{B}_R$ im Luftspalt, wenn die magnetisierenden Amperewindungen (Feldstärke $\mathfrak{H}$ in Örsted) wieder Null sind. Je höher die Remanenz ist, desto kleiner kann bei gegebenem Fluß $\Phi$ (gesamte Kraftlinienzahl in Maxwell) der Querschnitt des Magnets werden. Koerzitivkraft $\mathfrak{H}_c$ ist der Widerstand (ausgedrückt in Amperewindungen auf den Zentimeter Kraftlinienlänge oder in Örsted = 0,796 AW/cm), den der Stahl seiner vollständigen Entmagnetisierung entgegensetzt. Je größer die Koerzitivkraft ist, desto kleiner kann die Baulänge des Magnets (Pfadlänge der Kraftlinien) gehalten werden. Die Entwicklung der letzten Jahre brachte eine Steigerung der Koerzitivkraft der Stähle auf das 14fache, verglichen mit dem bisher gebräuchlichen Wolframstahl (5% W, 0,5% C, 94,5% Fe). Dabei sank die Remanenz im ungünstigsten Fall auf 57%. Das gibt immerhin noch eine Leistungssteigerung um das $14 \cdot 0{,}57 = 8$fache. Dieser Wert bezieht sich auf die Eisen-Kobalt-Titanlegierung des Japaners Honda, der auch die viel verwendeten Kobaltstähle angab, die eine Leistungssteigerung auf das 3fache gegenüber dem Wolframstahl ergaben. Wirtschaftlich am bedeutendsten sind die Aluminium-Nickelstähle des Japaners Mishima (1932) geworden, die bei gleicher Leistung wie ein Wolframmagnet $^1/_6$ der Abmessungen erlauben. Diese Stähle[1] sind in Deutschland unter dem Namen Oerstit, Koerzit und Alnistähle bekannt geworden. Die Eigenschaften des Magnets bestimmen seine Form: die Magnete aus den neuen Stählen sind kürzer und von größerem Querschnitt als die bisher gebräuchlichen. Da diese Stähle sehr hart und spröde sind, sich nur gießen, schweißen und schleifen lassen, so ist man auf äußerst einfache Formen bedacht.

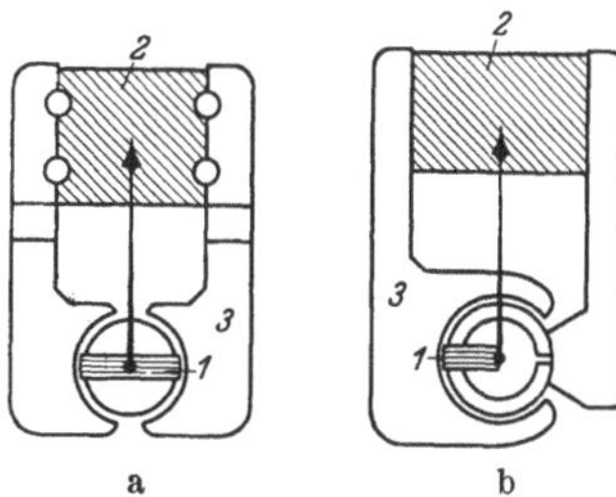

Abb. 5a und b. Magnete aus Aluminium-Nickel-Stahl (Oerstitmagnet). *1* Drehspule, *2* Magnet, *3* Polschuhe. a normal für 90° Ausschlag, b für 270° Ausschlag.

In der Abb. 5 sind 2 Meßwerke mit dem Oerstitmagnet dargestellt. Der Magnet selbst ist durch Schraffieren hervorgehoben. Er besteht aus einem gedrungenen Stahlstück, an das die verhältnismäßig langen Polschuhe angeschweißt sind. Bei a sind die Polschuhe *3* für einen Winkelausschlag von etwa 90° und bei b mit einseitig gelagerter Drehspule für etwa 270° ausgebildet. Die Abb. 6 zeigt zwei Kobaltmagnete (6...35% Co), der erste für große und der zweite für kleine Meßgeräte, bei welchen die Drehspule, unter Verzicht auf Polschuhe,

[1] Näheres s. A. Kußmann: Z. VDI Bd. 80 (1935) S. 1171.

sich unmittelbar in einer genau geschliffenen Bohrung des Magnets bewegen kann. Ein weiterer Kobaltmagnet ist in der Abb. 11 Teil 5 zu sehen. Die hochwertigen Aluminium-Nickelstähle lassen sich, wie schon erwähnt, wegen ihrer unangenehmen mechanischen Eigenschaften nicht in beliebige Formen bringen. Man hat neuerdings den Stahl in grobes Pulver zermalen und mit Bakelit zu einem festen Körper gepreßt, wie man heute viele Gegenstände des technischen Bedarfs herstellt. Diese Preßmagnete sind unter dem Namen „Tromalit“[1] bekannt geworden. Ihr Kraftfluß steht gegen den des massiven Stahls kaum zurück. Abb. 7 zeigt als Beispiel der Anwendungsmöglichkeiten ein Gerät mit 4 Drehspulen. Der Dauermagnet *2* aus Tromalit ist sehr kurz, aber von großem Querschnitt. Auf dem Pol *N* liegt eine

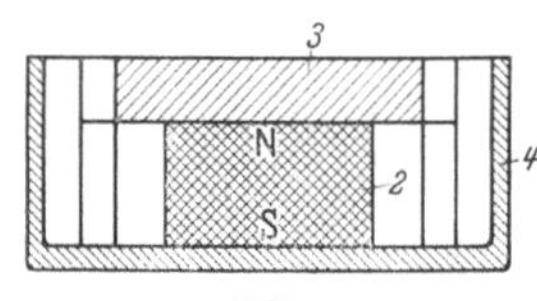


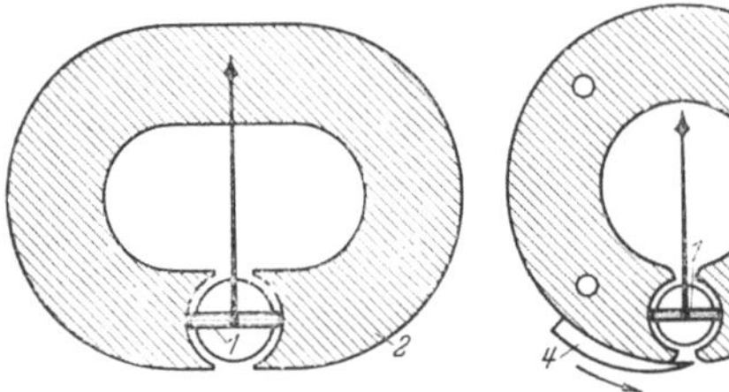


Abb. 6a und b. Kobaltmagnete. *1* Drehspule, *2* Magnet, *4* magnetischer Nebenschluß.

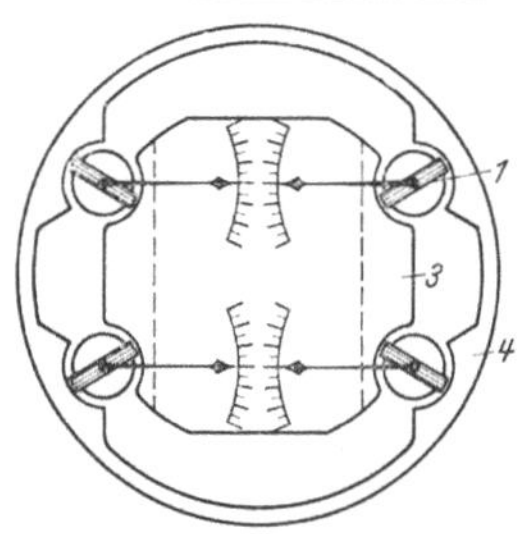


Abb. 7. Meßgerät mit 4 Drehspulen und Tromalitmagnet. *1* Drehspule, *2* Magnet, *3* Weicheisenplatte, *4* Weicheisendose.

Weicheisenplatte *3*, auf dem Pol *S* eine Dose *4*, ebenfalls aus Weicheisen. Wie man aus der unteren Draufsicht sieht, sind zwischen Dose und Platte die üblichen Polbohrungen mit den Polkernen angebracht. Der Fluß verteilt sich auf diese 4 Übergänge und ist in jedem noch so groß, daß sich die Drehspulen mit ausreichender Kraft einstellen. Durch diese Anordnung können 4 Meßgrößen in einem Gerät von außerordentlich kleinen Abmessungen, z. B. auf dem Bordbrett eines Flugzeugs, angezeigt werden.

Der Magnet in Abb. 6b ist als Beispiel mit einem **magnetischen Nebenschluß** versehen, der aus einem Weicheisenstück von keilförmigem Querschnitt besteht. Der Nebenschluß führt einen Teil der Kraftlinien an der Drehspule vorbei, so daß sie dort nicht wirksam werden. Verschiebt man das Weicheisenstück in Richtung des Pfeiles, so wird das Feld im Luftspalt schwächer. Man kann damit bei gegebenem Spulenstrom den Zeiger des Instruments auf Endausschlag einstellen, oder den Einfluß der nachlassenden Spannung einer Batterie aufheben (vgl. z. B. die Leitungsprüfer S. 183 und 184).

[1] Kußmann, A.: Arch. Elektrotechn. Bd. 29 (1935) S. 297.

## 3. Dämpfung.

Die Masse des beweglichen Organs stellt zusammen mit den Spiralfedern (s. Abb. 1) ein schwingungsfähiges System dar, ähnlich der Unruhe in einer Taschenuhr. Wird es durch Einschalten eines Stromes angestoßen, so pendelt es um die Gleichgewichtslage, und zwar so lange, bis die zugeführte Energie durch Reibung in der Luft und in den Lagern verbraucht ist. Dies kann beträchtliche Zeit in Anspruch nehmen; von einem technischen Instrument verlangt man aber schnelle Ablesbarkeit. Zu diesem Zwecke bringt man bei allen Geräten eine Dämpfung an, die auch vom Standpunkt der Haltbarkeit des Instruments von großem Wert ist. Dämpft man die Schwingungen des beweglichen Organs so, daß es sich gerade schwingungsfrei einstellt, so bezeichnet man diese Dämpfung als **aperiodisch.** Läßt man noch 1...3 Überschwingungen zu, so bekommt man die kürzeste Einstellzeit oder **Beruhigungszeit**, die z. B. für Schalttafelgeräte etwa 1 sec beträgt. Unter „Beruhigungszeit" versteht man nach den VDE-Vorschriften, die Zeit in Sekunden, die der vorher auf Null stehende Zeiger braucht, um bis auf etwa 1% der gesamten Skalenlänge auf einen etwa in der Mitte der Skala liegenden Teilstrich einzuspielen, wenn plötzlich eine ihm entsprechende Meßgröße eingeschaltet wird[1]. Bei noch stärkerer Dämpfung als aperiodischer (überaperiodischer) erreicht der Zeiger kriechend seine Endstellung; die Einstellung dauert zu lange, der Einfluß der Lagerreibung wird größer, überdies hat man keine Gewähr, ob die richtige Zeigerstellung tatsächlich erreicht ist.

Die Drehspulgeräte besitzen eine **elektromagnetische Dämpfung.** Die Drehspule ist auf einen Rahmen aus Aluminium, zuweilen auch aus Kupfer gewickelt. Bei der Bewegung der Spule in dem Magnetfeld wird in dem Rahmen eine Spannung induziert, die einen Strom zur Folge hat, dessen Feld die Bewegung in gewünschter Weise dämpft (Rahmendämpfung). Die Bewegungsenergie wird in Stromwärme umgesetzt. Schneidet man das Aluminiumrähmchen an einer Stelle auf, dann verschwindet die Dämpfung fast vollständig, da ein Kreisstrom im Rähmchen nicht mehr fließen kann. Auch in der Spule wird eine Spannung induziert; es kann aber ein dämpfender Strom nur fließen, wenn man ihr einen genügend kleinen Widerstand parallel schaltet **(Spulendämpfung).** Da jedoch der Spule meist ein größerer Widerstand vorgeschaltet wird, so hat — abgesehen von Strommessern mit Nebenschluß — diese Art der Dämpfung nur Bedeutung bei Geräten mit geringer Richtkraft, z. B. bei den Galvanometern, siehe S. 27.

[1] Die internationalen Regeln schreiben vor: bei Zeigern $\leqq$ 150 mm soll bei Einschaltung mit $^2/_3$ des Nennwertes der Skala, wenn der Zeiger zunächst auf Null gestanden hat, die 1. Schwingung des Zeigers die 1,3fache Dauerablenkung nicht überschreiten und nach 4 sec soll die Amplitude der Oszillation des Zeigers 1,5% der Dauerablenkung nicht überschreiten: gemessen in Skalenwerten.

Neben der elektromagnetischen Dämpfung gibt es noch Wirbelstrom-, Luft- und Flüssigkeitsdämpfungen, die in Verbindung mit anderen Geräten beschrieben werden, da sie bei Drehspulgeräten selten vorkommen.

## 4. Skala und Zeiger.

**Die Skala** eines Meßgerätes ist streng genommen nur die Teilung und ihre Bezifferung; es hat sich jedoch eingebürgert, unter dem Begriff „Skala“ auch die Unterlage der Austeilung, ein Blech aus Zink, Messing oder Aluminium, oder auch eine Scheibe aus Hartpapier, zu verstehen. Diese Unterlage ist mit weißem Papier oder Lack überzogen, auf die die Teilung und die Bezifferung schwarz aufgebracht werden, um einen möglichst großen Kontrast zu erzielen. Bei Fahr- und Flugzeuginstrumenten, die auch im Dunkeln abgelesen werden müssen, ist die Skalenfläche schwarz und die Teilung in weißer Leuchtfarbe ausgeführt. Auch der Zeiger ist mit weißer Leuchtfarbe bestrichen.

**Skalenbeleuchtung.** Geräte, die im Dunkeln abgelesen werden müssen, oder deren Anzeige weithin sichtbar sein soll, werden auch mit einer durchscheinenden Skala, meist aus Opalglas, ausgeführt. Hinter der Skala sind eine oder mehrere Glühlampen angebracht. Die Austeilung ist mit schwarzer Farbe unmittelbar auf die Glasscheibe gezeichnet. Zuweilen wird auch die nicht durchscheinende Skala von der Beobachterseite aus beleuchtet. Damit die Lampe selbst nicht störend zwischen Beobachter und Skala kommt, werden kleine, sog. Soffitenlampen in den engen Raum zwischen Skala und Gehäusescheibe an deren Rand eingebaut. Für Geräte mit Großanzeige und für empfindliche Geräte bürgert sich immer mehr der Lichtzeiger ein. Es wird hierbei ein Lichtstrahl durch den Spiegel an einem Meßwerk abgelenkt und eine Marke auf die Skala geworfen, siehe S. 31, 32 u. 91.

**Die Länge der Skala** richtet sich nach der Größe des Instrumentgehäuses und dem Ausschlagwinkel. Bei Schalttafelinstrumenten ist die dem Beobachter zugekehrte Seite des Gehäuses, mindestens zur Hälfte, oft fast ganz von der Skala eingenommen. Die Skala erstreckt sich fast immer auf einen Quadrant, entsprechend einem Zeigerausschlag von 90 Winkelgrad. Sehr lange Skalen erhält man bei einem Ausschlagwinkel von 270°. Sie finden dort Anwendung, wo es gilt, das Aussehen des Gerätes dem anderer Gattungen, z. B. Manometern, anzupassen oder die Ablesebequemlichkeit zu erhöhen, da der Zeigerausschlag dann gut auf weite Sicht geschätzt werden kann. Eine Erhöhung der Anzeigegenauigkeit ist hiermit nicht verbunden, da die Steigerung der Ablesegenauigkeit meist durch elektrische und mechanische Verschlechterungen des Meßwerks erkauft wird. Bei Drehfeldinstrumenten hat man auch 300°- und 360°-Skalen. Die Skala soll ästhetischen Gesichtspunkten genügen, die Teilungen (kleinster Abstand der Teilstriche etwa 1 mm), die Strichstärke, die Größe der Zahlen und Buchstaben u. dgl. müssen sorgfältig aufeinander abgestimmt sein.

Bezüglich der **Skalenaufschrift** sind vom VDE ganz bestimmte Vorschriften erlassen. Auf den Meßgeräten muß angegeben sein: Ursprungszeichen (Herstellerfirma), Fertigungsnummer (bei E- und F-Geräten), Einheit der Meßgröße (Ampere, Volt u. dgl.), Klassenzeichen (s. Tafel IIb, S. 135), Stromartzeichen (Tafel IIb), Zeichen für die Art des Meßwerks (Tafel III, S. 136), Prüfspannungszeichen (s. Tabelle 1, S. 14), Lagezeichen (Tafel IIb), sowie je nach Art des Meßwerks noch Nennfrequenz- oder Frequenzbereich, Nennspannung, Nennstrom, Stromwandlerübersetzung u. dgl. mehr.

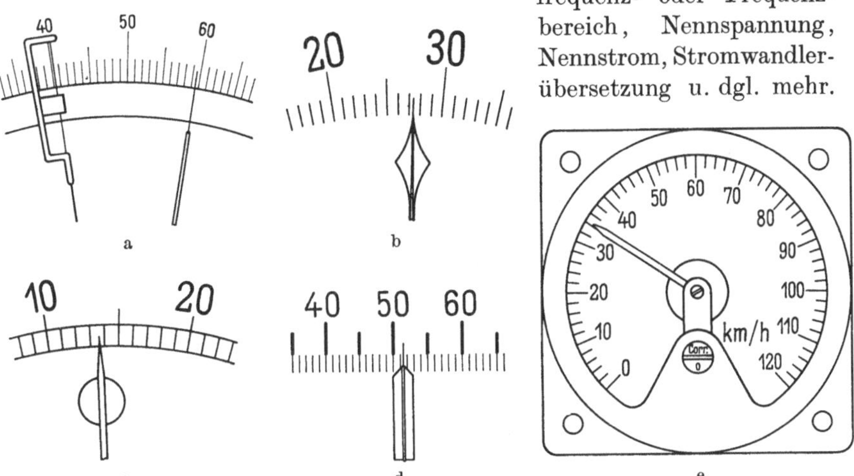


Abb. 8. Skalen- und Zeigerformen. a Laboratoriumsinstrument, links Fadenzeiger von H. & B., rechts Messerzeiger. b Schalttafelinstrument, Messerlanzenzeiger, häufigste Ausführung der Skala in Deutschland. c Schalttafelinstrument, Ausführung wie in den angelsächsischen Ländern gebräuchlich. d Profilinstrument, Messerbalkenzeiger für Nah- und Fernablesung. e Geschwindigkeitsmesser, 270°-Skala und Balkenzeiger.

Abb. 8 zeigt verschiedene **Skalen und Zeigerformen.** Man kann hier zwei Gruppen unterscheiden, eine für möglichst genaue Nahablesung und eine zweite, bei der es mehr auf eine gute Übersicht ankommt. Abb. 8a gehört der ersten Gruppe an. Der Zeiger rechts in Abb. 8a ist zu einem feinen Messer ausgezogen, dessen Breite sich mit der Dicke der Skalenstriche deckt. Unter dem Zeiger befindet sich in der Skala ein Spiegelbogen. Stellt der Beobachter sein Auge so ein, daß sich der Zeiger mit seinem Spiegelbild deckt, so hat er die Gewähr, über den Zeiger senkrecht auf die Skala zu blicken, und damit **Fehler durch Parallaxe** zu vermeiden.

Links in Abb. 8a ist ein Fadenzeiger zu sehen. In einem Bügel des Zeigers ist ein feiner Draht über Spiegel und Skalenteilung gespannt, der die genaueste Ablesung ermöglicht. Der Erhöhung der Ablesebequemlichkeit dient ein kleiner weißer Schirm, von dem sich der schwarze

Faden im Spiegelbogen gut abhebt. Häufig wird noch zur Erhöhung der Ablesegenauigkeit eine Lupe verwendet. Die Teilung 8b ist schon etwas gröber. Es fehlt der Spiegel, der Zeiger hat eine kräftige Lanzette. Seine Stellung ist auch von weitem zu schätzen, seine Spitze ermöglicht aber noch eine recht genaue Nahablesung. Es ist die meist gewählte Form von Skala und Zeiger, insbesondere für Schalttafelinstrumente. Abb. 8c zeigt Skala und Zeiger eines Schalttafelinstruments für Fernablesung in einer Ausführung, der man besonders oft in England und Amerika begegnet. In Abb. 8d ist eine gestreckte Skala dargestellt, wie sie bei Profilinstrumenten (vgl. Abb. 11) verwendet wird. Dort spielt eine feine Nadel am kräftigen Zeiger über eine Feinteilung; die Zahlen und der obere Teil der Fünfer- und Zehnerstriche sind kräftig gehalten, wodurch außer der Feinablesung aus der Nähe noch eine gute Schätzung aus einiger Entfernung ermöglicht wird. Abb. 8e zeigt ein Gerät mit 270° Zeigerausschlag und Balkenzeiger.

Aus der Art der Skalenteilung und der Güte ihrer Ausführung kann man fast immer einen Schluß ziehen auf den gedachten Verwendungszweck und die Genauigkeit des Gerätes. Wenn für ein Gerät eine bestimmte Genauigkeit angegeben wird, dann muß es auch durch entsprechende Ausführung der Skala möglich sein, den Meßwert innerhalb dieser Genauigkeit abzulesen.

**Skala mit unterdrücktem Nullpunkt.** Soll ein Spannungsmesser mit der Skala 0...120 V die Spannung eines Netzes von 110 V anzeigen, so wird er betriebsmäßig den Bereich 100...120 V nie verlassen. Es liegt also nahe, den ganzen verfügbaren Winkelausschlag für die Spannung von 100...120 V einzurichten, und den Teil 0...100 V zu unterdrücken. Dieser Wunsch tritt in den verschiedensten Formen recht häufig auf in der Hoffnung, damit die Ablesegenauigkeit zu erhöhen und das Gerät besser auszunützen. Eine so weitgehende Unterdrückung ist möglich und wird auch ausgeführt. Man verwendet eine sehr weiche Spiralfeder mit Vorspannung, d. h. da in unserem Beispiel nur $^1/_6$ des Endwertes auf der Skala erscheinen soll, muß die Feder um $^5/_6$ vorgespannt werden, oder um $5 \cdot 90 = 450°$. Das Drehmoment dieser Feder soll im Endausschlag z. B. wieder 1 cmg sein, ihr spezifisches Drehmoment beträgt also nur $^1/_6$ desjenigen der normalen Feder; damit sinkt auch die weiter unten erläuterte Gütezahl auf $^1/_6$, das Gerät wird erheblich schlechter. Hinzu kommt noch, daß bei abgeschaltetem Gerät der Zeiger durch die vorgespannte Feder links an einem festen Anschlag liegt, der Nullpunkt läßt sich also nicht beobachten oder einstellen. Zur Kontrolle muß man einen Skalenwert mit einem Vergleichsinstrument beobachten. Die Skalenausführung mit unterdrücktem Nullpunkt hat also nur eine Verschlechterung des Gerätes zur Folge.

## 5. Gehäuse.

Es sind hier zwei Gruppen zu unterscheiden: Schalttafelgeräte und tragbare Geräte, die meist dieselben Meßwerke besitzen, deren Gehäuse aber dem besonderen Verwendungszweck angepaßt sind, und über deren Vielzahl hier nur ein Überblick gegeben werden kann. Manche Sonderausführung, z. B. explosionssichere, tropensichere, flut- und druckwassersichere, ist in den Behördenvorschriften und in den Vorschriften des VDE für Meßgeräte beschrieben.

**Gehäuse für Schalttafelgeräte.** Abb. 9 zeigt ein Drehspulmeßwerk, das unter Zwischenlage eines Isolierstückes *2* auf die Grundplatte *3*

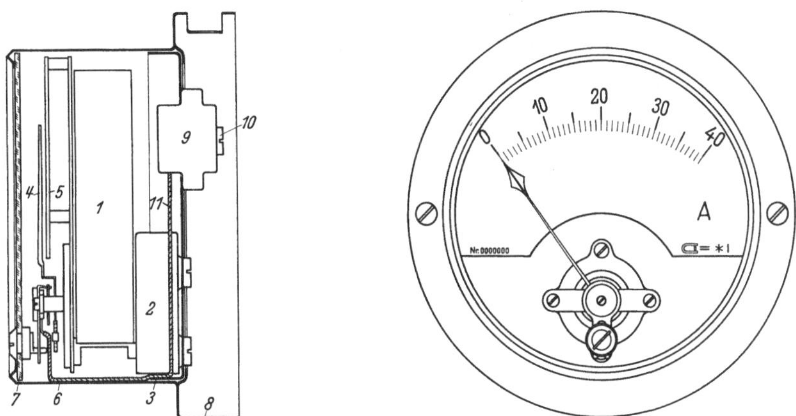


Abb. 9. Drehspulinstrument für Schalttafelaufbau. *1* Dauermagnet, *2* Isolierstück, *3* Grundplatte, *4* Zeiger, *5* Skalenblech, *6* Gehäusemantel, *7* Glasscheibe, *8* Befestigungsring, *9* Klemmklotz, *10* Anschlußklemmen, *11* Verbindungsleitung.

aufgeschraubt ist. Es wird hier das ganze Meßwerk gegen das Gehäuse isoliert, da es nicht möglich ist, die Drehspule für sich in ihrem engen Luftspalt für eine Prüfspannung (s. nachfolgende Tabelle) von 2000 bis 5000 V zu isolieren. Der Zeiger *4* spielt über der ebenfalls isolierten Skala *5*. Über den Rand der Bodenplatte *3* schiebt sich der Gehäusemantel *6* mit seiner Glasscheibe *7*. An der Grundplatte *3*, oder bei manchen Konstruktionen am Mantel *6*, ist ein Ring *8* angeschraubt, der zur Befestigung des Instruments auf der Schalttafel dient (Aufbaugerät). Meist geschieht dies durch zwei Schrauben, die in Abb. 9 rechts zu sehen sind. Der Klemmklotz *9* trägt die Anschlußklemmen *10*. Hier wird die Meßleitung entweder unmittelbar oder unter Zwischenfügung eines durch die Schalttafel nach rückwärts führenden Bolzens angeklemmt. Zum Anschluß von vorne werden an die Anschlußklemmen Laschen geschraubt, die durch den Ausbruch oben in dem Ring *8* heraustreten. In der hier folgenden Tabelle 1 sind die vom VDE für Meßinstrumente zum Einbau in Starkstromleitungen vorgesehenen **Prüfspannungen und Kriechwege** für die betriebsmäßig auftretenden Höchstspannungen zusammengestellt.

Kriechstrecke ist der kürzeste Weg, auf dem ein Stromübergang längs der Oberfläche eines Isolierkörpers zwischen Metallteilen eintreten kann, wenn zwischen ihnen eine Spannung besteht. Die Festlegung von Mindestkriechstrecken soll den Beobachter bei Verschmutzung des Instruments vor Gefahr schützen.

Tabelle 1.

| Betriebsmäßige Höchstspannung gegen Gehäuse: Volt | Prüfspannung: Volt | Prüfspannungs-zeichen: | Mindest-kriech-strecke: mm |
|---|---|---|---|
| nicht über 40 | 500 ( 500) | schwarzer Stern | 1 |
| 41... 100 | 1000 (2000) | brauner „ | 3 |
| 101... 650 | 2000 (2000) | roter „ | 5 |
| 651... 900 | 3000 (5000) | blauer „ | 8 |
| 901...1500 | 5000 (5000) | grüner „ | 12 |

Die eingeklammerten Zahlen beziehen sich auf die internationalen Regeln.

Abb. 10 zeigt zwei Vertreter der Einbaugeräte. In der Nähe der Glasscheibe ist am Gehäuse ein schmaler Ring angebracht, der zur Befestigung in der Schalttafel dient. Letztere muß so groß ausgebohrt werden, daß der Instrumentkörper durch die Schalttafel hindurchtreten kann. Es entsteht dadurch auf den Schalttafeln ein flächenhafteres und ruhigeres Bild als bei der Anwendung der Aufbaugeräte nach Abb. 9. Bei Zentralen mit sehr vielen Instrumenten spielt die Raumfrage auf der Schalttafel eine große Rolle; man verwendet dann häufig raumsparende Instrumente mit sehr schmalem Frontring oder Rahmen, von denen eine Ausführung in der Abb. 10b dargestellt ist.

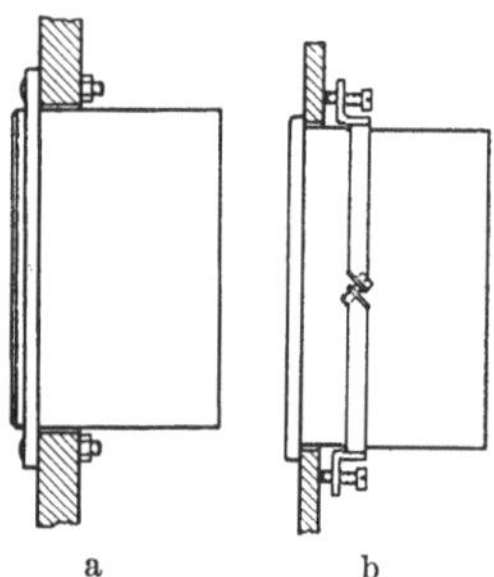

Abb. 10. Schalttafelinstrumente für versenkten Einbau. a normale, b raumsparende Ausführung (S. & H.).

Abb. 11 zeigt in zwei Schnitten und einer Vorderansicht ein sog. Profilinstrument, das in sehr vielen Größen und Ausführungsarten zur Anwendung kommt und seine Entstehung ebenfalls dem Wunsch nach Raumersparnis verdankt. An der Achse *1* ist der Zeiger *6* über das Meßwerk hinausgeführt und dann nach oben umgewinkelt. Er spielt über der Skala *13*, die konzentrisch zur Drehachse *1* zylinderförmig gebogen ist. Auch die Glasscheibe *14* ist im Bild zylinderförmig gebogen; bei manchen Ausführungen ist sie eben. Erstere Ausführung hat den Vorteil, daß die Skala überall nahe an die Glasscheibe kommt, letztere vermindert störende Reflexe, wie sie zuweilen auf einer gebogenen Glasscheibe entstehen können. Abb. 11 zeigt auch eine Ansicht von vorne, aus der das günstigste Verhältnis zwischen Platzbedarf auf der Schalttafel und Größe der Skala hervorgeht.

Baut man mehrere Profilinstrumente mit ihrer Längsseite unmittelbar neben- oder übereinander, so kann man ihre Zeigerausschläge leicht miteinander vergleichen, was in vielen Fällen die Übersicht erleichtert. Die Profilinstrumente können so aufgestellt werden, daß die Achse des beweglichen Organs senkrecht steht. Dies ist im Hinblick

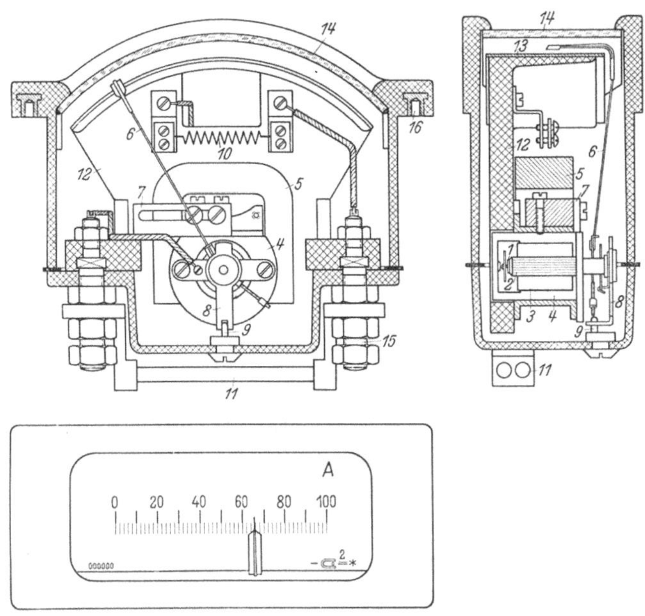

Abb. 11. Drehspulstrommesser für 100 A in Profilgehäuse aus Preßstoff (H. & B.). *1* Stahlachse, *2* Drehspule, *3* Eisenkern, *4* Meßwerkträger aus Spritzguß, *5* Kobaltmagnet, *6* Zeiger, *7* magnetischer Nebenschluß, *8* Nullstellerhebel, *9* Nullstellerschraube (Exzenter), *10* Abgleichwiderstand, *11* Nebenwiderstand für 100 A, *12* Skalenträger, *13* Skalenblech, *14* Glasscheibe, *15* Stromanschlüsse, *16* Buchsen zur Befestigung in der Schalttafel.

auf die Reibungsfehler besonders bei hochempfindlichen Meßwerken wichtig, wie sie z. B. für Temperaturmessungen Verwendung finden. Auch Meßwerke mit Bandaufhängung (vgl. S. 30) werden in Profilgehäuse eingebaut.

In USA. sind Schalttafelgeräte in quadratischer Form allgemein üblich, sie kommen auch in Europa mehr und mehr zur Anwendung. Abb. 12 zeigt als Beispiel ein Gerät von S. & H. mit 142 mm Seitenlänge.

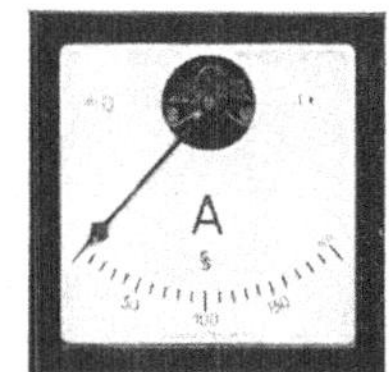

Abb. 12. Quadratisches Schalttafelinstrument von S. & H.

Als Werkstoff für die Gehäuse der Schalttafelgeräte wird meist Eisenblech verwendet. Neuerdings kommt in steigendem Maße, besonders für kleine Instrumente in Schalttafeln, Preßstoff zur Anwendung. Abb. 13 zeigt ein solches Instrument in einer von fast allen Staaten für die Verwendung in Flugzeugen genormten Ausführung. Auch die Gehäuse der anderen beschriebenen Formen (vgl. Abb. 11) werden mehr und mehr aus Preßstoff hergestellt, der konstruktive und wirtschaftliche

Abb. 13. Flugzeuginstrument.

Vorteile bringt. Für flut- und druckwasserdichte Geräte (Marine) und schlagwettersichere Geräte (Bergbau) verwendet man Gehäuse aus Bronze oder Aluminiumguß in Sonderlegierung. Auch Sonderpreßstoff mit Leinenfasereinlage hat sich für diese Gehäuse bewährt, zumal der Preßstoff gegen chemische Angriffe sehr widerstandsfähig ist.

**Gehäuse für tragbare Geräte.** Man hat früher die Meßwerke in Gehäuse aus Holz oder Holz und Metall eingebaut, wie dies Abb. 14a zeigt. Man benutzte hierzu Edelhölzer, für Verwendung in den Tropen Teakholz. Heute wird Holz nur noch in besonderen Fällen verwendet, im wesentlichen dann, wenn die Gehäuse nur in kleiner Stückzahl hergestellt werden. Die meisten Gehäuse werden aus Preßstoff in Stahlformen gepreßt, deren Herstellung sich nur bei verhältnismäßig hoher Stückzahl lohnt. Dafür kommt aber das Gehäuse fertig, schön poliert und genau maßhaltig aus der Form. Es ist möglich, alle notwendigen Metallteile, z. B. die Kontaktbahn eines Umschalters, mit einzupressen. Meist besteht das Gehäuse aus Deckel und Boden, häufig auch noch aus einem Zwischenteil, der auf metallener Grundplatte das Meßwerk trägt. Der Preßstoff ist im Gegensatz zu Holz vom VDE als Isolierstoff zugelassen. Man kann also alle stromführenden Teile unmittelbar in die Gehäusewand einpressen. Zur Abführung der in den eingebauten Meßwiderständen entwickelten Wärme (etwa 5 . . . 10 W) sind in den Seitenflächen und in dem Boden gelochte Eisenbleche eingesetzt, durch die warme Luft aus- und kalte einströmen kann. Der nach außen offene Raum der Meßwiderstände ist nach dem Meßwerk zu durch eine besondere Wand abgedichtet (s. z. B. Abb. 14b u. d). Häufig werden diese Geräte zum Tragen in einer Ledertasche oder einem Holzkasten verwahrt oder mit einem Tragriemen versehen.

In der Abb. 14 sind von den vielen Formen tragbarer Geräte sechs kennzeichnende zusammengestellt. Weitere Formen s. S. 25 und 28.

## 6. Schaltung bei Gleichstrom.

**Strommesserschaltung.** Das Drehspulgerät ist ein ausgesprochener Strommesser, die Spannungsmessungen werden mit Hilfe des Ohmschen Gesetzes auf Strommessungen zurückgeführt. Der zulässige Strom in der Drehspule wird in seiner Höhe durch die als Zuleitungen verwendeten Spiralfedern begrenzt, die nur etwa 0,1 A dauernd führen können, ohne ihre elastischen Eigenschaften zu ändern. Die meisten Geräte benötigen einen Spulenstrom $i$ von 3...60 mA (meist 30 mA) für den Endausschlag. Um das Meßwerk dem Meßstrom $I$ anzupassen, wird ihm ein temperaturunabhängiger Widerstand $R_N$, z. B. aus Manganin, parallel geschaltet. Die Spule $r_1$ ist aber aus Kupfer gewickelt, das bei einer

Abb. 14a—f. Tragbare Geräte. a Holzgehäuse von H. & B. b Preßstoffgehäuse von H. & B. c Gehäuse von Weston. d Preßstoffgehäuse der AEG. e Preßstoffgehäuse von S. & H. f Montageinstrument von S. & H.

Temperaturänderung von 10° C seinen Widerstand um etwa 4% ändert. Um die hierdurch entstehenden Fehler in der Anzeige auf einen zulässigen Betrag zu mindern, wird der Spule ein Manganinwiderstand $r_2$ von etwa dem 10fachen Betrag des Spulenwiderstandes $r_1$ vorgeschaltet (Abb. 15a). Die Größe des Nebenwiderstandes ergibt sich aus Gl. (4a)

$$R_N = (r_1 + r_2)\frac{i}{I - i} \quad (4\,a) \qquad\qquad R_V = r_1\frac{U - u}{u}. \quad (4\,b)$$

$I$ ist der zu messende Strom, $i$ der Strom in der Drehspule. Im Spulenwiderstand $r_1$ ist der Widerstand der Spiralfedern und der Zuleitungskabel zum Nebenwiderstand $R_N$ enthalten; meist ist $r_1 + r_2 \approx 1\ \Omega$. Für die Zuleitungskabel ist ein Kupferquerschnitt in mm² festgesetzt, der der Länge des Kabels in m entspricht, man rechnet also bei der Eichung mit dem Widerstand eines Verbindungskabels von 1 mm² Querschnitt und 1 m Länge und wählt z. B. bei 6 m Kabellänge einen Querschnitt von 6 mm².

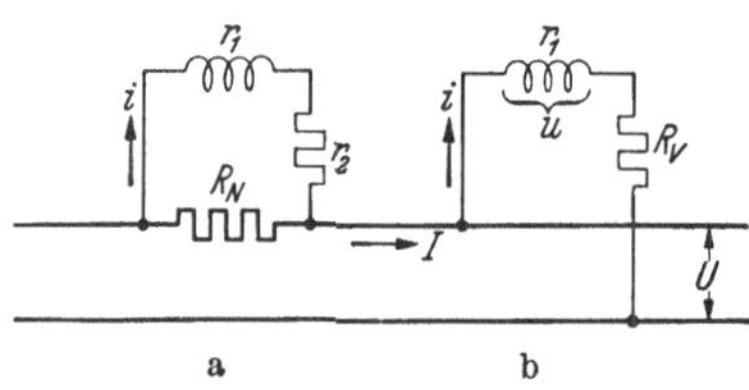


Abb. 15 a und b. Schaltung der Drehspulgeräte. a als Strommesser, b als Spannungsmesser. $r_1$ Drehspule, $r_2$ Abgleichwiderstand, $R_N$ Nebenwiderstand, $R_V$ Vorwiderstand.

Durch passende Wahl von $R_N$ können Stromstärken bis zu vielen tausend Ampere gemessen werden. Bei sehr genauen Geräten schaltet man vor $R_N$ noch einen Kupferwiderstand von solcher Größe, daß der Temperaturkoeffizient im Spulenzweig und derjenige im Zweig des Nebenschlusses gleiche Größe haben. Dies setzt voraus, daß sich beide in einem Raum gleicher Temperatur befinden.

Bei der **Spannungsmesserschaltung** (Abb. 15b) ist der Vorwiderstand $R_V$ aus Manganin sehr groß gegen den Spulenwiderstand $r_1$, so daß hier die Temperaturunabhängigkeit ohne weiteres gegeben ist. $R_V$ wird nach Gl. (4b) berechnet. $U$ ist die zu messende Spannung, $u$ der Spannungsabfall an der Drehspule. Der Einfluß der Verbindungen kann vernachlässigt werden.

Häufig wird ein Meßwerk mit verschiedenen Vorwiderständen für mehrere Spannungsmeßbereiche ausgebildet. Man gleicht dann den Meßwerkstrom durch eine Widerstandskombination, ähnlich wie in Abb. 15a, auf eine bestimmte Größe, meist 30 mA, ab. Ebenso verfährt man bei der Verwendung eines Meßwerks für mehrere Strom- und Spannungsmeßbereiche. Die Skala erhält dann mehrere entsprechende Austeilungen, oder man gibt der Skala nur eine Austeilung, z. B. 150 Teile, und berechnet die Meßbereichkonstante nach den Gl. (4a) und (4b). Diese Methode ist bei mehr als 2...3 Meßbereichen notwendig, da noch mehr Teilungen auf der Skala nicht unterzubringen sind.

Die Meßwiderstände werden bis zu 30 A und einigen hundert Volt in das Instrumentgehäuse eingebaut. Darüber hinaus werden ihre

Abmessungen zu groß und ihre Wärmeentwicklung zu hoch. Durch ungleichmäßige Erwärmung des Gehäuses wird die Temperaturkompensation beeinträchtigt. Es zeigen sich Unterschiede in den Angaben des Instruments, je nachdem es längere oder kürzere Zeit eingeschaltet ist. Zur Vermeidung dieser Anwärmefehler werden dann die Widerstände vom Instrument getrennt (s. S. 122).

## 7. Schaltung bei Wechselstrom.

Das Drehspulgerät mit seinem kräftigen Dauermagnet ist größenordnungsmäßig etwa tausendmal empfindlicher als irgendein Wechselstrommeßgerät (s. Tafel IIa, S. 135). Was ist natürlicher als der Versuch, dieses reine Gleichstromgerät in irgendeiner Form für Wechselstrom verwendbar zu machen. Schickt man durch die Drehspule einen Wechselstrom, so erfolgt kein Ausschlag, da der Drehimpuls der positiven Halbwelle denjenigen der negativen Halbwelle aufhebt und das bewegliche Organ infolge seiner Trägheit den schnellen Veränderungen nicht folgen kann. Erst Gleichrichtung und Umformung des Wechselstroms in Gleichstrom ließen eine Verwendung des Drehspulgerätes für Wechselstrom zu. Die Einführung und Weiterentwicklung der Schwingkontakt- und der Trockengleichrichter sowie der Thermoumformer boten diese Möglichkeit.

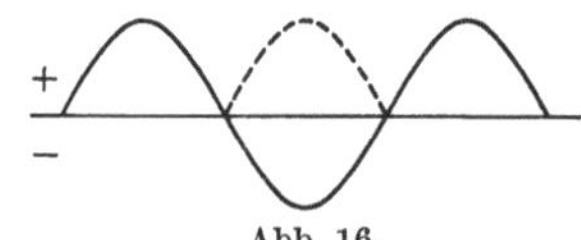

Abb. 16. Gleichgerichteter Wechselstrom.

Der älteste mechanische Gleichrichter ist die bekannte Joubertsche Scheibe. Von S. & H. wurde der **Schwingkontaktgleichrichter**[1] weiterentwickelt, der auf dem Prinzip des polarisierten Relais unter Verwendung einer hohen Eigenschwingungszahl der schwingenden Zunge bei kleinsten Schaltzeiten beruht. Bei Fremderregung der Zunge ist es möglich, vor allem kleine Wechselströme bis zu 100 Hz nach Größe und Phase auszumessen.

**Trockengleichrichter.** Gelingt es, die negative Halbwelle eines Wechselstromes in ihrer Richtung umzukehren, wie es in der Abb. 16 angedeutet ist, so wird ein angeschlossenes Drehspulgerät einen Dauerausschlag zeigen. Das gleiche ist der Fall, wenn die eine Halbwelle ganz unterdrückt wird, wenn also ein elektrisches Ventil eingeschaltet wird. Ein solches ist der 1923/24 von dem Amerikaner L. O. Grondahl bei der Westinghouse Company erfundene „Kuprox“-Trockengleichrichter. Die für Meßzwecke verwendeten Gleichrichter sind kleine Kupferplatten von der Größe eines Geldstücks, auf deren eine Seite eine Kupferoxydulschicht aufgebracht ist. Bei der Bildung der Oxydulschicht entsteht zwischen dieser und dem Mutterkupfer die sog. Sperrschicht, die die Elektronen (die Träger des elektrischen Stromes) vom Mutterkupfer zum Oxydul leichter hindurchläßt als umgekehrt, also das Kennzeichen eines

[1] Näheres siehe H. Pfannenmüller: Arch. techn. Mess. Z 540. (Dez. 1932.)

Ventils besitzt. Verwendet man 4 solcher Ventile in der von Graetz angegebenen Doppelwegschaltung (Abb. 17), so kann man beide Halbwellen des Wechselstromes ausnutzen. Die Ventile sind in einer Brücke zusammengebaut, in deren Diagonale die Drehspule *7* liegt. Der Wechselstrom fließt über die Klemmen *1* und *2* zu bzw. ab. Die positive Halbwelle fließt von *1* über *3*, *7*, *5* nach *2* (gegen die Ventile *4* und *6* kann jetzt kein Strom fließen), und die negative Halbwelle fließt von *2* über *4*, *7*, *6* nach *1*. Man sieht, daß die beiden Halbwellen in der Drehspule dieselbe Richtung haben.

Was mißt nun das Drehspulgerät mit Doppelweggleichrichter bei Wechselstrom? Das Drehmoment der Spule bei periodisch veränderlichen Strömen ist bei genügender Dämpfung des beweglichen Organs verhältnisgleich dem algebraischen Mittelwert des Stromes über eine Periode. Es interessiert aber der Effektivwert, nach dem man die Wechselstromleistung bemißt, und der gleich der Wurzel aus dem quadratischen Mittelwert ist. Beide Mittelwerte stehen — bei gegebener Kurvenform des Stromes — in starrem Verhältnis (Formfaktor) zueinander. Man kann also das Drehspulgerät unmittelbar in Effektivwerten austeilen. Für sinusförmigen Strom z. B. ist der Formfaktor gleich 1,11, für Rechteckstrom (zerhackter Gleichstrom) 1, für Dreieckstrom 1,15. Bei Abweichungen von der Sinusform tritt ein Fehler ein, der erst bei erheblichen Oberwellen, wie sie heute in Wechselstromnetzen im allgemeinen nicht mehr auftreten, die Anzeige nennenswert fälscht. Ein weiterer Fehler (der aber mit eingeeicht werden kann) entsteht dadurch, daß der Ventilwiderstand in der Sperrichtung nicht unendlich und in der Durchlaßrichtung nicht Null ist.

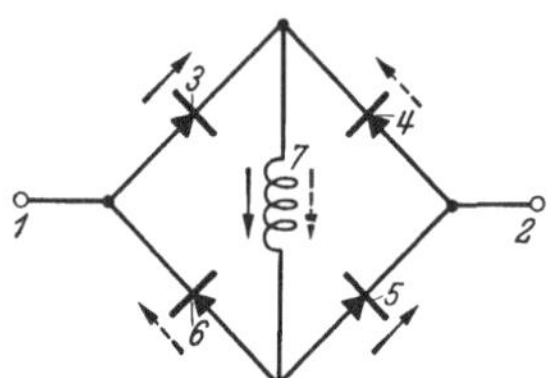

Abb. 17. Doppelweg-Ventilgleichrichter. *1*, *2* Wechselstromanschlüsse, *3*, *4*, *5*, *6* Ventilgleichrichter, *7* Drehspule.

Die Leitfähigkeit der Halbleiter und damit auch der Widerstand der Trockengleichrichter ist von der Temperatur in hohem Maße abhängig (negativer Temperaturkoeffizient). Man verkleinert den hierdurch entstehenden Fehler durch Kunstschaltungen mit anderen temperaturabhängigen Widerständen [1]. Der Spannungsabfall an der Gleichrichterschaltung wird aber dadurch auf etwa das Doppelte erhöht. Die unangenehmste Eigenschaft des Gleichrichters ist die Tatsache, daß die gleichrichtende Wirkung erst von einem gewissen Schwellenwert (0,1 V) an einsetzt. Das bedeutet eine weitere Erhöhung des Spannungsabfalls, so daß ein Strommesser mit Trockengleichrichter einen verhältnismäßig hohen Eigenverbrauch (Spannungsabfall) hat, der mit dem notwendigen Temperaturausgleich etwa 1 V beträgt. Durch eine fremde Vorspannung wird man vom Schwellenwert unabhängig, eine allerdings

[1] Siehe auch Geffcken: Arch. techn. Mess. J 82—1. (Okt. 1936.)

lästige Lösung. Bei Verwendung der Gleichrichtergeräte in einem Wechselstromkreis mit kleiner äußerer Spannung muß auf den verhältnismäßig hohen Spannungsabfall unbedingt geachtet werden. Durch die nicht geradlinige Kennlinie zwischen Strom und Spannung treten auch Kurvenformverzerrungen auf. Man belastet deshalb für Meßzwecke die Gleichrichter nur schwach.

Trotz dieser Mängel haben die Trockengleichrichter in der Meßtechnik eine große Verbreitung erfahren. Man verwendet sie für die Messung von Wechselströmen bis Tonfrequenz (etwa 10 000 Hz). Die Dicke der Sperrschicht liegt bei einigen Tausendstel Millimetern, die Zelle hat daher eine Kapazität von etwa 0,01...0,1 $\mu$F/cm². Über diesen Kondensator fließt bei Hochfrequenz der Wechselstrom, ohne sich gleichrichten zu lassen. Der Gleichrichter ist also frequenzabhängig. Bei hohen Frequenzen (Tonfrequenz) muß man Kleinflächengleichrichter verwenden. Mit Spitzengleichrichtern[1] hat man Ströme bei Frequenzen bis zu 1,6 MHz gemessen. Die untere Stromgrenze dürfte bei etwa $10^{-5}$ A liegen.

**Thermoumformer.** Bildet man einen Stromkreis aus zwei verschiedenen Metallen, z. B. Kupfer-Konstantan, und erwärmt die eine Verbindungsstelle, so entsteht eine elektromotorische Kraft (z. B. 4,1 mV je 100° C), die etwa verhältnisgleich mit der Temperaturdifferenz der beiden Verbindungsstellen steigt. Über die Größe dieser thermoelektrischen Kraft und ihre Abhängigkeit von Temperaturdifferenz und Werkstoff ist bei den Pyrometern S. 204 Näheres zu finden. Die warme Verbindungsstelle wird verlötet oder heute meist verschweißt, damit der Kontakt bei hohen Temperaturen gut bleibt. Die kalte Verbindung wird über einen empfindlichen Drehspul-Spannungsmesser bewerkstelligt, dessen Anzeige ein Maß gibt für die Temperaturdifferenz zwischen warmer und kalter Verbindungsstelle. Die Anschlüsse des Thermoelements an das Meßgerät, die ebenfalls Verbindungen zwischen verschiedenen Metallen darstellen, üben keinen Einfluß auf die Messung aus, wenn ihre Temperatur untereinander gleich ist und zeitlich gleich bleibt, eine Voraussetzung, die leicht erfüllbar ist (Thermostat).

Legt man die „heiße Lötstelle“ des Thermoelements an einen Heizdraht von hohem spezifischem Widerstand, der von einem zu messenden Strom $I$ durchflossen und erwärmt wird, so gibt die thermoelektrische Kraft und damit der Zeigerausschlag des Instruments ein Maß für den Strom $I$. Da die Erwärmung des Heizdrahtes mit $I^2$ steigt, wird auch der Skalenverlauf bei normalen Drehspulgeräten quadratisch. Durch besondere Polschuhformung kann man eine fast lineare Skala erzielen, allerdings unter Verminderung der Empfindlichkeit.

Die Zusammenstellung Heizdraht-Thermoelement bezeichnet man als Thermoumformer, da die Heizung auch mit Wechselstrom erfolgen

[1] Siehe Siemens-Z. 1935 S. 450.

kann, die Thermospannung aber immer einen Gleichstrom bewirkt. Dabei kann der Heizdraht mit dem Element metallisch, d. h. elektrisch, verbunden (unmittelbar geheizt) oder aber auch durch eine dünne Zwischenlage aus wärmebeständigem Isolierstoff getrennt sein (mittelbar geheizt).

Abb. 18 zeigt schematisch den Aufbau eines unmittelbar geheizten Thermoumformers für Stromstärken von 150 mA aufwärts (bis etwa 1000 A). Zwischen die Anschlußklemmen *7* und *8* für den Meßstrom ist der Heizdraht *1*, oder wie man ihn kurz nennt, der Heizer, ein kurzer, dünner Draht z. B. aus Konstantan, eingespannt und hart angelötet. Er erwärmt sich unter dem Einfluß des Stromes *I*. Ferner erfolgt eine Erwärmung der umgebenden Luft und der Anschlußteile, die rückwirkend wieder eine Erhöhung der Temperatur des Heizdrahtes zur Folge hat. Die Temperatursteigerung der Anschlußteile über die Raumtemperatur ist eine größere als die Temperatursteigerung des Heizdrahtes durch die Anschlußteile, weil der Heizer wegen seiner höheren Übertemperatur stärker abstrahlt. Um diesen Anwärmefehler möglichst klein zu halten, werden die Anschlußteile aus Metall mit guter Wärmeleitfähigkeit gemacht und mit möglichst großer, strahlender Oberfläche (unter Umständen Kühlrippen) versehen. Zwischen den Anschlußklötzen und dem Heizdraht besteht dann ein Temperaturunterschied, der wirklich der Heizleistung bzw. dem Heizstrom im Heizer entspricht. Demzufolge wird die heiße Lötstelle des Thermoelements mit den Schenkeln *3* und *4* am Heizer angeschweißt und die kalten Enden unter elektrischer Trennung durch dünne Glimmerplättchen *5* und *6* in Wärmeberührung mit den Anschlußklötzen *7* und *8* gebracht. Die Platte *9* hält die Anschlußklötze auf gleicher Temperatur. Wird der Thermoumformer einer äußeren Temperaturänderung unterworfen, so folgen Heizdraht und Anschlußteile wegen ihrer verschiedenen Wärmeträgheit dieser Änderung ungleich, ein Grund, die Umformer in Gehäuse einzubauen.

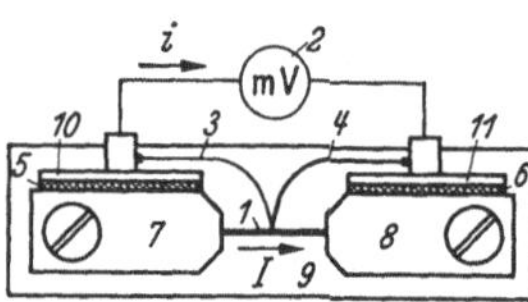

Abb. 18. Thermoelement in Luft. *1* Heizdraht, *2* Millivoltmesser, *3*, *4* Elementschenkel, *5*, *6* Glimmerisolation, *7*, *8* Anschlußklötze aus Kupfer, *9*, *10* und *11* Metallplatten für Wärmekontakt.

Da der Widerstand des Heizers in die Gleichung für die Heizleistung eingeht, muß er aus temperaturunabhängigem Werkstoff bestehen. Der Fehler durch einen nicht geradlinigen Verlauf zwischen Temperaturdifferenz und Thermo-EMK kann durch Kunstkniffe beseitigt werden. Einen Thermoumformer mit einem aus zwei verschiedenen Metallen bestehenden Heizdraht nennt man Thermokreuz. Wird dieses für Gleichstrom verwendet bzw. mit Gleichstrom für Wechselstrommessungen geeicht, so zeigt es einen Fehler durch den Peltiereffekt, d. h. die Temperatur des Heizers wird von der Stromrichtung abhängig. Aus diesem Grund verwendet man Thermokreuze ungern.

Die im Heizer umgesetzte Wärmemenge wird durch Wärmestrahlung und vor allem durch Wärmeleitung an die umgebende Luft abgeführt. Um die hierdurch verminderte Empfindlichkeit zu erhöhen, werden Umformer von etwa 100 mA abwärts in Vakuum gesetzt, von etwa 25 mA abwärts wird der Heizer vom Element isoliert. Abb. 19 zeigt ein solches Element für einen Heizstrom von 1 mA. Der ganze Umformer ist in den luftleeren Glaskolben *8* eingeschmolzen. Der zu messende Strom *I* (meist Hochfrequenz) wird über die Anschlüsse *1*, *2*, einer Heizwicklung *3* zugeführt, die auf einem Glasröhrchen *7* aufliegt. In letzterem befindet sich das Element *6* mit den Anschlüssen *4* und *5*, die zu dem Meßgerät *10* führen. Die mechanischen und elektrischen Daten sind beispielsweise folgende: Elementschenkel 0,02 mm Durchmesser, Elementwiderstand 8 Ω, Thermo-EMK 7 mV. Glasröhrchen 0,05 mm Durchmesser, Heizdraht 0,006 mm Durchmesser (menschliches Haar 0,05 mm Durchmesser), Heizstrom 1 mA, Heizwiderstand 1600 Ω.

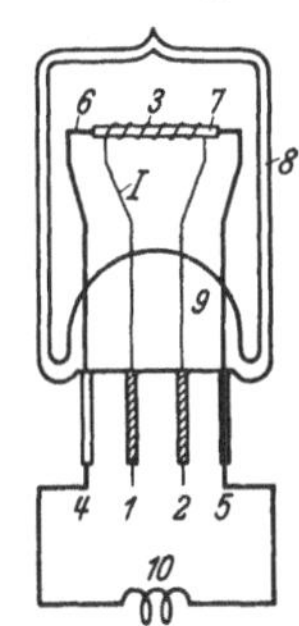

Abb. 19. Thermoelement im Vakuum für 1 mA (H. & B.) in etwa doppelter Größe. *1*, *2* Anschlüsse für den zu messenden Strom, *3* Heizspirale, *4*, *5* Enden der Elementschenkel, Anschluß für mV-Messer, *6* Elementschenkel, *7* Glasrohr, *8* Glaskolben 8 mm Durchmesser, *9* Quetschfuß, *10* Drehspule.

Früher konnte man so kleine Spannungen wie 7 mV nur mit Spiegelgalvanometern messen. Durch die Verbesserung der Dauermagnete und durch Bewicklung der Drehspulen mit lackisolierten Drähten von nur 0,03 mm Durchmesser wurde die Empfindlichkeit (s. Abschnitt 11) der Geräte außerordentlich gesteigert. Damit wird die Messung der kleinen Thermospannungen mit Zeigergeräten, auch solchen kleinster Abmessungen möglich. Durch den Thermoumformer hat sich das Drehspulgerät das junge und wichtige Gebiet der Hochfrequenzmeßtechnik erobert. Die Geräte werden mit Gleichstrom geeicht und zeigen nach Untersuchungen von Kruse und Zinke[1] bis zu einer Frequenz von $10^7$ bzw. $10^8$ Hertz mit einer Toleranz von etwa 2% bzw. 10% richtig. Diese Verfasser geben folgende Faustformel für die Anwendungsgrenze an: Meßbereich in Ampere mal 4 ist gleich Wellenlänge in m, bei der der Fehler höchstens 5% erreicht. Der Einfluß der Erdkapazität ist hierbei ausgeschaltet. Die obere Frequenzgrenze wird bestimmt durch die Stromverdrängung im Heizer, die Bildung kapazitiver Nebenschlüsse durch die notwendigen Metallteile und die Induktionswirkung des Heizers auf das Thermoelement. Die Anzeige ist unabhängig von der Kurvenform. Der Verbrauch ist im Vergleich zum Hitzdrahtgerät klein. Der Thermoumformer hat aber wie dieses nur geringe Überlastbarkeit (50...100%), da die Temperatur, wie erwähnt mit dem Quadrat des Stromes ansteigt.

[1] Kruse u. Zinke: Arch. techn. Mess. V 324—2. (Sept. 1935.)

Zur Messung der kräftigen Antennenströme eines Senders ist der Thermoumformer mit Drehspulgerät das gegebene Meßinstrument, da Gerät und Umformer leicht getrennt werden können, bei höheren Stromstärken sogar immer getrennt sind. Bis zu 10 A kann man die Umformer ins Instrumentgehäuse einbauen.

Läßt man das Licht eines durch die Stromwärme glühend gewordenen Meßdrahtes auf eine Photozelle fallen, an welche ein Drehspulgerät angeschlossen ist, so erhält man einen **Photo-Strommesser**, welcher fast frequenzunabhängig ist, allerdings beträchtlichen Eigenverbrauch besitzt. Er dient zur Bestimmung des Frequenzfehlers der Thermoumformer.

## 8. Vielfachgeräte.

Die Ausbildung eines Gerätes mit mehreren Meßbereichen durch Vor- und Nebenwiderstände wurde auf S. 16 beschrieben. Von verschiedenen Firmen werden **Drehspulgeräte hoher Genauigkeit** (Toleranz 0,1%) hergestellt, die durch Meßwiderstände im Instrumentgehäuse z. B. für folgende Meßbereiche eingerichtet sind:

0,003 0,015 0,15 1,5 15 30 A

0,15 1,5 15 150 300 V

Die Meßleitungen werden an zwei Klemmen angeschlossen; der Übergang von einem Meßbereich zum andern erfolgt durch einen Stöpsel, der in eine mit dem Meßbereich bezeichnete Buchse eingedrückt wird und dabei die notwendige Umschaltung des Drehspulmeßwerks auf die entsprechenden Meßwiderstände vornimmt (s. z. B. Abb. 14d).

Das Drehspulmeßwerk eignet sich dank seines geringen Verbrauchs und seiner hohen Empfindlichkeit ausgezeichnet zur Ausbildung als Vielfachgerät für Gleichstrommessungen. Zum **Universalgerät** für Gleich- und Wechselstrom wurde es erst durch die Einführung des Trockengleichrichters in die Meßtechnik.

Mit der Entwicklung der Schwachstrom- und Radiotechnik entstand ein lebhaftes Bedürfnis nach einem wohlfeilen und möglichst vielseitig anwendbaren Meßgerät. Das „Universalmavometer“ von Gossen kam wohl als erstes derartiges Instrument diesem Bedürfnis entgegen. Es ist in seiner heutigen Ausführung in der Abb. 20 bei a dargestellt. Auf einem rechteckigen Sockel *1* aus Isolierstoff ist ein hochempfindliches Drehspulgerät *2* (etwa 85 mm Durchmesser) mit 2 Skalen für Gleich- und Wechselstrom, Ablesespiegel und Messerzeiger aufgebaut. Der Sockel enthält neben den Meßwiderständen einen Trockengleichrichter und einen Umschalter *3*, mit dem man das Gerät durch einen einfachen Handgriff von Gleich- auf Wechselstrom umstellt. An die Klemmen *4*...*6* wird ein Meßwiderstand *10* durch Verbindungslaschen angeklemmt, der die eigentlichen Anschlußklemmen *7* und *8* für Gleichstrom, *7* und *9* für Wechselstrom trägt. Mit einer Anzahl leicht auswechselbarer Meßwiderstände *10* ist es möglich, verschiedene Meßbereiche rasch herzustellen, z. B. für Gleichstrom und Wechselstrom von 3 mA bis 12 A, 3 V bis 1200 V.

Abb. 20b zeigt das „Multavi II" von H. & B. In einem Preßstoffgehäuse sind untergebracht: Ein empfindliches Drehspulmeßwerk, ein Trockengleichrichter, eine Anzahl Meßwiderstände, ein Umschalter *1* zur Umschaltung von Gleich- auf Wechselstrom und ein Meßbereichwähler *2*. Die Anschlußklemmen + und V sind für Spannungs-, + und A für Strommessungen bestimmt. Man kann mit dem Meßbereichwähler während der Messung von einem Meßbereich zum andern übergehen, kann z. B. ohne Umklemmen unmittelbar hintereinander Strom und Spannung messen. Ähnlich ist das „Multizett" von S. & H., Abb. 20c, eingerichtet. Die Zahl und Größe der Meßbereiche bei b und c sind aus den Abbildungen ohne weiteres zu ersehen. Bei diesen Geräten ist ebenfalls eine Meßbereicherweiterung durch Ansteckwiderstände oder Meßwandler vorgesehen.

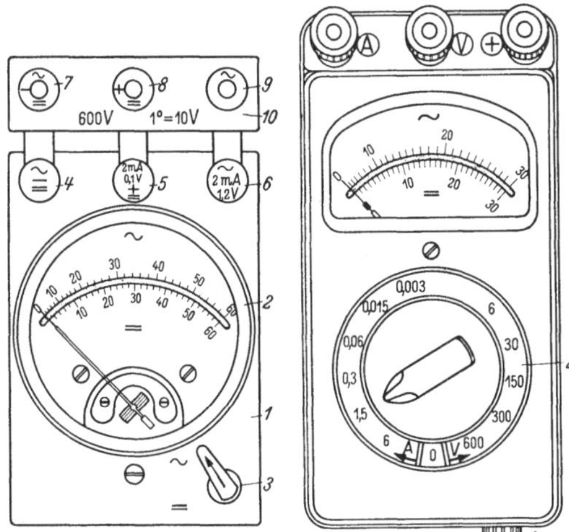


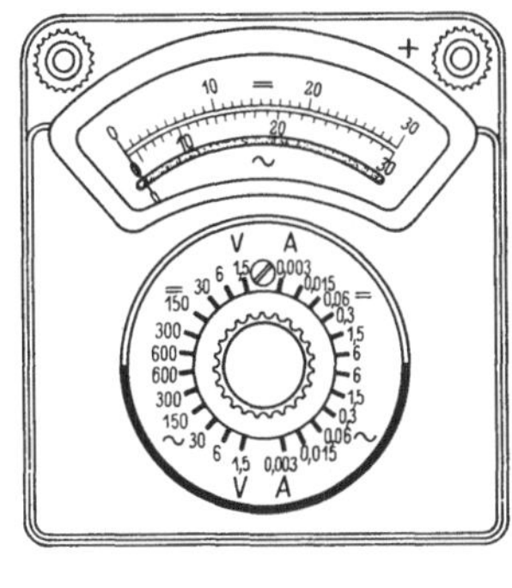


Abb. 20. Vielfachgeräte für Gleich- und Wechselstrom mit Trockengleichrichter und Drehspulmeßwerk. a Mavometer von Gossen. *1* Grundplatte, *2* Drehspulgerät mit Spiegelbogen und Messerzeiger, *3* Stromartumschalter, *4*, *5*, *6*, *7*, *8*, *9* Anschlußklemmen, *10* Ansteckwiderstand. b Multavi II von H. & B. *1* Stromartumschalter, *2* Meßbereichwähler. c Multizett von S. & H.

Neben den in der Abb. 20 dargestellten Universalgeräten gibt es noch andere Konstruktionen, deren Wiedergabe hier aus Platzmangel unterbleiben muß. Diese kleinen Universalgeräte, die ursprünglich für den Radiobastler gedacht waren, haben sich heute in vielen Prüfräumen und Laboratorien, auch der Starkstromtechnik und der Wissenschaft, gut eingeführt. Manche der Konstruktionen zeigen dank mühevoller Entwicklungsarbeit ziemlich hohe Genauigkeit. Die Toleranz beträgt für Gleichstrom etwa 1%, für Wechselstrom 1,5%. Gleich- und Wechselstromskala zeigen wegen der gekrümmten Kennlinie des Gleichrichters verschiedenen Verlauf.

## 9. Galvanometer.

**Allgemeine Eigenschaften.** Wenn man bei gegebenem kleinem Meßstrom sowie gegebener Windungszahl und Größe der Spule die Induktion des Magnets nicht mehr erhöhen kann, dann muß man zur Erhöhung der Empfindlichkeit des Drehspulgerätes die Richtkraft herabsetzen. Damit machen sich durch das Gewicht des beweglichen Organs selbst bei bester Spitzenlagerung unzulässig hohe Reibungsfehler (auch Stellung genannt) bemerkbar. Aus diesem Grunde hängt man die Drehspule an einem elastischen Band auf, das durch seine Verdrehungsfestigkeit gleichzeitig das mechanische Gegenmoment liefert. Für die Größe des Ausschlags gilt auch hier die auf S. 3 angegebene Grundgleichung (3). Die Galvanometer, wie man derartige Meßgeräte nennt, beruhen auf dem Drehspulprinzip und sind zur Messung kleinster Ströme und Spannungen bestimmt. Die Eichung muß der Messende in der Mehrzahl der Fälle selber vornehmen.

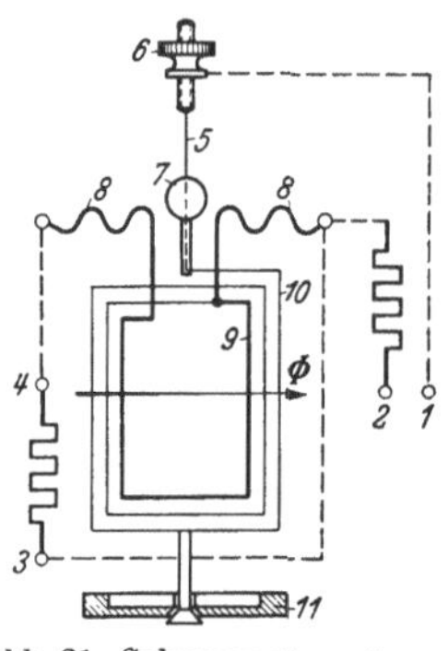


Abb. 21. Galvanometer mit zwei Wicklungen und ballistischer Einrichtung (H. & B.). *1*, *2* Anschlüsse der Wicklung *10*, *3*...*4* Dämpfungswiderstand, *5* Aufhängeband, *6* Befestigungsmutter, *7* Spiegel, *8* Stromzuführungsbänder ohne Richtkraft, *9* spannungsempfindliche Wicklung, *10* stromempfindliche Wicklung, *11* Zusatzgewicht für ballistische Messungen.

Die Aufhängedrähte oder -bänder bestehen meistens aus Phosphorbronze, manchmal auch aus Quarz oder Platin (Wollastondraht), und müssen frei von elastischer Nachwirkung sein, um genügende Konstanz des Nullpunkts zu gewährleisten. Die Bänder bzw. Drähte werden an ihren Enden eingeklemmt, da eine Lötung einen mechanisch unsicheren Übergang bildet. Sie sind durch das Gewicht der Spule hochbelastet; Stöße beim Tragen des Gerätes vertragen sie nicht. Aus diesem Grunde wird bei Geräten mit Bandaufhängung das bewegliche Organ durch eine besondere Einrichtung, meist Arretierung genannt, angehoben und gegen ein Widerlager gedrückt, so daß das Aufhängeband vollkommen entlastet ist. Die Drehspule kann sich in dem engen Luftspalt des Magnets nur bewegen, wenn sie nicht streift, d. h. wenn das Galvanometer genau senkrecht steht. Eine sorgfältige Aufstellung des Gerätes mit Stellschrauben und Dosenlibelle ist also unerläßlich. Zur Messung kleiner Ströme wird die Spule mit vielen dünndrähtigen Windungen versehen, für die Messung kleiner Spannungen mit wenigen Windungen von großem Querschnitt. Man kann auch auf eine Spule 2 Wicklungen der oben beschriebenen Art aufbringen, wie es Abb. 21 schematisch zeigt, die spannungsempfindliche Wicklung *9* und die stromempfindliche *10*. Die Drehspule bewegt sich im Luftspalt eines Dauermagnets, dessen Induktionsfluß durch den Pfeil $\Phi$ angedeutet ist. Sie hängt an einem Bronzeband *5*, das über die verstellbare Mutter *6* am

Gehäuse befestigt ist. Der Strom wird durch das Aufhängeband *5* und über praktisch richtkraftfreie Metallbänder *8* (meist Gold, oft auch Kupfer) zugeführt. Ein kleiner Spiegel *7* ermöglicht die später erläuterte Ablesung mit Fernrohr und Ableseschirm.

Beim Galvanometer wird von der auf S. 9 erwähnten Spulendämpfung Gebrauch gemacht Die Wicklung *9* in Abb. 21 ist über den Widerstand *3*...*4* geschlossen, während die Wicklung *10* dann als Meßwicklung benutzt wird. Beide Wicklungen können ihre Rollen vertauschen. Bei einem bestimmten äußeren Widerstand, der meist gleich dem Spulenwiderstand ist, hat man die günstigste, aperiodische Dämpfung. Der äußere Widerstand heißt dann Grenzwiderstand. Macht man den äußeren Widerstand kleiner als den Grenzwiderstand, dann kriecht das Galvanometer, macht man ihn größer, dann treten Überschwingungen auf, und die Spannungsempfindlichkeit geht zurück. Diese Betrachtungen gelten auch für Galvanometer mit einer Wicklung. Hier tritt noch folgende Schwierigkeit auf: Zur ersten orientierenden Messung setzt man mit dem Empfindlichkeitsregler die Empfindlichkeit des Galvanometers herab, indem man einen Teil des Meßstromes durch einen Nebenwiderstand vorbeileitet. Dadurch vermeidet man Beschädigungen durch Überströme. Da die Dämpfung aber vom äußeren Widerstand abhängt, darf durch die Empfindlichkeitsregelung der äußere Widerstand in bezug auf die Spulenwicklung nicht geändert werden, was man durch geeignete Schaltung erreichen kann. Heftige Galvanometerschwingungen bringt man augenblicklich zur Ruhe, wenn man die Dämpferwicklung kurzschließt (Kurzschlußtaste).

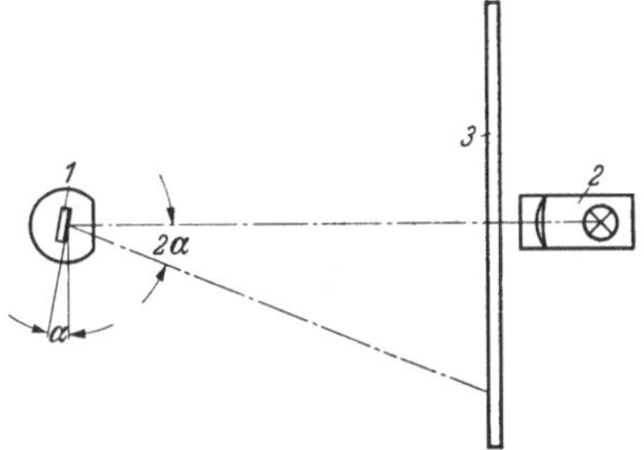

Abb. 22. Spiegelablesung. *1* Galvanometerspiegel, *2* Scheinwerfer, *3* Ableseskala.

Die **Spiegelgalvanometer** sind mit einem Ablesespiegel ausgerüstet, der, im Gegensatz zum Zeiger, von kleinem Gewicht und Trägheitsmoment ist. Abb. 22 zeigt schematisch die Ablesemethode mit Spiegel. Der Spiegel *1* des beweglichen Organs dreht sich um eine Achse, die man sich senkrecht zur Papierebene zu denken hat. Von der Lampe *2* fällt ein Lichtstrahl auf den Spiegel und wird von dort auf die Skala *3*, die meist eine Millimeterteilung auf Mattglas trägt, zurückgeworfen und von hinten beobachtet. Dreht sich der Spiegel um den Winkel $\alpha$, so dreht sich der Lichtstrahl um den Winkel $2\alpha$. Der Ausschlag des beweglichen Organs wird also im reflektierten Lichtstrahl verdoppelt; die Länge des Lichtzeigers beträgt 1 oder 2 m, kann aber bei lichtstarker Lampe auch wesentlich größer sein, wodurch die Empfindlichkeit des Meßgerätes außerordentlich gesteigert wird.

Die eben geschilderte Ablesung des Lichtstreifens bezeichnet man als „objektive“ Ablesung, die weniger ermüdet als die sog. „subjektive“ Ablesung. Bei dieser tritt an Stelle des Scheinwerfers *2* in Abb. 22 ein Fernrohr, durch das die Skala *3* über den Spiegel *1* beobachtet wird. Zur Ablesung des Ausschlags — auch hier tritt die Verdoppelung des Ausschlagwinkels ein — befindet sich im Brennpunkt des Fernrohrokulars ein feiner Faden, der parallel zu den Strichen der Teilung auf der Skala *3* steht. Der Faden erscheint im Okular als feiner feststehender Strich in der Teilung von *3*, die sich mit der Änderung von $\alpha$ vor dem Auge des Beobachters vorbei bewegt. Bei Stillstand des beweglichen Organs wird die Stellung des Striches in der Skala abgelesen. Bei dieser „subjektiven Ablesung“ wird häufig die Skala *3* durch

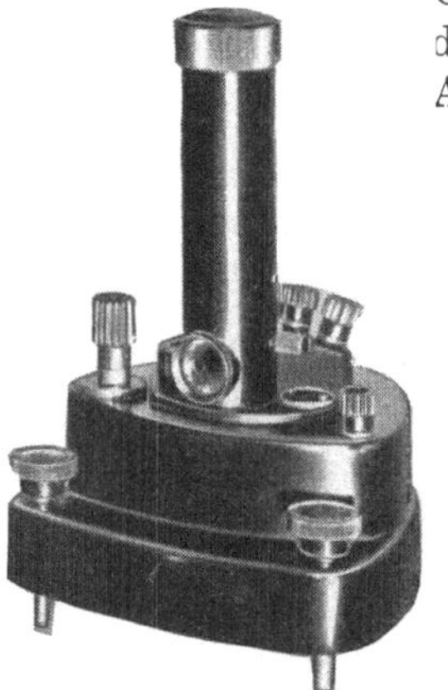

Abb. 23. Spiegelgalvanometer von S. & H.

Abb. 24. Zeiger- und Spiegelgalvanometer von H. & B.

besondere Lampen beleuchtet, die, ähnlich wie bei den Nähmaschinen, den Beobachter am Fernrohr nicht blenden dürfen. Abb. 23 zeigt die Ansicht eines Spiegelgalvanometers von S. & H.

**Die Zeigergalvanometer** besitzen bei verminderter Empfindlichkeit einen in bezug auf die Drehachse ausgewogenen, körperlichen Zeiger und eine Skala zur Ablesung, sind aber sonst wie die Spiegelgalvanometer gebaut. Oft liegt der Nullpunkt in der Mitte der Skala, die nicht in bestimmten Werten ausgeteilt ist. Häufig findet man neben dem Zeiger noch einen Spiegel für Lichtzeigerablesung wie bei dem Galvanometer nach Abb. 24, das insbesondere für vielseitige Verwendung in Schulen geeignet ist. Bei allen Galvanometern muß man darauf achten, daß durch Thermoströme keine Fälschungen der Meßergebnisse entstehen. Die Anschlüsse müssen geschickt verlegt und aus passenden Werkstoffen sein.

Die Schwingung eines Galvanometers ist gekennzeichnet durch 3 Größen: die Richtkraft des Aufhängebandes, die Dämpfung und die Trägheit des beweglichen Organs. Bei gegebener kleiner Richtkraft kann man entweder die Trägheit oder die Dämpfung außerordentlich vergrößern. Je nachdem kommt man zu der Gattung der ballistischen- oder aber der Kriechgalvanometer. Mit ihnen mißt man Stromimpulse.

**Ballistisches Galvanometer**[1]. Die Bezeichnung „ballistisch“ ist der Wurfgeschützkunst entliehen. Beim ballistischen Galvanometer wird durch einen elektrischen Stoß z. B. die Entladung eines Kondensators über die Drehspule, letztere und die mit ihr verbundene Masse in eine Bewegung „geworfen“, deren Energieinhalt demjenigen des Stromstoßes entspricht. Man versieht das bewegliche Organ der ballistischen Galvanometer nach Abb. 21 mit einem besonderen Gewicht (Masse), z. B. in Form der Scheibe *11*. Seine, durch einen Stoß angeregte Schwingung erfolgt dann so langsam, daß der Umkehrpunkt abgelesen werden kann. Diese Drehung der Drehspule und ihrer Masse gegen die Federkraft des Bandes *5* (Abb. 21) gibt ein Maß für den Stromstoß $I \cdot t =$ Strommenge in Coulomb, wobei der zeitliche Verlauf des Stromes beliebig sein kann. Nur eine Bedingung ist zu erfüllen: Der Stromstoß $I \cdot t$ muß kurz sein gegen die Schwingungsdauer des Galvanometers; denn nur dann steht die Schwingungsweite in einer einfachen Beziehung zur Strommenge. Man kann die lange Schwingungsdauer auch durch geringe Richtkraft, d. h. schwaches Aufhängeband, erzielen; hier setzt die mechanische Festigkeit eine Grenze. Geringe Dämpfung erhöht die Ausschlagsweite, bewirkt jedoch rasche Umkehr im Punkt des größten Ausschlags, wodurch die Ablesung erschwert wird. Manche Galvanometer haben eine Zusatzeinrichtung für ballistische Messungen, sind also vielseitig verwendbar. Die Empfindlichkeitsregelung der ballistischen Galvanometer ist nur mit besonderen Schaltungen möglich, die in dem angegebenen Schrifttum zu finden sind.

**Kriechgalvanometer**[2]. Versieht man die Galvanometer mit geringer Richtkraft und geringem Trägheitsmoment, aber außerordentlich hoher „kriechender“ Dämpfung, so kann man ebenfalls Stromstöße messen, wie sie z. B. bei der Änderung des magnetischen Flusses in Induktionsspulen entstehen. Bei einem Stromstoß legt die Spule einen Weg zurück, der — ähnlich wie beim Stromzähler — dem Produkt aus Strom und Zeit verhältnisgleich ist. Das gilt, im Gegensatz zum ballistischen Galvanometer, auch dann, wenn der Stromimpuls noch anhält, während sich die Drehspule schon bewegt. Dieser Umstand ist außerordentlich wertvoll, es wird hierdurch möglich, auch Strommengen mit kleinem Strom und langer Zeitdauer genau zu messen. Zur Rückführung des Zeigers in seine Ausgangslage schaltet man einen Gegenstrom aus einer fremden Stromquelle ein.

---

[1] Näheres siehe H. Roth: Arch. techn. Mess. J 727—1. (Nov. 1933.)

[2] Näheres siehe H. Busch: Z. techn. Physik Bd. 7 (1926) S. 361...371.

Steht genügend Energie zur Verfügung, wie z. B. bei magnetischen Messungen, so kann man ein spitzengelagertes Drehspulgerät mit guter Dämpfung, aber ohne mechanische Richtkraft, verwenden. Man bezeichnet diese Geräte dann als **Flußmesser** oder **Fluxmeter.** Sie eignen sich besonders für schnelle, magnetische Untersuchungen. Näheres siehe S. 193.

**Besondere Aufhängung der Drehspule bei Zeigergalvanometern.** Die Galvanometer sind ausgesprochene Laboratoriumsgeräte und für ortsfesten Gebrauch bestimmt. Instrumente etwas geringerer Empfindlichkeit kann man aber sehr wohl zum Tragen einrichten, sie machen

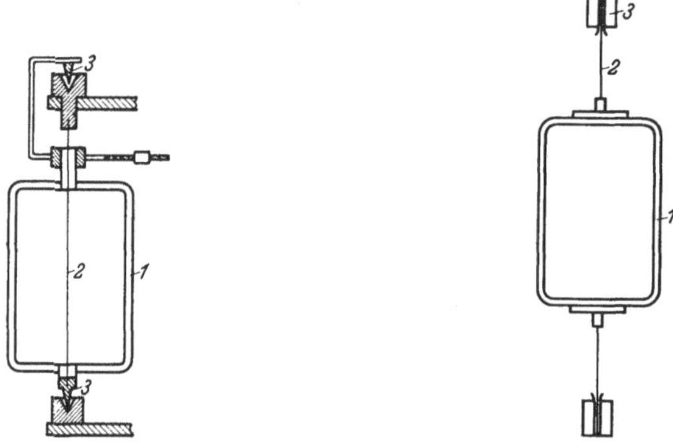


Abb. 25. Entlastete Fadenaufhängung von H. & B. *1* Drehspule, *2* Aufhängefaden, *3* Spitzenlager.

Abb. 26. Spannfadenaufhängung. *1* Drehspule, *2* Spannfaden, *3* Einspannung.

keine so sorgfältige Aufstellung nötig, sind mit Zeiger versehen und besitzen immer noch größere Empfindlichkeit als Zeigergeräte mit Spitzenlagerung. Bei der von Hartmann & Braun eingeführten **entlasteten Lagerung** nach Abb. 25 wird das Gewicht der Spule *1* von einem Bronzeband *2* getragen, dessen Verdrehungswiderstand die Richtkraft bildet. Oben und unten sind entweder Stahlspitzen *3* oder Zapfen angebracht, die ein seitliches Ausschwenken des beweglichen Organs verhindern. Das Aufhängeband kann durch Stöße nicht überlastet werden, eine Festklemmvorrichtung für die Drehspule ist daher oft nicht notwendig. Da das meist lange Aufhängeband in der hohlen Drehachse liegt, wird die Bauhöhe des Systems so niedrig, daß das Meßwerk in normalen Gehäusen (ohne Dom wie in den Abb. 23 und 24) untergebracht werden kann.

Abb. 26 zeigt die **Spannfadenaufhängung.** Die Drehspule *1* wird durch zwei oben und unten eingespannte Bronzebänder *2* gehalten. Dadurch streift die Drehspule auch bei einer gewissen Schräglage des Meßgerätes nicht an den Polschuhen. Das Spannfaden-Galvanometer ist daher in gewissen Grenzen unabhängig von der Lage und benötigt bei kleinem Spulengewicht keine Arretierung.

Die Galvanometer werden sehr viel als **Nullinstrument** in Kompensations- und Brückenschaltungen verwendet, d. h. sie haben anzuzeigen, daß zwischen 2 Punkten einer Schaltung keine Spannungsdifferenz mehr herrscht. Zur Feststellung dieser Tatsache genügt eine Nullmarke; die Teilung auf der Skala dient dazu, dem Messenden durch Erkennung der Größe des noch vorhandenen Ausschlags einen Hinweis für die Richtung und den Betrag der noch vorzunehmenden Abgleichung zu geben. Bei einem Galvanometer, das z. B. bei $10^{-8}$ A noch einen Ausschlag von 1 mm zeigt, kann man $10^{-9}$ A eben noch sicher erkennen. Hieraus ergibt sich die Toleranz der Abgleichung. Bei einer Meßanordnung mit hochohmigen Widerständen wird man die Wicklung der Drehspule möglichst feindrähtig ausführen. Bei niederohmigen Meßwiderständen muß der Widerstand der Drehspule klein sein, damit ein möglichst großer Strom fließt. Die höchste Empfindlichkeit erreicht man, wenn der Widerstand der Drehspule etwa gleich dem äußeren Widerstand der Meßanordnung — bezogen auf die Drehspule — ist. Da es sich für das Galvanometer hier nur um eine Nullanzeige handelt, ist eine Temperaturkompensation der Kupferwicklung durch temperaturfreie Widerstände wie bei den Instrumenten zur Ausschlagsmessung nicht notwendig; diese Kompensationswiderstände setzen die Empfindlichkeit herab.

## 10. Geräte mit Lichtzeiger.

Der körperliche Zeiger, sei er noch so leicht gebaut, stellt immer einen erheblichen Anteil vom Gewicht des beweglichen Organs und insbesondere seines Trägheitsmomentes dar. Die hochempfindlichen Galvanometer werden daher, wie beschrieben, mit Spiegel und Skala abgelesen. Im Gegensatz zum Galvanometer mit seiner, vom Instrument getrennten optischen Ableseeinrichtung wird diese beim Lichtzeigergerät mit dem Meßwerk in ein Gehäuse zusammengebaut und geeicht. Man verwendet Lichtzeiger bei hochempfindlichen Geräten mit möglichst kurzer Einstelldauer und bei sehr großen Geräten, bei denen das Drehmoment des Meßwerks nicht ausreicht, um z. B. einen Aluminiumzeiger von 1 m Länge zu führen.

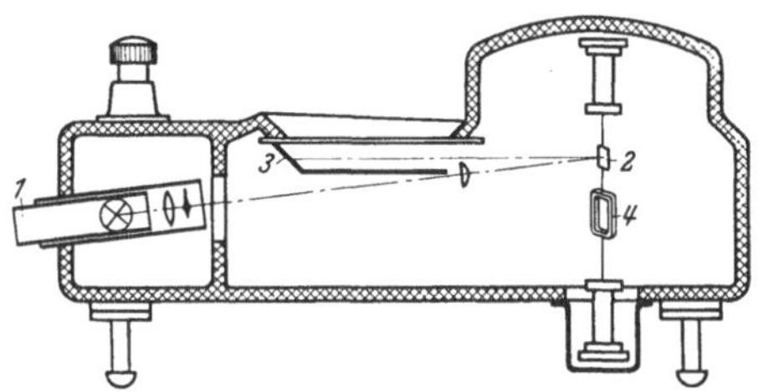

Abb. 27. Lichtmarkengalvanometer von S. & H. *1* Scheinwerfer mit Schattenzeiger, *2* Meßwerkspiegel, *3* Skala, *4* Drehspule.

Abb. 27 zeigt ein empfindliches Drehspulinstrument von S. & H.[1]. In das Gehäuse aus Preßstoff ist ein Scheinwerfer *1* mit Glühlampe

[1] Siehe Arch. techn. Mess. J 015—2.

und Schattenzeiger eingebaut. Letzterer wird über den Meßwerkspiegel *2* auf der Skala *3* abgebildet und erscheint dort als schwarzer Zeiger in hellem, rundem Feld. Die Austeilung ist auf einem Kegelmantel *3* aufgebracht, wobei die mathematische Kegelachse mit der Meßwerkachse zusammenfällt. Hierdurch hat der Lichtstrahl bei allen Stellungen der Drehspule dieselbe Länge, und das Zeigerbild bleibt immer scharf. Weitere Instrumente mit Lichtzeiger sind auf Seite 91 und 102 dargestellt. Dort wird ebenfalls durch einen kleinen Scheinwerfer ein Faden oder ein Lichtband auf einer ebenen Skala abgebildet. Der Winkelausschlag ist hierbei so klein, daß das Zeigerbild trotz der ebenen Skala auch in den Endstellungen scharf bleibt. Der Lichtzeiger bürgert sich immer mehr ein, z. B. auch für Profilinstrumente nach Abb. 11; der kleine Verbrauch des Glühlämpchens spielt meist keine Rolle.

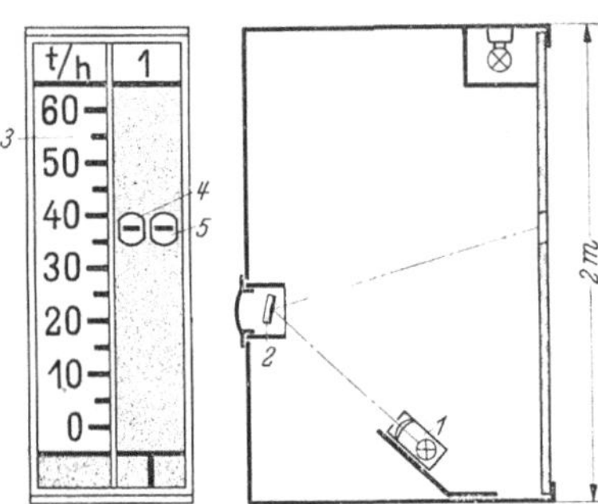

Abb. 28. Großgerät mit Lichtzeiger, Profilux. *1* Scheinwerfer, *2* Meßwerkspiegel, *3* Skala, *4*, *5* Lichtmarken (H. & B.).

Abb. 28 zeigt ein Großgerät mit Lichtzeiger und einer Skala von 2 m Länge. Auch hier ist ein Scheinwerfer *1* mit einer Lichtquelle und einer Schattenmarke eingebaut, deren Bild *4* über den Meßwerkspiegel *2* auf eine Bahn neben der Skala *3* geworfen wird. Die Lichtmarke *5* spielt neben der Lichtmarke *4*, und kann z. B. durch einen Befehlsgeber gesteuert werden. Solche Geräte werden in großen Hallen, z. B. im Kesselhaus eines Elektrizitätswerkes, aufgestellt, um betriebswichtige Meßgrößen weithin sichtbar anzuzeigen. Die Lichtzeigergeräte, deren Meßwerkausschlag wie bei den Galvanometern durch die Spiegelung des Lichtzeigers verdoppelt wird, sind auch in mangelhaft oder gar nicht erleuchteten Räumen gut ablesbar. Lichtzeigergeräte haben sehr kleinen Eigenverbrauch.

Die Geräte der Abb. 27 und 28 sind als Beispiele zahlreicher Ausführungen wiedergegeben. Es gibt auch Instrumente, an denen der Lichtzeiger durch Mehrfachspiegelung verlängert und damit die Empfindlichkeit vergrößert wird.

## 11. Allgemeine Eigenschaften.

Es sollen hier die für die Kennzeichnung der Meßgeräte und ihrer Anwendungsmöglichkeit allgemein eingeführten Begriffe etwas eingehender behandelt werden, um sie dann bei der Beschreibung der anderen Meßwerke als bekannt vorauszusetzen. Einige allgemeine Eigenschaften der elektrischen Meßgeräte sind in den Tafeln 1 bis 7 zusammengestellt.

**Toleranz.** Fließt z. B. durch einen Strommesser ein Strom von 100 A, so beträgt der Fehler, wenn der Zeiger nur auf 99 A steht, —1 A oder —1%, die Genauigkeit 99%. Ist für die Fertigung der Instrumentengattung eine Toleranz von ±2% zugelassen, so liegt der Fehler innerhalb der Toleranz; beträgt die Toleranz ±0,5%, so liegt der Fehler außerhalb der Toleranz. Diese wird heute mit gewissen Ausnahmen auf den Endwert des Meßbereichs bezogen, in dem obigen Beispiel kann also der Fehler ±1 A = ±1% auch bei 10 A auftreten; der Strommesser erfüllt dann immer noch die festgelegte Toleranz, obwohl der Fehler von 1 A, auf den Sollwert 10 A bezogen, 10% ausmacht. Die so angegebene Toleranz schließt nur die Fehler ein, die durch Unvollkommenheit der Herstellung und der Eichung entstehen, und nicht solche durch äußere Einflüsse. Für diese Einflußgrößen sind vom VDE und nach den internationalen Regeln[1] Erweiterungen zugelassen.

Die Herstellungsfehler sind folgende: Der Reibungsfehler entsteht durch Reibung der Drehachse in ihren Lagern. Man kann diesen Fehler bei einem bestimmten Meßwert feststellen, wenn man den Meßwert einmal von Null und einmal vom Endausschlag kommend durch stetige Regelung einstellt und den Unterschied in der Anzeige beobachtet. Das zur Beseitigung dieses Fehlers so beliebte Klopfen auf die Scheibe ist bei guten Instrumenten nicht notwendig. Bei waagerecht liegender Achse liegen beide Achsenspitzen entsprechend dem Gewicht des beweglichen Organs in den tiefsten Punkten der Lager. Ein gewisses Achsenspiel wirkt sich nicht auf den Zeigerausschlag aus. Bei senkrecht stehender Achse entsteht jedoch durch das Achsenspiel der sog. Kippfehler. Die Stellung der tragenden Spitze — meist der unteren, bei Geräten mit sog. Innenspitzen (s. Abb. 48) der oberen — in ihrer Lagerpfanne ist eindeutig bestimmt. Die nicht tragende Spitze kann sich mit einem gewissen Spiel in ihrem Lagerstein bewegen, wenn man das Gerät etwas neigt. Bei kleiner Neigung wird dieses Spiel meist durch einen kleinen seitlichen Zug der Spiralfeder unterdrückt. Liegt die Zeigerspitze in der Horizontalebene des tragenden Lagers, so entsteht durch das Kippen der Achse kein Einstellfehler (vgl. die Geräte der Abb. 45 und 48). Bei ersterem liegt der Zeiger in der Ebene der unteren Tragspitze, bei letzterem in der Ebene der oberen Innenspitze. Liegt der Zeiger über oder unter der durch die Tragspitze gehenden Horizontalebene, so kann er beim Kippen der Achse infolge des Lagerspiels eine Bewegung ausführen, die, wenn sie senkrecht zum Zeiger erfolgt, die Anzeige fälscht. Die Auswirkung des Kippfehlers wird um so größer, je größer der senkrechte Abstand der Zeigerspitze von der erwähnten Ebene durch die Tragspitze ist. Bei guten Geräten rechnet man mit einem Kippfehler von weniger als 0,1 mm. In die Toleranz fällt noch der Eichfehler, der bei entsprechender Eichmethode sehr klein ist. Der sog. Anwärmefehler entsteht dadurch, daß

[1] Siehe Tafel IV, S. 137.

das Meßgerät oder das Zubehör durch die Meßgröße (Meßstrom) seine Eigenschaften, insbesondere die Temperatur gegen die Umgebung ändert und damit die Anzeige beeinflußt wird. Für Drehspulinstrumente ist diese Fehlermöglichkeit auf S. 18 besprochen, bei den anderen Meßwerken ist der Anwärmefehler nur erwähnt, wenn er von Wichtigkeit ist. Der Fehler durch elastische Nachwirkung der Spiralfedern oder des Aufhängebandes ist auf S. 4 beschrieben.

**Anwendungsgebiet.** Die mit dem Drehspulmeßwerk ausführbaren Strom- und Spannungsmeßbereiche sind in der Tafel II a S. 135 zusammengestellt. Man sieht hieraus, daß das Drehspulgerät, insbesondere bei kleinen Meßbereichen, alle anderen Meßwerke übertrifft. Aber auch in seinem Aufbau ist es außerordentlich anpassungsfähig. Man findet Drehspulgeräte in der Größe eines Fünfmarkstückes als Antennenamperemeter in tragbaren Radiostationen, als große Betriebsgeräte aller Art unter oft sehr schwierigen Verhältnissen z. B. auf stark erschütterten Fahrzeugen, als Normalgerät höchster Präzision wohlbehütet im stillen Winkel eines wissenschaftlichen Laboratoriums.

Der **Eigenverbrauch** eines Meßgeräts muß dem Messenden bekannt sein. Da es sich, abgesehen von der Messung sehr hoher Spannungen oder Ströme, nur um Leistungen in der Größenordnung von Watt und nicht Kilowatt handelt, spielen die Kosten nur eine untergeordnete Rolle. Der Verbrauch ist aber häufig von Einfluß auf die Messung selbst. In der Reihe der elektrischen Meßgeräte hat das elektrostatische Voltmeter den kleinsten Eigenverbrauch. Dann kommt das Drehspulgerät, das im Gegensatz zu anderen Geräten sehr sparsam ist, wie dies die Tafeln V und VI auf S. 138 und 139 zeigen. Der Verbrauch der Drehspule liegt für technische Instrumente bei $10^{-3}$ W, für hochempfindliche Galvanometer bei $10^{-14}$ W.

Unter **Empfindlichkeit** eines Meßgerätes versteht man das Verhältnis der Ausschlagsänderung zur Änderung der Meßgröße. Man gibt z. B. die Empfindlichkeit eines Galvanometers so an: 3 mm Ausschlag bei 1 m Skalenabstand und $10^{-9}$ A. Damit ist gewissermaßen die Anfangsempfindlichkeit angegeben, sie gilt aber für ein Instrument mit linearer Kennlinie innerhalb des ganzen Anzeigebereichs. Die Anfangsempfindlichkeit gibt die kleinste Meßgröße an, die mit dem betreffenden Instrument noch gemessen werden kann. Man kann bei gegebenem elektrischem und mechanischem Drehmoment die Empfindlichkeit nur durch Verlängerung des Zeigers erhöhen. Hier sind sowohl beim körperlichen Zeiger als auch beim Lichtzeiger Grenzen gesetzt. Eine Erhöhung der Empfindlichkeit durch Verkleinerung der Richtkraft läßt sich nur bis zur Grenze der sicheren Einstellung durchführen. Das empfindlichste technische Meßgerät ist das Drehspulgerät, weshalb man es auch für Wechselstrommessungen verwendbar gemacht hat. An zweiter Stelle kommt das fremderregte, bandaufgehängte Elektrodynamometer, wie aus der Tafel IIa, S. 135 ersichtlich ist.

**Überlastbarkeit.** Nach den internationalen Regeln für Meßgeräte sollen die Instrumente bei zweistündiger Dauerschaltung mit dem Nennwert (Wattmeter mit 1,2fachem Nennstrom und 1,2facher Nennspannung) nicht beschädigt werden. Das Gerät gilt als nicht beschädigt, wenn es nach der Abkühlung noch den erwähnten Regeln entspricht. Bei Stoßbelastung, wie sie z. B. bei Netzkurzschlüssen oder bei Fehlschaltungen vorkommt, werden die Meßwerke vorwiegend mechanisch, aber auch thermisch beansprucht. Die mechanische Beanspruchung wird durch eine gute Dämpfung und insbesondere durch zweckmäßige, etwas federnde Zeigeranschläge gemildert. Zur Prüfung der Betriebsinstrumente auf kurzzeitige Belastung (Stoßfestigkeit) schreiben die internationalen Regeln für elektrische Meßinstrumente folgendes vor:

„Ein Instrument soll unbeschädigt bleiben, wenn seine Wicklungen nach a) und b) (siehe unten) überlastet werden. Es soll als unbeschädigt gelten, wenn der Zeiger sich nach dem Versuch um nicht mehr als 0,5% der Skalenlänge vom Nullpunkt entfernt einstellt und das Instrument nach der Berichtigung des Nullpunktes noch den Vorschriften entspricht.

a) Instrumente der Klassen 0,2 und 0,5:
Strommesser: 2facher Nennstrom.
Spannungsmesser: 2fache Nennspannung.
Leistungsmesser: 2facher Strom bei Nennspannung bei $\cos\varphi = 1$, wenn für Wechselstrom bestimmt.

Die Einschaltezeit soll so kurz wie möglich sein, aber mindestens so lange, daß der Zeiger den Endausschlag berührt. Der Versuch soll 5mal hintereinander gemacht werden mit 15 sec Pause zwischen den Stromstößen.

b) Instrumente der Klassen 1,0, 1,5 und 2,5:
Strommesser: 10facher Nennstrom.
Spannungsmesser: 2fache Nennspannung.
Leistungsmesser: 10facher Nennstrom bei Nennspannung und $\cos\varphi = 1$.

Dieser Überstromversuch soll 10mal wiederholt werden mit je einer Minute Pause. Die Dauer soll je 0,5 sec sein, mit Ausnahme des 10. Versuches, bei dem die Zeit 5 sec betragen soll. Wattmeter sollen außerdem nach einer Pause von nicht weniger als einer Minute 5 sec der doppelten Nennspannung ausgesetzt werden, während sie den Nennstrom führen.“

Bei der Messung von Wechselströmen wird der Stromstoß durch zwischengeschaltete Meßwandler in hohem Maße vom Instrument ferngehalten.

**Mechanische Gütezahl**[1]. Die Güte eines Meßgerätes hängt in hohem Maße von dem Verhältnis seines Drehmoments $M$ zu dem Gewicht $G$ seines beweglichen Organs ab. Keinath[2] hat als günstigen Mittelwert aus vielen Versuchen für die Gütezahl folgende Formel aufgestellt:

$$\gamma = 10 \cdot M_{90^\circ}/G^{1.5}. \tag{5}$$

[1] Die viel verwendete Bezeichnung „Gütefaktor“ ist für die genannte Verhältniszahl, die nie als Faktor erscheint, nicht zutreffend.

[2] Keinath: Technik elektrischer Meßgeräte Bd. 1 München (1928) S. 26.

Das Drehmoment $M_{90°}$ wird beim Winkelausschlag 90° gemessen. Der Exponent 1,5 des Gewichts $G$ des beweglichen Organs trägt der Erfahrung Rechnung, daß Geräte mit kleinem Gewicht des beweglichen Organs (Instrumente in Uhrform) in bezug auf die Gütezahl günstiger liegen als solche mit großem Gewicht (Schreibgeräte). Die so berechnete Gütezahl $\gamma$ liegt für Drehspulinstrumente normaler Größe nahe bei 1, für elektrodynamische Leistungsmesser und Schreibgeräte bei 0,5. Die Erreichung einer gewissen Gütezahl ist eine Voraussetzung für ein gutes Gerät, sie sagt aber nichts über die Güte der Herstellung, z. B. der Lagerung, aus.

# II. Kreuzspulmeßgeräte mit Dauermagnet.

## Meßprinzip.

Bringt man auf die Achse eines Drehspulmeßwerks zwei Spulen $S_1$ und $S_2$, die um einen Winkel $2\beta$ gegeneinander gekreuzt sind, wie in der Abb. 29, so bekommt man 2 elektromagnetische Drehmomente $M_1$ und $M_2$, die bei entsprechender Schaltung Drehungen entgegengesetzter Richtung um die Achse bewirken. Das magnetische Feld ist aber, im Gegensatz zum Drehspulinstrument, inhomogen, d. h. die Spule $S_1$ bewegt sich bei zunehmendem Ausschlagswinkel $\alpha$ des Zeigers von Stellen größerer Induktion in der Mitte der Polschuhe nach Stellen kleinerer Induktion an den Polschuhspitzen. Die Spule $S_2$ bewegt sich (bei zunehmendem $\alpha$) von Stellen kleinerer Liniendichte nach Stellen größerer Liniendichte. Innerhalb der Kreuzspulen befindet sich ein Eisenkern, der bei dem erstmalig von Bruger[1] angegebenen Kreuzspulinstrument etwa elliptische Form hat, während die Polschuhe zylindrisch sind. Bei modernen Instrumenten ist der Kern zylindrisch, die Polschuhe werden aus Herstellungsgründen ebenfalls von Zylinderflächen begrenzt, die aber einen größeren oder kleineren Radius besitzen, als einem Kreisbogen um die Drehachse entspricht (Abb. 29). Je nachdem nimmt die Größe des Luftspalts von der Mitte nach den Spitzen der Polschuhe hin zu oder ab. Für die mit dem Ausschlagswinkel $\alpha$ veränderliche Induktion — durch entsprechende Formung der Polschuhe erzielt — mögen bei der Drehung der Kreuzspule um den Winkel $\alpha$ folgende Beziehungen gelten:

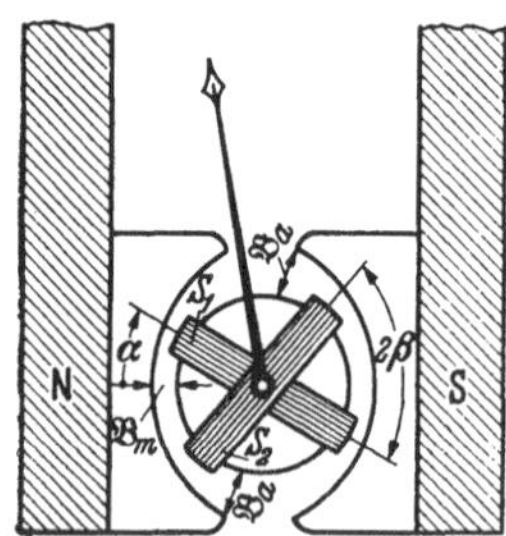

Abb. 29. Kreuzspulmeßwerk. $S_1$, $S_2$ Kreuzspule, $\mathfrak{B}_m$ größte Induktion, $\mathfrak{B}_a$ kleinste Induktion, $\alpha$ Ausschlagswinkel.

$$\text{Für Spule } S_1: \quad \mathfrak{B}_1 = \mathfrak{B}_m\,[1 - b\cdot\alpha] \tag{6}$$

$$\text{Für Spule } S_2: \quad \mathfrak{B}_2 = \mathfrak{B}_m\,[1 + b\cdot\alpha - b\cdot\beta]\,. \tag{7}$$

[1] Bruger: Elektrotechn. Z. Bd. 15 (1894) S. 33, Bd. 27 (1906) S. 531. — Physik. Z. Bd. 7 (1906) S. 775.

$b$ ist eine Konstante, die von der Größe der Induktionsänderung und damit von der Größe der Luftspaltänderung mit dem Ausschlagswinkel $\alpha$ abhängt. Die Induktion soll dabei von einem Höchstwert $\mathfrak{B}_m$ in der Mitte der Polschuhe abnehmen bis zur Induktion $\mathfrak{B}_m(1-b\cdot\beta)$ an der Stelle, wo die zweite Spule sich befindet, wenn die erste Spule senkrecht zu den Magnetschenkeln steht, also $\alpha = 0$ ist. Mit Gl. (3) von S. 3 erhält man für die Drehmomente der beiden Spulen die Beziehungen

$$\left.\begin{aligned} M_1 &= k\cdot I_1\cdot\mathfrak{B}_1 = k\cdot I_1\cdot\mathfrak{B}_m[1-b\cdot\alpha] \\ M_2 &= k\cdot I_2\cdot\mathfrak{B}_2 = k\cdot I_2\cdot\mathfrak{B}_m[1+b\cdot\alpha-b\cdot\beta]\,. \end{aligned}\right\} \tag{8}$$

Kommt das bewegliche Organ zur Ruhe, so sind die beiden Drehmomente entgegengesetzt gerichtet und gleich groß, d. h. $M_1 + M_2 = 0$ oder mit Gl. (8)

$$\frac{J_1}{J_2} = \frac{1+b\cdot\alpha-b\cdot\beta}{1-b\cdot\alpha}\,, \tag{9}$$

da $b\cdot\alpha$ bzw. $b\cdot\beta \ll 1$, so ist angenähert (10)

$$\frac{J_1}{J_2} = \frac{(1+b\cdot\alpha)\cdot(1-b\cdot\beta)}{1-b\cdot\alpha} \approx (1+2b\cdot\alpha)(1-b\cdot\beta) \approx 1+2b\cdot\alpha\,. \tag{11}$$

In parallelen Stromzweigen, die an derselben Spannung liegen, ist, unabhängig von der Größe der Spannung,

$$\frac{J_1}{J_2} = \frac{R_2}{R_1}\,. \tag{12}$$

Der Widerstand der Kreuzspule sei vernachlässigt. Mit Gl. (11) ist dann

$$\frac{R_2}{R_1} = 1 + 2b\cdot\alpha$$

$$\alpha = K\left(\frac{R_2}{R_1} - 1\right). \tag{13}$$

$K$ ist eine Konstante. Hierbei ist die Schaltung der Drehspulen nach Abb. 30 vorausgesetzt. Die Spulen $S_1$ und $S_2$ mit den Vorwiderständen $R_1$ und $R_2$ liegen beide an der Batterie mit der Spannung $U$. Der Zeigerausschlag $\alpha$ ist eine Funktion des Verhältnisses der Widerstände $R_1$ und $R_2$. Ist einer dieser Widerstände, z. B. $R_2$, ein bekannter Meßwiderstand, so ist

$$R_1 = f(\alpha)\,, \tag{14}$$

d. h. der Zeigerausschlag gibt unmittelbar den unbekannten Widerstand $R_1$ an, und man kann die Skala in Ohm eichen.

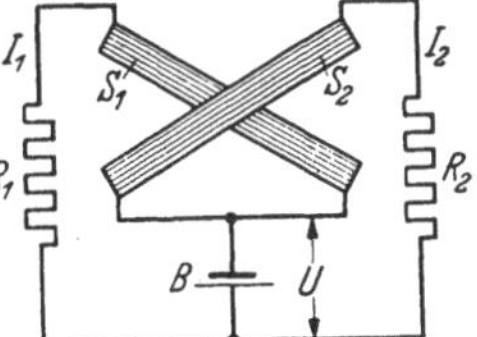

Abb. 30. Schaltung der Kreuzspulgeräte.

Durch die Wahl der Radien für die Begrenzungslinien von Polkern und Polschuh kann man eine mehr oder weniger starke Änderung des Luftspaltes und damit des magnetischen Feldes erzielen. Dementsprechend wird die Verhältnisempfindlichkeit der Kreuzspulgeräte kleiner (0,15...1...7) oder größer (0,97...1...1,03). Die angegebenen Werte sind als Grenzwerte anzusehen. Man kann die Verhältnisempfindlichkeit herabsetzen (auf einen bestimmten Wert abgleichen) durch Anbringen von Nebenwiderständen zu Teilen der Kreuzspule, d. h. zu $S_1$ oder $S_2$, oder indem man die nicht gemeinschaftlichen Enden von $S_1$ und $S_2$ durch einen Widerstand überbrückt. Beim Verhältnis 1 steht bei gleichen Abmessungen von $S_1$ und $S_2$ der Zeiger in der Mitte bzw. parallel zu den Magnetschenkeln. Die Kreuzspule steht dann symmetrisch im Feld des Dauermagnets.

Das bewegliche Organ besitzt keine mechanische Richtkraft. Der Zeiger bleibt also in stromlosem Zustand an beliebiger Stelle stehen. Das kann bei ungeübten Beobachtern zu Irrungen führen. Man bringt daher häufig eine sog. Zeigerrückführung in Form eines Relais an, die, wenn die Spannung $U$ unter einen gewissen Punkt sinkt, den Zeiger

Abb. 31. Skala eines Kreuzspul-Widerstandsmessers (etwa $^3/_5$ nat. Größe).

aus der Skala herausführt. Änderungen der Spannung haben auf die Größe des Ausschlagswinkels keinen Einfluß, dagegen ist die Einstellkraft, mit der die Kreuzspulen in eine neue Lage gebracht werden, unmittelbar von $U$ abhängig. Mit sinkender Spannung $U$ nimmt also die Einstellsicherheit ab; bei steigender Spannung $U$ kann die Erwärmung der Spulen unzulässig hoch werden. Im allgemeinen sind Änderungen von $\pm 20\%$ vom Sollwert der Spannung ohne Einfluß auf die Meßgenauigkeit und die Lebensdauer des Geräts.

Die beiden Drehmomente der gekreuzten Spulen sind verhältnismäßig groß. Unterbricht man den Strom in der einen Spule, so wird das bewegliche Organ durch das große Drehmoment der anderen Spule heftig in die Endlage geschleudert. Bei vielen Instrumenten wird dieser Stoß durch eine entsprechende Federung abgefangen, bei hochempfindlichen Instrumenten mit engem Meßbereich kann aber dennoch Schaden entstehen.

Das Kreuzspulmeßwerk ermöglicht die Herstellung genauer Ohmmesser. Ihre Skala beginnt meist mit $0\,\Omega$ ($R_1 = 0$) und endigt mit $\infty\,\Omega$ ($R_1 = \infty$), wenn noch eine dritte Spule, eine sog. Hilfsspule verwendet wird. Sonst ist das Verhältnis 0 oder $\infty$ nicht zu erreichen, da der Luftspalt sich nicht von 0 bis $\infty$ ändern kann. Den Verlauf einer Skalenteilung zeigt Abb. 31.

Der mechanische Aufbau des Meßwerks ist dem des Drehspulmeßwerks sehr ähnlich. Die beiden Spulen sind gekreuzt auf einen leichten Aluminiumrahmen gewickelt, der auch hier die Dämpfung des Ausschlags bewirkt. Drei dünne Goldbänder, deren mechanische Richtkraft praktisch ohne Einfluß auf die Einstellung der Spulen ist, führen den Strom zu; eine Zuleitung ist für beide Spulen gemeinsam (vgl.

Abb. 30). Die beim Drehspulinstrument notwendigen Spiralfedern kommen hier in Fortfall, und damit auch der Nullsteller. Der Dauermagnet ist ähnlich dem der Drehspulgeräte; nur die Polschuhe sind anders ausgebildet, z. B. wie in der Abb. 29 dargestellt.

Der Ausschlagswinkel ist bei den Kreuzspulgeräten gewöhnlich etwas kleiner (80°) als bei den Drehspulgeräten (90°). Es werden auch Kreuzspulgeräte mit etwa 270° Ausschlag hergestellt mit zwei auf einer Achse gekuppelten Meßwerken, deren Drehspulen und Magnete ähnlich der Abb. 5b ausgebildet sind. Die Induktion muß bei einem bestimmten Drehsinn des gemeinschaftlichen Zeigers im Luftspalt des einen Meßwerks zu-, im anderen abnehmen. Skala, Zeiger, Gehäuse und Zuleitung sind die gleichen wie bei den Drehspulinstrumenten. Im Gegensatz zu den letzteren liegt das Hauptanwendungsgebiet in der Schwachstromtechnik (Temperaturmessung mit Widerstandsthermometern, Fernmessung mit Widerstandsgeber u. dgl.), was auf die Entwicklung dieser Geräte von Einfluß war. Eine Zusammenstellung der Ausführungsformen von Kreuzspulinstrumenten wurde von Blamberg[1] veröffentlicht.

## III. Drehmagnet-Meßgeräte.

Das alte Nadelgalvanometer, das heute durch das empfindliche Drehspulgalvanometer verdrängt ist, besteht aus einer drehbar gelagerten oder an einem Band aufgehängten Magnetnadel, die sich in Richtung des Erdfeldes einstellt und durch das Feld einer feststehenden, stromdurchflossenen Spule aus ihrer Nordrichtung abgelenkt wird. Der Betrag der Ablenkung gibt ein Maß für den Strom in der festen Spule. Es ist also im Gegensatz zum Drehspulgerät der Magnet beweglich und die Spule fest. Dem Drehmagnetgerät nach Abb. 32 liegt das Prinzip des Nadelgalvanometers zugrunde. Ein drehbar gelagerter Magnet (oder ein Weicheisenstück) *1* stellt sich in Richtung des Feldes $\Phi_M$ eines Richtmagnets *2* ein. Der zu messende Strom fließt über die Spule *3*, deren Feld $\Phi_S$ senkrecht zu dem des Richtmagnets steht. Die Nadel *1* wird sich in Richtung des resultierenden Feldes $\Phi_R$ einstellen, d. h. sie wird abgelenkt und damit der Zeiger *4* über die Skala *5* geführt. Bei höheren Strömen genügt ein gerader Leiter, der in der Nähe der Nadel angebracht wird, um einen hinreichend großen Ausschlag hervorzubringen.

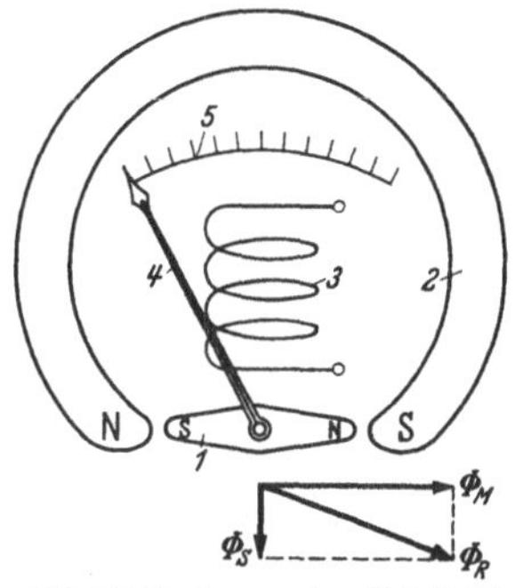


Abb. 32. Drehmagnetgerät. *1* Stahl- oder Eisennadel, *2* Richtmagnet, *3* feststehende Ablenkspule, *4* Zeiger, *5* Skala, $\Phi_M$ Fluß des Richtmagnets, $\Phi_S$ Fluß der Ablenkspule, $\Phi_R$ resultierender Fluß aus $\Phi_M$ und $\Phi_S$.

[1] Blamberg, E.: Arch. techn. Mess. J 726—2. (Aug. 1932.)

Der mechanische Aufbau dieser reinen Gleichstromgeräte ist außerordentlich einfach, da das bewegliche Organ keine Stromzuführungen benötigt. Man findet die Drehmagnetgeräte z. B. in Kraftwagen, wo sie den Ladezustand der Batterie anzeigen. Ihre Anzeigegenauigkeit ist gering, da fremde Magnetfelder oder nahe Eisenstücke von erheblichem Einfluß auf die Anzeige sind. Auch die erreichbare Stromempfindlichkeit ist erheblich kleiner als die der Drehspulgeräte. Sie sind in den Vorschriften des VDE für Meßinstrumente nicht besonders erwähnt, fallen aber sinngemäß unter die Begriffserklärung für Dreheisengeräte.

## IV. Dreheisen- (Weicheisen-) Meßgeräte.

VDE: Dreheiseninstrumente haben ein oder mehrere bewegliche Eisenstücke, die von dem Magnetfeld einer oder mehrerer feststehender, stromdurchflossener Spulen abgelenkt werden.

Kohlrausch[1] verwendete als erster die Anziehungskraft zwischen einem Eisenstück und einer stromdurchflossenen Spule zur Messung von Strom und Spannung: Hängt man an eine Schraubenfeder einen Eisenstab, der in ein unter ihm aufgestelltes Solenoid (eisenlose Spule) eintaucht, so wird der Eisenstab eingezogen, wenn Strom durch das Solenoid fließt. Der Eisenstab kommt zur Ruhe, wenn die mit der Verlängerung der Schraubenfeder wachsende Federkraft der auf den Eisenstab wirkenden elektromagnetischen Anziehungskraft das Gleichgewicht hält. Die Verlängerung der Schraubenfeder wird an einem Zeiger abgelesen und gibt ein Maß für den Strom in der Spule. Solche Instrumente mit geradliniger Bewegung des den Zeiger tragenden Organs werden heute kaum mehr gebaut, man findet sie aber noch ab und zu in den Betrieben. Die drehende Bewegung hat sich auch beim Weicheiseninstrument durchgesetzt. Die ersten Ausführungen dieser wichtigen Gattung wurden von Hummel[2] und von Uppenborn[3] angegeben.

### 1. Meßprinzip.

Das Feld einer stromdurchflossenen Spule magnetisiert ein Eisenstück, das sich an einem Hebelarm um eine Achse drehen kann, und dessen Feld wieder in Kraftwirkung tritt mit dem erzeugenden Feld der Spulen (vgl. Abb. 33). Das elektromagnetische Drehmoment $M_e$ an der Drehachse ist also grundsätzlich

$$M_e = \text{konst.} \cdot \mathfrak{H}_1 \cdot \mathfrak{B}_2 \cdot f(\alpha) = \text{konst.} \cdot I^2 \cdot f(\alpha). \tag{15}$$

$\mathfrak{H}_1$ ist die vom Strom $I$ hervorgerufene Feldstärke der Spule, $\mathfrak{B}_2$ die vom Spulenfeld $\mathfrak{H}_1$ erzeugte Induktion im beweglichen Eisenstück. Der

[1] Kohlrausch: Elektrotechn. Z. Bd. 5 (1884) S. 13.

[2] DRP. 30486 vom 25. 4. 84. Schuckert, Nürnberg und Hummel: Zbl. Elektrotechn. Bd. 6 (1884) S. 779.

[3] DRP. 39561 vom Jahre 1886.

Faktor $f(\alpha)$ bringt zum Ausdruck, daß sich die Induktion auch mit der Lage des beweglichen Eisenstücks, d. h. dem Ausschlagswinkel $\alpha$, ändert und nicht nur durch den Spulenstrom.

Man kann, wie weiter unten gezeigt wird, durch die Wahl von $f(\alpha)$ die Skalenform weitgehend ändern. Meist wird in das Feld der Spule neben dem beweglichen Weicheisenstück noch ein festes gebracht, durch das die Einstellkraft erhöht oder der Skalenverlauf beeinflußt wird. Am häufigsten gibt man der Skala den gewünschten Verlauf $f(\alpha)$, indem man, wie Bruger im Jahre 1887, dem festen Eisenstück eine konische oder ähnliche Form gibt. Gl. (15) besagt, daß das Weicheiseninstrument grundsätzlich für Gleich- und Wechselstrom verwendbar ist, denn die Richtung seines Drehmoments ist unabhängig vom Vorzeichen des Stromes $I$.

## 2. Meßwerkarten.

Einige Meßwerkarten sind in den Abb. 33 ... 37 zusammengestellt. Es ist jeweils diejenige Firma angegeben, die nach Kenntnis des Verfassers die betreffende Form als erste zur Anwendung brachte. Die verschiedenen Ausführungen sind in mehr oder weniger großen Abwandlungen heute Allgemeingut geworden.

Abb. 33 zeigt das **Flachspulinstrument von S. & H.** *1* ist eine flach gewickelte Spule, die links in Richtung ihrer Achse gesehen, rechts im Schnitt dargestellt ist. Auf der Drehachse *2* ist eine unrunde und exzentrisch gelagerte Scheibe *3* befestigt, ferner der Zeiger *4*, der

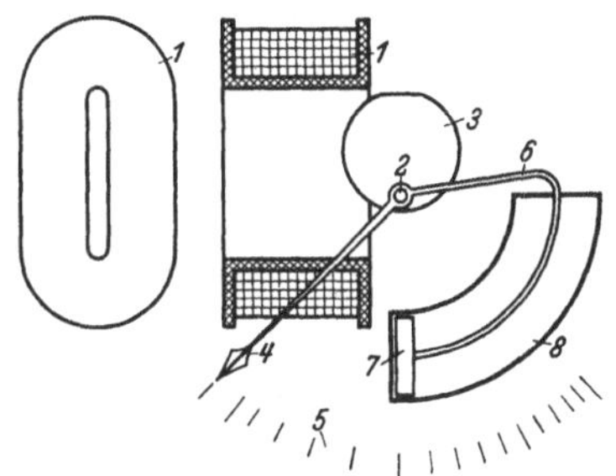


Abb. 33. Flachspul-Weicheisenmeßwerk mit Kolbendämpfung (S. & H.). *1* Meßwerkspule, *2* Drehachse, *3* Weicheisenkörper, *4* Zeiger, *5* Skala, *6* Bügel, *7* Dämpferkolben, *8* Dämpferrohr.

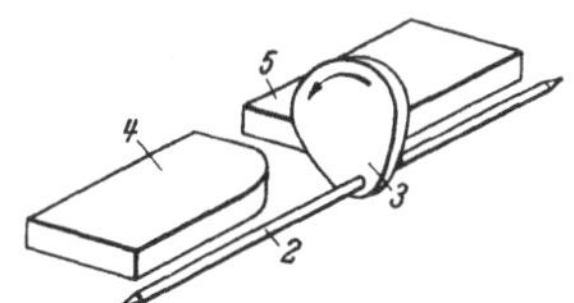


Abb. 34. Anordnung von Stanley. *2* Drehachse, *3* bewegliches Eisenstück, *4*, *5* feste Eisenstücke in Richtung der Feldspule wie bei Abb. 35.

über der Skala *5* spielt, und der Bügel *6*, der sich mit dem Kolben *7* in einem ringförmig gebogenen Rohr bewegt. Letzteres ist an einem Ende geschlossen, so daß das bewegliche Organ bei Ausschlagsänderungen durch die notwendige Luftverdrängung kräftig gedämpft wird (Luftdämpfung). Fließt über die Spule *1* ein Strom, so wird das „Dreheisen“ *3* in den schmalen Schlitz der Spule hineingezogen. Als Gegenkraft diente früher die Erdschwere, heute ist die übliche Spiralfeder auf der Achse angebracht, wodurch das Instrument unabhängig von der Lage wird.

In Abb. 34 ist das **Weicheisenmeßwerk von Stanley** dargestellt. Die erregende, runde Spule, deren Achse etwa mit der Drehachse *2* zusammenfällt (wie bei Abb. 35), ist fortgelassen; sie magnetisiert die beiden Eisenstücke *4* und *5*, in deren Zwischenraum die unrunde Scheibe *3* mit steigender Magnetisierung hineingezogen wird. Durch Form und Stellung der Scheibe *3* kann man bei den beiden Ausführungen nach Abb. 33 und 34 den Skalenverlauf beeinflussen.

Das **Weicheisenmeßwerk von H. & B.** ist in der Abb. 35a dargestellt. In der Mitte einer Rundspule *s*, aus der im Bild ein Stück herausgeschnitten ist, liegt die Drehachse des beweglichen Organs. Auf ihr ist neben dem Zeiger *z* mit dem Luft-Dämpferflügel *d* und der Spiralfeder *f* ein zylinderförmiges Eisenstück $k_1$ befestigt. Ein weiteres Eisenstück $k_2$ ist mit dem Wicklungsträger der Spule *s* fest verbunden. Letztere magnetisiert bei Stromdurchgang die beiden Eisenstücke $k_1$ und $k_2$, die in Abb. 35b abgewickelt dargestellt sind. Die Richtung des Spulenfeldes

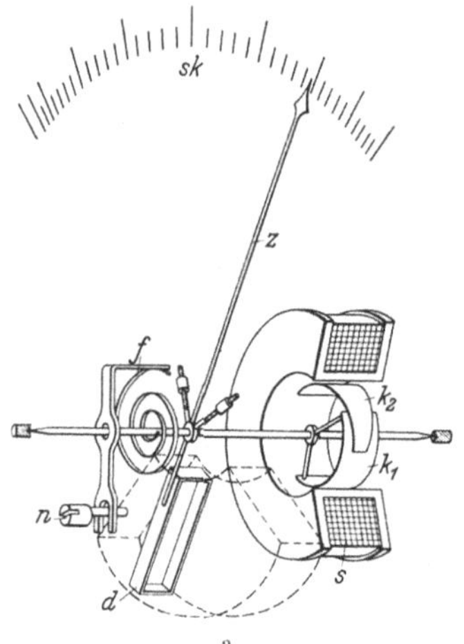


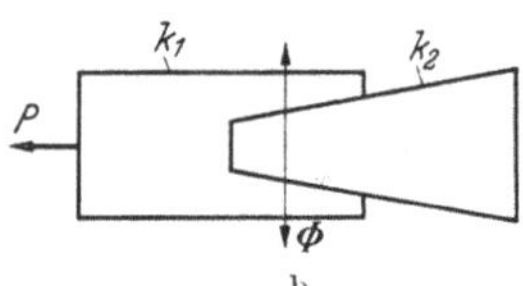


Abb. 35. Weicheisenmeßwerk von H. & B. a Grundsätzliche Anordnung. *s* Rundspule, *z* Zeiger, *d* Dämpferflügel, *f* Spiralfeder, $k_1$, $k_2$ Eisenplättchen. b Abwicklung der Eisenplättchen $k_1$ und $k_2$.

ist durch den Pfeil $\Phi$ angedeutet. Da beide Eisenstücke durch dasselbe Feld, also gleichnamig magnetisiert werden, stoßen sie sich ab. Das feste Eisenstück ist keilförmig ausgebildet, seine Form bestimmt den Skalenverlauf, d. h. den Faktor $f(\alpha)$ in Gl. (15). Die Bewegungsrichtung des auf der Drehachse befestigten Eisenstücks ist durch den Pfeil $P$ angegeben.

Abb. 36 bringt ein **Meßwerk für geradlinigen Skalenverlauf** mit einer von Schumann angegebenen Eisenform. Zwei etwa gleiche Eisenstreifen *2* und *3* befinden sich im Feld der Spule *4*, werden durch sie gleichnamig magnetisiert und stoßen sich ab. Das Eisen *3* ist fest am Spulenkörper, das Eisen *2* an der mit der Spulenachse zusammenfallenden Drehachse *1*, angebracht. Bei der Abstoßung der beiden Eisenstücke dreht sich die Achse *1* und damit der Zeiger. Dämpfung, Spiralfeder und Lagerung der Achse sind die gleichen wie in Abb. 35. Die abstoßende Kraft zwischen den beiden Eisenstücken und damit das Drehmoment ändert sich etwa mit $1/a^2$, wenn $a$ der mittlere Abstand der beiden Eisenstücke ist. Dieser Umstand wirkt dem an sich quadratischen Charakter des Meßwerks entgegen, so daß das Gerät mit angenähert geradliniger Teilung oder sogar mit weiten Anfangsteilen, wie die Abb. 38 c und d zeigen, ausgeführt werden kann.

Bei einer **Anordnung von Weston**, Abb. 37, ist das bewegliche Eisen *2* ebenfalls radial auf der Achse *1* befestigt wie bei Abb. 36. Es bildet gleichzeitig den Flügel der Luftdämpferkammer *4*, die von der Spule *5* eng umschlossen ist. Das feste Eisen *3* liegt an der linken Wandung der Dämpferkammer.

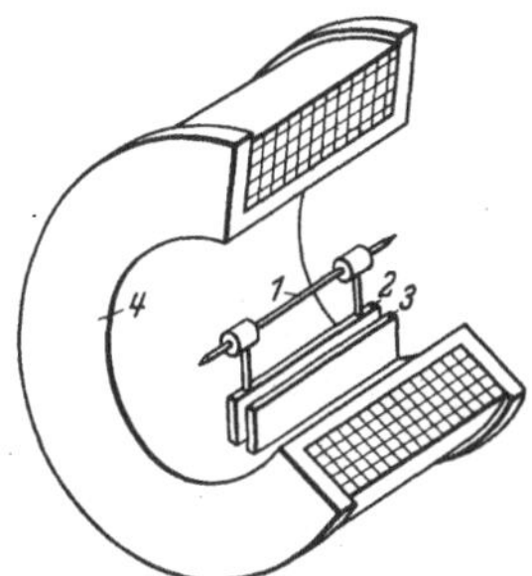


Abb. 36. Meßwerk für geradlinigen Skalenverlauf (H. & B.). *1* Drehachse, *2* bewegliches Eisenstück, *3* festes Eisenstück, *4* Spule.

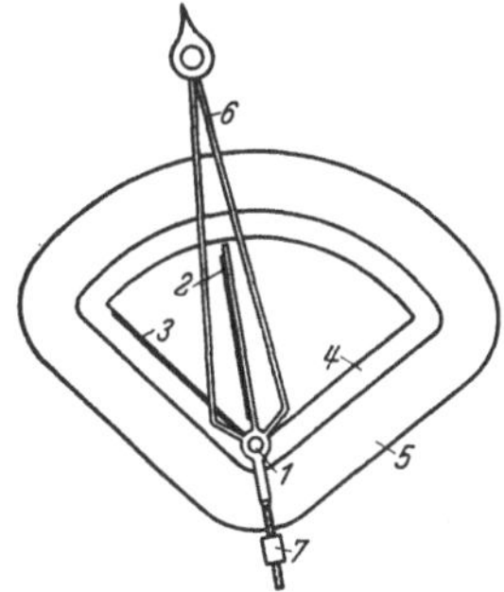


Abb. 37. Weicheisen - Sektorinstrument von Weston. *1* Drehachse, *2* bewegliches Eisenstück am Dämpferflügel, *3* festes Eisenstück, *4* Dämpferkammer aus Isolierstoff, *5* Feldwicklung, *6* verstrebter Zeiger, *7* Ausgleichsgewicht.

Als **Dämpfung** kommt bei allen Weicheisengeräten die Luftdämpfung zur Anwendung, wie sie auf S. 41 und 53 beschrieben ist. Der Magnet einer Wirbelstromdämpfung würde bei Gleichstrom das Feld der nahen Meßwerkspule stören. Bei Wechselstrom würde das Spulenfeld den nahen Magnet mehr oder weniger entmagnetisieren.

Die **Gehäuse** sind in Form und Größe dieselben wie bei den Drehspulgeräten. Da das Meßwerk verhältnismäßig klein ist, macht seine Unterbringung in den üblichen Gehäusen keine Schwierigkeiten. Das Weicheisengerät wird als einziges unmittelbar für hohe Ströme bis etwa 400 A ausgeführt; in diesem Fall sind die kräftigen Zuleitungen bestimmend für die Gehäusegröße.

## 3. Skalenverlauf.

Den Verlauf der Skala kann man in dreifacher Weise beeinflussen: 1. Durch die Form der Eisenkörper. 2. Durch die Änderung ihrer gegenseitigen Lage mit dem Drehwinkel $\alpha$, wobei, wie schon bemerkt, zu bedenken ist, daß sich die abstoßende Kraft zweier magnetisierter Eisenstücke mit dem reziproken Quadrat ihres Abstandes ändert. 3. Durch die Wahl der Eisensorte und der Induktion im Eisen.

Abb. 38 zeigt an einigen kennzeichnenden Beispielen das Ergebnis, das durch richtige Anwendung der vorgenannten drei Möglichkeiten erzielt werden kann. Der Endwert der gestreckt gezeichneten Skalen ist immer mit 100% der Meßgröße bezeichnet. *a* zeigt den natürlichen annähernd quadratischen Skalenverlauf, wie man ihn mit Anordnungen nach Abb. 33 ... 35 erreichen kann, mit Eisen, das etwa dem sog. Dynamoblech entspricht. Die Induktion darf hierbei den Knick der Magnetisierungskennlinie nicht überschreiten. Die Skala *a* wird man hauptsächlich bei Betriebsspannungsmessern anwenden, bei welchen die wenig veränderliche Spannung von 70...90% des Skalenendwertes möglichst genau abgelesen werden soll. Die praktisch lineare Skala bei *b* erreicht man durch die Anordnung nach Abb. 35 oder 36. Man verwendet ein Sondereisen, dessen Induktion bei kleinem Erregerstrom in der Spule sehr viel schneller ansteigt als bei Dynamoblech. Diese Skalenform wird für Strom- und Spannungsmesser verwendet, deren Empfindlichkeit über den ganzen Meßbereich gleich groß sein soll, und die vorwiegend für Messungen im Prüffeld benutzt werden. Verwendet man ein Eisen mit hoher Anfangspermeabilität, so erhält man mit der Anordnung nach Abb. 36 Skalen wie bei *c* und *d*. Hierbei geht man mit der Induktion so hoch, daß man über den Knick der Magnetisierungskennlinie in deren flach ansteigenden Teil kommt. Die Skala *c* findet man häufig bei Strommessern z. B. mit dem Nennwert 30% und dem Endwert 100%, zur Messung der Stromaufnahme eines Motors, der im normalen Betrieb den Strom 0...30 A führt, der aber vorübergehend beim Anlassen Stromstöße bis zu 100 A aufnimmt. Die Skala *d* findet man bei Synchronisiervoltmetern, die bei Phasenopposition die doppelte Betriebsspannung, bei Phasengleichheit die Spannung Null anzeigen sollen; hier ist eine hohe Anfangsempfindlichkeit ganz nahe beim Nullwert von besonderer Wichtigkeit. Die vier Beispiele zeigen, in welch weiten Grenzen sich der Skalenverlauf des Weicheiseninstruments ändern läßt. Es ist in dieser Beziehung anpassungsfähiger als andere Meßwerkarten.

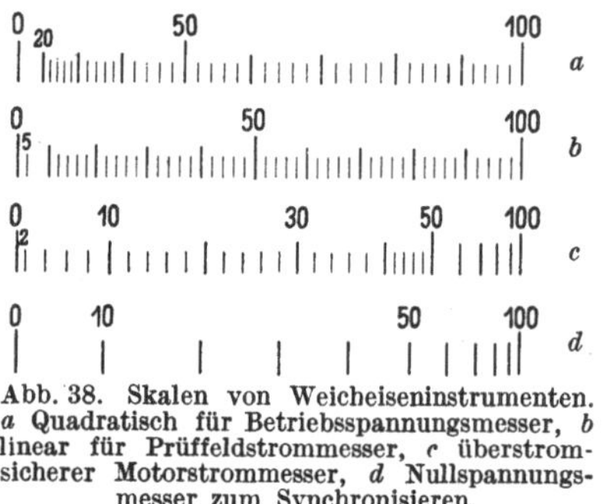


Abb. 38. Skalen von Weicheiseninstrumenten. *a* Quadratisch für Betriebsspannungsmesser, *b* linear für Prüffeldstrommesser, *c* überstromsicherer Motorstrommesser, *d* Nullspannungsmesser zum Synchronisieren.

## 4. Schaltweise.

Als **Strommesser** läßt sich das Weicheisenmeßwerk von etwa 0,2 A bis zu einigen 100 A unmittelbar verwenden. Für kleine Stromstärken wird die Spule mit vielen feinen Drähten bewickelt, für hohe Ströme besitzt sie nur wenige und schließlich nur eine Windung, z. B.

bei 200...400 A. Die untere Grenze wird durch die Feinheit des Spulendrahtes und dessen Ohmschen Widerstand, bei Wechselstrom noch durch den Scheinwiderstand bestimmt. Nach oben setzt die Möglichkeit der wirtschaftlichen Einführung der Starkstromleitung in das verhältnismäßig kleine Instrumentgehäuse eine Grenze bei etwa 400 A. Die Verwendung von Nebenwiderständen wie bei den Drehspulgeräten ist unwirtschaftlich, da der Spannungsabfall am Nebenwiderstand sehr hoch sein müßte, um die Kupferspule einschließlich eines hinreichend großen, temperaturfehlerfreien Vorwiderstands zu speisen. Mehrere Meßbereiche sind also auf diese Weise nicht zu erzielen. Versieht man die Spule mit mehreren Wicklungen, so lassen sich durch passendes Parallel- und Hintereinanderschalten der Wicklungsteile mehrere umschaltbare Meßbereiche einrichten. Für hohe Stromstärken werden die Weicheisenstrommesser sehr viel in Verbindung mit Stromwandlern bei einem Sekundärstrom von 5 A verwendet.

Als **Spannungsmesser** erhält das Weicheisenmeßwerk eine Stromwicklung für 15...300 mA mit einem temperaturfehlerfreien Vorwiderstand, z. B. aus Manganindraht von mindestens dem 5fachen Betrag des Widerstandes der Kupferspule. Der niedrigste Spannungsmeßbereich liegt bei etwa 15 V, wobei der größte Stromverbrauch auftritt. Im Instrumentgehäuse lassen sich die Widerstände für etwa 400 V unterbringen. Mit getrennten Vorwiderständen wurden schon Weicheisenspannungsmesser bis 100000 V hergestellt. Die obere Grenze wird durch die Herstellungsmöglichkeit und den Verbrauch der Vorwiderstände bestimmt. Bei Wechselstrom ist der Scheinwiderstand der Meßwerkspule und der Vorwiderstände zu beachten. (Näheres über getrennte Vorwiderstände, auch zur Bildung mehrerer Meßbereiche, s. S. 122.) Für die Verwendung mit Spannungswandlern werden die Weicheisenspannungsmesser meist für 100 oder 110 V ausgeführt.

## 5. Verhalten bei Gleich- und Wechselstrom.

**Gleichstromfehler.** Das Eisen[1] dieser Meßwerke bedarf einer besonderen Sorgfalt in bezug auf Zusammensetzung und Behandlung. Die Permeabilität soll hoch sein, um mit möglichst wenig Amperewindungen, d. h. kleinem Verbrauch eine möglichst hohe Induktion zu erzielen. Ferner muß — und das ist noch wichtiger — die Remanenz klein sein, da sonst ein Unterschied des Zeigerausschlags zwischen steigendem und fallendem Gleichstrom entsteht. Man hat in den letzten Jahren große Fortschritte in der Entwicklung magnetisch-weicher Eisensorten gemacht, die nach der Bearbeitung noch einer Wärmebehandlung unterzogen werden. Diese Eisenlegierungen besitzen so kleine Remanenz, daß der hierdurch entstehende Fehler nur 0,2% beträgt.

[1] Keinath: Arch. techn. Mess. Z 913. (Okt. 1931.)

**Wechselstromfehler.** Bei Wechselstrom fällt der Remanenzfehler heraus. Es tritt aber ein Unterschied gegen die Anzeige bei Gleichstrom auf, der nur bei Instrumenten, die sowohl für Gleichstrom als auch für Wechselstrom verwendet werden, eine Rolle spielt. Wenn das Eisen des beweglichen Organs, z. B. mit 400 AW Gleichstrom magnetisiert wird, so entspricht diesem Wert eine ganz bestimmte Induktion, die aus der Magnetisierungskennlinie abgegriffen werden kann. Magnetisiert man aber das Eisen mit 400 AW effektivem Wechselstrom, so durchläuft der Augenblickswert der erregenden AW bei jedem Polwechsel den Bereich von 0 bis zur Amplitude $400 \cdot \sqrt{2}$ AW. Die Induktion im Eisen wächst wegen der gekrümmten Magnetisierungskennlinie aber nicht ebenfalls auf das $\sqrt{2}$fache, sondern auf einen geringeren Betrag. Entsprechend wird der Effektivwert des magnetisierenden Feldes kleiner, als es 400 AW Gleichstrom entspricht. Das Weicheisengerät zeigt deshalb bei Wechselstrom weniger an als bei Gleichstrom, und zwar ist die Differenz um so größer, je näher die normale Induktion dem Sättigungswert kommt. Man findet daher auf der Skala häufig zwei Austeilungen, eine für Gleich- und eine für Wechselstrom. Erst in allerletzter Zeit ist es durch die erwähnten Eisensorten und durch die Wahl einer entsprechend niedrigen Induktion für den Endausschlag gelungen, die Differenz zwischen Gleich- und Wechselstromanzeige, die früher bis zu 10% betrug, auf etwa 0,3% herabzudrücken, so daß sie auch bei Geräten der Klasse 0,5 innerhalb der Toleranz liegt. Bei Spannungsmessern entsteht ein Fehler durch die Induktivität der Spule, der sich nur bei mehreren Meßbereichen störend bemerkbar macht, da sich dann das Verhältnis $\omega L/R$ von Meßbereich zu Meßbereich ändert.

## 6. Toleranz und Eigenschaften.

**Toleranz.** Die Weicheisengeräte sind die wohlfeilsten unter den elektrischen Meßgeräten, und manche Hersteller und Verbraucher stellen daher keine hohen Ansprüche an ihre Genauigkeit. Es ist aber leicht möglich, auch bei Massenfertigung die vom VDE festgelegten Toleranzen für Betriebsinstrumente bis zur Klasse *G* (1,5%) einzuhalten. Bei sorgfältiger Herstellung, wie sie die tragbaren Geräte erfahren, kommt man bis zur Klasse 0,5 und sogar 0,2. Das Weicheisengerät ist damit zu einem Präzisionsinstrument für Laboratorien geworden.

**Temperatureinfluß.** Dreheisenstrommesser sind durch die mit der Temperatur sich wenig ändernde Kraft der Spiralfedern nur in geringem Maße temperaturabhängig. Die Änderung des Kupferwiderstands der Spulen hat keinen Einfluß auf die Anzeige der Strommesser. Dagegen zeigen Spannungsmesser in diesem Falle falsch, und zwar um so mehr, je größer der Spulenwiderstand im Verhältnis zum Vorwiderstand ist. Von diesem Verhältnis ist auch die Größe des Anwärmefehlers abhängig, der mit wachsendem Verbrauch der Spule, d. h. mit dem Quadrat der

Spannung ansteigt. Zwischen der Anzeige des Weicheisenspannungsmessers in kaltem Zustand und bei Dauereinschaltung besteht also ein Unterschied in der Anzeige (höchstens 1%).

**Frequenzeinfluß.** Die heute sehr kleinen Frequenzschwankungen großer Netze verursachen praktisch keinen Fehler; dagegen liegt der Anzeigefehler bei einer Steigerung der Frequenz von 50 auf 100 Hz bei vielen Geräten schon zwischen 1 und 5%. Bei Weicheisenstrommessern für Wechselstrom fälscht der Einfluß der von der Spule in den Eisenplättchen und im Spulenkasten induzierten entmagnetisierenden Wirbelströme die Anzeige. Durch geeignete konstruktive Maßnahmen, z. B. Schlitzen des Spulenkastens, Vermeiden von Metallteilen u. dgl., drückt man den Frequenzfehler herab, z. B. von 10% auf 1% zwischen 50 und 1000 Hz. Dies gilt allerdings nur für Strommesser. Bei Spannungsmessern bewirkt die Induktivität der Feldspule einen zusätzlichen Frequenzfehler.

**Der Fremdfeldeinfluß** wird nach den VDE-Vorschriften mit einem Störfeld von 5 Gauß geprüft. Da bei den verschiedenen Ausführungen von Weicheisengeräten das Feld der Meßwerkspule bei Endausschlag nur etwa zwischen 40 und 120 Gauß (bzw. Örsted) liegt, kann eine erhebliche Beeinflussung sowohl bei Gleich- als auch bei Wechselstrom stattfinden; man hat selbst bei guten Geräten bis zu 6% Fehler beobachtet. Bei Instrumenten in schützendem Eisengehäuse auf einer Eisenschalttafel ist der Fremdfeldeinfluß gering und kann vernachlässigt werden, wenn nicht Leiter mit sehr hohen Strömen nahe am Instrument vorbeiführen. Bei tragbaren Geräten dagegen, bei denen meist eine engere Toleranz gefordert wird, sind zur Vermeidung von Fremdfeldbeeinflussung unter Umständen besondere Maßnahmen notwendig: Astasierung oder Eisenschutz, wie sie unter Sonderausführungen S. 49 besprochen werden.

Die **Kurvenform** des Wechselstroms ist ebenfalls von Einfluß auf die Anzeige. Man kann sich den Einfluß von Oberwellen in der Netzspannungskurve auf die Anzeige des Weicheisengerätes in ähnlicher Weise klar machen wie das Zustandekommen des Unterschieds der Anzeige bei Gleich- oder Wechselstrom. Eine Oberwelle hat auf den Effektivwert nur einen kleinen Einfluß. Sie kann dabei zur Grundwelle positiv oder negativ liegen. Je nachdem bekommt die Kurve des Wechselstroms Spitzen oder Einsattelungen. Die Wechselstromspitzen liegen aber oft im Bereich der Sättigung des Eisens, sie bewirken also nur eine geringe Erhöhung des effektiven Feldes. Dafür ist der Strom gerade in dem Bereich der größten Permeabilität des Eisens geschwächt. Wenn also die Oberwelle so zur Grundwelle liegt, daß die Wechselstromkurve eine Spitze bekommt, dann zeigt das Weicheisengerät weniger an als bei Einsattelungen, obwohl in beiden Fällen die Effektivwerte des Wechselstroms nur unwesentlich voneinander abweichen. Das

Weicheisengerät ist also kurvenformabhängig. Bei der guten Kurvenform großer Netze tritt kein Fehler auf, der die Toleranz der Geräte überschreitet.

**Überlastbarkeit.** Die Überlastbarkeit der Dreheisengeräte ist im Vergleich zu der anderer Geräte sehr hoch. Es gibt sog. kurzschlußsichere Geräte, die durch einen Stromstoß vom 100fachen Betrag des Nennwertes nicht beschädigt werden. Die hierbei auftretende mechanische Beanspruchung des beweglichen Organs bleibt klein, weil die Induktion im Eisen von einer bestimmten Feldstärke an nur sehr langsam ansteigt. Man kann das Weicheisenmeßwerk sogar so einrichten, daß der Ausschlag bei hoher Überlastung leicht zurückgeht. Hierzu lagert man z. B. das bewegliche Eisenstück *2* in Abb. 36 so, daß es sich beim Zeigerausschlag um einen geringen Betrag vom Spulenrand nach der Spulenmitte zu bewegt. Es entsteht dann ein zweites Drehmoment, das versucht, das Eisen *2* nach dem Spulenrand zu führen, da dort die Feldstärke bekanntlich höher als in der Spulenmitte ist. Dieses zweite Drehmoment $M_2$ ist dem durch die Abstoßung zwischen den Eisenstücken *2* und *3* hervorgerufenen Drehmoment $M_1$ entgegengesetzt gerichtet. $M_1$ steigt nach einer gewissen Sättigung des Eisens wie schon bemerkt, nur noch sehr langsam an, während $M_2$ verhältnisgleich mit dem Strom in der Spule anwächst, so daß schließlich das rückführende Drehmoment $M_2$ das positive Drehmoment $M_1$ überwiegt Die Wärmebeanspruchung des Weicheisengerätes richtet sich nach der Bemessung des Windungsquerschnitts der Feldspule und kann kurzzeitig recht hoch sein. Wenn man aber ganz sicher gehen will, schaltet man das Gerät an einen kurzschlußfesten Stromwandler.

**Die Prüfspannung,** wie sie der VDE vorschreibt (s. S. 14), läßt sich bei den Weicheisengeräten leicht einhalten, da nur eine feste Spule im Strom- bzw. Spannungskreis liegt; diese wird gegen den Spulenkörper durch einen kräftigen Mantel aus Porzellan oder Preßstoff isoliert, oder aber man befestigt das Meßwerk wie in der Abb. 9 auf einem Isoliersockel *3*.

**Der Eigenverbrauch** der Dreheisenstrommesser ist durch die zur Magnetisierung notwendigen, für alle Meßbereiche annähernd gleichbleibenden Amperewindungen gegeben. Kleiner Strom bei Endausschlag des Instruments bedingt hohe Windungszahl und damit hohen Spannungsabfall, hoher Strom wenige Windungen und kleinen Spannungsabfall. Mit den Spannungsmessern verhält es sich ebenso bis zu einem gewissen Bereich, von dem ab die Meßbereiche durch Vorwiderstände gebildet werden und dann der Verbrauch durch diese bestimmt wird. Der Verbrauch der Dreheisengeräte ist im Vergleich zu dem der Drehspulgeräte nur bei mittleren und kleineren Meßbereichen ungünstig (s. Tafel V und VI, S. 138). Er beträgt z. B. bei einem Weicheisenstrommesser für 5 A 1 W, bei einem Spannungsmesser für 250 V 7,5 W. Die entsprechenden Zahlen für Drehspulgeräte sind 0,3 W bzw. 3,75 W.

## 7. Sonderausführungen.

Zur Vermeidung des schon erwähnten Fremdfeldeinflusses baut man sog. **astatische Geräte**, die 2 Meßwerke mit gemeinsamer Achse besitzen. Die beiden Spulen sind so geschaltet, daß ihre Felder in jedem Augenblick entgegengesetzt gerichtet sind. Ein fremdes, homogenes Störfeld wird auf beide Meßwerkorgane einen gleichgroßen, aber entgegengesetzten Einfluß ausüben, so daß der Gesamteinfluß auf den Zeigerausschlag Null sein sollte. Er verschwindet nicht ganz, da das Störfeld meist nicht homogen ist, und da selbst das homogene Feld durch die Eisenteile des Meßwerks Verzerrungen erleidet. Man kann daher bei astatischen Weicheisengeräten immer noch einen Fremdfeldeinfluß von etwa 0,5% beobachten. Neuerdings versieht man die Meßwerke mit einem Schutzmantel aus Eisen von hoher Anfangspermeabilität. Damit ist es möglich, den Fremdfeldeinfluß auf wenige Promille herabzudrücken. Dies bringt noch gegen das astatische Gerät mit seinen zwei Spulen den Vorteil, daß der Verbrauch im Vergleich zu den normalen Geräten nicht ansteigt.

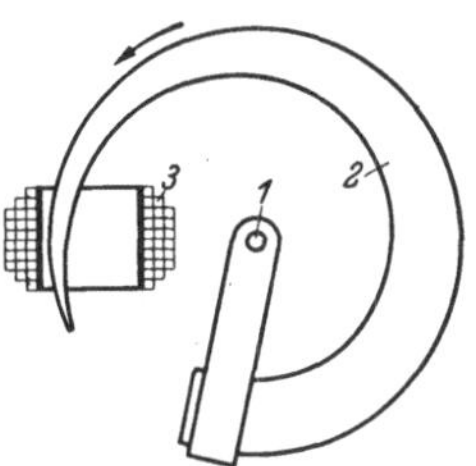

Abb. 39. Schema eines Weicheisengerätes mit 270° Zeigerausschlag. *1* Drehachse, *2* Dreheisen, *3* Feldspule.

Es werden auch **Dreheisengeräte mit 270° Zeigerausschlag** hergestellt, wie dies in der Abbildung 39 schematisch dargestellt ist. Ein hornförmiges Eisenstück *2* dreht sich um eine Achse *1*, die in der üblichen Weise mit Spiralfeder, Zeiger usw. versehen ist. Das Eisenstück *2* ragt mit seiner Spitze in eine Spule *3* hinein. Mit wachsendem Strom wird der Eisenkörper in die Spule *3* in Richtung des angegebenen Pfeiles um die Achse *1* gedreht. Die Form des Eisenkörpers wird durch die gewünschte Abhängigkeit des Zeigerausschlags vom Spulenstrom bestimmt und durch Versuch gefunden. Man kann statt eines ebenen Eisenkörpers auch einen Ausschnitt aus einem Zylindermantel verwenden. Die notwendige Vergrößerung des Eisenquerschnitts mit zunehmendem Zeigerausschlag wird dann durch eine Verbreiterung in axialer Richtung erreicht.

Abb. 40 zeigt ein von W. Geyger[1] angegebenes und als „**Ringeisen-Quotientenmesser**" bezeichnetes Weicheisengerät. Es ist ein Meßwerk ohne mechanische Gegenkraft ähnlich dem Kreuzspulinstrument mit Dauermagnet, läßt sich aber unmittelbar mit Wechselstrom betätigen. Auf der Drehachse *1* ist an einem Arm *3* aus nichtmagnetischem Metall ein Weicheisenring *2* befestigt, der zu beiden Seiten von Spulen *4* und *5* magnetisiert wird. Aus der Wechselstromquelle *6* fließen Ströme $i_4$ und $i_5$ über die Spulen *4* und *5*. Ist $i_4 = i_5$, so wird der Ring die in Abb. 40 gezeichnete Stellung einnehmen. Dreht man ihn künstlich um

[1] Geyger, W.: Arch. Elektrotechn. Bd. 25 (1931) S. 1.

die Achse *1*, so wird er, wieder frei gelassen, in die gezeichnete Stellung zurückkehren, da dann die Felder der Spulen den geringsten magnetischen Widerstand finden. Schaltet man nur die Spule *4* bzw. nur die Spule *5* ein, so versucht sich der Eisenring so zu drehen, daß seine Mitte am Hebelarm *3* in der Spule *4* bzw. in der Spule *5* liegt: Ist $i_4 \gtrless i_5 > 0$, so stellt sich der Ring *2* in eine Lage zwischen die beiden Endlagen. Die Stellung des Rings und des mit ihm verbundenen Zeigers gibt also das Verhältnis $i_4/i_5$ und damit auch das Verhältnis der beiden Widerstände $R_x/R$ an. Ändert sich $R_x$ mit irgendeiner physikalischen Größe, z. B. mit Temperatur, Wasserstand, Dampfdruck u. a. m., so kann diese Größe im Zeigerausschlag abgelesen werden. Das Gerät läßt sich durch passende Schaltung der beiden Spulen und durch entsprechende Form des Weicheisenkörpers in weiten Grenzen den Meßzwecken und der erforderlichen Empfindlichkeit anpassen. Einzelheiten findet man in der angegebenen Originalarbeit.

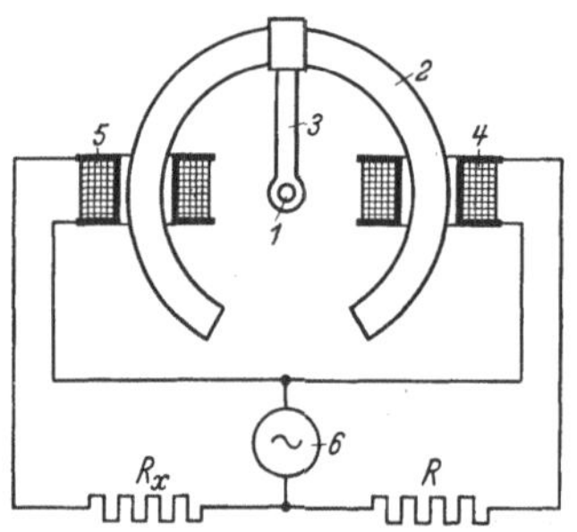

Abb. 40. Schema des Ringeisen Quotientenmessers nach Geyger. *1* Drehachse, *2* Ringeisen, *3* Hebelarm, *4*, *5* Feldspulen, *6* Wechselstromquelle, *R* bekannter Vergleichswiderstand, $R_x$ unbekannter Widerstand.

Es gibt auch **Dreheisen-Quotientenmesser**, bei denen sich zwei Meßwerke auf einer gemeinsamen Achse entgegenwirken, und die von Keinath[1] beschrieben sind. Die Empfindlichkeit der Weicheisen-Quotientenmesser liegt erheblich unter der der Kreuzspulgeräte mit Dauermagnet. Seit es gelungen ist, diese über Trockengleichrichter auch aus Wechselstromquellen zu speisen, haben die Dreheisen-Quotientenmesser an Bedeutung verloren.

# V. Elektrodynamometer.

VDE: Elektrodynamische Instrumente haben feststehende und elektrodynamisch abgelenkte bewegliche Spulen. Allen Spulen wird Strom durch Leitung zugeführt.

Eine Drehspule, ähnlich der des Drehspulgerätes, befindet sich im magnetischen Feld einer festen Spule (Abb. 41). Das elektromagnetische Drehmoment zwischen den beiden Spulen ist verhältnisgleich dem Produkt der Ströme und dem Kosinus ihres elektrischen Verschiebungswinkels und hängt ferner noch von dem Sinus des räumlichen Winkels ab, unter dem die Spulen zueinander stehen. Der elektrodynamische Strom- oder Spannungsmesser findet fast nur noch für Präzisionsmessungen Anwendung, für technische Messungen wurde er durch das einfachere und wohlfeilere Weicheiseninstrument verdrängt. Das Hauptanwendungsgebiet für die elektrodynamischen Instrumente

[1] Keinath: Arch. techn. Mess. J 733—1. (Aug. 1932.)

liegt im Bau von Leistungsmessern, die für sehr genaue Messungen ohne, für technische Messungen mit Eisen ausgeführt werden. Zu den elektrodynamischen Geräten gehören dann noch Kreuzspul- und Kreuzfeldgeräte, sowie Doppelspulinstrumente, die zur Messung von Phasenverschiebung, Frequenz, Widerstand, Kapazität und Induktivität dienen.

## 1. Strom- und Spannungsmesser.

**Meßprinzip.** Das Meßwerk eines elektrodynamischen Strom- oder Spannungsmessers ist bei a in der Abb. 41 schematisiert dargestellt; b zeigt das Schaltschema. Die Drehachse *1* ist an ihren Enden mit Spitzen versehen und bewegt sich in Lagersteinen. Auf ihr sind der Zeiger *2* und die beiden Spiralfedern *3* und *4* befestigt. Letztere dienen in der üblichen Weise als mechanische Richtkraft und als Zuleitungen zur

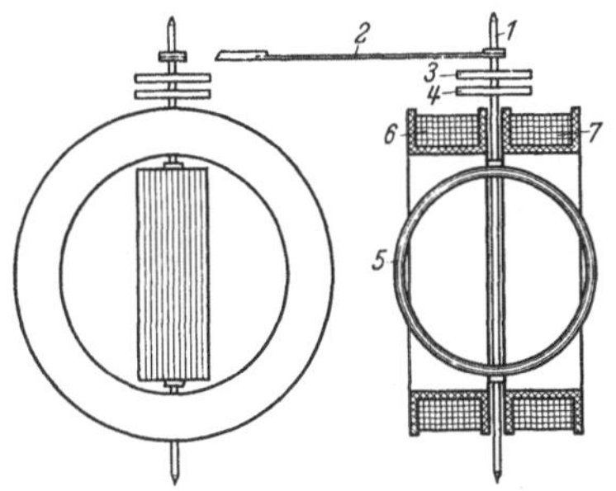


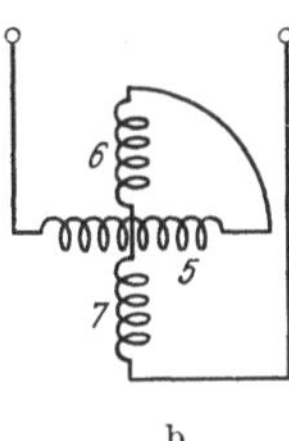


Abb. 41. Eisenloser elektrodynamischer Strom- oder Spannungsmesser. a Schema des Aufbaus. b Schaltung. *1* Achse, *2* Zeiger, *3*, *4* Spiralfedern, *5* bewegliche Spule, *6*, *7* feste Spulen.

beweglichen Spule. Die feste Spule ist in 2 Teile *6*, *7* geteilt, um die Durchführung der Achse zu ermöglichen. Bei vielen Konstruktionen ist die feste Spule nicht halbiert, die Lager, Spiralfedern und die Zeigerwurzel befinden sich dann innerhalb der festen Spule (vgl. Abb. 44). Fließt ein Strom $I$ durch die nach Abb. 41 b in Reihe geschalteten Spulen, so sind deren Felder zeitlich in Phase und räumlich um 90° versetzt, Hierbei entsteht zwischen den Spulen ein Drehmoment, das versucht, die Achsen der Magnetflüsse bzw. die Wicklungsebenen der Spulen zur Deckung zu bringen. Das elektromagnetische Drehmoment $M_e$ entspricht der Gleichung

$$M_e = k_1 \cdot \mathfrak{H}_1 \cdot \mathfrak{H}_2 \cdot \sin\beta, \tag{16}$$

$\beta$ ist nach Abb. 42 der Winkel, den die Spulen bzw. ihre Achsen einschließen, $k_1$ ist eine Konstante. Die Feldstärken $\mathfrak{H}_1$ und $\mathfrak{H}_2$ der festen und der beweglichen Spule sind dem Spulenstrom $I$ verhältnisgleich, man kann also Gl. (16) schreiben:

$$M_e = k_2 \cdot I^2 \cdot \sin\beta. \tag{17}$$

Hierbei ist $k_2$ wieder eine Konstante. Der Ausdruck „$\sin\beta$", der die Verkettung der beiden Flüsse berücksichtigt, gilt nur ungefähr, da das

Feld der kurzen, festen Spulen nicht homogen ist wie bei einem langen Solenoid. Das mechanische Drehmoment $M_m$ ist verhältnisgleich dem Zigerausschlag $\alpha$ und bei Stillstand des Zeigers im Gleichgewicht mit dem elektromagnetischen Drehmoment, d. h.

$$M_m = M_e; \; c \cdot \alpha = k_2 \cdot I^2 \cdot \sin\beta \quad \text{oder} \quad \frac{\alpha}{\sin\beta} \sim I^2. \tag{18}$$

Da der Ausschlagswinkel $\alpha$ etwa 90° beträgt, der Winkel $\beta$ sich nach Abb. 42 also von 45...90...135° und damit der Sinus des Winkels $\beta$ von etwa 0,7...1...0,7 sich ändert, ist der Skalenverlauf im wesentlichen quadratisch.

Das Drehmoment ist nach Gl. (17) abhängig vom Quadrat des Stroms, also unabhängig von dem Vorzeichen von $I$. Man erhält auch bei der Wendung des Stromes die gleiche Ausschlagsrichtung und kann bei Gleichstrommessungen den Einfluß eines Fremdfeldes, z. B. des Erdfeldes, ermitteln bzw. ausschalten, indem man 2 Messungen mit vertauschter Stromrichtung macht und aus beiden den Mittelwert bildet. Bei Wechselstrom ändert sich die Stromrichtung gleichzeitig in beiden Spulen, und es entsteht ein Ausschlag, der verhältnisgleich dem mittleren Quadrat des Wechselstromes ist. Das Instrument ist also für Gleich- und Wechselstrom verwendbar. Es kann mit Gleichstrom geeicht werden und zeigt dann auch bei Wechselstrom richtig. Die Elektrodynamometer werden daher sehr häufig als Wechselstrom-Normalinstrumente verwendet. Sie sind bis etwa 100 Hz unabhängig von der Frequenz, in Ausnahmefällen werden sie auch bis etwa 1000 Hz verwendet. Die obere Frequenzgrenze ist durch den sog. Fehlwinkel gegeben, das ist die Phasenabweichung der magnetischen Felder vom Strom bzw. der Spannung. Bei allen Elektrodynamometern mit Ausnahme der Torsionsinstrumente tritt die Erscheinung der Wechselinduktion auf: jede Spule induziert in der anderen Ströme, deren Größe sich mit der Stellung der Spulen zueinander ändert und die einen Fehlwinkel hervorrufen. Bei Strommessern und bei Leistungsmessern im Strompfad entsteht noch ein Fehlwinkel durch Wirbelströme, die in den metallenen Konstruktionsteilen erzeugt werden, ferner durch die Stromverdrängung in den Leitern, die sich besonders bei Querschnitten für Ströme von 20 A aufwärts bemerkbar macht.

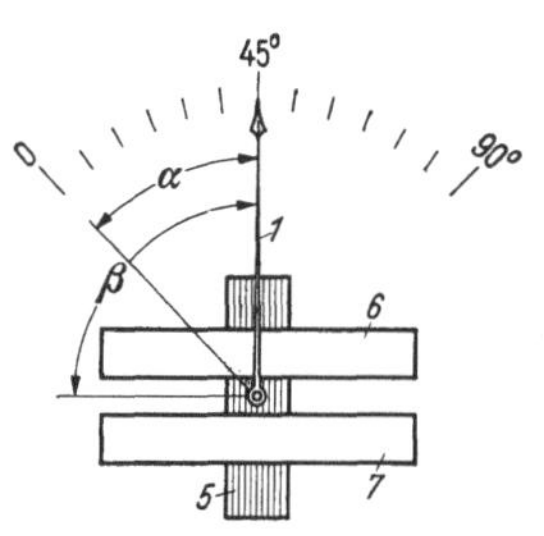

Abb. 42. Draufsicht auf ein eisenloses Elektrodynamometer. *1* Zeiger, *5* bewegliche Spule, *6*, *7* feste Spulen, $\alpha$ Ausschlagswinkel vom Skalennullpunkt aus gerechnet, $\beta$ Winkel zwischen fester und beweglicher Spule, maßgebend für das Drehmoment.

Bei Spannungsmessern und bei Leistungsmessern im Spannungspfad sind Spulenstrom und angelegte Spannung wegen der unvermeidlichen Induktivität der Spannungsspule nicht in zeitlicher Übereinstimmung und schließen einen zusätzlichen Fehlwinkel ein.

**Dämpfung.** Die elektrodynamischen Meßwerke besitzen Luftdämpfung, wie sie Abb. 44 für den Leistungsmesser zeigt. Mit dem Zeiger *5* der Drehachse *1* ist ein leichter Flügel *8* aus Aluminiumblech verbunden, der sich in einer feststehenden Kammer *7* mit möglichst geringem Spiel bewegt. Durch die Luftverdrängung des Flügels wird die Schwingung des beweglichen Organs bis zur praktisch aperiodischen Einstellung gedämpft. Eine magnetische Dämpfung durch Kurzschlußwindungen wie beim Drehspulinstrument ist hier aus zwei Gründen nicht anwendbar: 1. das Feld der festen Spule ist zu schwach, um eine hinreichende Dämpfung zu bewirken; 2. bei Verwendung für Wechselstrommessungen würde das feststehende Wechselfeld in den Kurzschlußwindungen oder in dem geschlossenen Rahmen der beweglichen Spule einen Strom induzieren, der von der Stellung der Spulen zueinander abhängig wäre und erhebliche Falschmessungen zur Folge hätte. Aus demselben Grunde vermeidet man größere Metallmassen in der Nähe des Meßwerks (Ausnahme eisengeschirmte oder eisengeschlossene Elektrodynamometer).

Als **Spannungsmesser** wird das elektrodynamische Meßwerk bei Spannungen über 250...300 V meist für einen Instrumentstrom von 30 mA eingerichtet und mit einem Präzisionsvorwiderstand versehen. Die Spulen selbst haben bei 30 mA einen Spannungsabfall von 25...30 V. Zur praktischen Beseitigung von Frequenz- und Temperatureinfluß ist ein Vorwiderstand von etwa dem 10fachen Betrag des Spulenwiderstandes notwendig. Der kleinste Spannungsmeßbereich liegt bei etwa 15 V mit einem Stromverbrauch von 500 mA. Der Stromverbrauch ist in gewissen Grenzen (unter etwa 300 V) abhängig vom Spannungsmeßbereich und der Tafel VI, S. 139 zu entnehmen. Die Vorwiderstände werden bis zu einigen hundert Volt in das Instrumentgehäuse eingebaut. Für höhere Spannungen werden getrennte Vorwiderstände verwendet (vgl. S. 122). Der Spannungsbereich wird nach oben durch die Ausführungsmöglichkeit der Vorwiderstände begrenzt. Für hohe Spannungen werden die Vorwiderstände umfangreich und kostspielig, durch ihre große Oberfläche wird ihre Kapazität gegen Erde oder benachbarte Gegenstände verhältnismäßig groß und bringt damit schwer kontrollierbare Fehler in die Messung. Immerhin wurden elektrodynamische Voltmeter bis etwa 100000 V mit gutem Erfolg verwendet. Die Vorwiderstände werden möglichst induktions- und kapazitätsfrei gewickelt.

Als **Strommesser** werden Elektrodynamometer bis etwa 10 A hergestellt. Für kleine Ströme bis etwa 0,06 A dienen die Spiralfedern als Zuleitungen zur Drehspule. Bei höheren Strömen werden Gold- oder Silberbänder, die möglichst wenig eigene Richtkraft haben, mit den Enden der beweglichen Spule verbunden; hier ist aber bei etwa 10 A die obere Grenze. Außerdem wächst mit steigendem Strom die Beeinflussung durch die Zuleitungen. Liegen bei der Messung die Zuleitungen zum Instrument nicht genau so wie bei der Eichung, so kann man Fehler bis zu mehreren

Prozent feststellen. Beim Strommesser ist der Spannungsabfall des Meßwerks vom Strommeßbereich abhängig und der Tafel V, S. 138 zu entnehmen. Eine Erhöhung der Strommeßbereiche durch Nebenwiderstände wie beim Drehspulinstrument ist hier schwierig, weil der Ohmsche Widerstand beider Meßwerkspulen ziemlich hoch ist, z. B. bei 5 A 0,2 Ω, so daß der Spannungsabfall am Nebenwiderstand mindestens 1 V betragen müßte. Um den Temperaturfehler auszuschalten, müßte dem Kupferwiderstand der Spulen noch ein temperaturfehlerfreier Meßwiderstand vorgeschaltet werden. Der Spannungsabfall am Nebenwiderstand müßte also mehrere Volt betragen, und der Eigenverbrauch des Instruments wäre unzulässig hoch. Ferner tritt bei Wechselstrom ein Frequenz- und Temperaturfehler auf, wenn die Zeitkonstante des Nebenwiderstandes nicht gleich der der Meßwerkspulen ist, was sich nur in Ausnahmefällen erreichen läßt. Unter Zeitkonstante versteht man das Verhältnis von Induktivität zu Ohmschem Widerstand, sie ist ein Maß für die Phasenverschiebung in den beiden parallelen Zweigen. Für Ströme bis 5 A läßt sich der elektrodynamische Strommesser sehr genau herstellen. In Verbindung mit einem Stromwandler eignet er sich dann recht gut zur genauen Messung hoher Wechselströme. Die beiden Meßwerkspulen sind nach Abb. 41b auch bei Strommessern für einen Meßbereich bis etwa 0,25 A in Reihe, für höhere Ströme parallel geschaltet. Die Strommesserspulen haben eine dickdrahtige Wicklung. Zur Bildung von 2 Meßbereichen, z. B. 2,5 und 5 A, wird die feste Spule mit 2 nebeneinander laufenden Drähten bewickelt, die für 2,5 A in Reihe, für 5 A parallel geschaltet werden. Die bewegliche Spule liegt in beiden Fällen einem Wicklungsteil der festen Spule parallel.

Für die Messung sehr kleiner Wechselströme werden **Spiegel-Elektrodynamometer** verwendet, deren bewegliches Organ wie beim Drehspulgalvanometer an einem dünnen Band aufgehängt ist, und deren Ausschlag mit Fernrohr, Spiegel und Skala abgelesen wird. Zum Schutz gegen Fremdfelder sind diese Meßwerke von einem dicken, aus Blechen geschichteten Eisenpanzer umgeben. Man erreicht bei Reihenschaltung der beiden Spulen für 1 mm Ausschlag bei 1 m Skalenabstand eine Empfindlichkeit von etwa $10^{-5}$ A und bei Fremderregung der festen Spule mit höchstzulässigem Strom $10^{-8}$ A.

## 2. Leistungsmesser ohne Eisen.

VDE: Eisenlose elektrodynamische Instrumente sind ohne Eisen im Meßwerk gebaut; sie haben keinen Eisenschirm.

**Meßprinzip.** Abb. 43a zeigt einen eisenlosen Leistungsmesser in einem schematischen Schnitt senkrecht zur Meßwerkachse *1*, auf der die Drehspule *2* befestigt ist. Die feste Spule *3* ist im Verhältnis zu ihrem Umfang flach gehalten. Diese Formgebung bewirkt einen Verlauf des Feldes der festen Spule, wie er durch die Kraftlinien in Abb. 43a angedeutet ist. Man hat in mühevoller Arbeit — die Rechnung versagt hier — Formen und Abmessungen von Spulen gefunden, deren Feld gerade so verzerrt ist, daß sich die parallel zur Achse *1* verlaufenden Leiterteile der Drehspule auf einem Kreis (Abb. 43a gestrichelt) gleicher Feldstärke (Niveaulinie) bewegen, allerdings nur für einen Ausschlag von etwa $\pm 45°$ aus der gezeichneten Mittellage der beweglichen Spule. Durch diesen Kunstgriff ist es in recht vollkommener Weise gelungen, das elektromagnetische Drehmoment $M_e$ innerhalb eines Zeigerausschlags von etwa 90° praktisch unabhängig von der jeweiligen Stellung des beweglichen Organs zu zu machen. Die magnetische Verkettung der beiden Spulen bleibt also konstant und das Glied sin $\beta$ aus den

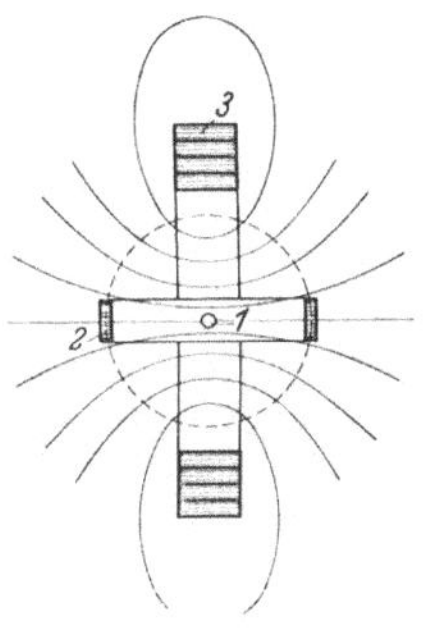


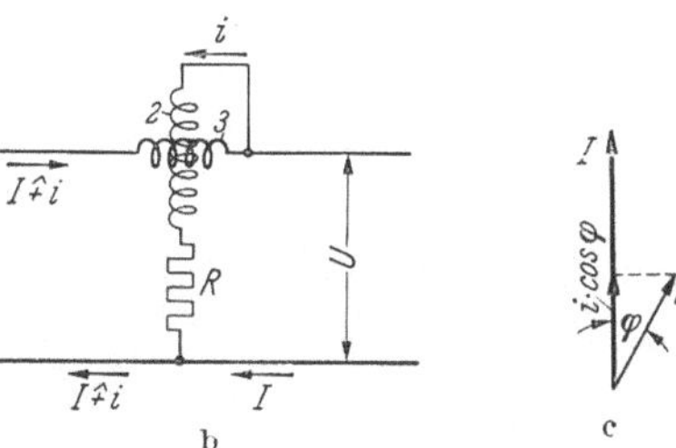


Abb. 43. Elektrodynamischer Leistungsmesser. a Kraftlinienbild der Stromspule. *1* Achse. *2* bewegliche Spule, *3* feste Spule. b Schaltung. *U* Netzspannung, *I* Verbraucherstrom, *i* Strom der Spannungsspule, $I \mp i$ Strom der Stromspule, *2* bewegliche Spule, *3* feste Spule, *R* Vorwiderstand. c Vektorschaubild. *i* Strom in der Spannungsspule, in Phase mit der Spannung, *I* Strom der Stromspule bzw. Verbraucherstrom, $\varphi$ Phasenverschiebung beim Verbraucher, $i \cdot \cos\varphi$ bildet ein Drehmoment mit *I*.

Gl. (16 . . . 18) kommt in Fortfall. Das mechanische Drehmoment $M_m$ wird wieder durch Spiralfedern gebildet, deren Moment verhältnisgleich dem Drehwinkel $\alpha$ ist. Es gilt somit für den Gleichgewichtszustand die Beziehung

$$M_m = M_e;\quad k_1 \cdot \alpha = k_2 \cdot U \cdot I \cdot \cos\varphi \quad \text{oder} \quad \alpha = K \cdot N, \tag{19}$$

$k_1$, $k_2$ und $K$ sind Konstanten. Der Strom $i$ in der beweglichen Spule ist im wesentlichen durch den rein Ohmschen Vorwiderstand ($R$ in Abb. 43b) und die Spannung $U$ bestimmt. Ist $U$ und damit $i$ gegen den Strom $I$ um den elektrischen (zeitlichen) Winkel $\varphi$ verschoben, so kommt nur die Komponente $i \cdot \cos\varphi$ (Abb. 43c), die zeitlich mit $I$ zusammenfällt, zur Wirkung. Die rechte Seite der Gl. (19) stellt die gesuchte Leistung $N = U \cdot I \cdot \cos\varphi$ dar, die verhältnisgleich dem Zeigerausschlag $\alpha$ ist. Gl. (19) gilt in ihrer rechtsstehenden Form sowohl für Gleich- als auch für Wechselstrom. Man verwendet die elektrodynamischen Leistungsmesser bis zu Frequenzen von einigen hundert Hertz. Die Verwendungsgrenze bei steigender Frequenz ist durch den Fehlwinkel der Flüsse im Strom- und Spannungspfad gegeben. Den Einfluß der Wechselinduktion, der auch im Fehlwinkel enthalten ist, kann man nur bei

Verwendung von Torsionswattmetern[1] ausschalten, da bei diesen die gegenseitige Lage der beiden Spulen bei der Messung 90° beträgt. Hierbei wird das von den Spulen erzeugte elektrische Drehmoment durch Spannen der Gegenfelder von Hand kompensiert. Die Verdrehung der Gegenfeder ist ein Maß für die Leistung.

**Aufbau des Meßwerks.** Der erste elektrodynamische Leistungsmesser mit linearer Skala wurde von Görner angegeben und ist in Abb. 44 dargestellt. Die mit Spitzen in Steinen gelagerte Achse *1* trägt die bewegliche Spule *2* und die beiden Spiralfedern *3* und *4*, die das mechanische Drehmoment abgeben und gleichzeitig als Stromzuführung zur beweglichen Spule dienen. Auf der Achse ist der Zeiger *5* befestigt, der über der Skala *6* spielt. Der Zeiger ist nach unten verlängert, tritt durch einen schmalen Schlitz in die Dämpferkammer *7* und trägt an seinem Ende den Dämpferflügel *8*. Letzterer ist Z-förmig ausgebildet, um den Bewegungswiderstand in der Luft zu erhöhen. Die Drehachse steht in der Mittelebene der festen Spule *9*, die rechteckige Form hat. Dem Beschauer zu ist ein Stück aus der festen Spule *9* herausgeschnitten, um die Sicht nach dem beweglichen Organ freizugeben. Das Meßwerk ist isoliert im Instrumentgehäuse befestigt, das in den Formen ausgeführt wird, wie sie beim Drehspulinstrument auf S. 13 beschrieben sind.

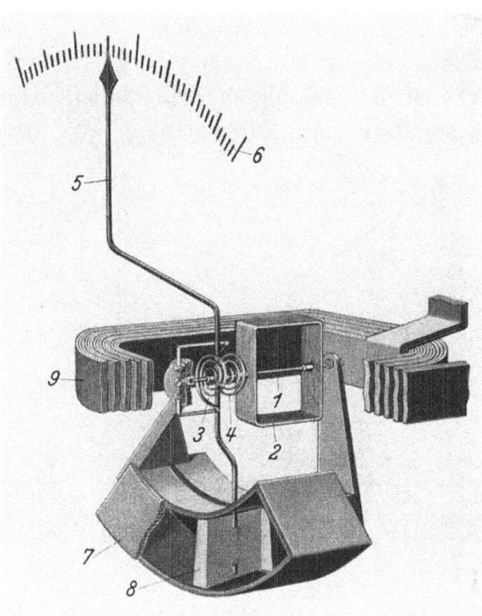

Abb. 44. Meßwerk des eisenlosen elektrodynamischen Leistungsmessers (H. & B.). *1* Achse, *2* bewegliche Spule, *3*, *4* Spiralfedern, *5* Zeiger, *6* Skala, *7* Dämpferkasten, *8* Dämpferflügel.

## 3. Leistungsmesser mit Eisen.

Die Anwendung von Eisen im Feldverlauf eines elektrodynamischen Leistungsmesser bringt eine Störung in wichtige Voraussetzungen: Vollkommene Gleichheit des Verhältnisses zwischen Spulenstrom und magnetischem Feld über den ganzen Meßbereich und vollkommene Phasengleichheit der beiden. Die Abweichung von der ersten Voraus-

---

[1] Schmiedel, K. in Brion-Vieweg: Starkstrommeßtechnik, S. 61. Berlin: Julius Springer 1933; siehe auch Arch. techn. Mess. J 741—1 (1932) und J 741—8. (Nov. 1933.)

setzung gibt den sog. Krümmungsfehler, wodurch die Anzeige phasenabhängig wird, die Abweichung von der zweiten entsteht durch den Fehlwinkel, der gegenüber demjenigen beim eisenlosen Dynamometer noch um den Winkel durch Hystereseverluste vergrößert wird. Man wird daher für genaue Normalmessungen immer Elektrodynamometer ohne Eisen verwenden. Mit der steigenden Güte der Eisensorten ist es möglich geworden, die verursachten Eisenfehler so klein zu halten, daß sie für technische Messungen nicht mehr ins Gewicht fallen. Das Eisen bringt aber dafür einen doppelten Vorteil: Minderung des Einflusses fremder Felder und Erhöhung des Drehmoments an der Meßwerkachse bei dem gleichen elektrischen Aufwand.

## Eisengeschirmte Leistungsmesser.

VDE: Eisengeschirmte elektrodynamische Instrumente sind ohne Eisen im eigentlichen Meßwerk gebaut; sie haben zur Abschirmung von Fremdfeldern einen besonderen Eisenschirm. Ein Gehäuse aus Eisenblech gilt nicht als Schirm.

Als Beispiel ist in der Abb. 45 ein Leistungsmesser[1] wiedergegeben, dessen feststehende Stromspule *1* sich innerhalb der mit dem Zeiger und den Spiralfedern auf einer Achse drehbar gelagerten Spannungsspule *2* befindet. Um beide Spulen ist ein kräftiger Eisenmantel *3* aus geschichtetem Dynamoblech gelegt. Der Mantel macht das Meßwerk von fremden Feldern und dem Einfluß naher Konstruktionsteile unabhängig; er ermöglicht es, zwei Wattmeter nahe beieinander einzubauen. Gleichzeitig vermindert er den magnetischen Widerstand der Spulen und ist so bemessen, daß weder bei Gleichstrom durch Remanenz noch bei Wechselstrom durch Hysterese ein störender Fehler eintritt. Der kleine Ohmsche Widerstand der festen Spule macht es möglich, sie bei Gleichstrommessungen — und dafür hat das Gerät weite Verbreitung gefunden — an Nebenwiderstände mit betrieblich zulässigem Spannungsabfall zu schalten.

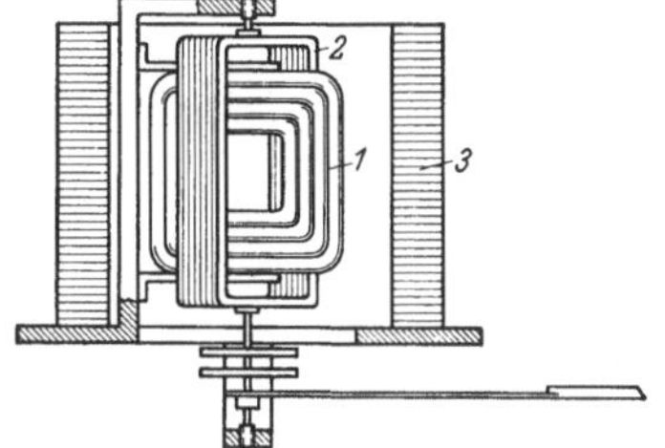

Abb. 45. Eisengeschirmter Leistungsmesser (H. & B.). *1* Stromspule, *2* Spannungsspule, *3* Eisenschutzmantel.

## Eisengeschlossene Leistungsmesser.

VDE: Eisengeschlossene elektrodynamische Instrumente haben Eisen im Meßwerk in solcher Anordnung, daß dadurch eine wesentliche Steigerung des Drehmoments erzielt wird. Sie können mit oder ohne Schirm ausgeführt werden.

Abb. 46 zeigt einen eisengeschlossenen Leistungsmesser in der heute allgemein üblichen Form, wie er von der AEG.[2] durchgebildet wurde, nachdem schon vorher die Engländer Sumpner und Drysdale und

[1] Palm, A.: Elektrotechn. Z. Bd. 34 (1913) S. 91.
[2] Dolivo-Dobrowolsky (Vortrag): Elektrotechn. Z. Bd. 34 (1913) S. 113.

der Deutsche Albert Lotz gangbare Wege gezeigt hatten. Die bewegliche Spannungsspule *1* umschließt einen aus Sondereisenblechen zusammengesetzten Zylinder *2*. Ein Eisenmantel *3*, ebenfalls aus Sonderblechen geschichtet, trägt, in Nuten eingebettet, die in 2 Teilen angeordnete feste Stromspule *4*. Zwischen den Eisenkörpern bleibt ein Luftspalt, der gerade noch für die freie Bewegung der Drehspule ausreicht, und in dem die Induktion auf dem ganzen Drehspulweg konstant ist. Die Gleichung des Drehmoments ist für eisengeschirmte oder geschlossene Instrumente dieselbe wie für eisenlose. Lediglich die Konstanten der Gl. (19) sind andere. Für genaue Instrumente müssen die Eigenschaften

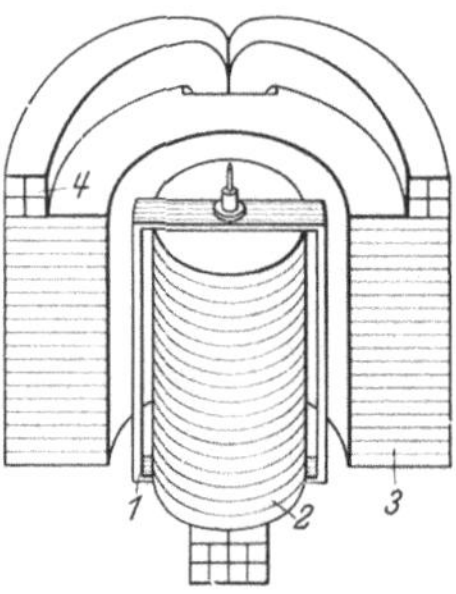


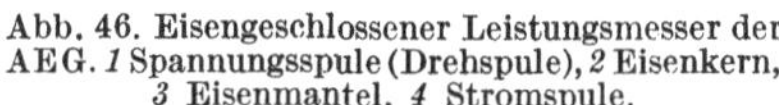
Abb. 46. Eisengeschlossener Leistungsmesser der AEG. *1* Spannungsspule (Drehspule), *2* Eisenkern, *3* Eisenmantel, *4* Stromspule.

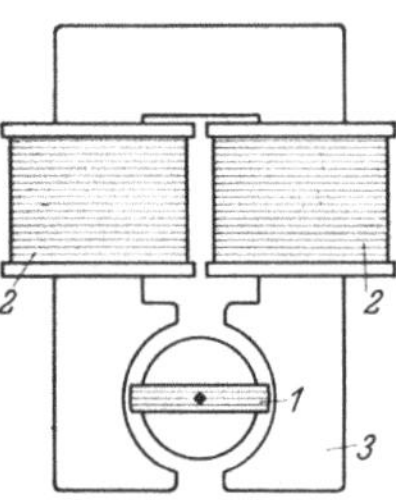


Abb. 47. Leistungsmesser für Gleichstrom (H. & B.). *1* Stromspule, *2* Spannungsspulen, *3* massiver Nickeleisenkörper.

des Eisens sorgfältig berücksichtigt werden. Der eisengeschlossene elektrodynamische Leistungsmesser hat sich mit gutem Erfolg für Starkstrommessungen eingeführt, dank seiner Unempfindlichkeit gegen fremde magnetische Felder, gegen Temperatur- und Frequenzschwankungen und dank seines hohen Drehmoments. Er hat durch diese Eigenschaften den früher weitverbreiteten Ferraris-Leistungsmesser fast ganz verdrängt.

Bei Gleichstrom hat die Messung der Leistung mit Leistungsmessern nur dann Interesse, wenn die Spannung stark schwankt, z. B. in Bahnnetzen. Eisenlose Dynamometer eignen sich hierfür nicht wegen der Beeinflussung durch fremde Felder und wegen des hohen Verbrauchs der festen Stromspule. Eisengeschirmte Wattmeter wurden häufig für Gleichstrom-Leistungsmessungen verwendet, aber auch ihr Verbrauch ist etwas hoch. Das Meßwerk nach Abb. 46 ist für Gleichstrom nicht verwendbar, da durch die Remanenz des Eisens im Kraftlinienweg ein Unterschied der Anzeige bei steigendem und fallendem Strom entstehen würde. Abb. 47 zeigt ein Sondermeßwerk für Gleichstrom-Leistungsmessungen, bei dem die Drehspule *1* Stromspule mit niedrigem Widerstand ist, so daß sie wie das Drehspulmeßwerk an einen normalen Nebenwiderstand angeschlossen werden kann. Die festen Spulen *2* führen über einen Vorwiderstand den der Spannung verhältnisgleichen Strom. Für den massiven Eisenkörper *3* ist eine Sondereisenlegierung von hoher Permeabilität und kleiner Remanenz verwendet. Bei Spannungsschwankungen von $\pm 30\%$ wird die Leistung noch richtig angezeigt.

## 4. Leistungsmesser mit mehreren Meßwerken.

Abb. 48 zeigt ein eisenfreies, elektrodynamisches **Doppelmeßwerk.** Die beiden Spannungsspulen *1* und *2* sind auf einer durchgehenden Achse *8* mit dem Zeiger *7* und den Spiralfedern *9* und *10* befestigt, und werden von 2 Paaren feststehender Stromspulen *5* und *6* eng

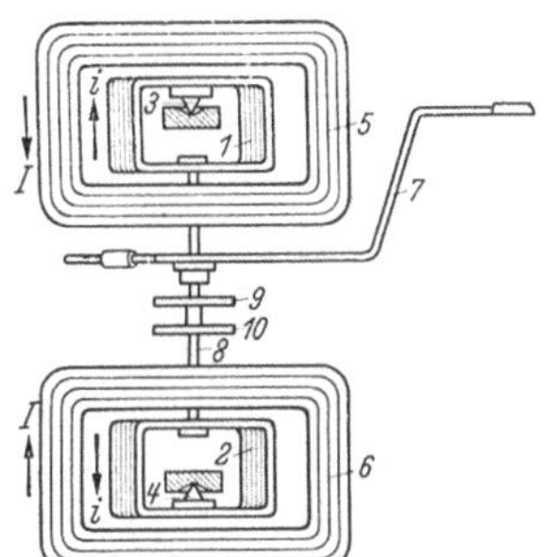

Abb. 48. Astatischer Leistungsmesser (AEG.). *1, 2* bewegliche Spulen, *3, 4* Spitzenlager. *5, 6* feste Spulen, *7* Zeiger, *8* Achse, *9, 10* Spiralfedern.

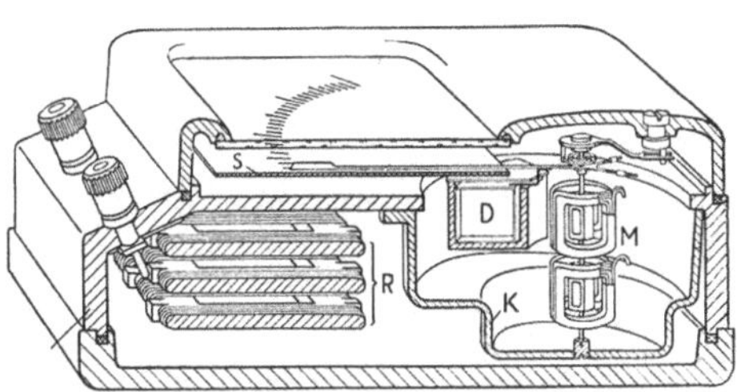


Abb. 49. Tragbarer Leistungsmesser mit astatischem Meßwerk ähnlich Abb. 48 (H. & B.). *S* Skala, *M* Meßwerk, *D* Dämpferflügel, *K* Metalltopf, *R* Vorwiderstand.

umschlossen. Die Drehmomente beider Meßwerke addieren sich und erzeugen den Zeigerausschlag. Abb. 49 veranschaulicht den Einbau eines ähnlichen Doppelmeßwerks mit den zugehörigen Vorwiderständen für die Spannungsspulen in ein Preßstoffgehäuse.

Zur Einrichtung eines **astatischen Leistungsmessers,** der vom Einfluß fremder Felder unabhängig ist, werden sowohl die Stromspulen als auch die Spannungsspulen der beiden Meßwerke in Abb. 48 in Reihe geschaltet, aber so, daß die Felder des oberen Meßwerks in jedem Augenblick den Feldern des unteren Meßwerks entgegengesetzt gerichtet sind (siehe die Pfeile in Abb. 48). Dann sind die elektrischen Drehmomente der beiden Meßwerke:

$$M_{e_1} = (+e)(+i) = +N; \quad M_{e_2} = (-e)(-i) = +N, \tag{20}$$

d. h. sie addieren sich im Zeigerausschlag. Ein fremdes Feld wirkt aber auf die beweglichen Spulen beider Meßwerke in entgegengesetzter Richtung und ist daher ohne Einfluß auf den Zeigerausschlag; das Instrument ist astasiert. Beide Meßwerke zusammen gelten dann als ein astatisches Meßwerk. Bei stark inhomogenen Fremdfeldern, wie sie z. B. in der Nähe von Hochstromleitungen vorkommen, kann je nach der Lage des

Fremdfeldes zu den Meßwerken der Einfluß auf die beiden Drehspulen verschieden groß sein, die Astasierung ist dann nicht vollkommen. Hier sind die eisengeschirmten Geräte den astatischen überlegen.

Das Doppelmeßwerk nach Abb. 48 kann zur **Summierung zweier Leistungen** verwendet werden, z. B. in einem Drehstromnetz mit ungleich belasteten Phasen nach Abb. 54, die Spulen werden dann unabhängig voneinander geschaltet, wie in dem Schaltbild gezeigt.

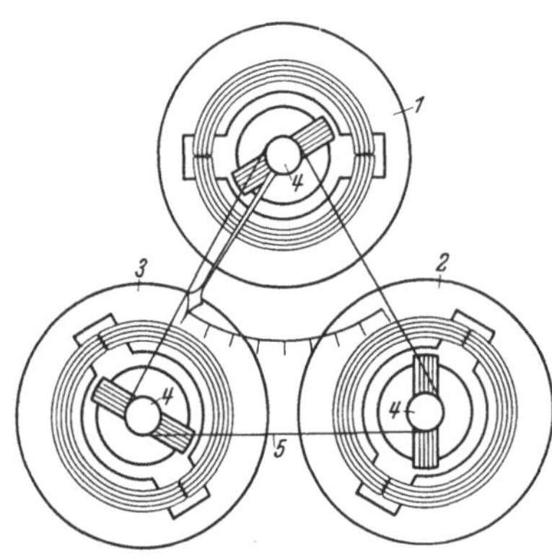


Abb. 50. Dreifach-Leistungsmesser mit Bandkupplung (S. & H.). *1*, *2*, *3* Einfachmeßwerke, *4* Rollen, *5* Kupplungsband.

Auch eisengeschirmte und eisengeschlossene Meßwerke nach Abb. 45 oder 46 werden häufig zur Addition mehrerer Leistungen in einem Zeigerausschlag in axialer Richtung mechanisch gekuppelt. Die gegenseitige Beeinflussung der beiden Meßwerke wird entweder durch eine Kunstschaltung aufgehoben oder durch einen magnetischen Schirm vermieden.

Bei dem **Dreifachleistungsmesser** nach Abb. 50 liegen die Meßwerke *1*, *2* und *3* in einer Ebene. Das Meßwerk *1* trägt den Zeiger, die Meßwerke *2* und *3* sind über kleine Rollen *4* durch feine Metallbänder *5* miteinander gekuppelt. Diese einfache Band-Kupplung hat sich bei sorgfältiger Herstellung durchaus bewährt und ermöglicht eine niedrige Bauweise der Instrumente bzw. die Verwendung normaler Gehäuse für Mehrfachleistungsmesser. Sie findet für Zwei- und Dreifachleistungsmesser in der Schaltung nach Abb. 54 und 55 häufig Anwendung. Auch die Summierung der Leistung mehrerer unabhängiger Netze läßt sich durch eine entsprechende Zahl bandgekuppelter Meßwerke (z. B. bis zu 7 Stück) durchführen. Diese Addition ist besonders bei schreibenden Geräten zu finden.

## 5. Schaltweise der Leistungsmesser.

In den Abb. 51...55 sind einige wichtige Schaltungen für die Leistungsmesser zusammengestellt[1]. In allen Bildern ist die Leistung von links nach rechts fließend zu denken. Man mißt dann bei der gewählten Art der Schaltung die Leistungsaufnahme des Verbrauchers genau, wenn man — nur für genaueste Messungen — den Verbrauch der Spannungsspule berücksichtigt. In Abb. 51 ist eine Schaltung zur Leistungsmessung in einem **Zweileiter-Gleichstromnetz** angegeben. $R_N$ ist ein temperaturfehlerfreier Nebenwiderstand, der den ganzen Strom $I$,

[1] Näheres über Leistungsmessungen siehe Brion und Vieweg: Starkstrommeßtechnik, S. 66...74. Berlin: Julius Springer 1933.

z. B. 1000 A, zu führen vermag, wobei der Spannungsabfall $I \cdot R_N = 0{,}25$ V betragen möge. Über die Stromspule *1* des Leistungsmessers fließt ein Strom von etwa 1 A. Die Spannungsspule *2* ist in Reihe mit dem ebenfalls temperaturunabhängigen Vorwiderstand $R_V$ an die Spannung $U$ gelegt. Die Werte der Meßwiderstände $R_N$ und $R_V$ werden bei der Eichung des Gerätes berücksichtigt. Zur Bildung mehrerer Meßbereiche werden mehrere Meßwiderstände für ein Gerät verwendet.

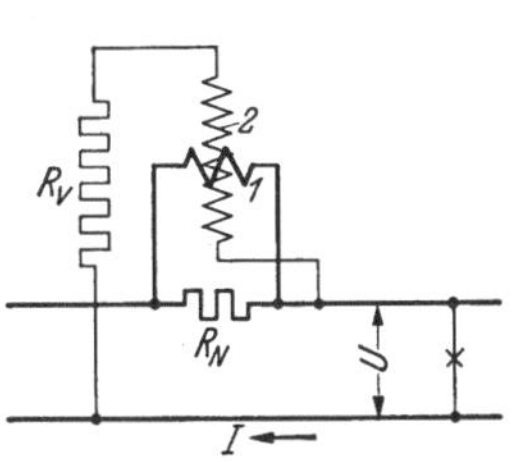


Abb. 51. Leistungsmesser mit Nebenwiderstand in einem Gleichstromnetz.

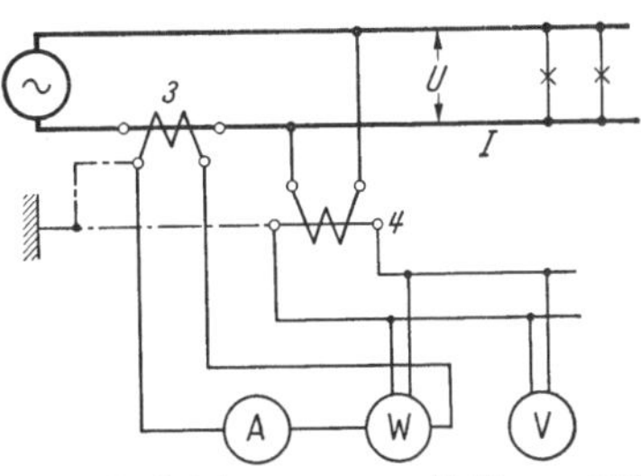


Abb. 52. Leistungsmesser mit Strom- und Spannungswandlern in einem Einphasennetz.

In Abb. 52 ist die Schaltung zur Leistungsmessung **mit Meßwandlern** bei **Wechselstrom und Hochspannung** gezeigt. *3* ist ein Stromwandler, der den Strom $I$ in den sehr viel kleineren Strom $i$, meist 5 A, übersetzt, der den Meßgeräten $A$ und $W$ mit einfachen Leitungen zugeführt werden kann. Der Wandler isoliert die Geräte gegen die Spannung des den Strom $I$ führenden Leiters. Der Spannungswandler *4* speist neben dem Spannungsmesser $V$ die Spannungsspule des Leistungsmessers $W$, wandelt die Hochspannung $U$ auf etwa 100 V und übernimmt ebenfalls die Isolation des Meßwerks gegen die unter Hochspannung stehende Leitung. (Näheres über die Ausführung der Meßwandler s. S. 124.) Für die Gesamtleistung $N$ gilt dann die Beziehung

$$N = \frac{U}{u} \cdot \frac{I}{i} [u \cdot i \cdot \cos\varphi] = U \cdot I \cdot \cos\varphi . \qquad (21)$$

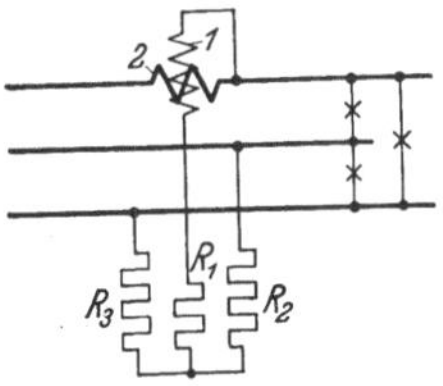

Abb. 53. Leistungsmesser in einem Dreiphasennetz mit künstlichem Nullpunkt bei gleich belasteten Leitern.

$\frac{I}{i}$ bzw. $\frac{U}{u}$ ist das Übersetzungsverhältnis des Strom- bzw. Spannungswandlers. In der Klammer steht der Betrag, den das Meßwerk anzeigt. Die rechte Seite von Gl. (21) entspricht dem Zeigerausschlag des für bestimmte Meßwandler geeichten Gerätes. Wandler lassen sich für alle Schaltungen der Abb. 52...55 anwenden. Der Einfachheit halber sind nur bei der Einphasenschaltung Abb. 52 Meßwandler eingezeichnet. Zur Bildung mehrerer Meßbereiche verwendet man mehrere Wandler oder Wandler mit unterteilten Wicklungen.

Abb. 53 zeigt einen Leistungsmesser in einem **Drehstromnetz mit gleich belasteten Leitern.** Der Spannungsnullpunkt ist künstlich durch

3 gleiche Widerstände $R_1$, $R_2$, $R_3$ gebildet, wobei der Widerstand der Spannungsspule *1* zu $R_1$ gehört. Das Instrument mißt die Leistung einer Phase. Zur Errechnung der Gesamtleistung sind seine Angaben mit 3 zu multiplizieren, was meist schon bei der Austeilung der Skala geschieht.

In der Abb. 54 sind 2 Meßwerke zur Messung der Leistung im **Drehstromnetz mit ungleich belasteten Leitern** angeordnet. Die beiden Meßwerke können nach Abb. 48 oder Abb. 50 gekuppelt sein, so daß die Summe ihrer Drehmomente $M_1$ und $M_2$ unmittelbar in einem Zeigerausschlag angezeigt wird. Man kann nun nachweisen, daß die Leistung in einem beliebig belasteten Drehstromnetz ohne Nulleiter sich durch folgende Beziehung[1] darstellen läßt:

$$N = I_1 \cdot U_{1-3} \cdot \cos(\sphericalangle I_1, U_{1-3}) + I_2 \cdot U_{2-3} \cdot \cos(\sphericalangle I_1, U_{2-3}). \tag{22}$$

Hier sind $I_1$ und $I_2$ die Ströme in den Leitern 1 und 2 (Abb. 54), $U_{1-3}$,

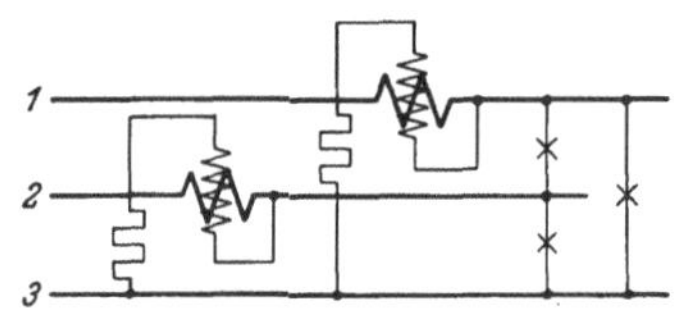

Abb. 54. Dreiphasennetz mit drei ungleich belasteten Leitern (Aronschaltung).

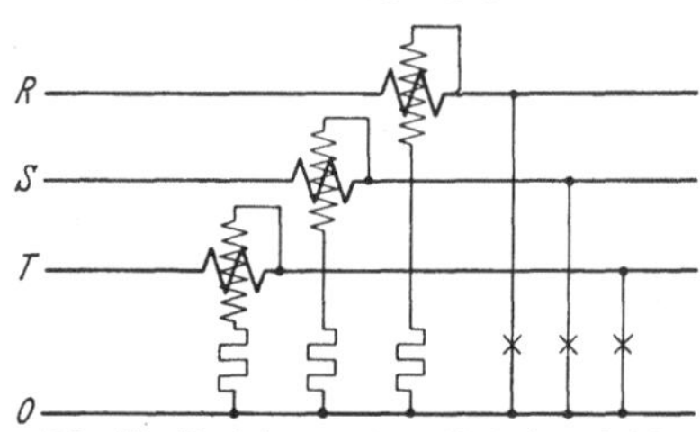

Abb. 55. Dreiphasennetz mit drei ungleich belasteten Leitern und Nulleiter (drei Leistungsmesser).

und $U_{2-3}$ die sog. verketteten Spannungen zwischen den Leitern 1 und 3 bzw. 2 und 3. $\sphericalangle I_1, U_{1-3}$ bedeutet: Phasenverschiebungswinkel zwischen $I_1$ und $U_{1-3}$. Bei der Zweiwattmeterschaltung nach dem Schema Abb. 54 ist

$$\left.\begin{aligned} M_1 &\sim I_1 \cdot U_{1-3} \cdot \cos(\sphericalangle I_1, U_{1-3}) \\ M_2 &\sim I_2 \cdot U_{2-3} \cdot \cos(\sphericalangle I_2, U_{2-3}), \end{aligned}\right\} \tag{23}$$

dies gibt mit Gl. (22)

$$M_1 + M_2 \sim N, \tag{24}$$

d. h. der Zeigerausschlag des Doppelwattmeters gibt die gesamte Drehstromleistung richtig an.

In einem **Dreiphasennetz mit drei ungleich belasteten Leitern und** einem **Nulleiter** (Abb. 55) kann man die Leistung nur mit 3 Leistungsmessern messen, die z. B. nach Abb. 50 gekuppelt sind. Jedes Meßwerk erfährt ein Drehmoment, das verhältnisgleich der Leistung in einer der drei Phasen $RST$ ist, z. B. für Phase $R$

$$M_R \sim I_R \cdot U_{0-R} \cdot \cos(\sphericalangle I_R, U_{0-R}). \tag{25}$$

Diese 3 Leistungen werden durch mechanische Addition in einem Zeigerausschlag angezeigt.

[1] Patent von Aron vom 26. 2. 91 und Aufsatz von Behn-Eschenburg in Elektrotechn. Z. Bd. 13 (1892) S. 73.

## 6. Elektrodynamische Kreuzfeld- und Kreuzspulmeßgeräte.

Bei den elektrodynamischen Strom-, Spannungs- und Leistungsmessern wird das Produkt zweier Ströme gebildet und an der Richtkraft einer Spiralfeder gemessen. Es gibt aber zahlreiche elektrische Größen — Ohm, Henry, Farad, Hertz, cos $\varphi$ —, die Verhältniszahlen sind, und sich daher ihrer Natur nach nicht mit der Richtkraft einer Spiralfeder messen lassen. Wir haben auf S. 36 schon das mit Gleichstrom betriebene Kreuzspulinstrument kennengelernt. Auch für Wechselstrom gibt es Kreuzspulgeräte und sog. Induktions-Elektrodynamometer ohne mechanische Richtkraft, bei welchen das Feld der Dauermagnete durch das Wechselfeld einer oder mehrerer Spulen ersetzt wird.

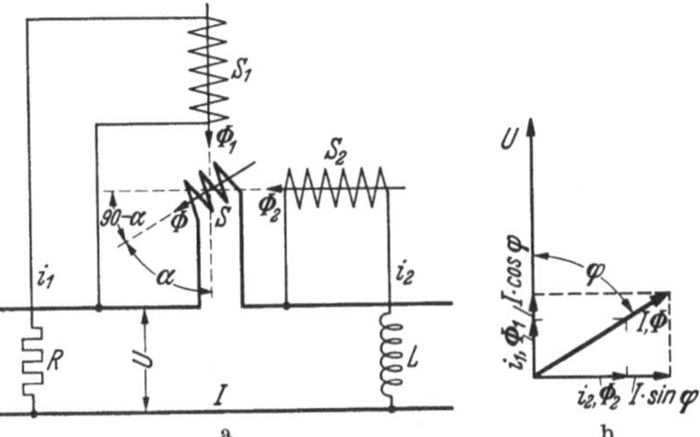


Abb. 56. Elektrodynamischer Phasenmesser. a Spulenanordnung und Schaltung. $S_1$, $S_2$ räumlich um 90° versetzte Spulen mit zeitlich um 90° verschobenen Flüssen $\Phi_1$ und $\Phi_2$, $S$ bewegliche Spule, $U$ Netzspannung, $I$ Netzstrom in Phase mit $\Phi$, $R$ Ohmscher Widerstand, $L$ Induktivität. b Vektorschaubild. $U$ Netzspannung, $I$ Netzstrom in Phase mit $\Phi$, $\Phi_1$ von $i_1$ herrührend, bildet ein Drehmoment mit $I \cdot \cos\varphi$, $\Phi_2$ von $i_2$ herrührend, bildet ein Drehmoment mit $I \cdot \sin\varphi$, $\varphi$ Phasenverschiebungswinkel des Netzes.

**Elektrodynamischer Phasenmesser.** Das erste Wechselstrom Kreuzspulinstrument wurde von Bruger[1] angegeben. Es wird noch heute in dieser Form als Präzisions-Phasenmesser hergestellt, besitzt eine feste Stromspule und 2 im Winkel von 90° gekreuzte bewegliche Spannungsspulen. Eine eindeutige Einstellung ist bei diesen Geräten, wie bei den Kreuzspulinstrumenten mit Dauermagnet, nur bei inhomogenem Feld möglich, oder nur dann, wenn das Drehmoment sich mit dem Ausschlag ändert. Inzwischen sind zahlreiche Konstruktionen für Phasenmesser bekannt geworden, die alle ungefähr auf dem Brugerschen Prinzip beruhen. Um eine Zuleitung einzusparen, ging man auf das Kreuzfeldgerät[2] über, dessen Wirkungsweise mit der des Kreuzspulgeräts übereinstimmt, und das an Hand der Abb. 56 erläutert werden soll.

Die festen Spulen $S_1$ und $S_2$ sind räumlich um 90° gegeneinander versetzt, ihre Flüsse $\Phi_1$ und $\Phi_2$ durchdringen die bewegliche Spule $S$, über die der Verbraucherstrom $I$ fließt. Ihr Fluß $\Phi$ ist in Phase mit dem Strom $I$. Die feste Spule $S_1$ ist über einen Ohmschen Widerstand $R$ an die Netzspannung $U$ gelegt, ihr Strom $i_1$ und damit auch ihr Fluß $\Phi_1$ ist also in Phase mit der Spannung $U$. Die feste Spule $S_2$ ist über einen

[1] Bruger: Elektrotechn. Z. Bd. 19 (1898) S. 476.

[2] Gruhn: Elektrotechn. Z. Bd. 34 (1913) S. 998.

induktiven Widerstand $L$ an die Netzspannung $U$ geschaltet, ihr Strom $i_2$ und damit ihr Fluß $\Phi_2$ eilt also, wenn der Ohmsche Widerstand dieses Zweiges vernachlässigbar klein ist, der Netzspannung um 90° nach, wie dies im Diagramm Abb. 56b dargestellt ist. Das Drehmoment $M$ zwischen zwei von Wechselströmen gleicher Frequenz durchflossenen Spulen ist verhältnisgleich der Größe ihrer Flüsse, dem Sinus ihres räumlichen Winkels und dem Kosinus der zeitlichen Phasenverschiebung ihrer Ströme. Der Fluß $\Phi$ der beweglichen Spule ist verhältnisgleich dem Strom $I$ und die Flüsse $\Phi_1$ und $\Phi_2$ sind verhältnisgleich der Spannung $U$. Es gilt also für das Drehmoment $M_1$ zwischen den Spulen $S$ und $S_1$ die Beziehung

$$M_1 = k_1 \cdot U \cdot I \cdot \sin\alpha \cdot \cos\varphi \tag{26}$$

und für das Drehmoment $M_2$ zwischen den Spulen $S$ und $S_2$

$$M_2 = k_2 \cdot U \cdot I \cdot \sin(90 - \alpha) \cdot \cos(90 - \varphi) = k_2 \cdot U \cdot I \cdot \cos\alpha \cdot \sin\varphi. \tag{27}$$

Kommt die Spule an irgendeiner Stelle zur Ruhe, so ist, $M_1 = M_2$ oder wenn $k_1 = k_2$ ist

$$\left.\begin{aligned} \sin\alpha \cdot \cos\varphi &= \cos\alpha \cdot \sin\varphi \\ \operatorname{tg}\alpha &= \operatorname{tg}\varphi \quad \text{d. h. } \alpha = \varphi. \end{aligned}\right\} \tag{28}$$

Der Einstellwinkel $\alpha$ der Drehspule $S$ gibt also unmittelbar den gesuchten elektrischen Phasenwinkel $\varphi$ an, unabhängig von der Größe der Spannung $U$ und des Stromes $I$. Diese Beziehung gilt nicht nur für eine Phasenverschiebung zwischen 0° und 90°, sondern für alle 4 Quadranten von 0...360°, also bei Vor- und Nacheilung des Stromes $I$ gegen die Spannung $U$ und auch bei einer Änderung der Leistungsrichtung im Netz. Änderungen der Größe von Strom oder Spannung bewirken nur eine Änderung der Einstellkraft. Damit diese nicht zu klein wird, sollen mindestens 20% des Nennstroms fließen.

Abb. 57 zeigt das Meßwerk eines Phasenmessers für 90° Phasenverschiebung. Auf den 4 nach innen gerichteten Polen eines Eisenkörpers *1* sind die Wicklungen *2* und *3* in je 2 gegenüberliegenden Spulen aufgebracht. Die bewegliche Spule *4* ist auf einer in Steinen gelagerten Achse *5* befestigt. Der Strom $I$ wird ihr durch dünne Metallbänder *6* zugeführt, die praktisch kein mechanisches Drehmoment ausüben. Der Zeiger *7* ist mit einer Aluminiumscheibe *8* in Form eines Kreisausschnittes verbunden, die sich im Feld eines kleinen Dauermagnets *9* bewegt. Hierbei werden in der Scheibe Wirbelströme erzeugt, und zwar auf Kosten der im beweglichen Organ aufgespeicherten Bewegungsenergie, mit deren Verbrauch die Bewegung des Zeigers aufhört. Diese sog. magnetische bzw. Wirbelstromdämpfung findet bei vielen Meßgeräten Anwendung und ist auf S. 73 beschrieben. Macht man die beiden gekreuzten Spulen, die an der Spannung $U$ (Abb. 56) liegen, beweglich und die Stromspule feststehend, wobei sich dann die Spannungsspulen innerhalb der Stromspule befinden würden (ähnlich Abb. 44), so ändert sich an den beschriebenen Verhältnissen und an der Gl. (28) nichts; die Kreuzspule wird sich um den Winkel $\alpha$ bzw. $\varphi$ drehen. Bei Phasenmessern für 360° Zeigerausschlag kann die Zuleitung zum beweglichen Organ nicht mit Bändern wie in Abb. 57 erfolgen, da die Drehspule die Möglichkeit haben muß, sich beliebig oft um ihre Achse zu drehen. Man verwendet dann Schleifringe mit Bürsten als Zuleitung (S. & H.) oder einen kleinen Transformator, dessen Sekundärspule koaxial auf der Drehachse befestigt ist und die Drehspule speist (H. & B.).

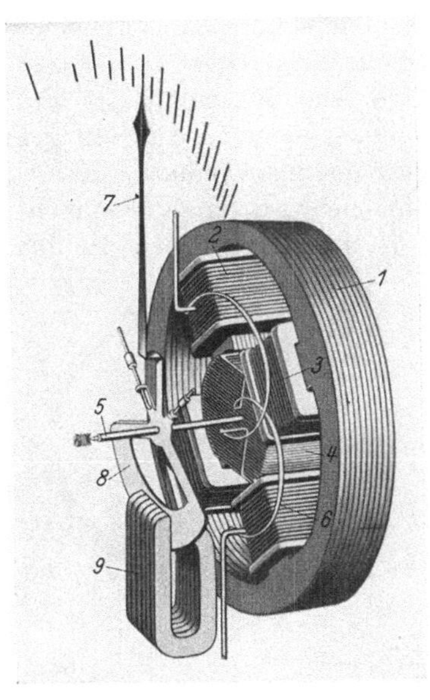

Abb. 57. Meßwerk eines Phasenmessers (H. & B.). *1* Eisenkörper, *2*, *3* feste Spulen, *4* bewegliche Spule, *5* Achse, *6* Stromzuführungsbänder, *7* Zeiger, *8* Dämpferscheibe, *9* Dämpfermagnet.

In der Abb. 56 ist die Spule $S_2$ über eine Induktivität $L$ an das Netz gelegt. Man wird praktisch 90° Phasenverschiebung zwischen $U$ und $i_2$ nur erhalten, wenn, wie bereits bemerkt, $L$ gegen den Ohmschen Widerstand des Kreises sehr groß ist. Dies ist durch gewisse Kunstgriffe mit zulässiger Toleranz erreichbar. Die 90°-Schaltung bleibt aber noch abhängig von der Frequenz des Netzes, deren Änderung allerdings nur Promille beträgt, so daß diese Fehlerquelle praktisch vernachlässigbar ist. Im Drehstromnetz hat man die Möglichkeit, die eine Spule $S_1$ an die Sternspannung und die andere Spule $S_2$ an die gegenüberliegende, um 90° phasenverschobene verkettete Spannung zu legen. In der Abb. 58 sind $RST$ die 3 Leiter eines Drehstromnetzes. Im Leiter $R$ liegt die Stromspule. An der Sternspannung zwischen $R$ und dem künstlichen Nullpunkt liegt die Spule $S_1$, während $S_2$ zwischen die Leiter $S$ und $T$ über einen passend gewählten Vorwiderstand geschaltet ist. Diese 90°-Schaltung ist sehr einfach und vollständig unabhängig von Frequenzänderungen.

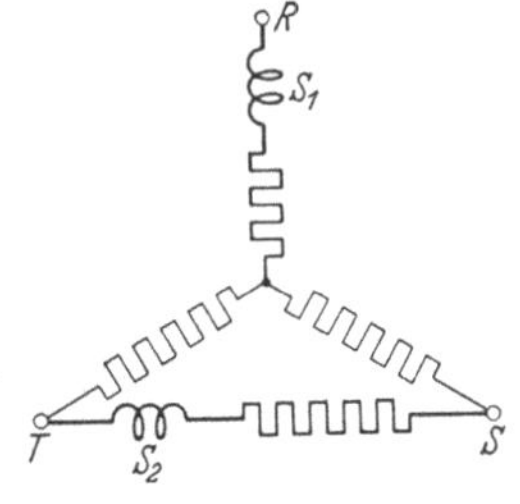

Abb. 58. Schaltung eines Phasenmessers bei Drehstrom. $R\ S\ T$ Dreiphasennetz, $S_1$, $S_2$ feste Spulen eines elektrodynamischen Phasenmessers.

Die Stromspulen der Phasenmesser führen meist 5 A. Bei Kurzschlüssen im Netz kann dieser Strom für kurze Zeit auf ein Vielfaches anwachsen, die Spulen müssen dementsprechend bemessen sein. Wird der Strom wie in Abb. 57 durch dünne Bänder der beweglichen Spule zugeführt, so wird noch ein besonderer Stromwandler vorgeschaltet, der bei einem Netzkurzschluß den Strom in der Drehspule so weit begrenzt, daß die dünnen Zuleitungsbänder nicht durchbrennen.

In ihrer Ausführung sind die Phasenmesser den übrigen Instrumenten angepaßt. Für einen Bereich von 180 oder 360 Winkelgrad ist die Zeigerachse in der Skalenmitte in einer langen Brücke gelagert (vgl. Abb. 59), unter der sich der Zeiger beliebig oft hindurchdrehen kann. Bei einer Austeilung in Winkelgrad erhält man eine praktisch gleichmäßige Teilung. Meistens wird die Austeilung in $\cos\varphi$ vorgenommen und dann entsprechend dieser Winkelfunktion ungleichmäßig. Die Anschlüsse sind ähnlich wie bei den Leistungsmessern. Die

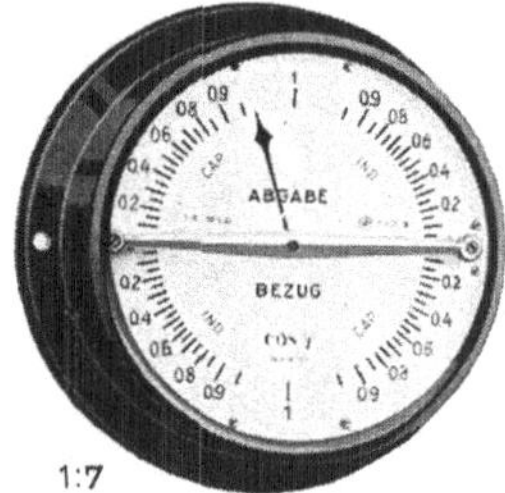

Abb. 59. Phasenmesser für 4 Quadranten.

Abb. 60. Skala eines elektrodynamischen Synchronoskops.

Wicklungen werden fast immer für 100 V und 5 A zum Anschluß an Meßwandler ausgelegt. Der Phasenmesser bleibt in strom- oder spannungslosem Zustand an einer unbestimmten Stelle stehen; die Ursache liegt im Meßprinzip begründet, welches keine mechanische Rückstellkraft zuläßt.

**Elektrodynamisches Synchronoskop.** Der oben beschriebene Phasenmesser kann auch dazu dienen, zwei Netze vor ihrer Zusammenschaltung daraufhin zu prüfen, ob ihre Spannungen von gleicher Frequenz und gleicher Phase sind. Man bildet hierzu die Stromspule $S$ in Abb. 56a als Spannungsspule aus und legt sie über einen entsprechenden Vorwiderstand oder Wandler an die Spannung des Netzes oder der Maschine, die zugeschaltet werden soll, die beiden festen Spulen $S_1$ und $S_2$ liegen an der Spannung des anderen Netzes. Sind die Frequenzen beider Netze nicht gleich, so wird sich die Phasenverschiebung zwischen den Spannungen ständig ändern, die Spule $S$ wird sich drehen, und zwar mit einer Umlaufzahl, die der Differenz der beiden Frequenzen entspricht. Vor dem Einlegen des Schalters muß dieser „Schlupf“ verschwinden, der Zeiger des Synchronoskops muß also stillstehen; dann ist die Frequenz der beiden Netze gleich. Der Zeiger muß aber auch eine bestimmte Stellung einnehmen, die angibt, daß die beiden Spannungen in Phase sind, erst dann darf der Schalter eingelegt werden. Abb. 60 zeigt die Skala eines Synchronoskops. Der Zeiger steht auf der Strichmarke still, wenn Phasen- und Frequenzgleichheit herrschen. Ferner ist auf der Skala noch angegeben, welche Drehrichtung des Zeigers „zu schnell“ oder „zu langsam“ der zuzuschaltenden Maschine bedeutet. Synchronoskope werden meist auf einem Wandarm drehbar vor der Schalttafel angebracht, so daß sie von allen Schaltfeldern aus zu beobachten sind.

**Elektrodynamischer Frequenzmesser.** Die Wirkungsweise dieses Gerätes soll an Hand der Abb. 61 erläutert werden[1]. $S$ sei die bewegliche Spule in einem Meßwerk, das in seinem Aufbau etwa der Abb. 57 entspricht. $S_1$ und $S_2$ sind die beiden festen Spulen. $S_1$ ist in Reihe mit einer Drosselspule an die Netzspannung $U$ geschaltet, die Gesamtinduktivität dieses Kreises sei $L$. Es gilt dann unter Vernachlässigung des Ohmschen Widerstandes die Beziehung

$$U = i_1 \cdot 2\pi f \cdot L \quad \text{oder} \quad i_1 = \frac{U}{2\pi f L}. \qquad (29)$$

$f$ ist die Frequenz. Für den Stromkreis mit den Spulen $S_2$ und $S$ und der Kapazität $C$ gilt unter Vernachlässigung des induktiven und des Ohmschen Widerstandes die Beziehung

$$U = \frac{i_2}{2\pi f \cdot C} \quad \text{oder} \quad i_2 = U \cdot 2\pi f \cdot C. \qquad (30)$$

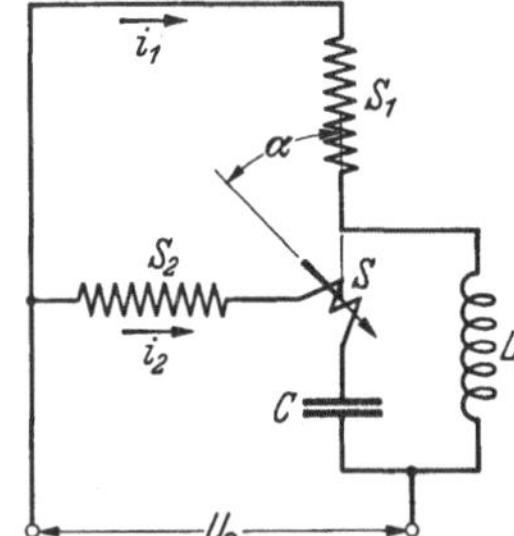

Abb. 61. Elektrodynamischer Frequenzmesser. $S_1$, $S_2$ feste Spulen, $S$ bewegliche Spule, $L$ Induktivität, $C$ Kapazität, $\alpha$ Winkel, um den die Drehspule sich dreht bzw. Winkel, den das resultierende Feld aus $S_1$ und $S_2$ gegen $S_1$ bildet.

Die Felder der Spulen $S$ und $S_2$ sind in Phase. Das Feld der Spule $S_1$ ist gegen das der anderen Spulen um 180° phasenverschoben, oder bei entsprechender Schaltung (Vertauschung der Anschlüsse) ebenfalls in Phase mit dem Feld von $S$, d. h. alle Ströme und damit alle Felder sind in Phase. Man kann dann entsprechend den Gl. (26) und (27) für die beiden Drehmomente $M_1$ zwischen $S$ und $S_1$ und $M_2$ zwischen $S$ und $S_2$ den Ansatz machen

$$M_1 = k_1 \cdot i_1 \cdot i_2 \cdot \sin\alpha; \qquad M_2 = k_2 \cdot i_2^2 \cdot \cos\alpha, \qquad (31)$$

wo $\alpha$ den Drehwinkel bzw. den Zeigerausschlag der beweglichen Spule $S$ und $k_1$ und $k_2$ Konstanten bedeuten. Mit Gl. (29) und (30) wird Gl. (31) für den Fall, daß sowohl beide Drehmomente $M_1$ und $M_2$ (bei Stillstand des Zeigers) als auch $k_1$ und $k_2$ gleichgroß sind:

$$\left.\begin{aligned} \frac{U \cdot U \cdot 2\pi f C}{2\pi f \cdot L} \cdot \sin\alpha &= U^2 \cdot (2\pi f \cdot C)^2 \cos\alpha \\ \text{oder} \qquad \operatorname{tg}\alpha &= (2\pi)^2 \cdot C \cdot L \cdot f^2. \end{aligned}\right\} \qquad (32)$$

Der Zeigerausschlag ist also bei konstantem $C$ und $L$ nur eine Funktion der Frequenz $f$. Die Winkelfunktion auf der linken Seite der Gl. (32) kann man durch die Wahl des Feldverlaufes im Luftspalt weitgehend beeinflussen. Es ist z. B. möglich, nach diesem Prinzip Frequenzmesser zu bauen, deren Skalen einen praktisch gleichmäßig verlaufenden Bereich

[1] Gruhn: Elektrotechn. Z. Bd. 35 (1914) S. 39.

von 45...55 oder 49...51 Hz zeigen. Der erste derartige Frequenzmesser wurde von H. & B. [1] als Meßwerk für schreibende Geräte durchgebildet. Änderungen der Netzspannung und der Raumtemperatur sind von gewissem Einfluß und lassen sich bei diesen Geräten nicht vollständig beseitigen; sie sind daher für Präzisionsmessungen nicht geeignet.

**Elektrodynamischer Widerstandsmesser für Wechselstromwiderstände.** Bei konstanter und bekannter Frequenz $f$ kann man nach Gl. (32) auch die Kapazität $C$ oder die Induktivität $L$ messen. Man kann ferner, wenn man an Stelle von $L$ und $C$ Ohmsche Widerstände $R_1$ und $R_2$ schaltet, auch diese messen. Solche Wechselstromquotientenmesser wurden in sehr vielen Ausführungsformen [2] in der Praxis eingeführt. Die Fortentwicklung des oben geschilderten Meßprinzips führte zu den „Induktionselektrodynamometern", die hier als besondere Klasse der Elektrodynamometer beschrieben werden sollen, da sie nicht mehr streng zu den Kreuzspulgeräten gehören.

## 7. Induktionselektrodynamometer.

**Meßprinzip.** Befindet sich eine Drehspule in einem durch den Strom in einer feststehenden Spule erzeugten Wechselfeld, so wird in ihren Windungen eine elektromotorische Kraft induziert, deren Größe unter anderem von der Stellung der beweglichen Spule zur festen abhängt. Diese Induktion tritt bei den vorstehend beschriebenen Instrumenten als Begleiterscheinung auf, ihr Einfluß ist fast immer vernachlässigbar klein. Beim Induktionselektrodynamometer wird dieser Einfluß in einer besonderen Spule absichtlich so gesteigert, daß ihr elektromagnetisches Drehmoment als spannungsabhängige Richtkraft dienen kann. Dieses Meßprinzip wurde zuerst von Abraham [3] angegeben. Abb. 62 zeigt bei a die Wirkungsweise der Richtspule $S$, die drehbar gelagert ist. Sie befindet sich in einem homogenen Wechselfeld $\Phi_\sim$ und ist über eine Induktivität $L$ geschlossen. In der gezeichneten Stellung wird das Wechselfeld $\Phi_\sim$ keine Spannung in den Windungen der Spule induzieren, und der Strom $I$ ist Null. Dreht man die Spule um den Winkel $\alpha$ in die Zeigerstellung $c$—$d$, so wird durch den wirksamen Fluß $\Phi_\sim \cdot \sin\alpha$, d. h. durch den Fluß, der die Spule durchsetzt, in $S$ eine Spannung induziert, die $\Phi_\sim$ um 90° nacheilt. Der Strom $I$ in dem induktiven Spulenkreis und damit der Fluß der Spule eilen der EMK weitere 90° nach und sind somit um 180° gegen $\Phi_\sim$ verschoben. Die Spule $S$ versucht, ihre magnetische Achse $\Phi_{sp}$ mit $\Phi_\sim$ zur Deckung zu bringen und kehrt daher wieder in die gezeichnete Lage $\alpha = 0$ zurück. Dort ist der in der Spule induzierte Strom und damit das Drehmoment Null. Dasselbe geschieht, wenn

[1] Palm, A.: Elektrotechn. Z. Bd. 34 (1913) S. 91.

[2] Keinath: Technik elektrischer Meßgeräte, Bd. 1, S. 355f. München 1928.

[3] Abraham: J. Physique 1911 S. 264...271.

man den Zeiger nach links auslenkt. Die Spule $S$ übt also ein Drehmoment aus, durch das der mit der Achse verbundene Zeiger ähnlich wie durch eine Spiralfeder immer wieder in eine bestimmte Nullage zurückgeführt wird, nur mit dem Unterschied, daß diese „elektrische Feder“ ihr Drehmoment quadratisch mit dem Fluß $\Phi_\sim$ und damit mit der Spannung $U$ an der festen Spule, die das Feld erzeugt, ändert. Legt man an Stelle der Selbstinduktion $L$ einen Widerstand $R$ oder eine Kapazität $C$ an die Spule $S$, so ist, wie sich nachweisen läßt, die Einstellung der Spule $S$ im ersten Fall indifferent, d. h. die Spule bleibt in jeder Richtung stehen ($I$ 90° phasenverschoben gegen $\Phi_\sim$) und im

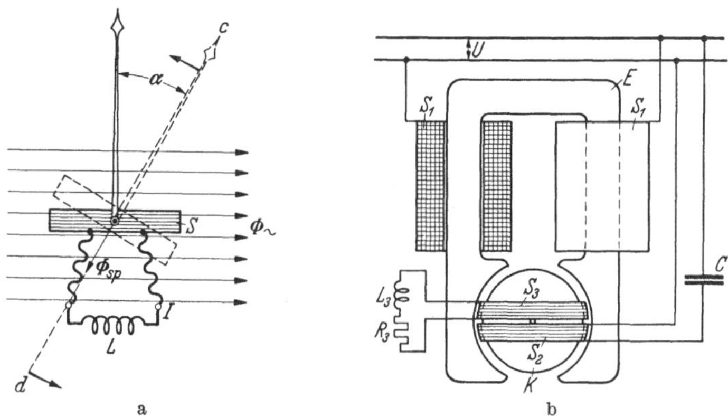


Abb. 62. Schema des Induktions-Elektrodynamometers. a Wirkungsweise der Richtspule. $\Phi_\sim$ Wechselfluß, $\Phi_{sp}$ Fluß der Spule, durch Induktion erzeugt, $L$ Induktivität, $I$ Spulenstrom, $S$ Richtspule. b Aufbau des Meßwerks (als Kapazitätsmesser geschaltet). $E$ Meßwerkeisen, $S_1$ Erregerspule, die $\Phi_\sim$ erzeugt, $S_2$ Ablenkspule, $S_3$ Richtspule mit $\Phi_{sp}$, $K$ Eisenkern, $C$ zu messende Kapazität, $L_3$ Induktivität, $R_3$ Ohmscher Widerstand.

zweiten Fall labil ($I$ in Phase mit $\Phi_\sim$). Die Verwendung eines reinen Widerstandes oder einer reinen Kapazität an Stelle der Selbstinduktion $L$ scheidet daher für die praktische Verwendung aus. Dagegen ist eine Kombination von $L$, $C$ und $R$ von praktischer Bedeutung; ihre eingehende Untersuchung würde jedoch hier zu weit führen[1].

Der Aufbau des Meßwerks ist in Abb. 62b etwas schematisiert gezeichnet. Die Schaltung ist ebenfalls dort zu entnehmen. Eine kräftige Spule $S_1$ ist in 2 Teilen auf die Schenkel des aus Dynamoblechen aufgebauten Eisenkörpers $E$ geschoben. In der Polbohrung von $E$ befindet sich ein runder Eisenkern $K$, der von den beweglichen Spulen $S_2$ und $S_3$ so umschlossen wird, daß sie sich noch frei um ihre Achse drehen können. Die Spulen $S_2$ und $S_3$ sind nebeneinander gezeichnet, sie können auch übereinander liegen oder durch gleichzeitiges Aufwickeln zweier Drähte gebildet sein. Jede bewegliche Spule hat ihre Zuleitungen aus dünnen Bändern ohne Richtkraft. Die Spule $S_2$ liegt in Reihe mit dem

[1] Näheres siehe E. Blamberg: Arch. Elektrotechn. Bd. 17 (1926) Heft 3 S. 281.

Kondensator $C$ an der Netzspannung $U$. Die „Richtkraftspule“ $S_3$ ist über die Induktivität $L_3$ und den Widerstand $R_3$ geschlossen. Es gilt dann unter einigen zulässigen Vernachlässigungen für den Zeigerausschlag $\alpha$ die Gleichung

$$\alpha = \text{konst.} \cdot C \frac{R_3^2 + (2\pi f L_3)^2}{L_3}. \tag{33}$$

Dieser Ausdruck enthält die Spannung $U$ nicht mehr, die Anzeige ist demnach in gewissen Grenzen unabhängig von $U$. Das ist deshalb der Fall, weil das Drehmoment der Drehspule $S_2$ und das Drehmoment der Richtkraftspule $S_3$ (elektrische Feder), die sich ja das Gleichgewicht halten, in gleicher Weise (quadratisch) von der Betriebsspannung $U$ abhängen. Praktisch ist eine Spannungsänderung von $\pm 20\%$ zulässig. Die obere Grenze wird durch die Erwärmung der Spulen, die untere durch die notwendige Einstellkraft und das unvermeidliche Reibungsmoment des beweglichen Organs in seinen Lagern bestimmt. Die aperiodische Einstellung des beweglichen Organs wird durch eine Luftdämpfung, ähnlich wie bei den elektrodynamischen Leistungsmessern (s. S. 53) bewirkt.

Von den Größen $C$, $L_3$, $R_3$ und $f$ in Gl. (33) kann eine im Zeigerausschlag $\alpha$ gemessen werden; die drei anderen müssen bekannt und konstant sein.

**Frequenzmesser.** Schon das erste Induktionselektrodynamometer von Abraham[1] (Firma Carpentier, Paris) war ein empfindlicher Frequenzmesser mit einer Austeilung der Skala in Hertz. Weitere Durchbildungen wurden von Keinath (Phasensprungfrequenzmesser)[2], Täuber-Gretler[3] und Blamberg[4] angegeben. Blamberg hat insbesondere einen schreibenden Frequenzmesser für hohe Genauigkeit durchgebildet, dessen Zeigerausschlag den engen Bereich 49,5 ... 50,5 Hz umfaßt, und der in hohem Maße von Spannungsänderungen, Kurvenform und Temperatur unabhängig ist. Das Instrument hat 3 bewegliche Spulen, eine davon dient wieder als Richtspule, die beiden anderen liegen über eine Induktivität bzw. Kapazität an der Netzspannung wie bei dem elektrodynamischen Frequenzmesser. Dieser Frequenzmesser, ein sog. Punktschreiber, dient vorwiegend zur Aufzeichnung kleiner Frequenzschwankungen in gut geregelten Netzen.

**Kapazitätsmesser.** Hält man $R_3$, $L_3$ und $f$ konstant, so ist nach Gl. (33) der Zeigerausschlag $\alpha$ verhältnisgleich der Kapazität $C$. Als Kapazitätsmesser hat das Gerät besonders in der Radiotechnik und der

---

[1] Siehe Fußnote 3 S. 68.

[2] Keinath: Technik der Meßgeräte, Bd. 2 S. 141...143. München 1928 und Boekels u. Müller, Elektrotechn. Z. Bd. 57 (1936) S. 1259.

[3] Täuber-Gretler: Bull. schweiz. elektrotechn. Ver. 1922 S. 225 und Induktionsdynamometer. Diss. Zürich 1926.

[4] Blamberg, E.: Elektrotechn. Z. Bd. 52 (1931) S. 811.

Fertigung von Kondensatoren heute große Verbreitung gefunden. Für dieses Verwendungsgebiet wäre die Voraussetzung einer ganz konstanten Frequenz unzulässig. Es ist Blamberg[1] gelungen, einen Kapazitätsmesser zu schaffen, dessen Toleranz 1% beträgt, bei einer Temperaturschwankung von $\pm 10°$, einer Frequenzänderung von $\pm 10\%$ und einer Spannungsänderung von $\pm 15\%$.

Als **Widerstandsmesser mit** Wechselstromquelle wurde das Induktionselektrodynamometer von S. & H.[2] in einer Brückenschaltung verwendet und von Trüb, Täuber[3] als Ohmmeter durchgebildet, insbesondere für Temperaturmessungen mit Wechselstrom und für Widerstandsmessungen von Elektrolyten, wobei sich wegen der Polarisation Gleichstrom nicht verwenden läßt. Diese Geräte sind in ihrer Bedeutung zurückgetreten, seit es durch Verwendung von Kupfer-Oxydul-Gleichrichtern möglich wurde, auch Wechselstrommessungen mit dem hochempfindlichen Drehspulinstrument auszuführen.

# VI. Induktions- (Drehfeld-) Meßgeräte.

VDE: Induktions- (Drehfeld-) Instrumente haben feststehende und bewegliche Stromleiter (Spulen, Kurzschlußringe, Scheiben oder Trommeln); mindestens in einem dieser Stromleiter wird Strom durch elektromagnetische Induktion induziert.

Das von Ferraris[4] angegebene Meßprinzip hat in außerordentlich großer Zahl bei Zeigerinstrumenten und noch mehr bei Zählern Anwendung gefunden. Zeigergeräte — auch Ferraris-Geräte genannt — werden heute nur noch selten gebaut, weil es nur bei Zählern möglich ist, die Temperatur- und Frequenzabhängigkeit entsprechend den heutigen Anforderungen in einem bestimmten Bereich auszugleichen. An die Stelle des Induktionsgerätes tritt vielfach als Strom- und Spannungsmesser das billigere und dennoch genaue Weicheiseninstrument, als Leistungsmesser das eisengeschlossene Elektrodynamometer.

## 1. Das Meßprinzip.

Das Meßprinzip soll an Hand der Abb. 63 und 64 erläutert werden. Der Dauermagnet *1* (Abb. 63) erzeugt einen Kraftfluß $\Phi$, der den Eisenkern *2* und das um die Achse *3* drehbar gelagerte Metallrohr *4* durchsetzt. Läßt man den Dauermagnet und damit den Fluß $\Phi$ sich um die Achse *3* drehen, so entsteht ein „Drehfeld", das in dem zunächst feststehenden Rohr *4* nach dem Grundgesetz der elektromagnetischen Induktion Wirbelströme erzeugt, deren Feld von dem induzierenden Drehfeld mitgenommen wird. Das Rohr *4* dreht sich also in der Drehrichtung von $\Phi$. Ist auf

---

[1] Blamberg, E.: Helios, Lpz. Bd. 36 Ausg. A (1930) Nr. 29 S. 241.

[2] Kafka, H.: Elektrotechn. u. Maschinenb. Bd. 42 (1924) Heft 1 S. 1.

[3] Siehe Fußnote 3 S. 70.

[4] Ferraris: Atti Accad. Sci. Torino Bd. 23 (1887...88) Disp. 9a.

der Achse *3* in der üblichen Weise eine Spiralfeder aufgebracht, so wird sie so lange gespannt, bis ihr mechanisches Drehmoment entgegengesetzt gleich ist dem elektromagnetischen Drehmoment zwischen dem Drehfeld $\Phi$ und den von ihm hervorgerufenen Wirbelströmen. Der Drehwinkel des Rohres *4* und damit der Ausschlag eines mit ihm verbundenen Zeigers wird also verhältnisgleich der Umdrehungsgeschwindigkeit des Feldes $\Phi$ sein. Nach dieser Methode werden Meßwerke für Tachometer hergestellt, bei denen der Verdrehungswinkel der Trommel unmittelbar die Umdrehungen in der Minute des Magnets *1* bzw. einer mit ihm gekuppelten Welle angibt.

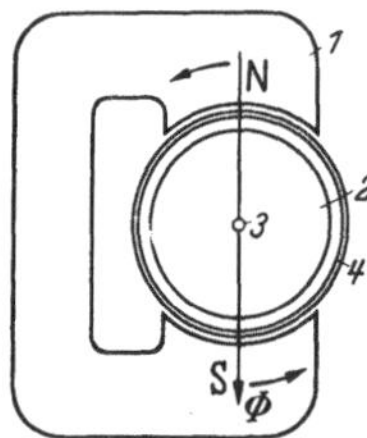


Abb. 63. Wirkung eines Drehfeldes auf ein Metallrohr. *1* Dauermagnet, *2* Eisenkern, *3* Achse, *4* Aluminiumrohr.

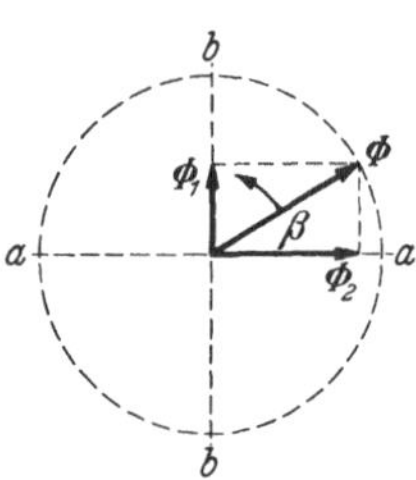


Abb. 64. Erzeugung eines Drehfeldes durch zwei Wechselfelder. $\Phi_1$, $\Phi_2$ Wechselfelder, $\Phi$ Drehfeld, $\beta$ jeweiliger Winkel des Drehfeldes gegen $a$—$a$.

Abb. 64 soll nun zeigen, wie man das umlaufende Feld $\Phi$ des Dauermagnets durch zwei räumlich um 90° versetzte, feststehende Wechselfelder ersetzen kann. Projiziert man $\Phi$ auf die beiden senkrecht zueinander stehenden Achsen $a$—$a$ und $b$—$b$ der Wechselfelder, so sind die beiden Komponenten des Drehfeldes

$$\Phi_1 = \Phi \cdot \sin\beta \quad \text{und} \quad \Phi_2 = \Phi \cdot \cos\beta, \tag{34}$$

wobei $\beta$ den jeweiligen Winkel des Drehfeldes $\Phi$ gegen die Achse $a$—$a$ bedeutet. Die beiden Gl. (34) stellen den Verlauf zweier Wechselfelder mit dem Scheitelwert $\Phi$ dar, die ihre Größe mit der Zeit nach einer Sinus- bzw. Kosinusfunktion ändern, also zeitlich um 90° verschoben sind. Versetzt man die Achsen dieser Wechselfelder räumlich um 90°, so entsteht wieder ein Drehfeld. Solche Drehfelder lassen sich also durch sinusförmige Wechselströme in einem Meßwerk darstellen, wie es Abb. 65 zeigt.

## 2. Aufbau des Meßwerks.

Ein aus Dynamoblechen geschichteter Eisenkörper *3* trägt nach innen 4 Pole, die mit den Spulenpaaren *1* und *2* bewickelt sind. In der Mitte zwischen den Polen steht ein ebenfalls geschichteter Eisenkern *4*, der den magnetischen Eisenweg so weit schließt, daß eben noch ein Spalt bleibt, der die freie Drehbewegung des auf einer Stahlachse in Steinen gelagerten Aluminiumrohres *5* gestattet. Auf der Achse sind noch Zeiger und Spiralfedern befestigt; letztere dienen nicht als Stromzuführungen, ein sehr wichtiges Merkmal des Induktionsmeßwerks. Die Spulenpaare *1* und *2* stehen im rechten Winkel zueinander. Werden sie von Strömen durchflossen, die zeitlich um 90° phasenverschoben sind, so entsteht nach Abb. 64 ein Drehfeld, das mit einer der Frequenz $f$ des Wechselstromes verhältnisgleichen Drehzahl umläuft und das Rohr *5* mitzunehmen sucht. Das elektrische Drehmoment $M_e$ ist dann

$$M_e = \text{konst.} \cdot \Phi_1 \cdot \Phi_2 \cdot f \cdot \sin(\sphericalangle\, \Phi_1, \Phi_2). \tag{35}$$

Da die Frequenz $f$ heute in vielen Netzen nur um Tausendstel vom Sollwert schwankt, kann $f$ meist als Konstante betrachtet werden. Die Felder $\Phi_1$ und $\Phi_2$ sind je nach der Schaltung unter Umständen in Größe und Phase von der Frequenz abhängig. Man benutzt diese Tatsache dazu, um die natürliche Frequenzabhängigkeit der Induktionsgeräte in gewissen Grenzen zu vermindern, so daß der Frequenzfehler zwischen 48 und 50 Hz unter 0,5% liegt. Näheres hierüber ist in den Büchern über Induktionszähler[1] zu finden.

Abb. 65. Induktionsmeßwerk (H. & B.). *1, 2* Spulenpaare, *3* Eisenkörper, *4* Eisenkern aus geschichteten Blechen, *5* Aluminiumrohr, *6* Kern aus massivem Weicheisen, *7* Dämpfermagnet.

**Die Wirbelstromdämpfung**, die nicht nur beim Induktionsinstrument, sondern auch bei anderen Meßgeräten zur Anwendung kommt, soll hier eingehender beschrieben werden. Schon beim Drehspulinstrument wurde erläutert, wie durch die Bewegung der Drehspule und ihres Rähmchens im Feld des Dauermagnets eine Spannung induziert wird. Sie hat einen Strom zur Folge, der mit dem Feld des Dauermagnets ein der Bewegung entgegenwirkendes Drehmoment ergibt. Ähnlich ist es bei der Wirbelstromdämpfung, zu deren Erläuterung wieder Abb. 63 dienen möge. *1* sei jetzt ein feststehender Dauermagnet, dessen Kraftlinien sich über einen Luftspalt, das Rohr *4* und den Eisenkern *2* schließen. Dreht man das Rohr *4* um die Achse *3*, so wird in ihm eine Spannung induziert, die um so größer ist, je schneller sich das Rohr bewegt. Die Folge dieser Spannung sind Wirbelströme in der Wandung des Rohres *4*, die seiner Bewegung entgegenwirken: die Bewegungsenergie wird in Stromwärme umgesetzt

[1] Möllinger: Wirkungsweise der Motorzähler und Meßwandler. Berlin: Julius Springer 1925.

und wird der Ausschlagsbewegung des beweglichen Organs beim Einstellen auf einen neuen Meßwert entzogen, so daß ein Pendeln der trägen Trommel *4* durch die Richtkraftfeder unterbleibt. Abb. 65 zeigt die Ausführung der Wirbelstromdämpfung bei den Induktionsgeräten. Neben dem geschichteten Eisenkern *4* ist ein massiver Weicheisenkern 6 angebracht. Das aktive Meßwerkrohr *5* ist über diesen Kern *6* hinaus verlängert. Zwei hufeisenförmige Dauermagnete *7*, von denen der rechts befindliche zur besseren Einsicht in das Meßwerk in Abb. 65 fortgelassen ist, erzeugen ein kräftiges Dauerfeld, in welchem sich die Trommel *5* bei der Einstellung auf einen neuen Ausschlagswert bewegen muß und wodurch dann die Dämpfung des beweglichen Organs erfolgt.

Bei älteren Ferraris-Meßgeräten, und besonders bei Zählern besteht das bewegliche Organ aus einer ebenen Scheibe, die, wie das Rohr in Abb. 65, durch ein Drehfeld oder ein wanderndes Feld bewegt und zur Dämpfung durch den Luftspalt eines Dauermagnets geführt wird (siehe auch Abb. 68).

## 3. Die Schaltweise der Induktionsgeräte

ist aus Abb. 66 ersichtlich. Die Spulenpaare tragen dieselben Bezeichnungen wie in Abb. 65 und sind an ein Netz mit der Spannung $U$, dem Strom $I$ und der Frequenz $f$ geschaltet.

**Spannungsmesser** (Abb. 66a). Das Spulenpaar *1* ist über einen Widerstand $R$, das Spulenpaar *2* über eine Selbstinduktion $L$ an die Spannung $U$ angeschlossen; die Ströme in *1* und *2* sind also um 90° phasenverschoben, und damit wird in Gl. (35) der Ausdruck $\sin(\sphericalangle \Phi_1, \Phi_2) = 1$. Die Induktionsflüsse $\Phi_1$ und $\Phi_2$ sind verhältnisgleich der Spannung $U$, aber durch die Widerstandsänderung der Drossel $L$ fällt $\Phi_2$ mit steigender Frequenz $f$. Man kann die Wicklungen so bemessen, daß das Drehmoment in gewissen Grenzen unabhängig von der Frequenz wird, der Zeigerausschlag ist dann nur verhältnisgleich $U^2$. Der Verbrauch der Spulen beträgt etwa 6 VA bei 110 V (s. auch Tafel VI, S. 139).

**Strommesser** (Abb. 66b). Dem Spulenpaar *1* ist ein induktionsfreier Widerstand $R$ vorgeschaltet. Es ist also ein im wesentlichen induktionsfreier Stromkreis *1* dem im wesentlichen induktiven Spulenkreis *2* parallelgeschaltet, wodurch die Bedingung $\sphericalangle \Phi_1, \Phi_2 = 90°$ nahezu erfüllt wird. Die geometrische Summe der Ströme in *1* und *2* ist gleich $I$. Mit steigender Frequenz wächst der Stromanteil in *1*, und der in *2* fällt, dabei ändert sich ihre Phasenlage zueinander um gewisse Beträge, so daß man es hiermit in der Hand hat, das Instrument in beschränktem Bereich unabhängig von der Frequenz $f$ zu machen. Das elektrische Drehmoment ist dann verhältnisgleich $I^2$. Während bei Netzspannungsmessern eine quadratische Skala wegen der größeren Empfindlichkeit am Skalenende erwünscht ist, strebt man bei Strommessern eine möglichst lineare Skala an. Beim Induktionsgerät erreicht man diese mit guter

Annäherung durch Schlitze oder Ausbrüche in der Trommel *5* Abb. 65, die zur Folge haben, daß der Ohmsche Widerstand des gerade unter den Polschuhen stehenden Stückes der Trommel mit zunehmendem Zeigerausschlag wächst. Der Verbrauch dieser Strommesser, die meist für 5 A zum Anschluß an Stromwandler ausgeführt werden, beträgt 2,5 VA (s. auch Tafel V, S. 138). Der Induktionsstrommesser kann mit sehr großem Drehmoment gebaut werden und ist bei Netzkurzschlüssen fast unverwüstlich. Erstere Eigenschaft macht ihn dem Weicheisengerät, letztere dem Elektrodynamometer überlegen. Man findet daher auch heute noch besonders in schreibenden Strommessern häufig Induktionsmeßwerke.

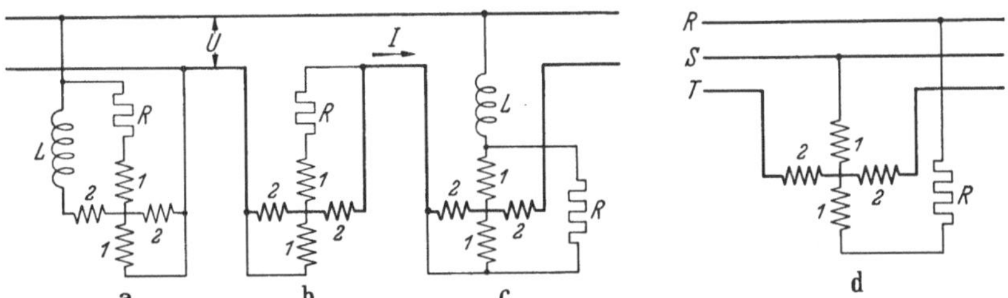


Abb. 66. Schaltung der Induktionsgeräte. *1* Spannungsspulen, *2* Stromspulen, *L* Drossel, *R* Ohmscher Widerstand, *RST* Dreiphasennetz. a als Spannungsmesser, b als Strommesser, c als Leistungsmesser im Einphasennetz, d als Leistungsmesser im Dreiphasennetz.

**Leistungsmesser** (Abb. 66c). Das Spulenpaar *1* ist als feindrähtige Spannungsspule ausgeführt, ihm parallel liegt ein Widerstand $R$, beide Stromzweige sind über die Induktivität $L$ an die Spannung $U$ gelegt. Der Spannungspfad führt etwa 30 mA. Die Abgleichung der Wicklungen von *1*, von $R$ und von $L$ erfolgt so, daß das Feld der Spulen *1* (bzw. der Spulenstrom) der Spannung $U$ um genau 90° nacheilt (Hummel-Schaltung[1]). Das Feld der vom Strom $I$ durchflossenen Stromspulen *2* ist in Phase mit $I$. Die Phasenverschiebung zwischen $U$ und $I$ beträgt $\varphi$, man kann bei der 90°-Schaltung Gl. (35) schreiben:

$$M_e = k \cdot I \cdot U \cdot \sin(90 + \varphi) = k \cdot I \cdot U \cdot \cos\varphi = k \cdot N, \tag{36}$$

d. h. das elektrische Drehmoment und damit der Zeigerausschlag ist verhältnisgleich der Wirkleistung $N$. Die Frequenz $f$ ist in Gl. (36) als konstant angenommen. Dem Einfluß kleiner Frequenzänderungen wirkt die Drossel $L$ entgegen, es gelingt aber nicht, die Frequenzabhängigkeit ganz zu beseitigen, auch nicht die Temperaturabhängigkeit, die nur bei Zählern durch eine entgegengesetzt wirkende Temperaturabhängigkeit der Bremsung praktisch vollkommen ausgeglichen werden kann. Der elektrodynamische Leistungsmesser mit Eisen ist in dieser Beziehung dem Induktionsgerät überlegen. Das bewegliche Organ des Induktions-

[1] Hummel: Elektrotechn. Z. Bd. 17 (1896) S. 502.

meßwerks braucht keine Zuleitungen, es ist daher außerordentlich hoch überlastbar. In diesem Punkte ist es den anderen Systemen überlegen.

Die Gl. (36) zeigt, daß das Induktionsmeßwerk von Natur ein Blindleistungsmesser ist, denn der Ausdruck $U \cdot I \cdot \sin\varphi$ stellt die Blindleistung dar. Um einen Blindleistungsmesser zu bauen, braucht man also nur die künstliche 90°-Schaltung nach Abb. 66c fortzulassen und dafür zu sorgen, daß der Strom in den Spulen *1* in Phase ist mit der Spannung $U$. Die Schaltung zur Leistungsmessung in Mehrphasenstrom erfolgt in ähnlicher Weise wie bei den Elektrodynamometern nach Abb. 53, 54 und 55, S. 61 u. 62. Die zur Wirkleistungsmessung erforderliche „90°-Schaltung" erzielt man bei Drehstrom einfach dadurch, daß man nach Abb. 66d die Spannungsspulen *1* über einen Widerstand $R$ an die verkettete Spannung $U_{R-S}$ legt, die gegen die Sternspannung der Phase $T$ mit den Stromspulen *2* um 90° zeitlich verschoben ist. Der Verbrauch beträgt im Spannungskreis etwa 5 VA je Phase und im Stromkreis etwa 1,5 VA je Phase (s. auch Tafel V, S. 138).

Die Anordnung der Skala und der Aufbau der Gehäuse der Drehfeldinstrumente ist derselbe wie bei den Drehspulinstrumenten. Eine ausführliche Darstellung der Wirkungsweise findet man z. B. bei Wirtz[1].

## 4. Frequenzmesser (Quotientenmesser).

Auch nach dem Induktionsprinzip lassen sich Quotientenmesser bauen. Abb. 67 zeigt in schematischer Darstellung einen Zeigerfrequenzmesser der AEG.[2]. Die Wanderfelder zweier Induktionsmeßwerke $b$ und $c$ wirken in entgegengesetzter Richtung auf die exzentrisch gelagerte Scheibe $a$, die der Drehscheibe eines Zählers gleicht. Die Spule des Meßwerks $b$ liegt über einen Resonanzkreis mit der Induktivität $d$ und der Kapazität $e$ an der Netzspannung. Der Strom in $e$—$b$—$d$ ändert sich mit der Frequenz nach der rechts gezeichneten Resonanzkurve, von der das stark ausgezogene annähernd geradlinige Stück für den Meßbereich $\omega_2 \ldots \omega_0 \ldots \omega_1$ herangezogen wird, wobei $\omega_0$ der Sollwert, z. B. 50 Hz ist. Die höchste Meßfrequenz $\omega_1$ muß noch unter der Resonanzfrequenz des Kreises $e$—$d$—$b$ bleiben, um eindeutige Meßergebnisse zu erzielen, damit also zu jedem Stromwert $I$ nur eine Frequenz gehört. Die Spule des Meßwerks $c$ liegt über einen Ohmschen Widerstand $f$ an der Netzspannung, ihr Strom wird also bei der in Frage kommenden Frequenzänderung praktisch konstant bleiben. Die Meßwerkeisenkörper sind kurz vor dem Luftspalt geteilt; über die dem Beschauer zu gelegene Hälfte ist je ein Kurzschlußring aus Kupfer angebracht, so daß der Luftspalt und damit die Scheibe $a$ von je 2 Feldern verschiedener Phase, also von Wanderfeldern, durchsetzt werden. Die Scheibe $a$ versucht

[1] Wirtz: Theorie der Ferraris-Meßgeräte, Diss. Berlin 1912.
[2] Boekels, H.: Elektrotechn. Z. Bd. 56 (1935) S. 205.

sich zu drehen wie das Rohr *5* beim Drehfeldmeßwerk nach Abb. 65 unter dem Einfluß von 2 Polen verschiedener Phase. Steigt das Drehmoment $M_b$ am Meßwerk *b* mit wachsender Frequenz, so dreht sich die Scheibe *a* entgegen dem Uhrzeigersinn. Dabei tritt sie durch ihre exzentrische Lagerung etwas aus dem Luftspalt von *b* heraus und mehr in den Luftspalt *c* hinein, so daß $M_b$ sinkt und $M_c$ steigt, bis sich wieder eine neue Gleichgewichtslage eingestellt hat, die den neuen Frequenzwert anzeigt. Die Geräte können für sehr verschiedene Frequenzbereiche ausgeführt werden, z. B. für 49,5...50,5 Hz, wobei die Toleranz nach Angabe der Herstellerin ± 0,033% beträgt.

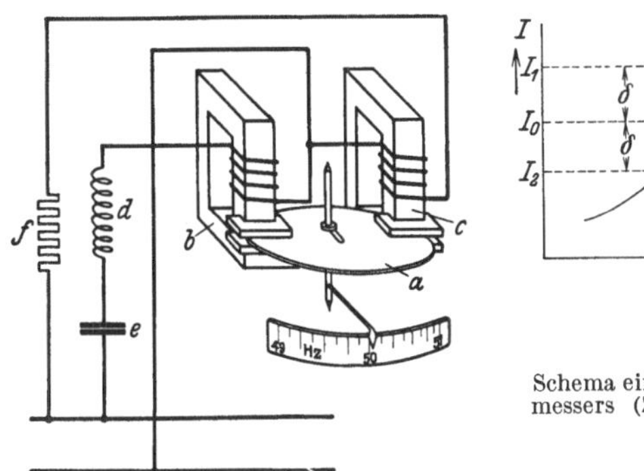


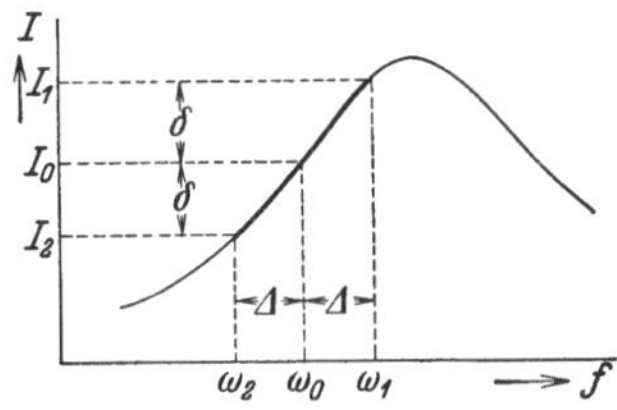


Abb. 67. Schema eines Induktionsquotientenmessers (Zeigerfrequenzmesser der AEG.).

*a* exzentrisch gelagerte Scheibe, *b* Triebwerk mit Spannungsresonanzkreis in Reihe, *d* Drossel, *e* Glimmerkondensator, *d* + *e* Spannungsresonanzkreis mit einer Eigenfrequenz > $\omega_1$, *c* Triebwerk zur Spannungskompensation, *f* Ohmscher Widerstand. $I_0$ Strom bei 50 Hz, $\omega_0$ Kreisfrequenz (Winkelgeschwindigkeit) bei 50 Hz, $I_1$ und $\omega_1$ bzw. $I_2$ und $\omega_2$ desgl. bei 51 bzw. 49 Hz.

## 5. Toleranz und Eigenschaften.

Wie das vorstehende Beispiel des Frequenzmessers zeigt, lassen sich auch Induktionsgeräte mit sehr kleinen Anzeigefehlern herstellen; in diesem Fall ist ihre natürliche Frequenzabhängigkeit von Vorteil. Bei den Strom-, Spannungs- und Leistungsmessern macht es aber Schwierigkeiten, sie in hinreichend engen Grenzen frequenzunabhängig zu machen. Auch der Temperatureinfluß läßt sich nicht auf das heute noch zulässige Maß zurückdrängen. Bei Änderungen der Raumtemperatur ändern sich sowohl die Eigenschaften der Wicklung als auch der Widerstand der Aluminiumtrommel des Meßwerks. Macht man diese aus Werkstoff mit kleinem Temperaturkoeffizient, dann ist der spezifische Widerstand dieses Werkstoffes groß und damit der induzierte Strom und das Drehmoment klein. Aus diesem Grunde zeigen die Induktionsgeräte auch einen beträchtlichen Anwärmefehler, da sich ja das Meßwerk bei Stromdurchgang erwärmt und dann sein Drehmoment ändert. Induktionsmeßgeräte wird man deshalb, von Ausnahmen abgesehen, nicht genauer herstellen als mit der Toleranz der VDE-Klasse G (1,5%).

# VII. Hitzdraht- und Hitzbandinstrumente.

VDE: Die durch Stromwärme bewirkte Verlängerung eines Leiters stellt unmittelbar oder mittelbar den Zeiger ein.

Das Hitzdrahtgerät ist eines der ältesten Meßinstrumente und wurde in seiner ersten, technischen Form von Cardew[1] mit einem langen, geraden Hitzdraht ausgeführt. Es hat nicht nur in seiner Form, sondern vielleicht noch mehr in seiner Geltung in wenigen Jahrzehnten manchen Wandel durchgemacht. Als erstes wirklich brauchbares Gerät für Wechselstrommessungen hat es seinerzeit große Verbreitung gefunden. Durch die Verbesserung der anderen Wechselstromgeräte wurde es allmählich aus der Starkstromtechnik verdrängt. In der jungen Hochfrequenztechnik spielte es wieder eine große Rolle. Hier wurde es seit etwa 1930 durch das Drehspulinstrument mit Gleichrichter oder Thermoumformer wieder zurückgedrängt. Von den Schalttafeln der Elektrizitätswerke ist es verschwunden, man findet es aber noch in Prüfräumen und Laboratorien für genaue Wechselstrommessungen.

## 1. Das Meßprinzip.

Fließt durch einen Leiter, z. B. einen dünnen Draht oder ein dünnes Band, mit dem Ohmschen Widerstand $R$ ein Strom $I$, so ist die entwickelte Wärmemenge nach dem Jouleschen Gesetz $I^2 \cdot R$. Der Draht erwärmt sich unter bestimmten Abkühlungsverhältnissen in erster Annäherung auf einer Übertemperatur

$$t \sim I^2 R\,. \tag{37}$$

$t$ gibt also ein Maß für den Strom $I$; man sieht aus Gl. (37), daß alle thermischen Geräte quadratischen Charakter haben und daher für Gleich- und Wechselstrom in gleicher Weise geeignet sind. Die Temperatur $t$ wird beim Thermoumformer mit dem Thermoelement gemessen, beim Glühfadenpyrometer nach Holborn und Kurlbaum aus der Helligkeit des glühenden Drahtes ermittelt. Beim Hitzdraht- oder Hitzbandinstrument — nur diese sollen hier behandelt werden — mißt man die mit der Erwärmung zunehmende Verlängerung des Drahtes, die nach dem Gesetz erfolgt:

$$l_t = l_0 (1 + \alpha \cdot t) \quad \text{oder mit Gl. (37):} \quad l_t = l_0 (1 + \text{konst.} \cdot I^2). \tag{38}$$

Hier ist $l_0$ die Länge des kalten Drahtes, $l_t$ diejenige des durch den Strom $I$ auf die Temperatur $t$ erwärmten Drahtes und $\alpha$ der Ausdehnungskoeffizient des als Hitzdraht verwendeten Metalls.

## 2. Aufbau des Meßwerks.

Eine handliche Konstruktion ist in der Abb. 68 dargestellt. Der Hitzdraht *1*, der vom Meßstrom $I$ durchflossen wird und nur eine

[1] Siehe Drysdale und Jolley: Electrical measuring instruments, S. 367. London 1924.

Länge von etwa 17 cm hat, ist zwischen zwei auf einer Metallplatte *2* befestigten Böcken *3* und *4* gespannt. Von der Mitte des Hitzdrahtes führt ein nicht vom Meßstrom durchflossener Draht *5*, der sog. Brückendraht, nach dem ebenfalls auf der Metallplatte befestigten Bock *6*; weiter führt von der Mitte des Brückendrahtes ein ganz feiner Kokonfaden über eine Rolle auf der Zeigerachse *7* nach einer Blattfeder *8*. Letztere hält das ganze Drahtsystem in Spannung und den Zeiger *14* in seiner Nullstellung. Der Hitzdraht *1* ist leicht durchgebogen, ebenso der Brückendraht *5*. Erwärmt sich der Hitzdraht durch den zu messenden Strom, so wird er länger; er biegt sich unter der Kraft der Feder *8* weiter durch, ebenso der Brückendraht. Diese Durchbiegungen sind, wie sich rechnerisch nachweisen läßt, um ein Vielfaches größer als die unmittelbare Verlängerung des Drahtes *1*. So ist es möglich, mit der einer Temperaturerhöhung von 120° C entsprechenden Verlängerung des Meßdrahtes *1* von etwa 0,16 mm, den Zeiger über die Skala *13* zu führen. Wenn man die Rolle auf der Zeigerachse exzentrisch lagert, kann man auch den von Natur aus quadratischen Skalenverlauf beeinflussen. Die Bewegung der hier sehr kleinen Massen wird durch eine auf der Achse befestigte, im Feld eines Dauermagnets *10* frei bewegliche Aluminiumscheibe *9* gedämpft.

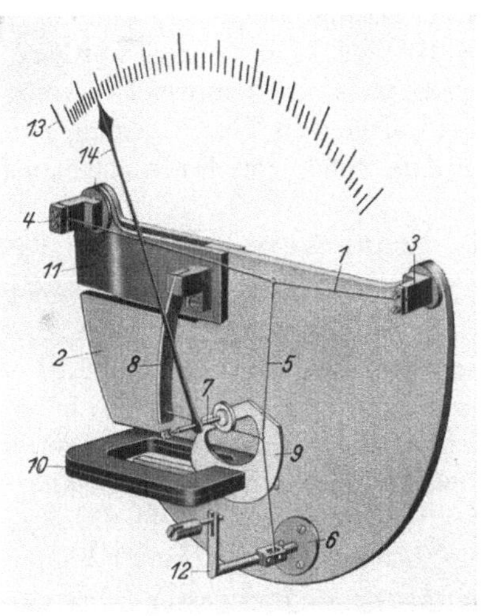


Abb. 68. Hitzdrahtmeßwerk von H. & B. *1* Hitzdraht aus Platin-Iridium, *2* metallene Grundplatte, *3*, *4*, *6* Einspannböcke, *5* Brückendraht, *7* Drehachse, *8* Blattfeder, *9* Dämpferscheibe, *10* Dämpfermagnet, *11* Kompensationsstreifen, *12* Nullsteller, *13* Skala, *14* Zeiger.

Es scheint zunächst naheliegend, für den Hitzdraht ein Metall mit hohem Ausdehnungskoeffizienten, z. B. Zink oder Eisen, zu wählen. Die Erfahrung hat aber gelehrt, daß es besser ist, ein Metall mit hohem Schmelzpunkt zu verwenden, und so haben H. & B. den Hitzdraht aus Platin-Iridium mit verhältnismäßig kleinem Ausdehnungskoeffizienten angefertigt, was seinerzeit[1] einen großen Fortschritt aus folgenden Gründen bedeutete: Ist die Drahttemperatur hoch, so haben Änderungen der Raumtemperatur nur geringen Einfluß auf die Anzeige bzw. auf die Nullstellung des Zeigers, oder aber: liegt der Schmelzpunkt hoch und die normale Drahttemperatur niedrig, so steigt die Überlastbarkeit. Außerdem tritt bei Edelmetallen keine Querschnittsveränderung durch Oxydation im Laufe der Zeit auf. Der Einspannbock *4* ist auf

[1] Hartmann-Kempf R.: Elektrotechn. Z. Bd. 21 (1910) S. 269.

2 Metallstreifen *11* den Kompensationsstreifen und damit auf der Metallplatte *2* befestigt, die einen praktisch vernachlässigbaren Temperaturkoeffizienten besitzt. Der Werkstoff und die Länge der Kompensationsstreifen sind so gewählt, daß bei Schwankungen der Raumtemperatur die Entfernungsänderung der Einspannstellen *3* und *4* der Längenänderung des Meßdrahtes gleich ist. Durch diese Maßnahme wird die Zeigerstellung (Nullstellung) praktisch unabhängig von der Raumtemperatur. Kleine Änderungen, wie sie durch thermische oder mechanische Überlastung auftreten, können bei stromlosem Hitzdraht durch den Nullsteller *12* berichtigt werden. Es gibt außer der hier beschriebenen noch viele und sinnreiche Konstruktionen von Hitzdrahtmeßwerken, bei welchen die Durchbiegung eines Drahtes gemessen wird. Diese sind in dem Buch von Keinath[1] ausführlich beschrieben.

## 3. Schaltweise, Bildung der Meßbereiche und Verbrauch.

Der Hitzdraht vermag bei einem Durchmesser von 0,10 mm höchstens einen Strom von etwa 0,3 A zu führen. Meist ist der Draht dünner, und der Strom beträgt nur 0,10 . . . 0,15 A. Würde man den Hitzdraht so dick wählen, daß er auch höhere Ströme führen könnte, so ginge die erforderliche Beweglichkeit verloren, die Wärmeträgheit würde eine unzulässig hohe Einstellungsdauer zur Folge haben, und endlich würden bei Wechselstrom durch die Stromverdrängung nach der Oberfläche des Leiters (Hautwirkung) Fehler auftreten.

Als **Spannungsmesser** führt der Hitzdraht 150 mA bei einem Widerstand von 50 Ω, was einen Spannungsbedarf am Draht von mindestens 7,5 V ausmacht. Man schaltet aber noch einen Vorwiderstand aus Manganindraht in Reihe mit dem Hitzdraht. Der unterste Spannungsmeßbereich ist dann etwa 15 V; bei 300 mA Stromverbrauch kann man auch 3 V erreichen. Bis zu 200 V lassen sich die Vorwiderstände im Instrumentgehäuse unterbringen. Für höhere Spannungen bis zu 3000 V verwendet man Vorwiderstände, die sich zur Bildung mehrerer Meßbereiche unterteilen lassen. Der Anschluß an Spannungswandler ist ohne weiteres möglich.

Beim **Hitzdrahtstrommesser** vermag der Draht bis zu 0,5 A den Strom unmittelbar zu führen. Für höhere Ströme hat man mehrere Drähte nebeneinander angeordnet und parallel geschaltet. Die Beweglichkeit der Drähte wird hierdurch etwas gemindert, man hat daher den Draht auch elektrisch unterteilt. Führt man den Strom in der Drahtmitte zu (z. B. durch ein leicht bewegliches Silberband), und an den beiden Enden (*3* und *4* in Abb. 68) ab, so fließt über jede Drahthälfte nur $^1/_2\,I$, der Meßbereich ist also verdoppelt worden. Man kann diese Unterteilung noch weitertreiben und kommt so auf etwa 20 A zu messenden Strom.

[1] Siehe Fußnote 2 S. 68.

Bei 5 A hat das Meßwerk einen Spannungsabfall von 300 mV. Dieses Gerät verwendet man zur Bildung höherer Strommeßbereiche für Gleichstrom mit den üblichen Nebenwiderständen bei einem Spannungsabfall von 0,3 V, und für Wechselstrom mit Stromwandlern. Für Hochfrequenz ist das Hitzdrahtmeßwerk bis etwa $10^5$ Hz verwendbar. Bei höheren Frequenzen stört in der Ausbildung nach Abb. 68 die Selbstinduktion der Zuleitungen zum Draht und die Hautwirkung im Draht.

**Hochfrequenzstrommesser.** Hartmann-Kempf[1] hat ähnlich wie Broca[2] ein Sondergerät angegeben, das bis etwa 300 A und $10^7$ Hz verwendbar und in der Abb. 69 schematisch dargestellt ist. Zwischen 2 mit zylindrischen Ansätzen versehenen Metallkörpern *1* und *2*, die aus einem Metall mit guter Wärmeleitfähigkeit bestehen, sind eine Anzahl dünner Platin-Iridiumbänder *3* gespannt, die alle den gleichen Stromanteil führen. Eines von ihnen, in der Abb. 69 das unterste, ist als Meßband verwendet, dessen Durchbiegung mit steigender Erwärmung durch den Strom über einen Brückendraht *4* am Drehwinkel einer Achse *5* gemessen wird, wie bei der Anordnung in Abb. 68. Damit die Messung richtig wird, müssen bei Änderung der Frequenz alle Hitzbänder denselben gleichbleibenden Stromanteil führen. Das ist nur zu erreichen, wenn der Wechselstromwiderstand aller Bänder mit der Frequenz sich gleichmäßig ändert, was durch ihre vollkommen symmetrische Anordnung gewährleistet ist. Die Abführung der aus dem hohen Eigenverbrauch der Instrumente sich ergebenden Wärmemengen ist erst durch die große Oberfläche der Anschlußstücke (*2* in Abb. 69) möglich geworden. Man hat solche Instrumente als Antennenamperemeter in Radiosendestationen verwendet. Sie sind fast ganz durch die Thermoumformer mit Drehspulgerät verdrängt worden.

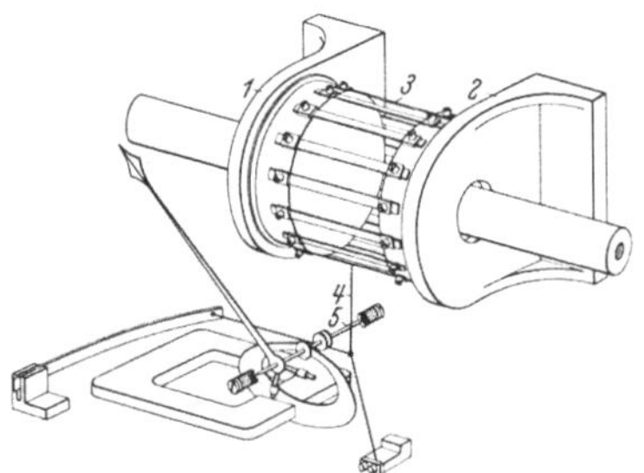

Abb. 69. Hitzbandinstrument für Hochfrequenz nach Hartmann-Kempf. *1*, *2* Anschlußstücke aus Werkstoff mit guter Wärmeleitfähigkeit, *3* Hitzbänder aus Platin-Iridium, *4* Brückendraht, *5* Drehachse.

**Hitzdrahtleistungsmesser.** Bauch[3] hat gezeigt, wie man mit 2 Hitzdrahtmeßwerken die Leistung messen kann. Diese Methode ist insofern wichtig, als die anderen Leistungsmesser schon bei 1000 Hz ungenau werden. Abb. 70 zeigt die Schaltung: Der Strom $I$ fließt zum größten Teil über den Widerstand $R_I$, ein kleiner Teil $i$ fließt über die beiden Hitzdrähte $H_1$ und $H_2$. An der Spannung $U$ liegt der Widerstand $R_U$,

[1] Hartmann-Kempf: Elektrotechn. Z. Bd. 32 (1911) S. 1134.

[2] Broca: Bull. Soc. internat. Electr., Juli 1909, Angabe: Elektrotechn. Z. Bd. 30 (1909) S. 1004.

[3] Bauch: Elektrotechn. Z. Bd. 24 (1903) S. 530.

über welchen der Strom $2 \cdot i_U$ fließen möge. Letzterer teilt sich am Verbindungspunkt der Hitzdrähte $H_1$ und $H_2$, so daß über $H_1$ der Strom $i + i_U$ und über $H_2$ der Strom $i - i_U$ fließt. Diese Ströme heizen $H_1$ und $H_2$ auf verschiedene Temperaturen. Bildet man die Differenz $D$ der Längenänderung beider Hitzdrähte, so ist mit Gl. (38)

$$D = \text{konst.}\ [(i + i_U)^2 - (i - i_U)^2] = \text{konst.} \cdot 2 \cdot i \cdot i_U \qquad (39)$$

oder, da $i \sim I$ und $i_U \sim U$ ist,

$$D = \text{konst.} \cdot I \cdot U = \text{konst.} \cdot N. \qquad (40)$$

Diese Beziehung gilt auch für Wechselstrom beliebiger Frequenz und Phasenlage. Man hat die Differenz $D$ mechanisch gebildet und an einem Zeigerausschlag die Leistung $N$ abgelesen. Stechl[1] verwendet in vorteilhafter Weise 2 Meßwerke, deren Zeiger über einer Skala spielen und deren Ausschläge die Leistung $N$ durch Differenzbildung ergeben.

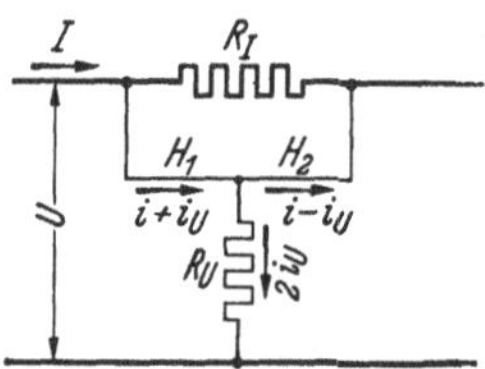

Abb. 70. Schaltung des Hitzdrahtleistungsmessers nach Bauch. $U$ Spannung am Verbraucher, $I$ Verbraucherstrom, $R_I$ Nebenwiderstand zu den Hitzdrähten, $i$ Teil von $I$ durch die Hitzdrähte $H_1$ und $H_2$, $i_u$ Strom in den Hitzdrähten durch $U$ bewirkt, $R_u$ Vorwiderstand zu den Hitzdrähten.

## 4. Besondere Eigenschaften.

Das Hitzdrahtmeßwerk zeigt bei Wechsel- oder Wellenstrom beliebiger Kurvenform und bis zu sehr hohen Frequenzen den Effektivwert richtig an. Diese Anzeige läßt sich durch Eichung mit Gleichstrom auf die sehr genauen Gleichstromnormale zurückführen. Man kann dann mit Hilfe von Hitzdrahtinstrumenten die Frequenzabhängigkeit anderer Geräte untersuchen, nimmt aber neuerdings immer häufiger Thermoumformer, die bei gleicher Überlastbarkeit einen wesentlich kleineren Eigenverbrauch haben. Die Anzeige von Hitzdrahtinstrumenten wird nur von außerordentlich starken Magnetfeldern beeinflußt durch Einwirkung auf die Stahlfeder, elektrodynamische Anziehung des Hitzdrahtes und Induktion von Wirbelströmen in Kurzschlußbahnen. Für die Verwendung als Betriebsgerät ist seine Einstellung zu träge, besonders aber ist seine Überlastbarkeit zu klein. Bei dem doppelten Nennstrom steigt die Temperatur auf etwa den vierfachen Wert. Wenn der Hitzdraht, der durch eingebaute Sicherungen nicht immer ausreichend geschützt ist, dabei auch noch nicht durchbrennt, so hat er seine Eigenschaften doch so stark verändert, daß die Eichung des Gerätes und besonders sein Nullpunkt nicht mehr stimmt. Vorübergehende Nullpunktsänderungen entstehen auch durch die verschiedene Wärmeträgheit der Kompensationsstreifen und des Hitzdrahtes. Der Hitzdraht folgt der Schwankung der Raumtemperatur rascher als die Kompensationsstreifen.

[1] Arch. techn. Messen J 716—2. (April 1935.)

Aus diesen Gründen wird das Hitzdrahtgerät heute nur noch für Sonderzwecke verwendet, wo es unter Umständen anderen Geräten überlegen ist. Die allgemeinen Eigenschaften und insbesondere der Verbrauch sind in den Tafeln 1... 6 zusammengestellt.

Die Ausführung der Gehäuse ist dieselbe, wie sie bei den Drehspulinstrumenten beschrieben wurde; für Prüffeld und Laboratorium wird das Meßwerk in Holzgehäuse eingebaut. Meßwerke in Preßstoffgehäuse sind noch nicht bekannt geworden. Da das Meßwerk trotz seiner Einfachheit verhältnismäßig groß ist, werden die Kleingeräte nicht mit Hitzdrahtmeßwerken ausgeführt.

### 5. Bimetall-Hitzbandgerät.

Zwei schmale Bleche mit verschieden großem Ausdehnungskoeffizienten, die durch Löten, Schweißen oder Walzen fest miteinander verbunden sind, nennt man einen Bimetallstreifen. Windet man einen solchen Bimetallstreifen zu einer Spirale auf, deren inneres Ende an einer Drehachse mit Zeiger und deren äußeres Ende am Instrumentkörper befestigt ist, so entsteht ein außerordentlich einfaches Meßwerk, bei dem der Stromleiter gleichzeitig die Einstellkraft abgibt. Der Meßstrom erwärmt die Bimetallspirale und bringt durch die Änderung ihrer mechanischen Spannung den Zeiger zur Ausschlagsbewegung. Das Bimetallgerät ist nur für ganz begrenzte Stromstärken anwendbar, die dem Querschnitt des Bimetallstreifens entsprechen. Die elastische Nachwirkung des letzteren ist verhältnismäßig groß, seine Einstellung sehr träge. Diese Meßwerke werden daher nur für Sonderzwecke, z. B. für Kontaktinstrumente, und meist zu geringem Preis ausgeführt. Zuweilen benutzt man Bimetallstreifen, um den Einfluß schwankender Raumtemperatur auf die Anzeige eines anderen Meßgeräts auszugleichen.

## VIII. Elektrostatische Meßgeräte.

VDE: Elektrostatische Instrumente. Die Kraft, die zwischen elektrisch geladenen Körpern verschiedenen Potentials auftritt, stellt den Zeiger ein.

Während alle vorbeschriebenen Instrumente im Prinzip Strommesser sind, die durch die Art der Schaltung auch für Spannungsmessungen eingerichtet werden, ist beim elektrostatischen Meßprinzip die wirksame Kraft die unmittelbare Folge einer Potentialdifferenz zwischen zwei Leitern. Das Goldblattelektroskop ist wohl das älteste elektrische Meßgerät, das die Physiker besaßen. Im Laufe der Jahrzehnte sind ganz außerordentlich viele Konstruktionen entstanden; es hat sich jedoch bis heute noch keine einheitliche Form herausgebildet, die, wie dies bei anderen Meßgeräten der Fall ist, mit wenigen Abweichungen allgemein angewendet wird.

## 1. Meßprinzip.

**Beziehung zwischen Spannung und Kraft.** Das elektrostatische Meßwerk stellt einen Kondensator kleiner Kapazität dar, dessen einer Belag (Elektrode) beweglich angeordnet ist. Legt man an die beiden Beläge eine Spannung $U$, so tritt eine mechanische Kraft $P$ auf, die im Sinne einer Vergrößerung der Kapazität und damit Verminderung des Blindwiderstandes gerichtet ist. Diese Vergrößerung ist auf 2 Wegen zu erreichen: durch Verringerung des Abstands der Beläge oder durch Vergrößerung ihrer wirksamen Flächen. In der Abb. 71 ist der erste Fall bei a, der zweite bei b dargestellt. Der bewegliche Belag *1* ist an einer Schraubenfeder *3* als Gegenkraft aufgehängt. Bei a steht die bewegliche Platte senkrecht zur Bewegungsrichtung, bei einer Bewegung ändert sich der Abstand $a$, während die wirksame Fläche $F$ konstant bleibt. Bei b ist die bewegliche Platte *1* in der Bewegungsrichtung der Schraubenfeder *3* angehängt, bei einer Bewegung bleibt der Abstand zwischen den Belägen *1* und *2* konstant, während sich die Größe der wirksamen Fläche $F$ ändert. Hier ist der feste Belag *2* zu beiden Seiten des beweglichen Belages angeordnet, wodurch sich die elektrostatischen Kräfte senkrecht zur Bewegungsrichtung aufheben und die Kapazität sich verdoppelt.

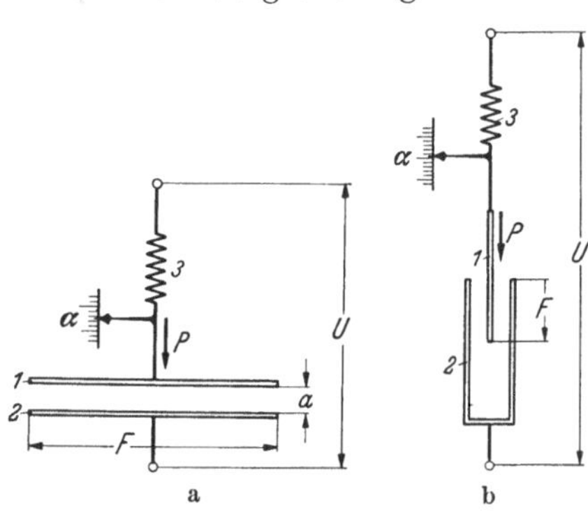


Abb. 71. Die beiden grundsätzlichen Anordnungen elektrostatischer Spannungsmesser. a Änderung des wirksamen Abstands der Elektroden. b Änderung der wirksamen Flächen der Elektroden. *1* bewegliche, *2* feste Elektrodenplatte, *3* Schrauben- (oder sonstige) Feder, $\alpha$ Zeigerausschlag, $a$ Abstand der Platten, $F$ Seite der Elektrodenplatte, verhältnisgleich der wirksamen Fläche, $P$ wirkende Kraft, $U$ angelegte Spannung.

Die Beziehung zwischen der Bewegung $\alpha$ der Platte *1*, d. h. dem Zeigerausschlag und der zu messenden Spannung $U$ läßt sich in sehr einfacher Weise finden, wenn man, was hier ausnahmsweise geschehen soll, von der Differentialrechnung Gebrauch macht. Die mechanische Arbeit zur Bewegung der Platte *1* um den sehr kleinen Betrag $d\alpha$ gegen die Kraft $P$ der Feder *3* ist $P \cdot d\alpha$. Dabei ändert sich die Kapazität $C$ um den sehr kleinen Betrag $dC$, wobei die elektrische Arbeit $\frac{1}{2} U^2 \cdot dC$ geleistet wird. Beide Energien sind im Beharrungszustand gleichgroß, also ist

$$P \cdot d\alpha = \frac{1}{2} U^2 \cdot dC \quad \text{oder} \quad P = \frac{1}{2} U^2 \cdot \frac{dC}{d\alpha}. \tag{41}$$

Für die Kapazität $C$ gilt die Beziehung

$$C = \frac{\varepsilon \cdot F}{4\pi \cdot a}, \tag{42}$$

wo $\varepsilon$ die Dielektrizitätskonstante (Elektrisierungszahl) des Isolierstoffes zwischen den Elektroden ist (für Luft $\varepsilon \approx 1$), $F$ die Fläche der Elektroden und $a$ ihr Abstand bedeuten.

Bei der Anordnung nach Abb. 71a vermindert sich der Abstand $a$ mit dem Ausschlag $\alpha$; es ist daher

$$C = \frac{\varepsilon \cdot F}{4\pi} \cdot \frac{1}{a - \alpha}; \quad \frac{dC}{d\alpha} = \frac{\varepsilon \cdot F}{4\pi} \cdot \frac{1}{(a - \alpha)^2}. \tag{43}$$

Mit Gl. (41) erhält man

$$P = \frac{\varepsilon \cdot F}{8\pi} \cdot \frac{U^2}{(a - \alpha)^2},$$

für den meist vorliegenden Fall $\alpha \ll a$ ist (44a und b)

$$P \approx \frac{\varepsilon \cdot F}{8 \cdot \pi} \left(\frac{U}{a}\right)^2.$$

Bei der Anordnung nach Abb. 71b vergrößert sich die wirksame Fläche $F$ mit dem Ausschlag $\alpha$. Die Zunahme von $F$ kann, je nach der Form der Platte *1* und der Kammer *2* nach einer Funktion $f(\alpha)$ erfolgen, die bei zur Bewegungsrichtung parallelen Kanten von *1* und *2* in den linearen Ausdruck $k \cdot \alpha$ übergeht, wo $k$ eine Konstante bedeutet. Für die Kapazität $C$ gilt dann die Beziehung:

$$C = \frac{\varepsilon \cdot F}{4\pi a}[1 + f(\alpha)]; \quad \frac{dC}{d\alpha} = \frac{\varepsilon \cdot F}{4\pi a} \cdot f'(\alpha) \tag{45}$$

mit Gl. (41) erhält man $P = \frac{\varepsilon \cdot F}{8\pi} \cdot \frac{U^2}{a} \cdot f'(\alpha)$

für $f(\alpha) = k \cdot \alpha$ ist $f'(\alpha) = k$ und (46a und b)

$$P = k \cdot \frac{\varepsilon \cdot F}{8\pi} \cdot \frac{U^2}{a}.$$

Zur Fläche $F$ zählen hier die beiden Seiten der Platte *1*. Die für einen gewünschten Skalenverlauf erforderliche Beziehung zwischen Fläche $F$ und Ausschlag $\alpha$ wird meist durch den Versuch gefunden und läßt sich nur in besonderen Fällen berechnen.

Die Einstellkraft $P$ ist beim elektrostatischen Meßwerk in Luft von 1 at erheblich kleiner als bei den anderen Meßwerken. Die sonst gebräuchliche Spiralfeder findet man daher nur ausnahmsweise; meist dient ein dünnes Metallband, auf seitliche Ausbiegung oder Verdrehung beansprucht, als Gegenkraft. Die Einstellkraft ist nach den Gleichungen für $P$ immer positiv im Sinne einer Anziehung der Elektroden. Das Gerät ist also unabhängig vom Vorzeichen der Spannung für Gleich- und Wechselspannung verwendbar. Die in älteren Büchern zu findende „Abstoßung" gleichnamig geladener Leiter ist eine Ausdrucksweise, die physikalisch falsche Vorstellungen erweckt, und die von Pohl[1] als irreführend bezeichnet wird.

**Das Dielektrikum** zwischen den Elektroden ist in doppelter Beziehung von Wichtigkeit: Die vorstehenden Gl. (44) und (46) für $P$

---

[1] Pohl: Einführung in die Elektrizitätslehre, S. 9 u. 10. Berlin 1931.

enthalten beide den Quotienten $U/a$, d. h. die elektrische Feldstärke, die unterhalb der Durchbruchfeldstärke (in Luft von 1 at $\sim$ 21,4 kV/cm) liegen muß. Zur Erhöhung der Durchbruchfeldstärke hat man mit Erfolg Preßgas bis etwa 20 at verwendet. Öl hat sich nicht bewährt, da sich seine Eigenschaften mit der Temperatur und der Zeit unzulässig stark ändern. Ferner enthalten die vorstehenden Gleichungen die Dielektrizitätskonstante $\varepsilon$. Sie ist bei allen Gasen, auch bei höheren Drücken, nahezu gleich eins. Flüssigkeiten mit hoher Dielektrizitätskonstante und hoher Durchbruchfeldstärke wären nach den Gleichungen für hohes $P$ sehr günstig; es hat sich aber, wie schon erwähnt, noch keine Flüssigkeit mit hinreichend konstanten Eigenschaften gefunden.

Das elektrostatische Voltmeter oder Elektrometer wird viel zur **Ladungsmessung** verwendet, z. B. in der Röntgentechnik. Die Ladung $Q$ eines Kondensators von der Kapazität $C$ ist

$$Q = C \cdot U \text{ Coul.} \tag{47}$$

Man kann also die Skala eines elektrostatischen Meßgerätes mit seiner für jeden Zeigerausschlag bekannten Kapazität unmittelbar in Coulomb, der Einheit der Elektrizitätsmenge, austeilen. Da die Kapazität $C$ in der Größenordnung 1 bis 100 pF liegt (1 pF $= 10^{-12}$ F), also sehr klein ist, so kann man nur sehr kleine Elektrizitätsmengen messen. Zur Erweiterung des Meßbereichs schaltet man dem Gerät eine bekannte Kapazität parallel. Füllt man das Gerät mit einer bestimmten Elektrizitätsmenge, so geht der Zeiger auf einen bestimmten Ausschlag. Hört man dann mit der Ladung auf, so bleibt der Zeiger auf dem erreichten Wert stehen, wenn das Gerät dicht, d. h. wenn seine Isolation so gut ist, daß die Ladung nicht oder nur sehr langsam abfließt. Durch Isolation mit Quarz oder Bernstein kann man es erreichen, daß die aufgebrachte Ladung erst in Stunden auf den halben Spannungswert absinkt, und spricht dann von einer Halbwertzeit von z. B. 100 min.

## 2. Aufbau der Meßwerke und Instrumente.

Es sollen von beiden Gruppen nach Abb. 71a und b nur einige kennzeichnende Geräte beschrieben werden.

### a) Änderung des wirksamen Abstandes der Elektroden.

**Schutzringelektrometer von Thomson** (Abb. 72). Es sind hier, ähnlich wie in der Abb. 71a, feste Platten *1* und *3* aufgestellt, an welche die Spannung $U$ gelegt wird. An den Rändern dieser Platten ist das elektrische Feld inhomogen. Als bewegliche Meßelektrode dient daher nur ein kleiner, kreisförmiger Ausschnitt *2* der Platte *1* mit dem Durchmesser $d$. Die bewegliche Platte ist an einem Waagebalken *4* aufgehängt und spielt gerade frei in der Bohrung der festen Platte *1*

(Schutzring). Die elektrostatische Kraft $P$ wirkt in der angegebenen Pfeilrichtung nach unten. Man kann so durch Auflegen von Gewichten $G$ auf die rechte Seite der Waage das Gleichgewicht herstellen, so daß die unteren Flächen der Platten *1* und *2* genau in einer Ebene stehen. Dann gilt die Gleichung

$$P = G = \frac{\varepsilon}{2825{,}3} \cdot \frac{d^2}{a^2} \cdot U^2 g\,, \tag{48}$$

wenn beide Hebelarme der „Waage" gleich sind; bezogen auf Abb. 72 muß das Glied $G$ in Gl. (48) noch mit $\frac{n}{m}$ multipliziert werden. Der Durchmesser $d$ und der Plattenabstand $a$ sind in cm, die Spannung $U$ in kV einzusetzen. $\varepsilon = 1{,}0005$ ist die Dielektrizitätskonstante der Luft bei 1 at. Es ist also die einzige Unbekannte die Kraft $P$. Man spricht daher von einer absoluten Messung, da zur Eichung kein Normalvoltmeter notwendig ist. Dieses klassische Gerät hat im Laufe der Zeit manche Wandlung erfahren.

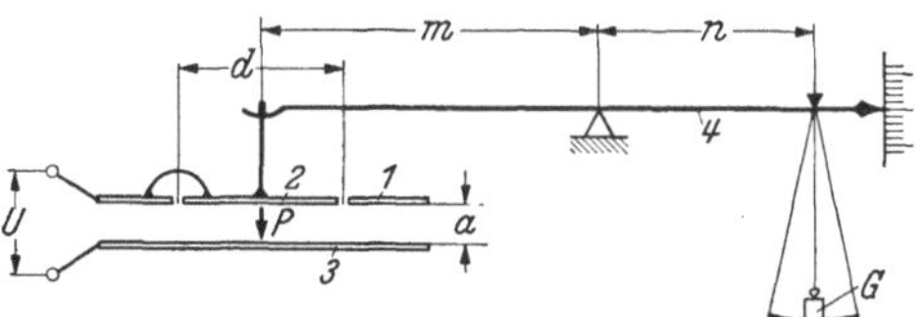


Abb. 72. Schutzringelektrometer (Spannungswaage) von Thomson. *1* Schutzring, *2* bewegliche Elektrode mit Durchm. $d$, *3* feste Elektrode, *4* Waagebalken, $G$ Gewicht, $m$, $n$ Hebelarme, $a$ Abstand der Elektroden, $U$ zu messende Spannung.

Vom Verfasser[1] wurde ein absolutes Hochspannungsvoltmeter beschrieben, bei dem die elektrostatische Waage in ein Gefäß mit Preßgas von 15 at Druck eingebaut ist. Das ziemlich umfangreiche Instrument dient im Hochspannungslaboratorium von H. & B. als Normal zur absoluten Messung von Spannungen bis 360 kV mit einer Toleranz von etwa 1‰.

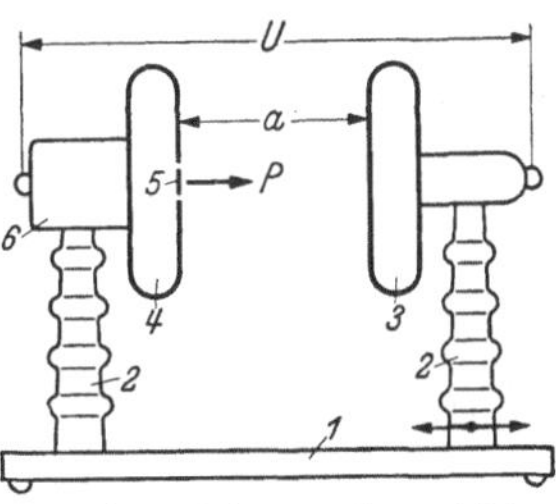


Abb. 73. Schema der elektrostatischen Schutzring-Spannungsmesser mit veränderbarem Elektrodenabstand. *1* Gestell, *2* Isolatoren, *3* feste Elektrode, *4* feste Schutzelektrode, *5* bewegliche Meßelektrode, $a$ Elektrodenabstand, $U$ zu messende Spannung.

**Schutzringspannungsmesser mit veränderbarem Elektrodenabstand.** Abb. 73 zeigt den grundsätzlichen Aufbau einer Gruppe von Hochspannungsmessern, die größere Verbreitung in Laboratorien, Röntgeninstituten u. a. m. gefunden hat. Auf einem Gestell *1* sind auf Isolatoren 2 tellerförmige Metallkörper *3* und *4* aufgebaut. Der Abstand $a$ dieser Elektroden und damit der Meßbereich [s. Gl. (44b)] läßt sich durch Verschieben eines der beiden Isolatoren *2* auf dem Gestell *1* in weiten Grenzen ändern. In die Elektrode *4* ist, ähnlich wie in Abb. 72, ein kleiner Meßbelag *5* eingebaut, auf den eine Kraft $P$ wirkt, die mit $U^2$ wächst. Diese Kraft wird auf eine Anzeigeeinrichtung *6* übertragen,

[1] Palm, A.: Z. techn. Physik Bd. 14 (1933) S. 390.

die an der linken Elektrode untergebracht ist. Solche Geräte wurden für Spannungen zwischen 20 und 500 kV ausgeführt. Der Durchmesser der Elektroden soll mindestens ebenso groß sein wie ihr Abstand. Ist dies nicht der Fall, so ist das Feld zwischen den Elektroden nicht hinreichend gleichmäßig, und die Meßelektrode *5* kann von fremden elektrischen Feldern störend beeinflußt werden. Man wird also den Elektrodendurchmesser um so größer wählen, je höher die zu messende Spannung ist. Ihre Abrundung muß so sein, daß bei der jeweiligen höchsten Spannung kein Sprühen an den Elektrodenrändern eintritt. Die Eichung erfolgt mit Normalspannungsmessern.

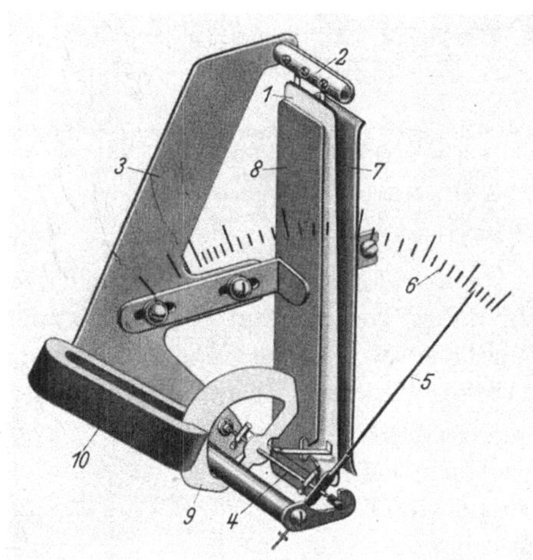

Abb. 74. Elektrostatisches Platten-Voltmeter (H. & B.). *1* bewegliche Aluminiumplatte, *2* Aufhängestift, *3* Grundplatte, *4* Zeigerachse, *5* Zeiger, *6* Skala, *7* feste Platte mit Spannung gegen *1*, *8* feste Schutzplatte mit Potential wie *1*, *9* Dämpferscheibe, *10* Dämpfermagnet.

Instrumente dieser Art, die teils mit Lichtzeiger, teils mit körperlichem Zeiger ausgerüstet sind, wurden gebaut von Abraham-Villard[1] (Carpentier, Paris), Everett Edgcumbe[2] (London), Trüb-Täuber[3] (Zürich), sowie von Starke und Schröder[4]. Bei dem letzteren Gerät bewegt sich die Elektrode *5* um eine zur Bildebene senkrecht stehende Achse hinter einem schmalen Schlitz in der Platte *4*.

**Spannungsmesser[5] nach Seidler.** H. & B. bauen ein in Abb. 74 dargestelltes elektrostatisches Meßwerk, das sich zum Einbau in Schalttafelgehäuse der üblichen Form eignet und große Verbreitung gefunden hat. Eine leichte Aluminiumplatte *1* ist mit dünnen Metallbändern an einem Stift *2* pendelartig aufgehängt. Der Stift ist auf einer Grundplatte *3* befestigt, die auch die Brücke mit den Lagern für die Zeigerachse *4* trägt. An der letzteren ist ein feiner Paralleldraht ausgespannt, der in seiner Mitte von einem Metallstreifen gefaßt wird, dessen rechtes Ende an der beweglichen Platte *1* befestigt ist. Die Bewegung der Aluminiumplatte zwischen den festen Platten *7* und *8* wird also durch ein kurbelartiges Getriebe auf die Zeigerachse und damit auf den Zeiger *5* übertragen. Als Richtkraft für das Meßwerk dient die Erdschwere. Das

---

[1] Abraham-Villard: J. Physique 1911 S. 525.
[2] Drysdale and Jolley: El. measuring instr., Lond. 1924 S. 402.
[3] Imhof, A.: Arch. Elektrotechn. Bd. 23 (1929) S. 258.
[4] Starke u. Schröder: Arch. Elektrotechn. Bd. 20 (1928) S. 115.
[5] DRP. 120664 vom Jahre 1900.

Instrument muß daher bei der Aufstellung so ausgerichtet werden, daß der Zeiger in spannungslosem Zustand auf Null zeigt. Eine Aluminiumscheibe *9* in Form eines Kreisausschnitts und ein Dauermagnet *10* bewirken die Dämpfung des Zeigerausschlags. Die feste Platte *7* rechts vom beweglichen Organ ist isoliert von der Grundplatte *3* aufgestellt, die Spannung $U$ wird an die Platten *7* und *1* gelegt. Letztere wird gegen die Schwerkraft von der festen Platte *7* mit der Kraft $P$ angezogen und führt dabei den Zeiger *5* über die Skala *6*, die unmittelbar in Volt geeicht ist. Die Meßwerke werden je nach dem Verwendungszweck in Metall- oder Isoliergehäuse eingebaut mit Meßbereichen zwischen 1200 und 15000 V. Ihre Prüfspannung — das gilt allgemein für elektrostatische Spannungsmesser — liegt nur etwa 50% über dem Skalenendwert und reicht daher nach den Vorschriften des VDE für den Einbau in Starkstromnetze nicht aus. Die Instrumente sind für Gleichspannung und Wechselspannung bis $10^6$ Hz verwendbar. Zur Erhöhung des Spannungsmeßbereichs werden die elektrostatischen Spannungsmesser mit elektrostatischen Spannungsteilern verwendet (s. S. 93).

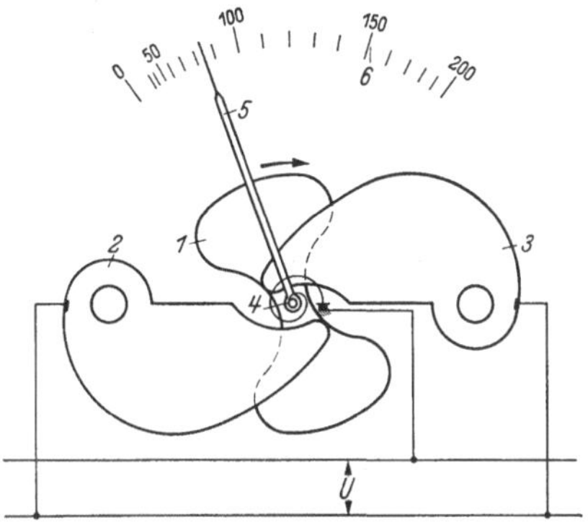

Abb. 75. Tragbarer elektrostatischer Spannungsmesser für 30...200 V, auf dem Prinzip des Quadrantenelektrometers beruhend (Trüb, Täuber & Co.). *1* beweglicher Flügel (Elektrode), *2*, *3* feste Flügel (Elektroden), *4* Achse mit Zuführungsspirale, *5* Zeiger, *6* Skala.

Beim **Kugelspannungsmesser nach Hueter** verwendet man die Kugeln von Kugelfunkenstrecken als Elektroden *1* und *2* entsprechend dem Schema Abb. 71a. Beschreibung s. S. 178.

Nach dem Grundschema Abb. 71a lassen sich auch sehr kleine Spannungen messen. Bei dem sog. **Saitenelektrometer** tritt an Stelle der beweglichen Platte eine dünne Saite, die in geringem Abstand von der Platte gespannt ist. Eine Spannung zwischen Saite und Platte zieht erstere zur letzteren hin. Ihr Weg wird im Mikroskop gemessen; man kann so noch Spannungen von 0,003 V bestimmen (Schrifttum s. Fußnote 2 u. 3, S. 92).

### b) Änderung der wirksamen Elektrodenflächen.

Nach dem Schema Abb. 71b liegt der eine Spannungspol an einer festen Kammer, der andere an einer beweglichen Elektrode, die in die feste Kammer hineingezogen wird. Praktisch wird das bewegliche Organ mit drehender Bewegung ausgeführt. Abb. 75 zeigt das Schema eines **Quadrantenvoltmeters**, und zwar in der Ausführung der Firma Trüb-Täuber (Zürich), das in ähnlicher Anordnung auch als Quadrantenelektrometer[1] für die Messungen sehr kleiner Spannungen hergestellt wird. Auf der Zeigerachse *4* ist ein biskuitförmiger Aluminiumflügel *1* drehbar gelagert. Mit der Achse ist eine mechanische Richtkraft, eine Spiralfeder oder ein Aufhängeband, verbunden, die den Flügel entgegengesetzt zur Pfeilrichtung zu drehen sucht. Die festen Kammern *2* und *3* — es befindet sich je eine Platte oberhalb und unterhalb des Flügels — haben etwa die Form eines Quadranten und sind leitend miteinander verbunden. Zwischen letzteren und dem Flügel liegt die Spannung $U$. Durch das elektrostatische Feld wird der Flügel in Richtung des Pfeiles in die Kammern hineingezogen, bis das elektrische Drehmoment dem mechanischen das Gleichgewicht hält. Die eigenartige Form der beweglichen und der festen Platten ist durch Versuch gefunden mit dem Erfolg eines günstigen Skalenverlaufs. Dieses Meßwerk, das hier als eine von sehr vielen ähnlichen Konstruktionen beschrieben wurde, wird als Schalttafelgerät bis etwa 6 kV, als tragbares Gerät[2] mit Spitzenlagerung und Spiralfeder mit einem Meßbereich 0...30...200 V ausgeführt.

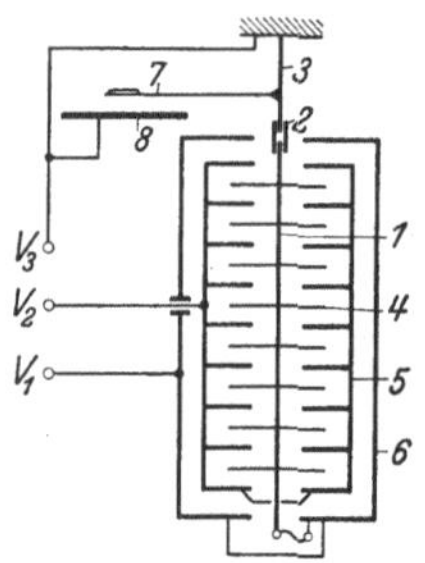

Abb. 76. Multizellular-Voltmeter. *1* Achse, *2* Bernsteinisolation, *3* Aufhängeband, *4* bewegliche Nadeln (Elektroden), *5* feste Kammern (Elektroden), *6* Gehäuse, *7* Zeiger, *8* Skala, $V_1$, $V_2$ Anschlußklemmen für die Spannung, $V_3$ Erdungsklemme.

Das sog. **Multizellularvoltmeter** nach Abb. 76 wurde in seiner ursprünglichen Form von Lord Kelvin[3] angegeben. An ein Aufhängeband *3* aus Bronze ist die Achse *1* mit einer Vielzahl beweglicher Elektroden *4* aufgehängt. Auch die festen Elektroden *5* bestehen aus einer Anzahl Zellen. Die Schaltung in Abb. 76 entspricht der Ausführung von H. & B. Der Zeiger *7* und die Skala *8* sind mit dem Körper des Meßgerätes und der Anschlußklemme $V_3$ verbunden, die meist geerdet wird, um den Einfluß fremder elektrostatischer Felder und des Beobachters auf den Zeiger auszuschalten. Die beweglichen Elektroden *4* sind durch ein Isolierstück *2* (Bernstein) von der Aufhängung *3* getrennt und am unteren Ende über ein richtkraftloses Band mit dem Schutzgehäuse *6* und der Anschlußklemme $V_1$ verbunden. Die festen Zellen *5* liegen an der Klemme $V_2$, an $V_1$ und $V_2$ wird also die zu messende Spannung angelegt. Durch diese Anordnung ist der Einfluß fremder elektrostatischer Felder auf das Meßwerk vollkommen ausgeschaltet.

Abb. 77 zeigt das Schema der **Spannungsmesser[4] mit nahezu linearem Skalenverlauf.** Ein schmaler, dünner Aluminiumstreifen *1* (sog.

[1] Geiger, H. u. Karl Scheel: Handbuch der Physik, Bd. 16 S. 225f. Berlin: Julius Springer 1927.

[2] Täuber-Gretler: Bull. schweiz. elektrotechn. Ver. Bd. 25 (1934) S. 556.

[3] Lord Kelvin: Telegr. Teleph. J. Bd. 25 (1889) S. 4.

[4] Palm, A.: Z. Fernm.-Techn. 1921 S. 201.

Nadel) ist in seiner Mitte an einem dünnen Metallband drehbar aufgehängt. Er spielt in festen Kammern *2*, deren äußere Begrenzungslinie Kreise, und deren innere, der Nadel zugekehrte Begrenzungslinien hyperbolische Spiralen sind. Man erhält dann eine Skala, die von $^1/_{20}$ des Endwertes an praktisch geradlinig verläuft. In dieser Form sind die Meßwerke der Multizellularvoltmeter nach Abb. 76 ausgebildet.

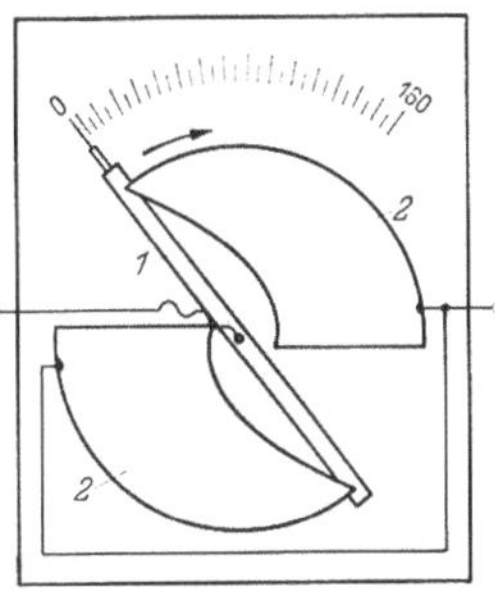


Abb. 77. Tragbarer elektrostatischer Spannungsmesser für 10...160 V mit geradlinigem Skalenverlauf (H. & B.). *1* bewegliche Nadeln entsprechend Teil *4* in Abbildung 76, *2* feste Kammern entsprechend Teil *5* derselben Abbildung.

Es ist neuerdings gelungen, solche Meßwerke[1] mit nur einer Kammer durchzubilden, deren bewegliches Organ so leicht ist, daß sein Bewegungswiderstand in Luft zur Dämpfung ausreicht. Ein Gerät dieser Art in handlichem Standgehäuse aus Metall besitzt eine Skalenteilung von 0...160 V, die von 10 V ab fein geteilt ist.

**Lichtzeigergerät.** In der Abb. 78a ist eine Anordnung wiedergegeben, bei der statt des verhältnismäßig schweren metallischen Zeigers ein Lichtzeiger verwendet wird. Das Meßwerk *1* ist in seiner Anordnung ähnlich der Abb. 77. Eine schmale Nadel ist an einem Band drehbar aufgehängt, das nur um etwa 10 Winkelgrad verdreht wird. Dementsprechend ist die hyperbolische Spirale sehr steil (wodurch wiederum die Empfindlichkeit steigt). Unterhalb des Meßwerks *1* befindet sich ein kleiner Spiegel, auf den von der Lampe *2* über ein Prisma *3* und eine Linse ein Lichtstrahl fällt, der eine Lichtmarke auf die oben im Gehäuse angebrachte Glasskala *5*

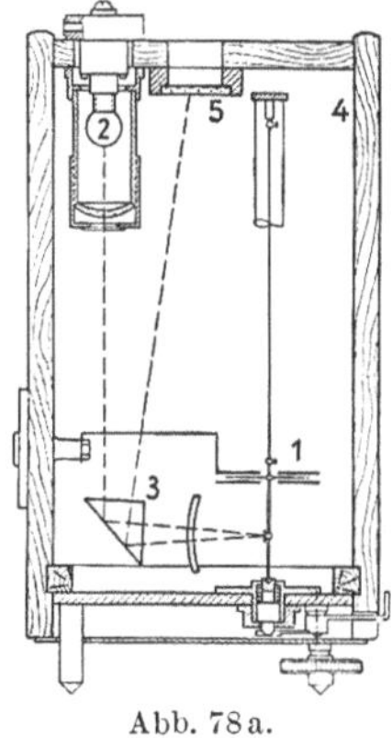


Abb. 78a.

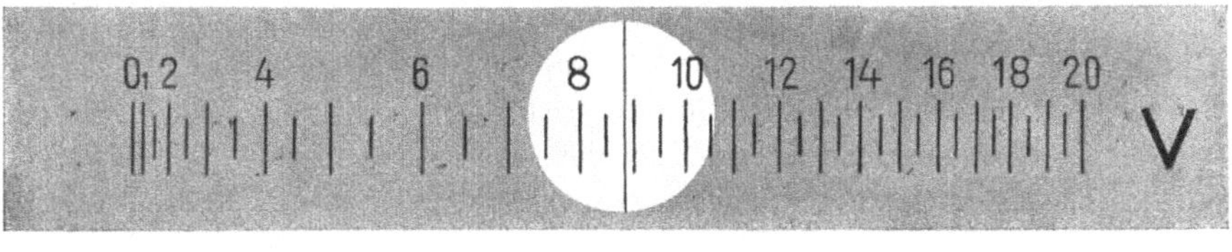

Abb. 78b.

Abb. 78a und b. Elektrostatischer Spannungsmesser mit Lichtzeiger. a Schnitt durch das Instrument. *1* Meßwerk, *2* Scheinwerferlampe, *3* Prisma, *4* Holzgehäuse, *5* Glasskala. b Skala des Instruments in nat. Größe.

projiziert. Bei 1 V entsteht schon ein sicher ablesbarer Ausschlag, zwischen 4 und 8 V hat die Skala besonders weite Teile und endigt,

[1] Palm, A.: Z. techn. Physik Bd. 15 (1934) S. 117.

wie Abb. 78b zeigt, bei 20 V. Das Gerät hat eine Kapazität von etwa 13 pF und ist nach Untersuchungen von Zinke[1] bis $10^8$ Hz oder $\lambda = 3$ m verwendbar. Die hohe Empfindlichkeit erfordert besondere Vorsichtsmaßnahmen. Das Kontaktpotential zwischen verschiedenen Metallen (Größenordnung 1 V) ist schon meßbar und kann, besonders bei Gleichstrommessungen in feuchter Luft, stören. Der Spannungspfad im Instrument einschließlich der Nadel ist nur aus Kupferlegierungen mit dem gegenseitigen Kontaktpotential Null hergestellt. Diese Maßnahme ist auch bei der äußeren Schaltung zu beachten, damit nicht erhebliche Meßfehler auftreten.

Der elektrostatische Spannungsmesser nach Abb. 78 steht schon nahe bei den Elektrometern. Diese große Gruppe elektrostatischer Geräte, mit welchen man Spannungen bis herab zu $10^{-4}$ V messen kann, soll hier nicht behandelt werden, da sie in das Gebiet der physikalischen Meßgeräte gehören. Eine Übersicht findet man im Archiv für Technisches Messen[2]. Dort und bei Wulf[3] ist auch das sehr zerstreute Sonderschrifttum angegeben.

## 3. Dämpfung.

Für Meßwerke mit verhältnismäßig großem Drehmoment, z. B. nach Abb. 74 und 75, kommt die Wirbelstromdämpfung zur Anwendung, wie sie in der erstgenannten Abbildung zu sehen ist. Meßwerke mit Bandaufhängung besitzen fast ausschließlich Luftdämpfung, die auf S. 53 beschrieben ist. Bei diesen hochempfindlichen Meßwerken stört die Dämpfung durch Dauermagnet, weil es nicht möglich ist, die Dämpferscheibe vollkommen eisenfrei herzustellen. Schon kleinste Eiseneinschlüsse bringen durch die Einwirkung des Dauermagnets Unregelmäßigkeiten in den Skalenverlauf und Einstellungsunterschiede bei Rechts- und Linksdrehung des beweglichen Organs.

## 4. Besondere Eigenschaften und Anwendungsbereich.

Bei Gleichstrom tritt, abgesehen vom kurzzeitigen Ladestrom, nur ein **Verbrauch** durch den außerordentlich geringen Isolationsstrom auf. Bei Wechselstrom fließt noch ein der Kapazität entsprechender Blindstrom, der z. B. bei 50 Hz und 150 V in der Größenordnung $10^{-6} \ldots 10^{-7}$ A liegt. Das Gerät ist von der Frequenz und der Kurvenform vollkommen unabhängig. Die obere Verwendungsgrenze, die durch den Blindstrom und die Zuleitungen gesetzt ist, liegt bei etwa $10^8$ Hz, wobei allerdings schon eine besondere Auswahl des Isolierstoffs notwendig ist. Man ist wegen der kleinen elektrostatischen Kraft genötigt, mit der

[1] Palm, A.: Z. techn. Physik Bd. 16 (1935) S. 51.

[2] Palm, A.: Arch. techn. Mess. J 765—1. (Aug. 1935.)

[3] Wulf, Th.: Die Fadenelektrometer. Berlin: F. Dümmler 1933.

Spannung bis nahe an die **Überschlagsspannung** zu gehen. Wird eine zu hohe Spannung angelegt, so erfolgt ein plötzlicher Überschlag mit der ganzen Energie der Stromquelle. Schaltet man einen Widerstand oder einen Kondensator von solcher Größe vor, daß er bei der Messung nicht stört, so wird der Strom im Meßwerk beim Überschlag unschädlich klein gehalten. Man kann zur Sicherung auch eine Funkenstrecke oder eine Glimmröhre parallel legen, die bei etwas niedrigerer Spannung ansprechen als der Spannungsmesser und den Überschlagsstrom vom Meßwerk abhalten. Die Meßwerke sind wegen ihrer kleinen Einstellkraft gegen Erschütterungen empfindlich und daher meist mit einer Festklemmvorrichtung für das bewegliche Organ versehen.

Der **Anwendungsbereich** ist außerordentlich groß. Man kann mit elektrostatischen Geräten Spannungen zwischen $10^{-4}$ und $10^{+6}$ V bei Wechselstrom bis $10^8$ Hz und bei Gleichstrom messen. Man verwendet sie nur selten für Starkstrombetriebsmessungen, findet sie aber häufig in Laboratorien und Prüfräumen, besonders für Mittel- und Hochfrequenz. Hier sind sie allen anderen Geräten in bezug auf geringen Verbrauch und Frequenzunabhängigkeit überlegen.

## 5. Gehäuse.

Nur wenige elektrostatische Meßwerke lassen sich in normale Schalttafelgehäuse einbauen, z. B. das Meßwerk nach Abb. 74 und 75; für das Meßwerk nach Abb. 76 ist ein kleiner Dom am Schalttafelgehäuse notwendig. Die tragbaren Gehäuse weisen meist Formen auf, die von den üblichen erheblich abweichen. Sie sind bei hohen Spannungen zuweilen aus Isolierstoff, um den Beobachter zu schützen. Manchmal sind sie, besonders bei niedrigen Spannungen, aus Metall, um das Meßwerk vor fremden elektrostatischen Feldern zu schützen.

## 6. Elektrostatischer Spannungsteiler.

Für Spannungen, die oberhalb des Meßbereichs eines elektrostatischen Voltmeters liegen, teilt man die Spannung $U$ durch eine Reihenschaltung von Kondensatoren nach Abb. 79 in die beiden Spannungen $U_1$ und $U_2$. Letztere entspricht dem Meßbereich des Spannungsmessers mit der Kapazität $C_I$, die dem Kondensator $C_2$ parallel geschaltet ist. Es gelten dann die Beziehungen (s. a. S. 181):

$$C_1 : (C_2 + C_I) = U_2 : U_1 \quad \text{und} \quad U_1 + U_2 = U \tag{48}$$

oder

$$U = U_2 [1 + (C_2 + C_I)/C_1]. \tag{49}$$

Hierin ist $U_2$ die Anzeige des Spannungsmessers $C_I$ in Abb. 79, der auch unmittelbar für die Ablesung der Spannung $U$ ausgeteilt und beziffert werden kann. Für die Erweiterung des Meßbereichs oder für die Einrichtung mehrerer Meßbereiche verwendet man für kleinere Spannungen Luftkondensatoren aus ebenen Platten oder ineinander liegenden Zylindern, für die Messungen hoher Spannungen — und das ist das Hauptanwendungsgebiet der Spannungsteiler — Kondensatoren sehr verschiedener Konstruktion, die im Kapitel über Kapazitäten S. 150 beschrieben sind. Der aus den Kondensatoren gebildete Spannungsteiler, der auch für hohe Überlastung ausgebildet werden kann, ist nur für Wechselstrom verwendbar. Bei Gleichstrom erfolgt die Spannungsteilung, abgesehen vom Einschaltstromstoß, nach dem Isolationswiderstand der Kondensatoren und nicht nach deren Kapazität.

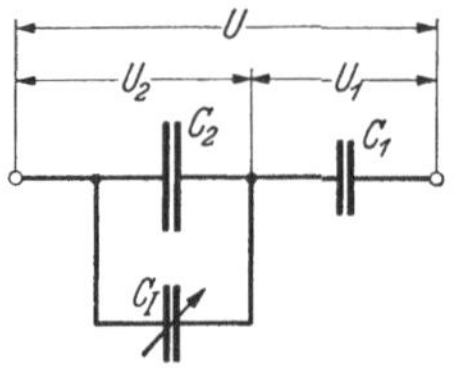

Abb. 79. Spannungsteilung mit Kondensatoren.

## 7. Elektrostatische Quotientenmesser.

Auch das elektrostatische Meßprinzip gestattet, ebenso wie das elektromagnetische, die Ausbildung von Meßwerken ohne mechanische Richtkraft, mit denen man das Verhältnis zweier Größen messen kann.

Bei dem elektrostatischen **Ohmmeter** von Nalder Bros.[1] nach Abb. 80 spielt in zwei Kammern *1* und *2* von Quadrantenform ein eigenartig geformter Flügel *3*, der mit dem Zeiger verbunden ist. Ein kleiner Generator $G$ (Kurbelinduktor) erzeugt eine Gleichspannung $U$, die an dem Flügel *3* und der Kammer *1* liegt. Zwischen *1* und *2* liegt der bekannte Widerstand $R$, zwischen *2* und *3* der unbekannte Widerstand $R_x$. Für $R_x = \infty$ sind die Spannungen *3—1* und *3—2* gleich groß, auch ihre Drehmomente sind gleich, aber entgegengesetzt (Stellung des beweglichen Organs nach Abb. 80). Ist $R_x = 0$, so wird die Spannung *3—2* gleich Null und der Flügel *3* wird ganz in die Kammer *1* hineingezogen. Der Zeigerausschlag gibt also den Widerstand $R_x$ an und ist in gewissen Grenzen unabhängig von der Spannung des Generators.

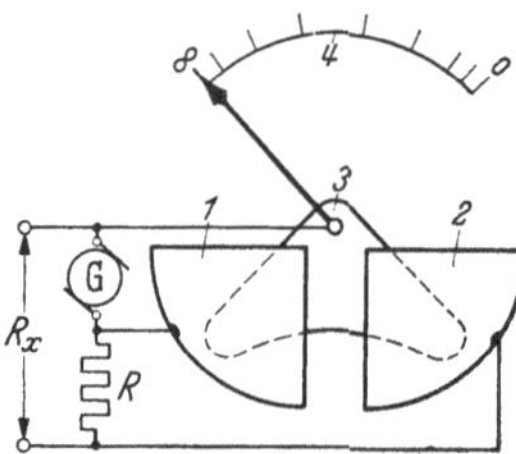

Abb. 80. Elektrostatischer Widerstandsmesser von Nalder Bros. *1*, *2* feste Kammern mit Potentialen entsprechend ($R_x + R$) und $R_x$, *3* beweglicher Flügel mit dem Potential Null, *4* Skala, $G$ Gleichstromgenerator, $R$ bekannter Vergleichswiderstand, $R_x$ unbekannter Widerstand.

Das elektrostatische **Drehfeldinstrument** (Synchronoskop) nach Sieber[2] ist in der Abb. 81 dargestellt. Zwei Drehstromnetze $RST$ und $R'S'T'$ sollen parallel geschaltet werden. Mit den 3 Leitern des Netzes $R'S'T'$ sind die drei festen Kammern *1*, *2* und *3* verbunden; sie erzeugen ein elektrostatisches Drehfeld, das bei geeigneter Ausbildung der Kammern mit praktisch konstanter Größe und mit der Frequenz des

[1] Keinath: Technik der Meßgeräte, Bd. 2 (1928) S. 208.
[2] Palm, A. u. S. Rump: Bull. schweiz. elektrotechn. Ver. Bd. 22 (1931) S. 133.

angeschlossenen Netzes um den Krümmungsmittelpunkt der Kammern umläuft. Die in Spitzen drehbar gelagerte Nadel *4* ist mit einem Strang des Netzes *RST* verbunden. Sie wird sich so einstellen, daß beim Spannungshöchstwert die Richtung ihres elektrostatischen Wechselfeldes mit der augenblicklichen Drehfeldachse zusammenfällt. In dem Augenblick, in dem die Spannung an einer der Kammern ihren Höchstwert hat, stimmt die Lage des Drehfeldes mit der Mittellinie der betreffenden Kammer überein. Haben die beiden Netze verschiedene Frequenz, so wird die Nadel *4* mit dem Zeiger *5* mit der Schlupffrequenz der beiden Netze umlaufen. Sind die Netzfrequenzen gleich, so steht der Zeiger in einer Lage still, welche die Phasenverschiebung der beiden Netzspannungen angibt. Die Skala des Gerätes ist mit einer Marke für die Phasenverschiebung Null und zwei Pfeilen für die Bezeichnung „zu schnell“ und „zu langsam“ versehen wie das Skalenbild (Abb. 60, S. 66). Steht der Zeiger auf der Nullmarke still, so sind in beiden Netzen Frequenz und Spannungsphase gleich, und der Schalter *6* kann eingelegt werden, noch vorausgesetzt, daß die Spannungen gleich groß sind. Dieses elektrostatische Synchronoskop kann an die als Spannungsteiler benutzten Durchführungsisolatoren von Ölschaltern angeschlossen werden, was besonders bei sehr hohen Spannungen von Vorteil ist, da dann die kostspieligen Spannungswandler eingespart werden. Das kleine Meßwerk dieses besonders in USA. verwendeten Instruments ist in ein Glasgefäß mit Öl eingebaut. Letzteres bewirkt eine gute Dämpfung und gestattet, eine verhältnismäßig hohe Teilspannung von etwa 600 V an Nadel und Kammern zu legen; kleine Änderungen von Leitfähigkeit und Dielektrizitätskonstante des Öles mit der Temperatur und der Zeit sind ohne Einfluß auf die Anzeige. Das Bild des Zeigers wird durch eine einfache optische Einrichtung auf eine in die Schalttafel eingebaute Mattscheibe von der üblichen Instrumentengröße geworfen.

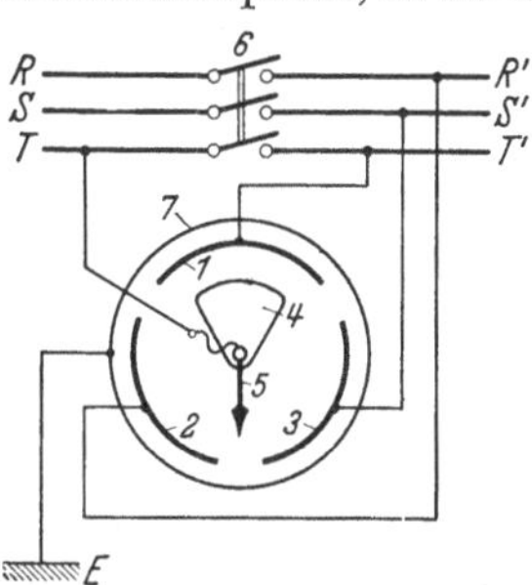


Abb. 81. Elektrostatisches Drehfeldmeßwerk nach Sieber, in der Verwendung als Synchronoskop. *1*, *2*, *3* feste Kammern, *4* beweglicher Flügel, *5* Zeiger, *6* Netzkupplungsschalter, *7* Glasgefäß, *RST* und *R'S'T'* Drehstromnetze, die parallel geschaltet werden sollen.

## IX. Schwingungsinstrumente.

Es sind zwei Gruppen zu unterscheiden: Bei der einen Gruppe, den Resonanzinstrumenten, wird das bewegliche Organ durch ein Wechselfeld zu seiner mechanischen Eigenschwingung angeregt. Bei der zweiten Gruppe, den Oszillographen, führt das bewegliche Organ erzwungene Schwingungen aus, die ihm von einem Wechselstrom bzw. Wechselfeld aufgedrückt werden.

## 1. Resonanzinstrumente.

VDE: Vibrationsinstrumente. Die Übereinstimmung der Eigenfrequenz eines schwingungsfähigen Körpers mit der Meßfrequenz wird sichtbar gemacht.

**Elektromagnetische Zungenfrequenzmesser.** Ordnet man eine Anzahl Stahlzungen, von denen jede auf eine bestimmte Frequenz z. B. zwischen 45 und 55 Hz abgestimmt ist, nebeneinander in einer Reihe an, und erregt man die Zungen mit dem Wechselfeld eines Elektromagnets, so wird diejenige Zunge am stärksten schwingen, deren Eigenfrequenz mit der Erreger- (Meß-) Frequenz übereinstimmt.

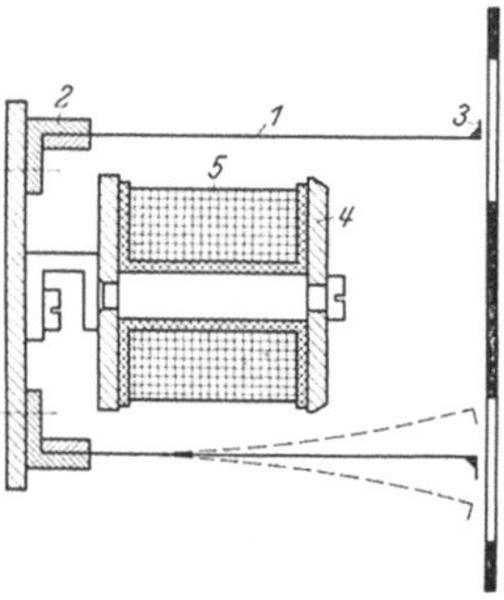

Abb. 82. Zungenfrequenzmesser nach Hartmann-Kempf. *1* Stahlzungen, *2* Halter, *3* Fahne, *4* Elektromagnet, *5* Magnetwicklung.

Der **Zungenfrequenzmesser nach Hartmann-Kempf**[1] ist in der Abb. 82 im Schnitt dargestellt. Eine Anzahl Stahlzungen *1* ist in einem Halter *2* festgeklemmt. Sie tragen an ihrem rechten Ende eine kleine, weiß lackierte Fahne *3*, die im Ausbruch einer Skala steht und in der Abb. 83 von vorn gesehen gezeichnet ist. Zwischen der oberen und unteren Reihe der Stahlzungen (Abb. 82) steht ein Elektromagnet *4*, durch dessen Wicklung *5* ein Wechselstrom von der Frequenz $f$ fließt. Die Kraftlinien des Magnetfeldes schließen sich zum Teil über die Stahlzungen; bei jedem Wechsel werden die Zungen einmal etwas angezogen mit einer Kraft, die eine mit dem bloßen Auge nicht sichtbare Durchbiegung der Zungen zur Folge hat. Diese kleine Kraft reicht aber aus, um diejenige Zunge, deren Eigenschwingungszahl mit der Wechselzahl des elektromagnetischen Feldes übereinstimmt, schon nach einigen Impulsen zu einer gut sichtbaren Schwingungsamplitude zu bringen. Das Skalenbild entspricht dann der Abb. 83. Bei jeder Zunge ist ein Teilstrich angebracht, der ihre Eigenschwingungszahl angibt. Die schwingenden Zungen sind durch die Bewegung in der Luft und im Magnetfeld nur wenig gedämpft, so daß z. B. die Zungen 50 und 49,5 bei 49,75 Hz noch etwas mitschwingen (Abb. 83a). Schwingen beide Zungen mit genau gleicher Schwingungsweite, so liegt der gesuchte Wert genau in der Mitte bei 49,75 Hz. Im rechten Bild der Abb. 83 ist die Frequenz des Wechselstroms genau 50 Hz. Die beiden benachbarten Zungen schwingen nur wenig mit, und die Gleichheit ihrer Schwingungsamplituden zeigt, daß die Zunge 50 wirklich mit maximaler Schwingungsweite, d. h. auf der Spitze der Resonanzkurve schwingt. Man kann also aus dem Schwingungsbild der Zungen bei einiger Übung wie beim

[1] Hartmann-Kempf: Elektrotechn. Z. Bd. 25 (1904) S. 44. — Physik. Z. Bd. 2 (1910) S. 1183.

Zeigerinstrument auch Werte ablesen, die zwischen den Teilstrichen der Austeilung liegen.

In der Abb. 82 ist unter dem Eisenkörper *4* noch eine zweite Zungenreihe angeordnet, die ebenfalls von ihm erregt wird. Es läßt sich so der Meßbereich eines Instruments in einfacher Weise vergrößern. Die Zungen benötigen ein um so stärkeres Feld, je höher ihre Eigenfrequenz ist. Man kann dies bei der Konstruktion nach Abb. 82 dadurch berücksichtigen, daß man den Abstand der Zungen vom Magnet für die Zungen hoher Frequenz kleiner wählt als bei solchen niedriger Frequenz.

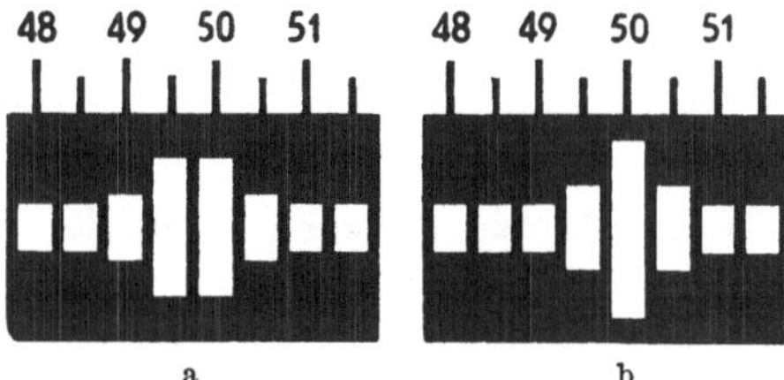


Abb. 83. Ablesung eines Zungenfrequenzmessers. a Anzeige 49,75 Hz, b Anzeige 50,0 Hz.

Abb. 84 zeigt den **Zungenfrequenzmesser nach Frahm**[1]. Die Zungen *1* werden hier nicht unmittelbar vom Feld des Elektromagnets erregt, sondern über einen Halter *2*, der auf einer dünnen elastischen Platte *3* befestigt ist und einen Hebel *4* aus Eisen trägt. Letzterer wird durch den Elektromagnet *5* in Schwingungen versetzt und bringt dann alle Zungen mit der Frequenz des Wechselstroms zum Schwingen mit kleiner, mit dem bloßen Auge nicht sichtbarer Schwingungsweite. Nur diejenige Zunge, deren Eigenfrequenz mit der Frequenz des Wechselstromes ganz oder nahezu übereinstimmt, führt Resonanzschwingungen mit großer, sichtbarer Amplitude aus. Das Skalenbild ist dann dasselbe wie in Abb. 83.

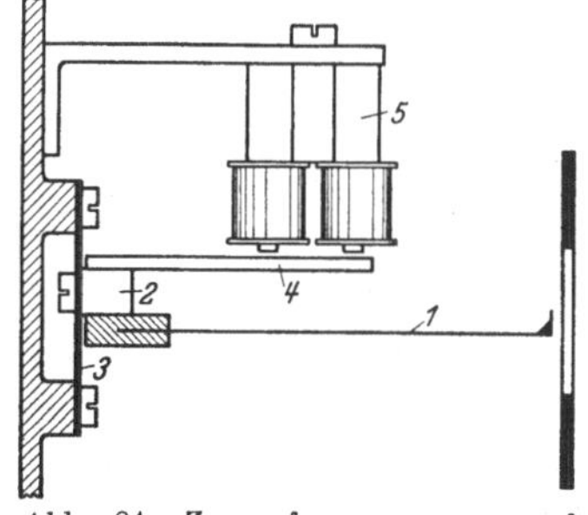


Abb. 84. Zungenfrequenzmesser nach Frahm. *1* Stahlzungen, *2* Halter, *3* elastische Platte. *4* Hebel aus Eisen, *5* Elektromagnet.

Die beiden Anordnungen unterscheiden sich im Betrieb nur dadurch, daß die unmittelbar erregten Zungen nach Abb. 82 reiner schwingen, da sich die mechanischen Oberschwingungen der Befestigungsteile nicht überlagern können und dank ihrer elektromagnetischen Dämpfung sich bei Frequenzänderungen schneller beruhigen als die mittelbar erregten Zungen nach Abb. 84. Bei der zweiten Anordnung ist aber der Stromverbrauch des Magnets kleiner als der des Magnets in Abb. 82, was bei sehr schwachen Stromquellen von Wichtigkeit sein kann.

---

[1] Lux: Elektrotechn. Z. Bd. 26 (1905) S. 264.

Die **Abstimmung der Zungen** auf eine bestimmte Schwingungszahl — eine recht schwierige Arbeit — wird durch Änderung der Federkraft in der Nähe der Einspannstelle oder durch Änderung der Masse am freien Ende vorgenommen, indem man dort die Zunge durch Zinn beschwert oder durch Bohrungen erleichtert. Die Eigenschwingungszahl der einmal abgestimmten und gealterten Zunge ist von großer Konstanz und bei richtiger Wahl des Werkstoffes auch von erstaunlicher Temperaturunabhängigkeit. Die Abstimmungstoleranz liegt bei 1‰, die Ablesetoleranz bei 2‰.

Mit sich ändernder Spannung an den Erregerspulen ändert sich auch die Schwingungsweite. Spannungsänderungen von $\pm 10\%$ sind aber zulässig. Durch geeignete Vorwiderstände kann man die Erregerwicklung in weiten Grenzen der jeweiligen Spannung anpassen. Häufig wird in das Instrumentengehäuse ein veränderlicher Vorwiderstand als Spannungsregler eingebaut.

Die Zungen lassen sich für eine Eigenschwingungszahl von 7... 1500 Hz herstellen. Unterhalb von 7 Hz wird die Zunge zu lang, das Schwingungsbild undeutlich, die Zungen sprechen auf die leiseste Erschütterung an; oberhalb von 1500 Hz wird die sichtbare Fahne und ihre Schwingungsweite zu klein. Die Anziehungskraft wächst mit dem Quadrat des Stromes. Da die Zunge somit bei jeder Halbwelle (Wechsel), gleichgültig welchen Vorzeichens, angezogen wird, so schwingt die Zunge z. B. bei 50 Hz = 100 Wechseln mit 100 Schwingungen in der Sekunde. Die Zunge, die 50 Hz anzeigen soll, muß also auf eine Schwingungszahl von 100 Hz abgestimmt sein.

**Meßbereicherweiterung durch überlagertes Dauerfeld.** Man kann dem Wechselfeld der Wechselstromspule mittels einer besonderen Gleichstromwicklung oder durch einen Dauermagnet ein Gleichfeld überlagern, das mindestens so groß sein muß wie der Scheitelwert des Wechselfeldes; die Zunge wird dann bei 50 Hz des Wechselstromes auch nur 50mal angezogen, sie kann dadurch ohne weiteres 50 Hz anzeigen, wenn sie auf 50 Schwingungen/sec abgestimmt ist. Dieser Kunstgriff findet bei fast allen Instrumenten für mehr als 40 Hz Anwendung. Zuweilen sind die Dauermagnete auch schwenkbar angeordnet, so daß sie sich zur raschen Änderung des Meßbereichs aus dem Bereich der Zungen entfernen lassen.

Als Tachometer wird der Zungenfrequenzmesser häufig an einen kleinen Wechselstromgenerator angeschlossen, der verhältnisgleich der zu messenden Drehzahl angetrieben wird, oder die Zungen werden mit ihrem Halter unmittelbar auf eine laufende Maschine gepreßt. Die mechanisch übertragenen Erschütterungen erregen dann diejenige Zunge am stärksten, deren Eigenfrequenz in Übereinstimmung ist mit der sekundlichen Drehzahl der Maschine.

**Elektrostatischer Frequenzmesser**[1]. Man kann die Zungen nach Abb. 82 und 84 auch durch die Kraft eines elektrostatischen Feldes zu Schwingungen anregen. In der Abb. 85 ist *1* eine dünne Platte, die zwischen den Schneiden *3* gelagert ist. Das über letztere hinausragende Ende der Platte ist durch Sägeschnitte in Zungen *2* von verschiedener Länge und Schwingungsdauer unterteilt. Nahe an der Platte steht als zweite Elektrode die Platte *4*. Zwischen *1* und *4* liegt die Wechselspannung $U_\sim$, die die Platte in erzwungene Schwingungen um die Schneiden *3* als Knotenpunkte versetzt. Die Zungen machen diese sehr kleinen Schwingungen mit, und die Zunge, deren Eigenschwingungszahl gleich der Wechselzahl der Spannung $U_\sim$ ist, gerät wie bei den elektromagnetischen Zungenfrequenzmessern in Resonanzschwingungen großer Amplitude. Der kleine und einfache Apparat benötigt zwar eine Spannung von einigen hundert Volt, aber — und dies ist sein Hauptvorteil — bei 50 Hz nur einen Strom von wenigen μA. Er kann also an elektrostatische Spannungsteiler angeschlossen werden und wird vorwiegend in Verbindung mit dem auf S. 94 beschriebenen elektrostatischen Synchronoskop verwendet.

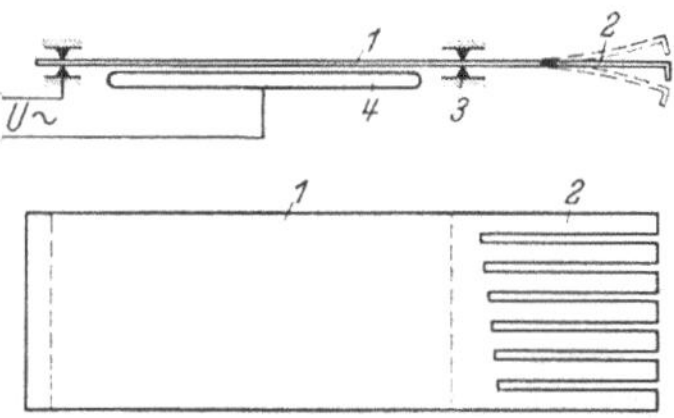

Abb. 85. Elektrostatischer Frequenzmesser. *1* Dünne Platte (eine Elektrode), *2* schwingende Zungen, *3* Schneidenlager, *4* Platte (andere Elektrode), $U_\sim$ Erregerspannung.

## 2. Vibrationsgalvanometer.

In Wechselstrommeßbrücken verwendet man zum Nachweis kleiner Wechselströme von Tonfrequenz als Nullinstrument das hochempfindliche Telephon, mit dem sich z. B. bei 500 Hz noch Ströme von 0,01 μA feststellen lassen. An seine Stelle tritt für technische Frequenzen, für die das menschliche Ohr recht unempfindlich ist, das Vibrationsgalvanometer. Es ist dies im Prinzip ein Drehspul- oder Weicheisenmeßwerk, dessen bewegliches Organ sich in seiner Eigenschwingungszahl auf die Frequenz des zu messenden Wechselstroms abstimmen läßt. Durch die Resonanz im Augenblick der Ablesung wird die Empfindlichkeit um einige Zehnerpotenzen gesteigert, so daß es mit den empfindlichsten Instrumenten möglich ist, Ströme von $10^{-8}$ A nachzuweisen. Schering[2] hat eine ausführliche Theorie und Darstellung dieser Instrumente gegeben. Hier sollen nur die wichtigsten Arten kurz beschrieben werden.

Das **Saitenvibrationsgalvanometer**, auf dem Drehspulprinzip beruhend, ist in der Abb. 86 schematisch dargestellt. Von den Anschluß-

---

[1] DRP. 518331.

[2] Schering, H.: Schwingungsinstrumente in Geiger-Scheel: Handbuch der Physik, Bd. 16 (1927) S. 304.

klemmen *1* und *2* sind 2 dünne Saiten oder Bänder *3*, *4* nach einem Verbindungsstück *5* geführt. Die Saiten liegen auf Stegen *6* und *7* und werden durch eine Feder *8* gespannt. In der Mitte zwischen den beiden Stegen ist ein sehr kleiner, leichter Spiegel *9* aufgekittet, der einen schmalen Lichtstreifen auf eine Mattglasplatte wirft (vgl. Abb. 88). Zwischen den Stegen *6* und *7* führt man die Pole *N* und *S* eines kräftigen Dauermagnets nahe an die Saiten heran. Fließt von der Klemme *1* nach *2* ein Gleichstrom über die Saiten, so wird die eine etwas nach hinten in die Bildebene hinein, die andere etwas nach vorn aus der Bildebene heraustreten. Der Spiegel und der zurückgeworfene Lichtstrahl führen eine drehende Bewegung aus, wachsend mit steigendem Strom. Schickt man über die Saiten einen Wechselstrom, so wird die Richtung dieser Bewegung ständig wechseln, und es entsteht auf der Mattscheibe ein Lichtband, dessen Breite von der Größe des Stromes abhängig ist. Diese Breite ist bei konstantem Strom aber auch noch von der Eigenschwingungszahl des Vibrationsgalvanometers abhängig, die man durch Änderung der Entfernung der Stege *6* und *7* oder durch Änderung der Spannkraft der Feder *8* einstellen kann. Die Schwingungsweite wird am größten, wenn die Eigenschwingungszahl der Saite mit der Frequenz des Wechselstroms übereinstimmt. Diese Resonanz ist bei der Messung ständig zu überwachen und einzustellen; dann liegt die Stromempfindlichkeit bei einem Anwendungsbereich von 25...3000 Hz bei $3 \cdot 10^{-8} \ldots 10^{-4}$ A. Mit zunehmender Frequenz sinkt die Stromempfindlichkeit. Für die niedrigeren Frequenzen verwendet man Einsätze mit langen, für hohe Frequenzen solche mit kurzen Saiten.

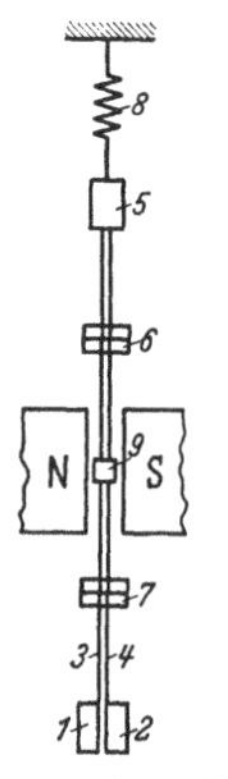

Abb. 86. Saiten-Vibrations-Galvanometer (H. & B.). *1*, *2* Stromzu- und -abführung, *3*, *4* Schleife, *5* Befestigungsklemme, *6*, *7* Stege, *8* Schraubenfeder, *9* Spiegel.

**Das Spulenvibrationsgalvanometer** besitzt an Stelle der Doppelsaite in Abb. 86 eine lange und sehr schmale Spule mit dünndrahtigen Windungen.

**Das Nadelvibrationsgalvanometer,** in seiner ersten Form von Rubens[1] angegeben, ist in seiner Ausführung nach Schering und Schmidt[2] sehr bekannt geworden. Bei beiden wird eine kleine Weicheisennadel, die an einem Spannfaden befestigt ist und einen Spiegel trägt, durch den zu messenden Wechselstrom in Resonanzschwingungen versetzt. Rump[3] hat neuerdings die Weicheisennadel durch eine hochmagneti-

[1] Rubens, H.: Wiedemanns Ann. Bd. 56 (1895) S. 27.

[2] Schering u. Schmidt: Z. Instrumentenkde. Bd. 38 (1918) S. 1, Bd. 39 (1919) S. 140, Bd. 50 (1930) S. 300.

[3] Rump u. Schmidt: DRP. 625272 vom 23. 12. 1933.

sierte Stahlnadel ersetzt. Das Rumpsche Galvanometer zeichnet sich durch ganz besonders hohe Empfindlichkeit aus, z. B. bei 50 Hz und einem Wechselstromwiderstand von 50 Ω 160 mm Ausschlag für 1 μA bei 1 m Skalenabstand.

Abb. 87a zeigt eine Draufsicht auf das Meßwerk, bei dem die Wechselstromspule *2* geschnitten ist. An einem Spannfaden, der senkrecht zur Bildebene zu denken ist, ist ein kleiner Stahlmagnet *1* befestigt. Er befindet sich ganz nahe an einer Kupferplatte *4*, so daß durch sein Streufeld eine kräftige Dämpfung seiner Bewegung hervorgerufen wird. Seine Richtkraft erhält der Magnet *1* durch einen zweiten Magnet mit den Polen $N$ — $S$, entweder einen Dauermagnet oder einen durch eine Gleichstromspule (*4* in Abb. 88) erregten Gleichstrommagnet. Aus Abb. 88 ist auch die Stellung des Erregermagnets zu dem Eisenkörper *3* in Abb. 87a zu ersehen. Die Pole $N$—$S$ des Gleichstrommagnets sind durch Eisenstücke $N_1$—$S_1$ nahe an die Nadel herangeführt. Das Feld $\Phi_\sim$ der Spule *2*, die durch den zu messenden Strom erregt wird, bringt die Nadel *1* zum Schwingen. In der Abb. 87b ist dieser Vorgang schematisch dargestellt. *1* ist wieder der kleine Dauermagnet, $N_1$ — $S_1$ sind die vorgeschobenen Pole des Gleichstrommagnets. Das Gleichfeld und das Wechselfeld sind durch Pfeile $\Phi_=$ bzw. $\Phi_\sim$ angedeutet. Sie bilden zusammen das resultierende Feld, das in seinen Grenzlagen durch die beiden Pfeile $\Phi_{res}$ angedeutet ist. Zwischen diesen Endlagen schwingt der Magnet *1* hin und her. Die Schwingungsweite wächst also mit $\Phi_\sim$ und verkleinert sich mit wachsendem $\Phi_=$. Der Magnet *1* ist mit seinem Spannfaden und den vorgeschobenen Polen $N_1$ — $S_1$ sowie der Kupferplatte *4* zu dem „Einsatz" zusammengebaut, der bei Änderungen des Frequenzbereichs leicht ausgetauscht werden kann.

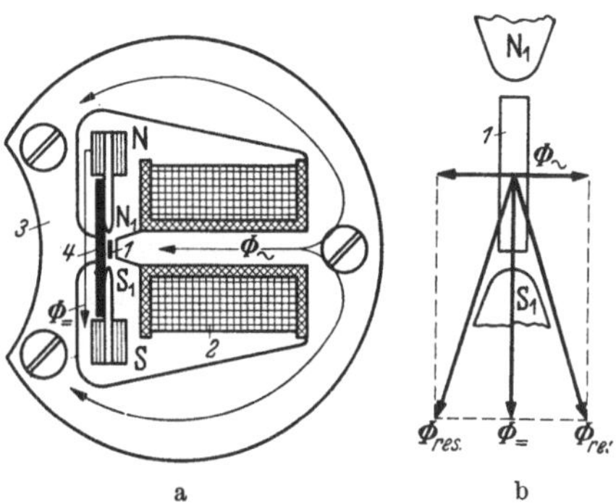


Abb. 87. Vibrationsgalvanometer nach Rump für Niederfrequenz. a Draufsicht. *1* Stahlnadel, $N-S$ Pole des Gleichstrommagnets, $\Phi_=$ Gleichstromfluß, *2* Wechselstromspule, $\Phi_\sim$ Wechselfluß, *3* geblätterter Eisenkörper, *4* Kupferplatte. b Schema der Kraftflüsse. $\Phi_=$ Fluß der Gleichstromspule, $\Phi_\sim$ Fluß der Wechselstromspule, $\Phi_{res} = \Phi_= \pm \Phi_\sim =$ Grenzstellungen der Stahlnadel *1*, $N_1-S_1$ vorgeschobene Pole des Gleichstrommagnets.

Abb. 88 zeigt das Galvanometer in einen Holzkasten eingebaut. Von der Lampe *5* fällt ein Lichtstrahl auf die schwingende Nadel *1* und von da auf die Mattscheibe *6*. Das Vibrationsgalvanometer selbst ist in einen doppelwandigen Schutzmantel *8* aus Eisen mit großer Anfangspermeabilität eingebaut, der sein empfindliches Meßwerk gegen fremde magnetische Felder abschirmt.

Über **die Vibrationsgalvanometer** ist **im allgemeinen** noch folgendes zu sagen: Sie sprechen im Gegensatz zum Telephon oder Drehspulgalvanometer mit Gleichrichter nur auf die Grundwelle des Wechselstroms an. Dies ist meist von Vorteil, weil man dann die Möglichkeit hat, Messungen unabhängig von der jeweiligen Kurvenform der verwendeten Spannung zu wiederholen. Die Dämpfung des beweglichen Organs muß auf einen bestimmten Betrag eingestellt sein. Ist sie zu groß,

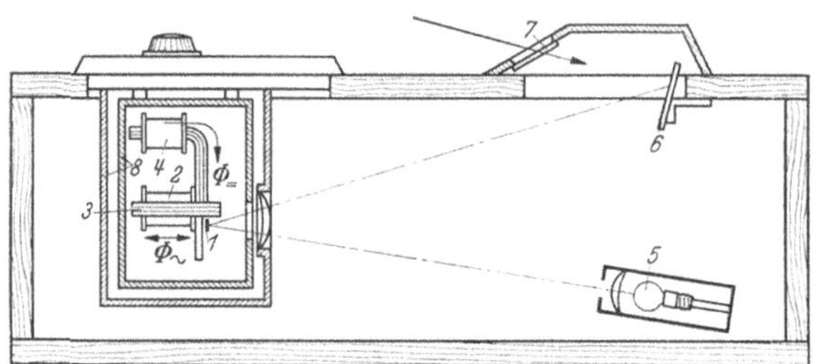


Abb. 88. Vibrationsgalvanometer nach Rump mit doppeltem Schutzmantel und Beobachtungseinrichtung (H. & B.). *1*, *2*, *3*, $\Phi_=$, $\Phi_\sim$ wie Abb. 87, *4* Gleichstromspule, *5* Scheinwerfer, *6* Beobachtungsschirm, *7* Einschauöffnung, *8* doppelter Schutzmantel.

so wird die Resonanzkurve zu flach, die Empfindlichkeit nimmt stark ab; ist sie zu schwach, so wird die Beruhigungszeit zu lang, kleinste Frequenzschwankungen stören dann die Beobachtung. Fremdfelder haben nur einen Einfluß, wenn sie dieselbe oder angenähert dieselbe Frequenz haben wie der Meßstrom, was häufig der Fall ist. Beim Rumpschen Galvanometer ist durch die kreisförmige Anordnung des Erregermagnets um die Nadel *1* herum der Einfluß fremder Störfelder bis zu einem gewissen Grad abgeschwächt. Trotzdem ist die schon erwähnte Eisenschirmung (Teil 8 in Abb. 88) notwendig. Die Empfindlichkeit läßt sich durch die Anwendung von Verstärkerröhren theoretisch außerordentlich erhöhen. Praktisch erhöht man dabei auch alle Fremdfeldeinflüsse, auch die auf Zuleitungen und in den Röhren, so daß für die Durchführung solcher Messungen viel Umsicht notwendig ist.

## 3. Oszillographen.

Dem Oszillograph ist die Aufgabe gestellt, die schnellen Änderungen eines elektrischen Stroms (oder einer Spannung) von irgendwelchem zeitlichen Verlauf in seinen Augenblickswerten möglichst genau anzuzeigen oder aufzuzeichnen. Es handelt sich hier also im Gegensatz zu den Resonanzinstrumenten, wie schon eingangs erwähnt, um erzwungene Schwingungen des beweglichen Organs, dessen Eigenschwingungszahl für verzerrungsfreie Aufzeichnung erheblich über der höchsten Oberwelle des Meßstroms liegen muß. Man erreicht diese außerordentlich kurze Einstellungsdauer durch kleinste bewegte Massen und passend gewählte Richtkraft. Es sind im Laufe der Jahre sehr verschiedene Konstruktionen entstanden, z. B. nach dem Prinzip der Weicheisengeräte mit schwingender Nadel, oder nach dem elektrostatischen Prinzip mit schwingendem Metallplättchen. Der Glimmlichtoszillograph nützt die Erscheinung aus, daß der Glimmfleck auf der Kathode mit wachsendem Strom trägheitslos anwächst. Von den sehr zahlreichen und sinnvollen Konstruktionen sollen nur der Schleifenoszillograph und der Kathodenstrahloszillograph beschrieben werden. Der Oszillograph mit bewegtem Spiegel wurde von Blondel[1] erfunden, der auch seine Theorie gab. Er beruht auf dem Prinzip des Nadel-Vibrationsgalvanometers bzw. des Weicheisenmeßwerks. An Stelle dieser Einrichtung verwendet man heute allgemein den Schleifenoszillograph.

Der **Schleifenoszillograph** beruht auf dem Drehspulprinzip, sein Meßwerk entspricht im wesentlichen dem des Saitenvibrationsgalvanometers Abb. 86. Zwischen den Polen *N* und *S* eines kräftigen Dauermagnets ist die vom Meßstrom durchflossene Schleife (*3*, *4*) ausgespannt, deren Bewegungen durch einen kleinen Spiegel *9* mit einem Lichtstrahl angezeigt werden. Die Einrichtung zur Abstimmung auf eine genaue Eigenschwingungszahl kommt hier in Fortfall. Die Eigenschwingungszahl der Schleife liegt bei etwa 6000 Hz, wenn man die Kurvenform eines Wechselstromes von 50 Hz anzeigen oder aufschreiben will. Die Schleife läßt sich für sehr verschiedene Frequenzen und Empfindlichkeiten ausbilden, und so werden dem Oszillograph von S. & H. Schleifeneinsätze mit nebenstehenden Daten beigegeben:

Tabelle 2.

| Type | Widerstand etwa | 1 mm Ausschlag bei | Eigenschwingungszahl (Öldämpfung) |
|---|---|---|---|
| 1 normal | 1 Ω | $3 \cdot 10^{-3}$ A | 6000 |
| 2 | 2,5 Ω | $4 \cdot 10^{-4}$ A | 3000 |
| 3 | 7 Ω | $1{,}5 \cdot 10^{-5}$ A | 50 |

Abb. 89a zeigt eine schematische Darstellung[2] des **Schleifenoszillographs von Siemens-Blondel.** Von der Lichtquelle (Bogenlampe) *1* fallen durch eine Kondensorlinse *2* und eine Spaltblende *3* zwei Lichtstrahlen auf die Spiegel *4* und *4'*. Die an den Spiegeln *5* und *5'* der beiden Meßschleifen zurückgeworfenen Strahlen werden über die Kippspiegel *6* und *6'* sowie den Spiegel *9* und die Zylinderlinse *10* auf die spiralige Beobachtungstrommel *11* (s. Abb. 89b) geworfen. Kippt man die Spiegel *6* und *6'*, so fallen die Lichtstrahlen über die Zylinderlinse *7* unmittelbar auf das photographische Papier der Trommel *8*. Der Antrieb

[1] Blondel: J. Physique Bd. 1 (1902) S. 273.

[2] Nach Brion-Vieweg: Starkstrommeßtechnik, Abb. 59. Berlin: Julius Springer 1933.

der beiden Trommeln *8* und *11* erfolgt durch den Synchronmotor *12* (oder einen Gleichstrommotor). Die Beobachtungstrommel (Abb. 89b) hat den Querschnitt einer archimedischen Spirale, d. h. der Radius wächst verhältnisgleich mit dem Verdrehungswinkel. Der

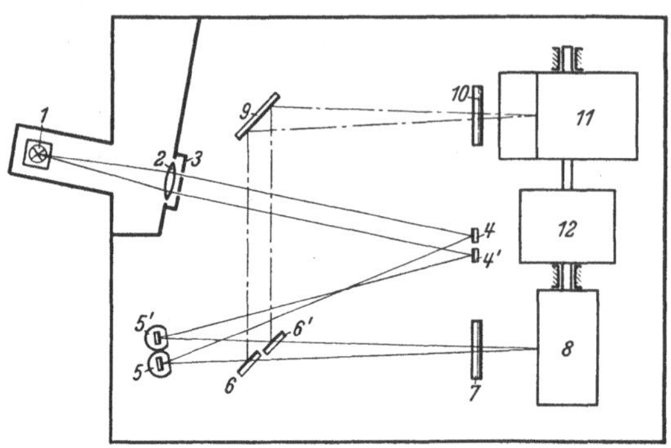


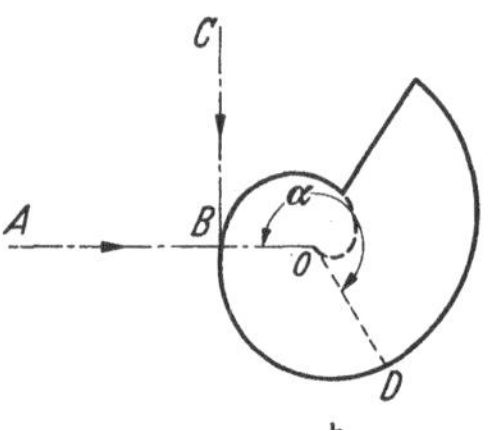


a b

Abb. 89. a Grundsätzlicher Aufbau des Schleifenoszillographs von Siemens-Blondel. *1* Bogenlampe, *2* Linse, *3* Spaltblende, *4*, *4'* und *6*, *6'* Spiegel, *5*, *5'* Meßschleifen, *7*, *10* Zylinderlinsen, *8* Trommel mit Photopapier, *9* Spiegel, *11* Beobachtungstrommel siehe Abb. 89b, *12* Synchronmotor. b Form der Beobachtungstrommel (Teil *11* Abb. 89a). $A \rightarrow B$ Richtung des Lichtstrahls, $C \rightarrow B$ Blickrichtung des Beobachters, $OD$ Anfangsstrahl der archimedischen Spirale.

Lichtfleck scheint daher verhältnisgleich mit der Zeit zu wandern. An Stelle der Beobachtungstrommel kann auch ein Vieleckspiegel dazu benützt werden, den auf einer Mattscheibe aufgefangenen Lichtfleck zwecks Beobachtung auseinanderzuziehen. Die ganze Einrichtung ist in ein lichtdichtes Gehäuse eingebaut.

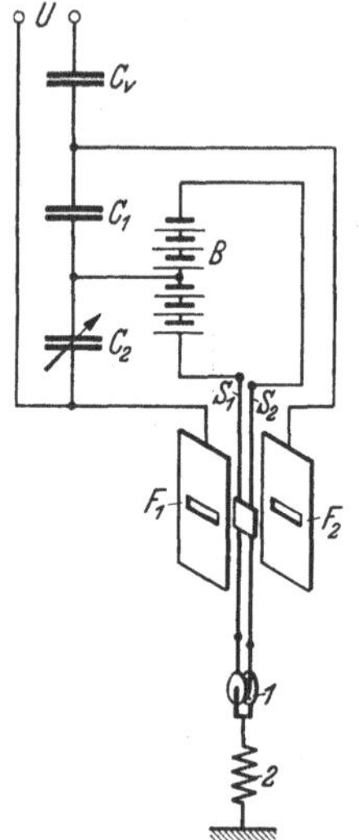


Abb. 90. Elektrostatischer Oszillograph nach Ho. $F_1$, $F_2$ feste Elektroden, $S_1$, $S_2$ Metallbänder, *1* Rolle, *2* Spannfeder, *B* Batterie, $C_V$ Vorkondensator, $C_1$, $C_2$ Spannungsteilerkondensatoren, *U* zu untersuchende Spannung.

Dieser für Untersuchung von Wechselströmen sehr wichtige Apparat ist von S. & H., Carpentier, Cambridge Instrument Co., Westinghouse u. a. m. zu hoher Vollendung entwickelt worden.

Der **elektrostatische Oszillograph nach Ho**[1] ist in der Abb. 90 schematisch wiedergegeben (Hersteller Cambridge Instrument Co.). Er dient vorwiegend zur Aufnahme der Kurvenform hoher Spannungen. Zwei dünne Metallbänder $S_1$ und $S_2$ tragen in der Mitte einen sehr leichten Spiegel, sind unten gegeneinander und gegen den Instrumentkörper über die Rolle *1* isoliert, und durch eine einstellbare Schraubenfeder *2* gespannt. Die oberen Enden von $S_1$ und $S_2$ liegen an plus bzw. minus der Batterie *B*, deren Mitte an einem kapazitiven Spannungsteiler $C_1$, $C_2$ angeschlossen ist. Die zu untersuchende Spannung *U* ist über $C_V$ an die beiden festen Platten $F_1$ und $F_2$ gelegt. Letztere sind mit

[1] Proc. Physic. Soc., Lond., 15. Dez. 1913.

Schlitzen zur Beobachtung der Bewegung des kleinen Spiegels versehen; die optische Beobachtungs- und Schreibeinrichtung entspricht etwa der in Abb. 89a dargestellten. Die Bewegung des kleinen Spiegels kommt dadurch zustande, daß bei der einen Halbwelle der Spannung $U$ das Band $S_1$ von der Platte $F_1$ und $S_2$ von $F_2$ elektrostatisch angezogen werden. Bei der nächsten Halbwelle mit umgekehrtem Vorzeichen findet die elektrostatische Anziehung zwischen $S_1$ und $F_2$ bzw. $S_2$ und $F_1$ statt; dabei gibt der Lichtstrahl wie beim elektromagnetischen Oszillograph die Kurvenform von $U$ wieder. Der Stromverbrauch ist sehr klein. Das Gerät dient zur Untersuchung von Spannungen bis zu 4000 V. Für höhere Spannungen wird es an den Spannungsteiler $C_V$, $C_1$ und $C_2$ geschaltet.

**Der Kathodenstrahl-Oszillograph**[1] stellt in der grundsätzlichen Anordnung nach Abb. 91 eine Weiterentwicklung der Braunschen Röhre dar. In einer sehr gut luftleeren Glasröhre befinden sich eine Kathode *1* und eine Anode *2*. Legt man zwischen beide eine hohe Gleichspannung von 10...30 kV, so tritt aus der Kathode *1* ein Elektronenstrahl. Die Elektronen bewegen sich mit großer Geschwindigkeit (z. B. 150 km/sec bei 80 kV) nach rechts in der Abb. 91; ein Bündel tritt durch die blendenförmige Öffnung der Anode *2* und trifft auf den Schirm *9*. Durch die auftreffenden Elektronen wird entweder ein Fluoreszenzschirm zum Leuchten oder ein Film zur Belichtung gebracht. Damit auf dem Schirm *9* ein gut sichtbarer Leuchtfleck entsteht, wird der Strahl durch die Spule *5*, die durch ihr inhomogenes Feld wie eine Sammellinse auf den Kathodenstrahl wirkt, zu einem scharfen Punkt auf dem Schirm *9* vereinigt.

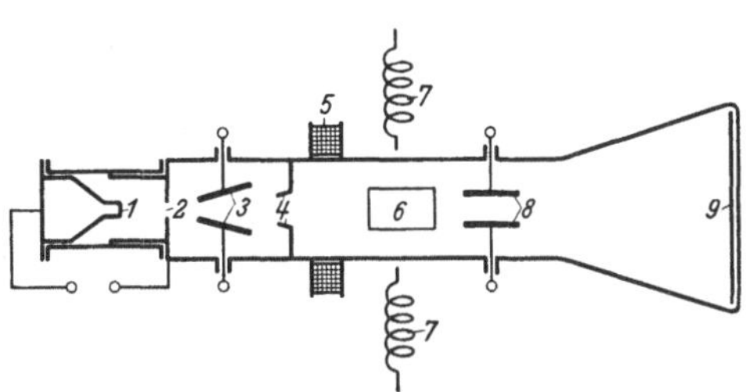

Abb. 91. Kathodenstrahloszillograph. *1* Kathode in Entladungsrohr, *2* Anodenblende, *3* Strahlsperrplatten, *4* Strahlsperrblende, *5* Sammelspule, *6* Platten für die Meßspannung, *7* Ablenkspulen, *8* Zeit-Ablenkplatten, *9* Leuchtschirm oder Photopapier.

Fließt über die Spulen *7* ein Strom, so wird der Kathodenstrahl senkrecht zur Ebene der Abb. 91 abgelenkt; die Ablenkungsrichtung wechselt mit der Richtung des Stromes und der Ablenkungsbetrag folgt ohne jede Verzögerung der Änderung des Stromes in den Spulen *7*. In gleicher Weise und in gleicher Richtung kann der Kathodenstrahl auf seinem Weg durch das elektrostatische Feld der Platten *6* abgelenkt werden, wenn man an *6* die zu messende Spannung anlegt. Von den Platten *6* ist nur eine gezeichnet; sie sind ähnlich wie die Platten *8* eingebaut, nur um 90° gegen diese versetzt.

[1] Vollständiges Verzeichnis des Schrifttums bis 1931 siehe M. Knoll: Arch. techn. Mess. J 834—1, zusammenfassende Arbeit: B. v. Borries: Z. VDI Bd. 80 (1936) S. 1135.

Die Bewegungen des Lichtflecks auf dem Schirm *9* erscheinen dem Auge zunächst als zusammenhängende Linie. Um eine Kurve anzuzeigen, bedarf der Kathodenstrahl noch einer zeitgerechten Ablenkung in der Papierebene der Abb. 91, also senkrecht zu der durch die Stromspule *5* oder die Spannungsplatten *6* hervorgerufenen Bewegung. Hierzu dienen 2 Zeit-Ablenkungsplatten *8* zwischen den Meßspulen und -platten (*7* und *6*) und dem Schirm *9*. Legt man an die Zeitablenkplatten *8* eine Spannung, deren Verlauf einer Sägezahnkurve entspricht, d. h. linear ansteigt und plötzlich abfällt, so wird der Kathodenstrahl zeitgerecht abgelenkt. Er wird dann bei der richtigen Frequenz der Sägezahnkurve in Verbindung mit der Ablenkung durch den Strom in *7* oder durch die Spannung an *6* eine stehende Strom- oder Spannungskurve auf den Schirm *9* zeichnen.

Die zeitablenkende Kippschwingung (Sägezahnkurve) erhält man dadurch, daß man einen Kondensator mit dem Sättigungsstrom einer Elektronenröhre auflädt und ihn alsdann über eine Elektronen- oder Glimmröhre entlädt. Durch Änderung des Ladestroms oder der Kapazität des Kondensators wird die Frequenz der Kippschwingung geregelt.

In der Abb. 91 sind noch die sog. Strahlsperrplatten *3* zu sehen. Legt man dort eine entsprechend hohe Spannung an, dann erfährt der Kathodenstrahl eine so starke Ablenkung, daß alle Elektronen von der Blende *4* abgefangen werden. Diese Einrichtung dient bei photographischen Aufnahmen als „Verschluß", d. h. die Spannung an *3* wird nur für die Zeit einer Aufnahme, also z. B. für eine Periode unterbrochen, und damit der „Verschluß" zur Belichtung geöffnet.

Zwischen Kathode *1* und Anode *2* liegt, wie vorstehend erwähnt, eine Gleichspannung von 10...30 kV. Man kann diese Spannung auf etwa 500 V herabsetzen, wenn man an Stelle einer kalten Kathode *1* eine Glühkathode verwendet. Zum freien Elektronenaustritt ist am glühenden Metall eine kleinere Spannung notwendig als am kalten.

Der Kathodenstrahl ist trägheitslos. Seine Ablenkung erfolgt ohne jede Verzögerung. Es ist daher theoretisch möglich, beliebig rasch verlaufende Vorgänge zu untersuchen. Praktisch wird hier durch die Strahlleistung und die Empfindlichkeit der photographischen Platte eine Grenze gesetzt.

Von Rogowski[1] wurde der Kathodenstrahl für die Untersuchung sehr hoher Spannungen, besonders auch von Spannungsstößen, durchgebildet. Diese Apparate haben zur Erforschung der Vorgänge in Hochspannungsapparaten und Netzen ausgezeichnete Dienste geleistet (vgl. auch Normann Lieber[2]).

Bisher war der Kathodenstrahloszillograph ein reines Laboratoriumsgerät für wissenschaftliche Forschungen. Er bürgert sich neuerdings

[1] Siehe Fußnote 1, S. 105.

[2] Normann-Lieber: Diss. Braunschweig 1934. — Elektrotechn. Z. Bd. 56 (1934) S. 633.

auch für Betriebsmessungen ein. So hat die AEG.[1] z. B. einen Elektronenstrahloszillograph, etwa in der Größe eines Radioapparates herausgebracht, ebenfalls für Netzanschluß, der die Aufnahme von Spannungskurven bis zu Frequenzen von 40 kHz gestattet. Die Frequenzgrenze ergibt sich durch die Luftfüllung der Röhre, die zur Erzielung einer niedrigen Anodenspannung vorgenommen wurde.

# X. Kontakt- und Regelgeräte.

Man kann einige der beschriebenen Meßwerke dazu verwenden, um beim Erreichen eines bestimmten Meßwertes mittelbar oder unmittelbar Signal- oder Regelstromkreise zu schließen. Es sind zwei Gruppen zu unterscheiden: Geräte, bei welchen die Kraft des beweglichen Organs ausreicht, um einen sicheren elektrischen Kontakt einzuleiten, und solche, bei welchen das schwache, bewegliche Organ die Kontaktgabe nur steuert, während eine fremde Energiequelle die Kraft dazu liefert.

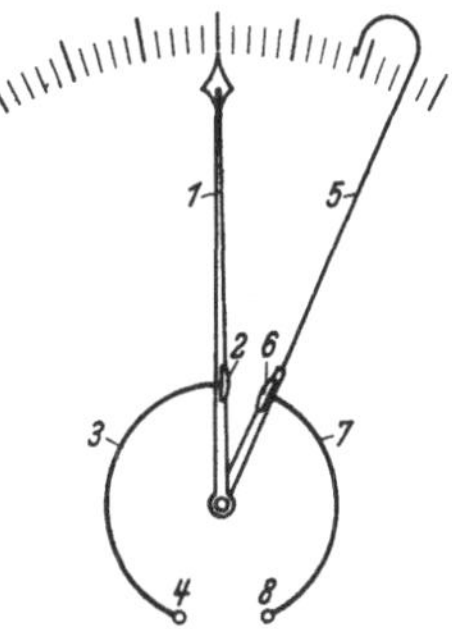

Abb. 92. Meßwerk mit unmittelbarer Kontaktgabe. *1* Zeiger, *2*, *6* Kontakte, *3*, *7* mechanisch nachgiebige Stromzuführung, *4*, *8* Anschlußklemme, *5* Verstellzeiger.

## 1. Geräte mit unmittelbarer Kontaktgabe.

Abb. 92 zeigt ein Meßwerk mit Kontakteinrichtung. Der Zeiger *1* oder ein neben ihm auf der Meßwerkachse angebrachter Hebelarm trägt einen Kontakt *2* aus Edelmetall, der durch ein bewegliches Band *3* mit der Anschlußklemme *4* verbunden ist. Ein zweiter Zeiger *5* ist in der verlängert gedachten Meßwerkachse für sich einstellbar angeordnet. Er trägt ebenfalls einen Edelmetallkontakt *6*, der über ein bewegliches Band *7* mit der Klemme *8* verbunden ist. Der Kontaktzeiger *5* ist so ausgebildet, daß der Kontaktsollwert auf der Instrumentskala eingestellt werden kann. Auf der linken Seite des Zeigers *1* kann man einen ähnlichen Kontakt wie *6* anbringen, der als „Minimalkontakt“ dient im Gegensatz zu dem „Maximalkontakt“ *6*. Die Kontaktleistung ist nicht groß, bei 220 V 30 mA. Hierbei bereitet das Öffnen des Kontakts die größere Schwierigkeit, da der Öffnungsfunke die Kontakte leicht zusammenschweißt, so daß das schwache Drehmoment des Meßwerks unter Umständen nicht imstande ist, bei kleiner Änderung des Sollwertes die Kontakte zu trennen. Aus diesem Grunde sind auch nur kräftige Meßwerke, wie Drehspulgeräte und eisengeschlossene Elektrodynamometer mit einem Drehmoment von etwa 1 cmg im Endausschlag zur Ausbildung mit Kontakten geeignet. Diese Kontaktgeräte werden in der Starkstromtechnik viel zur Meldung des Auftretens bestimmter Betriebswerte verwendet, wobei zwischen Instrumentkontaktkreis und

[1] Arch. techn. Mess. J 834—21. (Febr. 1933.)

Signaleinrichtung meist noch ein Relais geschaltet ist. Für häufige Kontaktgabe, wie sie bei der ständigen Steuerung von Meßgrößen notwendig ist, sind diese Geräte nicht geeignet.

## 2. Geräte mit mittelbarer Kontaktgabe.

Die schematische Abb. 93 zeigt am Beispiel des sog. **Fallbügelreglers**, wie man durch sehr schwache Meßwerke Quecksilberschaltröhren betätigen kann, die z. B. bei 380 V Ströme bis 30 A beliebig oft zu schalten vermögen. Unter dem Zeiger *1*, der an seinem äußeren Ende ein kleines Druckstück *2* trägt, ist ein in Zapfen drehbarer Fallbügel *3* angeordnet, der durch den kleinen Motor *4* mit dem Getriebe *5* und durch eine Kurvenscheibe *6* periodisch angehoben und gesenkt wird. Dieses Spiel wiederholt sich je nach Meßwerk und Regelvorgang 1...6mal in der Minute. Über dem Meßwerk ist an einem Tragarm *7*, dessen Drehachse sich in der Verlängerung der Meßwerkachse *8* befindet, eine Wippe *9* befestigt, die eine Schaltröhre *10* trägt und mit einem Hebel bis in den Bewegungsbereich des Druckstücks am Zeiger reicht. Letzteres wird beim Hochgehen des Fallbügels angehoben. Steht das Druckstück *2* gerade unter der Wippe, so wird diese mit angehoben, die Schaltröhre *10* wird gekippt und der Kontakt geschlossen (oder geöffnet). Mit dem Tragarm ist eine Einstellmarke *11* (Sollwertzeiger) verbunden, mit der sich die Kontaktgabe für einen bestimmten Meßwert einstellen läßt. Die Kontaktgabe erfolgt hier bei Erreichung eines bestimmten Sollwertes nicht sofort, sondern erst beim nächsten Fallbügelhub, was bei langsam verlaufenden Vorgängen zulässig ist.

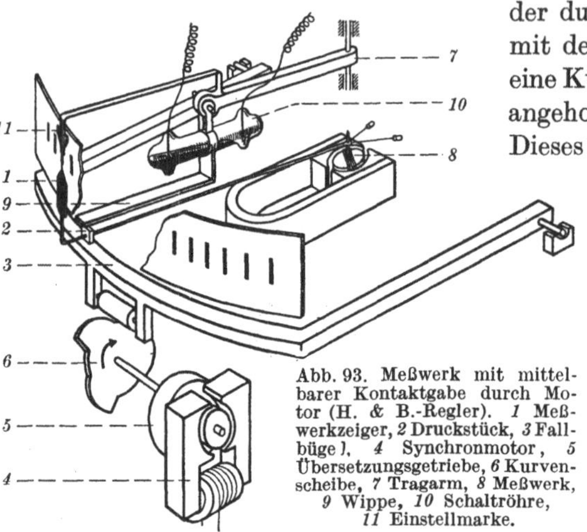


Abb. 93. Meßwerk mit mittelbarer Kontaktgabe durch Motor (H. & B.-Regler). *1* Meßwerkzeiger, *2* Druckstück, *3* Fallbügel, *4* Synchronmotor, *5* Übersetzungsgetriebe, *6* Kurvenscheibe, *7* Tragarm, *8* Meßwerk, *9* Wippe, *10* Schaltröhre, *11* Einstellmarke.

Im Gegensatz zum Kontaktgerät nach Abb. 92 wird hier der Zeiger in seiner Bewegung nur für kurze Zeit festgehalten und kann sich in den Pausen frei über die ganze Skala bewegen. Es ist daher möglich, auch mehr als 2 Kontakte anzubringen, z. B. einen bei Null, einen bei 60, einen bei 70 und einen bei 100% der Skala. Man macht hiervon bei der Ausbildung des Apparates als Temperaturregler viel Gebrauch: Wird ein in einem Schmelzofen eingebautes Thermoelement mit einem Drehspul-Spannfadengalvanometer verbunden, so kann man mit mehreren

Kontaktröhren die Energiezufuhr zum Ofen in mehreren Stufen betätigen und die Temperatur regeln[1]. Regler dieser Art finden heute besonders in der Wärmewirtschaft und in der chemischen Industrie zahlreiche Anwendung.

Zur Regelung eines Vorganges nach bestimmtem Plan kann man den Tragarm *7* mit der Kontaktröhre von Hand zur richtigen Zeit auf den richtigen Wert umstellen. Bei dem **Programmregler**[2] geschieht dies selbsttätig durch eine von einem Uhrmotor oder Uhrwerk angetriebene Programmscheibe, die den Kontakthebel (*7* in Abb. 93) zeitgerecht verstellt.

Der **Kompensationsregler** besitzt als Meßwerk ein Nullinstrument, dessen Stellung von einem Fallbügel oder Hebel abgetastet wird, so daß ein Motor im Rechts- oder Linkslauf, je nach der Ausschlagsrichtung, eine Brücken- oder Kompensationsschaltung selbsttätig abgleicht. Bei dem Schreibgerät Abb. 100, S. 116 ist ein Kompensationsschreiber dargestellt, der gleichzeitig zu regeln vermag. Die beschriebenen Regelgeräte verrichten ihre Arbeit in Zeitabständen, die den Regelvorgängen angepaßt sind. Himmler[3] beschreibt eine **stetige Regeleinrichtung** (S. & H.) mit Verstärkerröhren, die hier der Vollständigkeit halber erwähnt sein soll.

# XI. Schreibende Meßgeräte.

Die Aufzeichnung der schreibenden elektrischen Meßgeräte dient als Prüfschein über den zeitlichen Verlauf eines physikalischen oder chemischen Vorgangs. Derartige Geräte finden heute auf fast allen Gebieten der Technik und der Wissenschaft Anwendung. Zuweilen dienen die Schaubilder auch als Unterlage zur Überwachung von Energiemengen und damit von Geldwerten. Die Durchbildung der „Registrierinstrumente" hat manche Schwierigkeit bereitet, weil das Drehmoment der Meßwerke nicht immer zur Führung einer Feder auf dem Papier ausreicht, und weil die Meßwerke eine drehende Bewegung ausführen, während fast immer eine Aufzeichnung in geradlinig-rechtwinkligen Koordinaten gefordert wird, da sich das Bogendiagramm schlecht auswerten läßt.

## 1. Linienschreiber mit unmittelbarer Aufzeichnung.

**Führung der Schreibfeder.** Die Übertragung der Drehbewegung des beweglichen Organs auf die Schreibfeder ist in den Abb. 94...96 in verschiedenen Ausführungen zusammengestellt. *1* bedeutet in allen Abbildungen das bewegliche Organ des Meßwerks, das drehbar gelagert ist, *2* die Schreibfeder und *3* das Schreibpapier. In Abb. 94 ist die

[1] Arch. techn. Mess. J 062—3. (Mai 1933.)
[2] Arch. techn. Mess. J 062—4. (Okt. 1936.)
[3] Himmler: Arch. Elektrotechn. Bd. 29 (1935) S. 577.

einfachste Methode dargestellt. Am Ende des Zeigers ist die Feder befestigt, die in Bogen auf dem in der Pfeilrichtung durch ein Uhrwerk bewegten Papier schreibt. Abb. 94b zeigt die Aufzeichnung in einem Kreisdiagramm. Die runde Papierscheibe *3* wird durch ein Uhrwerk in 12 oder 24 Stunden einmal um ihren Mittelpunkt gedreht. Das Papier muß immer zu einem ganz bestimmten Zeitpunkt ausgewechselt werden. Das Verfahren liefert übersichtliche Diagramme, die aber schlecht auswertbar sind. Diese Anordnung, die einen sehr einfachen Aufbau des Schreibgerätes ermöglicht, findet man besonders häufig in USA.

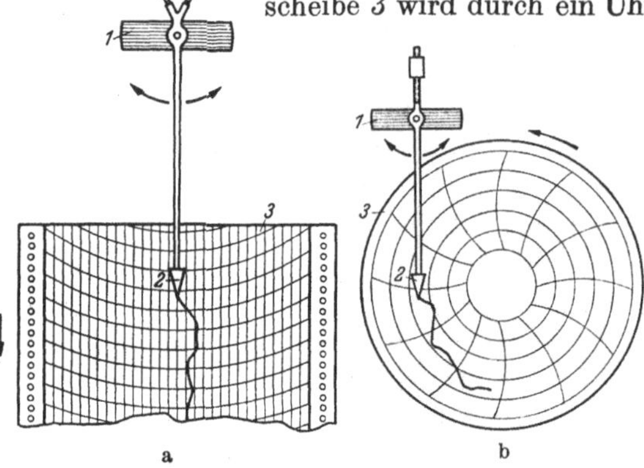


Abb. 94. Aufzeichnung in Kreiskoordinaten. a auf gelochtem Streifen. b auf Kreisscheibe. *1* bewegliches Organ, *2* Schreibfeder, *3* Schreibpapier.

Abb. 95a zeigt den zuerst von S. & H. eingeführten Ellipsenlenker.

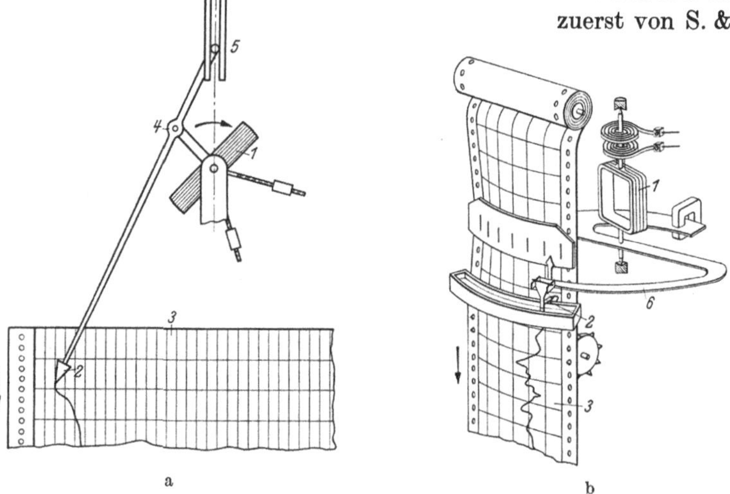


Abb. 95. Aufzeichnung in rechtwinkligen Koordinaten. a mit Ellipsenlenker (S. & H.). b mit Hakenzeiger (H. & B.). *1* bewegliches Organ, *2* Schreibfeder, *3* Schreibpapier, *4* Gelenk, *5* Rolle, *6* Hakenzeiger.

Das Meßwerk *1* faßt den Zeiger mit einem kurzen Hebelarm an dem Gelenk *4* an. Das obere Ende des Zeigers trägt eine Rolle *5*, die zwischen Wangen geradlinig geführt wird. Die Hebelarme sind so bemessen, daß die Schreibfeder *2* bei einer Drehbewegung des

Meßwerks um etwa 90° in einer praktisch geraden Linie über die Skala geführt wird. Der Weg der Feder ist ungefähr verhältnisgleich dem Ausschlagswinkel des beweglichen Organs. Neben dem Ellipsenlenker gibt es noch andere Lenker zur Übertragung der drehenden Meßwerkbewegung in die gerade Schreibbewegung. Der Lemniskatenlenker z. B. arbeitet mit höherer Genauigkeit als der Ellipsenlenker, besitzt aber mehr Gelenke und daher größere Reibungsfehler. Abb. 95b gibt den Hakenzeiger von H. & B.[1] wieder. Das Papier wird von Stiftenrädern über einen zylinderförmig gebogenen Tisch geführt, dessen Krümmungsmittelpunkt mit der Drehachse des Meßwerks *1* zusammenfällt. Auf letzterer ist der hakenförmige Zeiger *6* befestigt, der von der Seite her um das Papier *3* herumgreift und an seinem Ende

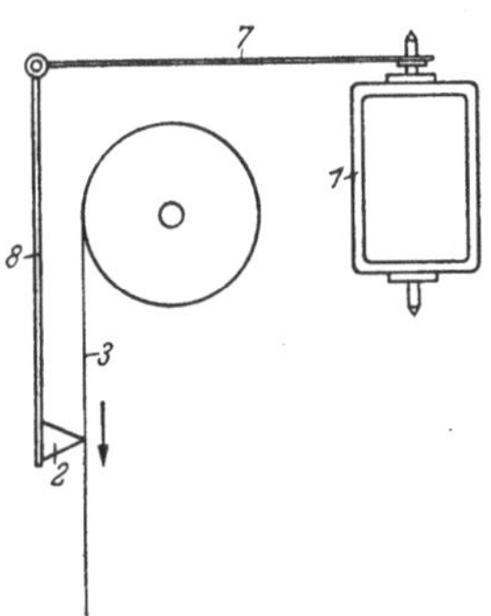


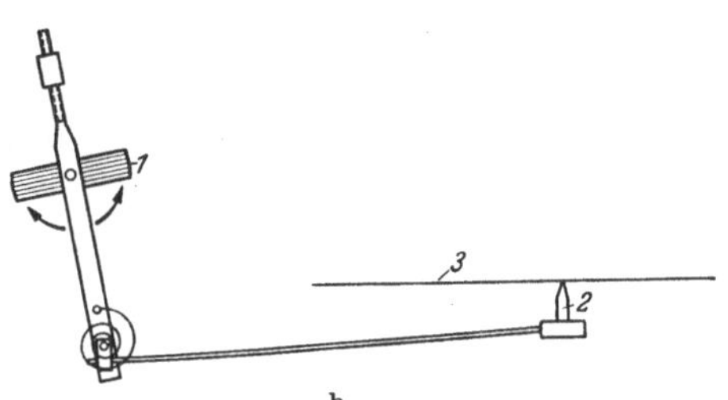


Abb. 96. Aufzeichnung mit Sehnengeradführung. a mit Pendelzeiger. b bei seitlich sitzendem Meßwerk. *1* bewegliches Organ, *2* Schreibfeder, *3* Schreibpapier, *7* Hebel, *8* Pendelhebel.

die Schreibfeder *2* trägt. Diese Methode erfordert einen etwas robusten Zeiger, sie überträgt aber den Meßwerkausschlag ohne Verzerrung und ohne Zwischenglieder in geradlinig-rechtwinkligen Koordinaten. Die Krümmung des Papiers kann mit einem verhältnismäßig kleinen Aufwand an Kraft bewerkstelligt werden, den das kräftige Uhrwerk und nicht das empfindliche Meßwerk aufzubringen hat.

In der Abb. 96a ist der sog. Pendelzeiger dargestellt. Am Meßwerk *1* ist ein Hebel *7* befestigt, der über das Papier *3* und seine Vorratsrolle greift und am Ende ein Gelenk trägt, an dem der Pendelhebel *8* mit der Schreibfeder *2* nach unten hängt. Bei der Drehung des beweglichen Organs kann das Pendel *8* ausweichen, so daß die Feder in der Papierebene bleibt, obwohl das Gelenk zwischen *7* und *8* einen Kreisbogen beschreibt; die Feder *2* schreibt auf dem Papier eine leicht gekrümmte Linie. Pendelzeiger finden auch in Verbindung mit einem gekrümmt geführten Schreibpapier nach Abb. 95b Anwendung. An Stelle des Hakenzeigers tritt dann der Pendelzeiger, der von oben über die Vorratsrolle greift. Den Pendelzeiger nach Abb. 96a findet man auch bei waagerecht liegender Meßwerkachse. Der Hebel *8* liegt dann

[1] Palm, A.: Elektrotechn. Z. Bd. 34 (1913) S. 91.

ebenfalls waagerecht, so daß die Schreibfeder auf der obersten Mantellinie der Führungsrolle des Papiers schreibt. Das Gewicht des Hebels *8* ist hierbei bis auf einen kleinen Betrag, der zum Druck der Feder auf das Papier notwendig ist, durch ein Gegengewicht ausgeglichen. Abb. 96b zeigt eine Sehnengeradführung ähnlich der vorstehend beschriebenen, wobei das Meßwerk seitlich vom Schreibpapier angeordnet ist. Auch hier findet eine leichte Skalenverzerrung statt, die von dem Grad der Übereinstimmung von Sehne und Bogen, also von der Länge des Zeigerarms, abhängt.

**Die Schreibfedern und Tintenbehälter** sind in den wichtigsten Ausführungen in der Abb. 97 zusammengestellt. Es ist immer angenommen, daß das Schreibpapier von oben nach unten geführt ist. Bei manchen Apparaten liegt das Papier auch waagerecht, dann muß auch die Schreibfeder eine entsprechende Ausbildung erfahren. Abb. 97a zeigt die sog. Kegelfeder von S. & H. Sie hat an ihrer Spitze einen feinen Sägeschnitt, die Tinte wird mit einer Pipette eingefüllt, durch Adhäsion im Kegel festgehalten und nach der Spitze gesaugt. Abb. 97b zeigt eine Feder in Form einer kleinen Gießkanne, die einen ziemlich großen Tintenvorrat aufnehmen kann und pendelnd am Zeiger hängt. Abb. 97c ist eine Feder in Dreieckform, auch die Draufsicht von oben ist ein Dreieck. Ihre Wirkung ist ähnlich wie die der Feder a. Die Saugrohrfeder bei d besteht aus einer pendelnd am Zeiger befestigten Glaskapillare, die mit ihrem stumpfen Ende in einen Tintentrog von U-förmigem Querschnitt (vgl. Abb. 95b) eintaucht, während das rechtwinklig umgebogene obere Ende zu einer glatten Spitze ausgezogen ist, die auf dem Papier aufliegt. Bei e ist eine ähnliche Feder gezeichnet, die ihren Tintenvorrat in einem angeschmolzenen Glasgefäß mit sich führt.

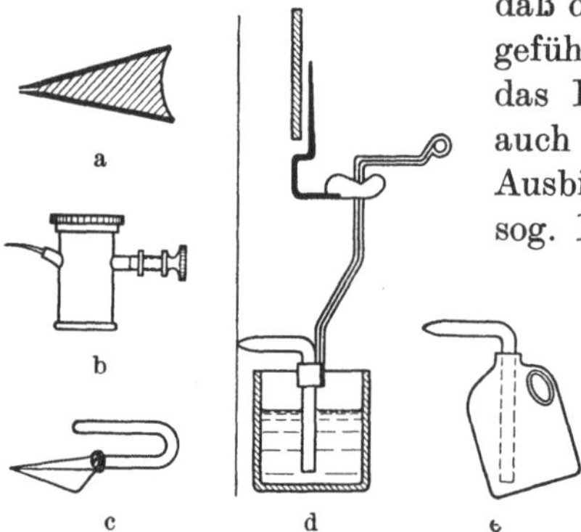

Abb. 97. Schreibfedern. a Kegelfeder von S. & H., b, c Napffedern, d Kapillarfeder mit getrenntem Tintenvorratsgefäß (H. & B.), e Kapillarfeder mit Vorratsgefäß (H. & B.)

**Die Tinte** in der Feder oder im Vorratsgefäß darf nicht eintrocknen, da die Geräte zuweilen monatelang ohne Wartung schreiben sollen. Man verwendet daher eine besondere Tinte, deren Hauptbestandteil Glyzerin ist, deren erprobte feinere Zusammensetzung aber von den Herstellerfirmen meist als Geheimnis wohl behütet wird. Das veränderliche Tintengewicht am Zeigerende ist bei den Anordnungen mit nicht senkrecht stehender Meßwerkachse von Einfluß auf den Zeigerausschlag. Man muß daher die mitgeführte Tintenmenge auf ein gewisses Maß beschränken, damit die Abweichung der Anzeige bei voller und leerer Feder nicht unzulässig groß wird. Die Aufzeichnung mit Silberstift auf Barytpapier, Metallstift auf Wachsplatte oder berußter Platte sowie die Funkenregistrierung kommen bei elektrischen Schreibgeräten nur selten zur Anwendung und sollen daher hier nur erwähnt werden.

**Das Schreibpapier** (auch in Kreisform) ist vom VDE[1] in bestimmten Breiten genormt worden; ebenso ist die Lochung am Rand, die dem Papiervorschub durch Stiftenräder dient, hierin einbezogen. In der Längsrichtung ist die Zeit, in der Querrichtung der Meßwert aufgedruckt. Das Papier muß die schlecht trocknende Tinte aufsaugen können, ohne daß diese zu einem breiten Strich auseinanderfließt.

**Der Papierantrieb** wird meist von einem kräftigen Uhrwerk mit Handaufzug besorgt, das je nach Größe und Papiervorschub einmal im Tag, in der Woche oder im Monat aufgezogen wird. Neuerdings wird häufig ein kleiner Synchronmotor verwendet zum Anschluß an ein Wechselstrom- oder ein Drehstromnetz, dessen Frequenz genau zeitgeregelt sein muß. Der Synchronmotor ist preiswerter als das Uhrwerk mit Handaufzug. Bei nicht zeitgeregelten Netzen verwendet man auch Uhrwerke mit Motoraufzug, hierbei zieht ein Asynchronmotor von Zeit zu Zeit ein kleines Uhrwerk auf. Zwischen den Motor und das Uhrwerk ist eine kleine Uhrwerksfeder als „Gangreserve" geschaltet, die beim Ausbleiben der Netzspannung den Papiervorschub (für etwa 1 Stunde) übernimmt. Amerikanische Geräte werden auch mit einem auf genauen Gang geregelten Gleichstrommotor ausgeführt, z. B. der auf S. 116 beschriebene Apparat von Leeds & Northrup. Bei dem „Klinkwerkantrieb" wird der Papiervorschub von einer Mutteruhr durch Stromstöße elektromagnetisch bewerkstelligt, ähnlich wie bei den Bahnhofsuhren. Häufig wird das beschriebene, ablaufende Papier im Instrumentgehäuse durch ein Aufwickelwerk wieder aufgewickelt. Dieses Aufwickelwerk besitzt entweder ein einfaches Federwerk, dessen Gang durch den ablaufenden Streifen selbst geregelt wird, oder es wird durch einen „Abzweig" vom Hauptantriebswerk betätigt.

**Der Papiervorschub** beträgt etwa 10 mm in der Stunde bis 10 mm in der Sekunde, je nach der Änderung der Meßgröße mit der Zeit. Die häufigsten Vorschübe für Starkstromgeräte sind 20, 30 oder 60 mm in der Stunde. Zur Aufzeichnung einer ruhigen Netzspannung genügen meist 20 mm, für die Aufzeichnung der Leistung eines großen Netzes 60 mm in der Stunde. Für schnell veränderliche Vorgänge, z. B. die Aufzeichnung des Verbrauchs eines Walzenzugmotors beträgt der Vorschub 600 mm in der Stunde und mehr. Bei Uhrwerksantrieb nimmt die Gangdauer mit steigendem Papiervorschub ab. Zuweilen werden die Uhrwerke mit im Betrieb leicht verstellbarem Vorschub ausgeführt. Dieser Vorschubwechsel kann auch durch die Meßgröße selbst über ein Relais od. dgl.

[1] DIN-Blätter 1507...1510.

vorgenommen werden, z. B. wenn in einem Netz plötzlich ein Vorgang von besonderer Wichtigkeit (Kurzschluß) eintritt[1] (Störungsschreiber).

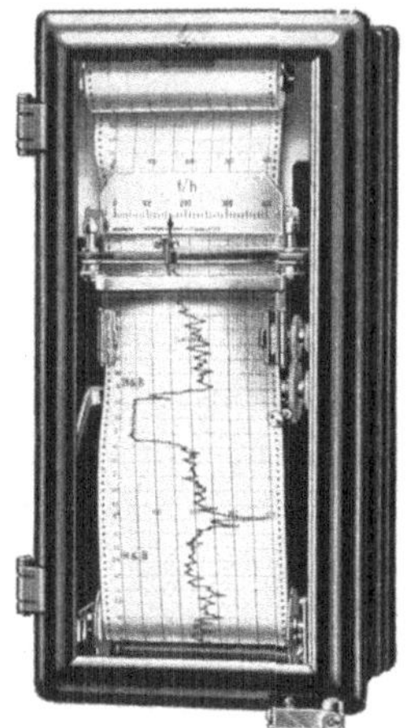

Abb. 98. Linienschreiber von H. & B. für Schalttafelaufbau.

**Die Meßwerke** sind grundsätzlich die gleichen wie die der Zeigerinstrumente. Sie sind nur mit höherem Drehmoment ausgerüstet, um die zusätzliche Reibung der Feder auf dem Papier und in den Gelenken der zuweilen vorgesehenen Geradführung zu überwinden. Bei den Zeigerinstrumenten beträgt das Drehmoment im Endausschlag etwa 1 cmg, bei den Linienschreibern oft 10 cmg und mehr.

Die Meßbereiche und die Anschlüsse sind dieselben wie bei den Zeigerinstrumenten; es lassen sich auch mehrere Meßbereiche ausführen. Der Verbrauch der Meßwerke ist, dem größeren Drehmoment entsprechend, erheblich höher, worauf man beim Anschluß an Zubehör achten muß.

Die **Gehäuse** der Schreibgeräte sind für ortsfeste Verwendung aus Eisen und haben eine Türe mit großer Einschauöffnung zur Beobachtung eines möglichst großen Teiles der Aufzeichnung. Die Gehäusegröße wird durch die Schreibbreite bestimmt. Die Abb. 98 und 99 zeigen zwei sehr verbreitete Schreibgeräte mit der Grundfläche 520 mm $\times$ 250 mm. Die Geräte sind durch gute Abdichtung ihrer Gehäusetüren vor Eindringen von Spritzwasser und Staub geschützt. Bei geöffneter Türe sind Papierstreifen und Schreibfeder leicht zugänglich, während das empfindliche Meßwerk geschützt im Innern liegt. Für tragbare Verwendung werden die gleichen Geräte in kräftige Holzgehäuse eingebaut.

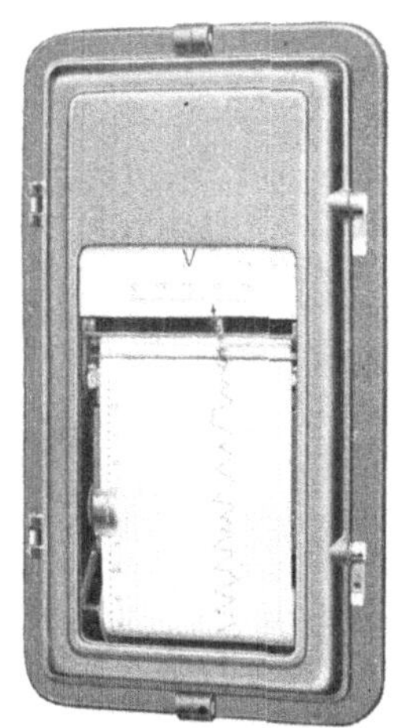

Abb. 99. Tintenschreiber von S. & H. für Schalttafeleinbau.

**Zusatzschreiber.** Zuweilen werden Relais und Umschalteinrichtungen in das Gehäuse mit eingebaut, z. B. bei Leistungsschreibern eine Einrichtung, die das Meßwerk abwechselnd als Wirk- und als Blindleistungsmesser schaltet. Auf dem Papier entstehen dann zwei gestrichelte Linien, die den zeitlichen Verlauf beider Leistungswerte zeigen. Bei solchen zweideutigen Messungen läßt man am Rand des Papierbands

[1] Arch. techn. Mess. J 036—2 (Dez. 1931). — Walter, M.: Elektrotechn. Z. Bd. 52 (1931) S. 1056.

eine weitere Feder schreiben, die durch einen Elektromagnet um einige mm senkrecht zur Zeitrichtung bewegt werden kann; man nennt sie meist „Zeitschreiber". Die Feder wird beim Wechsel von der einen zur anderen Messung selbsttätig mit umgeschaltet; die Lage ihrer Linie gibt dann eindeutig an, welche Größe zu dieser Zeit gemessen wurde. Der Zusatzschreiber kann auch zur Kennzeichnung sonstiger Ereignisse während einer Zeitspanne, z. B. des Umlegens eines Schalters, verwendet werden.

## 2. Linienschreiber mit fremder Hilfskraft.

Es gibt auch Linienschreiber, bei denen die an einer Schlittengeradführung befestigte Schreibfeder durch eine fremde Kraft, z. B. einen kleinen Motor, über das etwa 25 cm breite Papierband gezogen wird. Das schwache Meßwerk kontrolliert nur die richtige Schreibfederstellung und steuert entsprechend den Motor. Dadurch wird die Aufzeichnung sehr kleiner elektrischer Größen, die kein Meßwerk mit hinreichendem Drehmoment zur Aufzeichnung mit Tinte und Feder betätigen könnten, möglich. Bei diesem Verfahren vergeht zwischen einer Änderung der Meßgröße und der Neueinstellung der Schreibfeder eine gewisse Zeit, so daß eine Aufzeichnung schnell verlaufender Vorgänge hierbei nicht möglich ist. Eines der ersten derartigen Instrumente stammt von der italienischen Firma **Olivetti**[1]. Es wird dort die elektromagnetische Kraft, die zwei Spulen — meist von Leistungsmessern — aufeinander ausüben, gegen die Kraft einer Feder kompensiert. Das Meßwerk steuert Kontakte, die je nach der Leistungsänderung einen kleinen Elektromotor in Rechts- oder Linkslauf versetzen. Hierbei wird die Federkraft bis zur neuen Kompensation geändert, worauf der Kontakt den Motor wieder ausschaltet. Die Schreibfeder wird durch eine entsprechende Übertragungseinrichtung über das Schreibpapier geführt.

Solche selbsttätig kompensierenden Schreibgeräte finden zum Vergleich einer unbekannten mit einer bekannten EMK, insbesondere auf dem Gebiet der Temperaturmessung, Anwendung. Als Beispiel wird der **Apparat von Leeds & Northrup** beschrieben, der in Abb. 100a in seiner elektrischen Anordnung und in Abb. 100b und c in seinem mechanischen Aufbau dargestellt ist. Die Batterie $B$ (Abb. 100a) speist über den veränderbaren Widerstand $R_1$ eine Parallelschaltung von Widerständen. In dem Zweig $R_2$ und $R_3$ liegt der Spannungsteiler $S$, in dem Zweig $R_4$ und $R_5$ wird der Spannungsabfall an $R_5$ mit der Spannung eines Normalelements $N.E.$ verglichen (Galvanometer $G$ an Kontakt *2*). Wenn das Galvanometer stromlos ist, fließt der richtige Strom im Spannungsteiler Schwankungen der Batteriespannung werden also durch Ändern von $R_1$ ausgeglichen. Der Widerstand $R_4$ ändert sich mit der Temperatur

[1] Patent von Bruno Usigli, beschrieben: G. Campos u. B. Usigli: Elettrotecnica Bd. 10 (1923) S. 638 (Firma C. G. S., Monza, vormals Olivetti).

derart, daß die EMK des Thermoelementes *Th.E.*, die ja von der Temperaturdifferenz der Enden abhängt, unabhängig von der Außentemperatur wird (selbsttätige Kompensation). Liegt der Galvanometerschalter am Kontakt *1*, dann wird die EMK des Thermoelementes mit der Spannung zwischen *P* und *S* verglichen. Um das Galvanometer stromlos zu machen, wird der Abgriff am Schleifwiderstand *S* verändert; die Stellung des Schleifkontaktes ist ein Maß für die Thermo-EMK und damit die zu messende Temperatur.

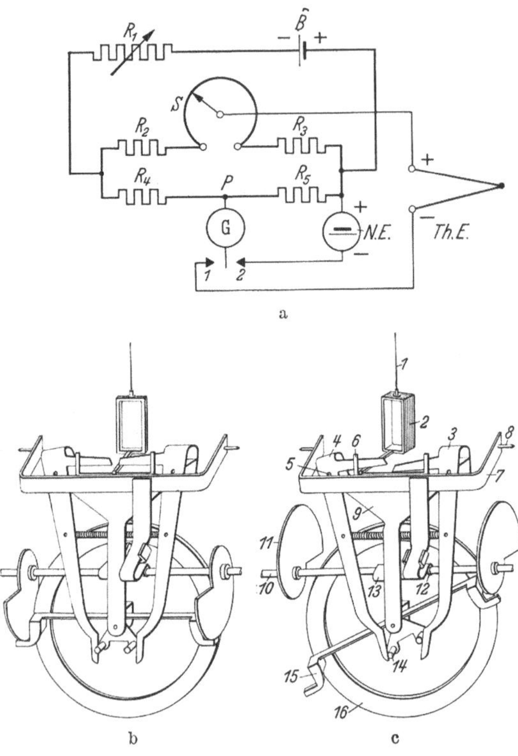


Abb. 100. Linienschreiber mit durch Motor bewegter Feder (Leeds & Northrup). a Schaltung. *Th.E.* Thermoelement, *N.E.* Normalelement, *G* Nullgalvanometer, *B* Batterie, $R_1$ Regelwiderstand, *S* Schleifdrahtspannungsteiler, $R_2$, $R_3$, $R_4$, $R_5$ Widerstände. b und c Mechanische Ausführung. b im elektrischen Gleichgewicht, c nicht kompensiert. *1* Spannfaden, *2* Meßwerkspule mit Zeiger, *3*, *4* Winkelhebel, *5* Lagerstelle von *3*, *4*, *6* Zeigeranschläge, *7* Fallbügel, *8* Lager von *7*, *9* Kupplungsfeder, *10* angetriebene Achse, *11* spiralige Kurvenscheibe, *12*, *13* Nocken, *14* exzentrisch gelagerte Stifte, *15* Doppelhebel, *16* Scheibe mit Schleifdrahtwiderstand.

Mechanischer Aufbau (Abb. 100b u. c). Ist das elektrische System im Gleichgewicht, dann steht der Zeiger der an einem Spannfaden *1* aufgehängten Galvanometerspule *2* im freien Raum zwischen den Winkelhebeln *3* und *4*, die bei *5* gelagert sind. Ist das elektrische Gleichgewicht gestört, z. B. durch Änderung der Temperatur am Thermoelement, dann schlägt der Galvanometerzeiger aus und liegt entweder unter dem Hebel *3* oder *4*, und zwar zwischen den Anschlägen *6* des Fallbügels *7*, der bei *8* gelagert ist. Auf der Welle *10*, die durch einen Motor angetrieben wird, sitzt der Nocken *12*, der in regelmäßigen Zeitabständen den Fallbügel *7* und damit den Galvanometerzeiger hebt und senkt. Wenn der Galvanometerzeiger in der Mitte steht (Abb. 100b), dann geschieht hierbei nichts; bei Ausschlag des Galvanometers aber hebt der Fallbügel mit dem Zeiger beispielsweise den waagerechten Arm des Winkelhebels *4*, wodurch der Doppelhebel *15* über einen dreieckigen Arm mit den Stiften *14* geschwenkt wird. Während dieser Zeit hatte der Nocken *13* die Blattfeder *9* nach vorne gedrückt. Wird jetzt der Fallbügel gesenkt, dann kommt der Hebel *15* mit der Scheibe *16*, die den Schleifdraht *S* trägt, durch die Blattfeder *9* in Eingriff. Durch die spiraligen Scheiben *11* auf der Achse *10* wird der Hebel *15* wieder in die Gleichgewichtsstellung gebracht, wobei dann die Scheibe *16* mit dem Schleifdraht verdreht und damit das elektrische Gleichgewicht nach einem oder einigen Kompensationsschritten wieder hergestellt wird. Die nicht dargestellte Schreibfeder ist über einen Seilzug mit der Scheibe *16* verbunden. Der Betrag der Drehung der Spannungsteilerscheibe hängt von der Größe der Auslenkung des Galvanometers, die Größe der Ausgleichsbewegung also von der Größe der Gleichgewichtsstörung ab. Bei größtem Ausschlag des Zeigers entspricht eine Umdrehung der Welle *10* einer Bewegung der Schreibfeder von etwa 20 mm. Steht der Zeiger gerade am Ende des Winkelhebels *3* oder *4*, dann wird die Schreibfeder etwa 0,5 mm bewegt. Da das Galvanometer nur die Nullstellung kontrolliert, braucht es nicht geeicht zu sein. Die Anzeigetoleranz wird von Leeds & Northrup mit 0,5% angegeben, ein für Schreibgeräte sehr guter Wert. Die Drehzahl des Motors wird durch einen Fliehkraftregler, der einen Widerstand im Motorkreis abwechselnd kurzschließt oder einschaltet, auf 0,1% konstant gehalten. Der Motor treibt auch das Schreibpapier von 24 cm nutzbarer Breite an. Die Schaltweise Abb. 100a gehört zu den Kompensationsschaltungen (S. 165): zum Verständnis des Gerätes war es notwendig, sie schon hier zu erläutern.

## 3. Punktschreiber.

**Die Aufzeichnung.** Im Gegensatz zu den Linienschreibern spielt der Zeiger des Meßgeräts mit kleiner Richtkraft frei über dem Schreibpapier. Er wird in gewissen Zeitabständen, z. B. alle 30 sec, durch eine Hilfskraft niedergedrückt und preßt dabei, wie bei der Schreibmaschine, ein Farbband an das Papier. Dadurch entsteht ein Punkt, der dem Meßwert entspricht. Es reiht sich dann auf dem bewegten Papierband Punkt an Punkt zu einer Kurve aneinander.

Abb. 101 zeigt diesen Vorgang. Der Zeiger *2* des Meßwerks *1* bewegt sich mit seinem nach oben gewinkelten Ende über eine bogenförmige Skala, die im Bild fortgelassen ist. Am Ende seines geraden Teiles ist er messerförmig ausgebildet. Der in Zapfen drehbar gelagerte Fallbügel *3* ist über dem Zeiger angebracht. Unter dem Zeigermesser liegt ein Farbband *4* und das über eine Walze geführte Schreibpapier *5*. Der Teil des Fallbügels, unter dem sich der Zeiger befindet, ist gerade und parallel zu den waagerechten Zeitlinien des Papiers. Die Aufzeichnungen erfolgen also trotz der drehenden Bewegung des Zeigers *2* in geradlinigen Koordinaten. Die Zeigerstellung wird von dem Skalenbogen auf dessen Sehne übertragen. Die Teilung auf dem Schreibstreifen erleidet eine kleine Verzerrung gegen die Teilung auf der gebogenen Skala, die bei der Eichung berücksichtigt werden muß, aber mit dem bloßen Auge kaum sichtbar ist.

Die punktweise Aufzeichnung, die große Verbreitung gefunden hat, ermöglicht es, mehrere Vorgänge in verschiedenen Farben auf ein Papierband aufzuzeichnen. Bei dem Mehrfachschreiber nach Abb. 101 z. B. kann man den Temperaturverlauf von 6 Meßstellen in 6 verschiedenen Farben aufschreiben. Zum Antrieb des ganzen Werks dient ein kleiner Synchronmotor *6*, der vier Vorgänge zu tätigen hat:

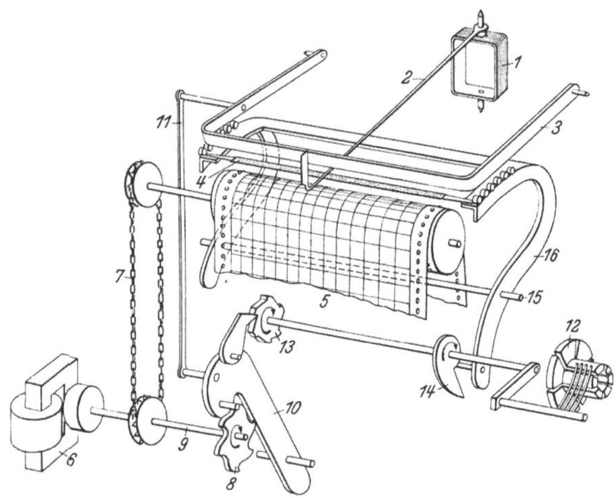


Abb. 101. Schema eines Sechsfarben-Punktschreibers (H. & B.) *1* Meßwerkspule, *2* Zeiger, *3* Fallbügel, *4* Farbband, *5* Schreibpapier, *6* Synchronmotor, *7* Kette, *8* Zahnscheibe, *9* Achse von *8*, *10* Hebel mit Sperrzahn, *11* Stange, *12* Umschalter, *13* Zahngesperre, *14* Kurvenscheibe, *15* Achse von *16*, *16* Farbbandträger.

1. Vorschub des Papierbandes *5* über einen Kettenantrieb *7*. An dessen Ende hat man sich noch Zahnradübersetzungen zu denken, die den gewünschten veränderbaren Papiervorschub ermöglichen.

2. Betätigung des Fallbügels *3*. Hierzu wird von der Motorwelle *9* eine Scheibe *8* mit sechs groben Zähnen bewegt, die den drehbar gelagerten Hebel *10* auf und ab bewegt. Der Hebel *10* ist durch eine Stange *11* mit dem Fallbügel *3* verbunden, der durch die Bewegungen von *10* in den richtigen Zeitabständen auf den Zeiger *2* niedergedrückt wird.

3. Die Umschaltung der Meßwerkspule *1* nach erfolgter Aufzeichnung besorgt der Schalter *12*, der durch ein Zahngesperre *13* beim Rückweg des Hebels *10* auf die nächste Meßstelle gedreht wird. Der Zeiger hat dann Zeit, sich vor der nächsten Abtastung auf den neuen Meßwert einzustellen.

4. Nach erfolgter Punktaufzeichnung muß ein anderes Farbband zwischen Zeiger und Papier geschoben werden. Hierzu sind auf dem

Farbbandträger *16* auf einem Bogen mit der Achse *15* sechs Farbbänder *4* aufgespannt. Der Farbbandträger *16* liegt mit seinem unteren Fortsatz an einer Kurvenscheibe *14* an, die mit jeder Meßstellenumschaltung auch das richtige Farbband unter den Zeiger *2* bringt.

Die schematische Darstellung Abb. 101 entspricht dem Sechsfarbenschreiber von H. & B., der mit Synchronmotor, mit Uhrwerk für Handaufzug oder für Motoraufzug mit Gangreserve ausgeführt wird.

Bei dem Sechsfarbschreiber von S. & H. erfolgt der Antrieb durch einen kräftigen Elektromagnet, der von einer Mutteruhr ein- und ausgeschaltet wird, und zwar mit der Geschwindigkeit, mit der sich der Hebel *10* in Abb. 101 bewegt. Es fällt also hier die Übertragung einer gleichförmigen Bewegung in eine periodische fort. Ferner liegen bei S. & H. die Farbbänder unter dem Schreibstreifen, so daß die Kurven auf die Rückseite des durchsichtigen Papiers geschrieben werden.

Es gibt sehr zahlreiche Konstruktionen von Punktschreibern, die sich mehr oder weniger an die beschriebenen anlehnen.

Als **Meßwerk** wird bei fast allen Konstruktionen ein empfindliches Drehspul- oder Kreuzspulinstrument, meist mit Bandaufhängung, eingebaut. Das bewegliche Organ, insbesondere die Zeigerwurzel, bedarf einer besonderen Ausbildung, die dem häufigen Niederdrücken des Zeigers durch den Fallbügel gewachsen ist.

Die Gehäuse der Punktschreiber entsprechen denen der Linienschreiber nach Abb. 98 und 99.

Die Schaltweise der Punktschreiber ist im allgemeinen dieselbe wie bei den Zeigerinstrumenten. Die Temperaturschreiber, insbesondere die Mehrfachschreiber, haben häufig besondere Schaltungen, die im Kapitel XXI, S. 196 beschrieben sind. Bei den Schreibern mit Motorantrieb sind entsprechende Klemmen für den Anschluß an ein Starkstromnetz vorgesehen.

## 4. Lichtschreiber.

Bei rasch verlaufenden Vorgängen versagen die bis jetzt geschilderten Aufzeichnungsarten. Die Masse von Tinte und Feder zusammen mit der des Zeigers kann schnellen Änderungen der Meßgröße nicht folgen. Man wendet dann den masselosen Lichtzeiger wie bei den Spiegelgalvanometern an und läßt durch den von Meßwerk gesteuerten Lichtstrahl einen zeitgetreu bewegten Film belichten. Bei den physikalischen Meßgeräten und beim Oszillograph ist diese Methode schon lange im Gebrauch. Sie bürgert sich auch für technische Meßgeräte immer mehr ein und soll daher an einem Beispiel kurz erläutert werden.

Abb. 102 zeigt in schematischer Darstellung den Aufbau eines technischen Lichtschreibers. Das Bild ist einer Arbeit von Teufert[1] entnommen. Von einer Glühlampe *1* fällt ein Lichtstrahl durch eine

[1] Teufert: Meßtechn. Bd. 11 (1935) S. 197.

Blende *2* auf den Spiegel *3* eines hochempfindlichen, schnellschwingenden Meßwerks und wird von hier auf den lichtempfindlichen Film *4* geworfen, der nach der Entwicklung den Verlauf des Vorgangs erkennen läßt. Der Film wird über ein Getriebe *5* vom Motor *6* mit einer Geschwindigkeit von z. B. 0,05 . . . 1 mm/sec bewegt. Zur Aufzeichnung der Zeit dient eine Glimmlampe *7*, die in zweckmäßigen Zeitabständen kurze Lichtblitze durch einen engen Schlitz auf den Film ausstrahlt, so daß hier die angedeuteten Zeitlinien entstehen. Die ganze Einrichtung ist in ein lichtdichtes Gehäuse eingebaut. Meist schreiben mehrere (in Abb. 102 z. B. *4*) Meßwerke mit den dazugehörigen Lampen mehrere Vorgänge gleichzeitig auf denselben Film. Diese Geräte sind für Untersuchungen an schnell bewegten Fahrzeugen und an Flugzeugen wichtig geworden.

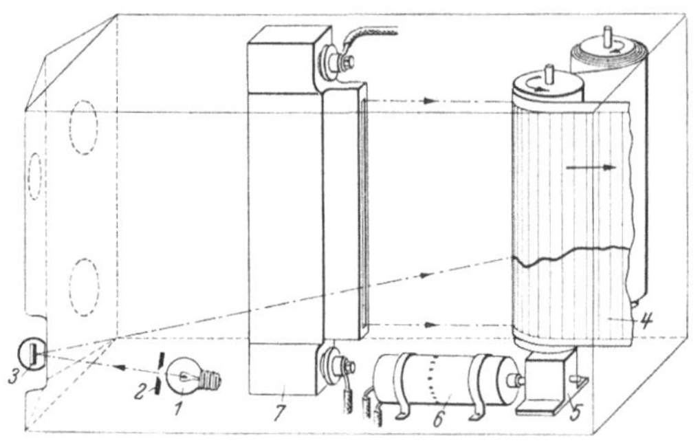

Abb. 102. Vierfach-Schreibgerät mit Lichtzeiger (Askania). *1* Glühlampe, *2* Blende, *3* Meßwerkspiegel, *4* Photopapier, *5* Getriebe, *6* Motor, *7* Glimmlampe.

# XII. Zubehör und Meßwandler.

Unter Zubehör sind hier — wie in den Vorschriften des VDE — Apparate verstanden, die zusammen mit dem Meßgerät das Meßinstrument bilden, also technische Vor- und Nebenwiderstände. Die Meßwandler werden vielfach in diesem Sinn als Zubehör ausgebildet und verwendet. Häufig sind sie selbständige Apparate und daher in der Kapitelüberschrift besonders aufgeführt. Meßwiderstände, Spannungsteiler, Thermoelemente, Drosselspulen, Kondensatoren usw. sind als Meßeinrichtungen im Teil 2 beschrieben.

## 1. Nebenwiderstände.

Für kleine Ströme bis höchstens 100 A, meist nur bis 10 A, werden die Nebenwiderstände in das Instrumentgehäuse eingebaut oder auf seiner Rückseite angebracht. Bei höheren Strömen würde die Wärmeentwicklung des Nebenwiderstandes das Meßwerk stören. Ferner ist es unzweckmäßig oder oft unmöglich, die dicken Zuleitungen an das Instrument heranzuführen und anzuschließen. Der Spannungsabfall an den Nebenwiderständen beträgt in der Regel 30 oder 60 mV, ausnahmsweise 150 mV und mehr, je nach der Art des verwendeten Meßwerks. **Die Verbindungsleitungen** aus Kupfer zwischen Nebenwiderstand und Meßgerät, deren Widerstand mit eingeeicht werden muß, sind heute auf 1 mm² Querschnitt für jeden m einfache Länge genormt, also haben zwei 4 m lange Verbindungskabel einen Querschnitt von 4 mm², wobei nur die Länge je eines Kabels gerechnet ist. Wählt man Verbindungsdrähte mit anderem Widerstand, so mißt man falsch. Bei großen Entfernungen zwischen Nebenwiderstand und Meßgerät würde der Querschnitt der Verbindungskabel in der normalen Ausführung zu groß. Man führt dann den Nebenwiderstand mit höherem Spannungsabfall aus und kann nun einen höheren Widerstand (kleineren Querschnitt) der Verbindungskabel zulassen, wobei man allerdings einen größeren Verbrauch in Kauf nimmt.

**Werkstoff.** Die Nebenwiderstände werden fast nur aus Manganin (84% Cu, 4% Ni, 12% Mn) hergestellt, das etwa den 25fachen spezifischen Widerstand von Kupfer hat, und dessen Widerstand sich mit der Temperatur praktisch nicht ändert (Temperaturkoeffizient ±0,001 für 100° C). Zuweilen wird auch Konstantan (60% Cu, 40% Ni) verwendet (Temperaturkoeffizient —0,004 für 100° C). Es hat gegenüber Manganin den Nachteil, daß seine Thermokraft gegen Kupfer verhältnismäßig groß ist (4,3 mV/100° C; Manganin 0,1 mV/100° C) und somit bei ungleicher Erwärmung der Nebenwiderstände Meßfehler auftreten können. Der Widerstandswerkstoff wird in Form von Blechen und neuerdings immer mehr in Form von runden Stäben verwendet. Abb. 103 zeigt ein Ausführungsbeispiel mit runden Stäben von 5...8 mm Durchmesser, die in gezogenes Winkelkupfer hart eingelötet sind. Zwei dieser Winkelkupfer sind zu einem T-Stück weich zusammengelötet. Häufig findet man statt der Rundstäbe glatte oder gewellte Bleche, die weich in die Kupferendstücke eingelötet sind. Die Kupferendstücke werden für den Anschluß an die Starkstromleitungen eingerichtet und z. B. in die aus Flachkupfer bestehenden Sammelschienen unmittelbar eingebaut. Für tragbare Geräte wird der Nebenwiderstand auf einem Sockel aus Isolierstoff befestigt und durch ein Gehäuse aus gelochtem Blech abgedeckt. Bei den Vielfachgeräten nach Abb. 20 werden Nebenwiderstände bis zu etwa 600 A mit Laschen an die Instrumentklemmen gesteckt, ähnlich wie der Vorwiderstand der Abb. 20a (s. S. 25).

**Die Wärmeentwicklung** der Nebenwiderstände ist hoch (z. B. 5000 A · 0,06 V=300 W), und die Abführung der Wärme ist bestimmend für die Konstruktion. Bei langen Nebenwiderständen muß die Wärme hauptsächlich durch die Luft abgeführt werden, und nur wenig Wärme wird durch Leitung von den Widerstandsstäben über die gut wärmeleitenden Anschlußstücke an die Sammelschienen abgegeben. Bei kurzen Blechen oder Drähten ist die Wärmeabgabe an die Anschlußteile höher. Bleche sind zur Wärmeabgabe an die Luft günstiger als Drähte bzw. Stäbe, da das Verhältnis von Oberfläche zu Querschnitt größer ist. Bei kurzen Widerstandskörpern tritt dieser Vorteil aus dem erwähnten Grund immer mehr zurück. Die runden Stäbe haben aber den großen

Vorteil, daß der durch die Erwärmung hervorgerufene Luftstrom in jeder Lage des Nebenwiderstandes nur wenig behindert ist, während die Nebenwiderstände aus Blechen so eingebaut sein müssen, daß die Bleche senkrecht stehen. Der Anschluß der Verbindungsleitungen zum Meßgerät erfolgt an 2 kleinen Schraubenklemmen (Potentialklemmen *3* in Abb. 103), deren Platz so gewählt ist, daß wegen der Temperaturabhängigkeit des Kupfers möglichst nur der Spannungsabfall im Widerstandswerkstoff und nicht der in den Anschlußstücken gemessen wird. Die Toleranz der technischen Nebenwiderstände beträgt 0,1...0,3 %. Nebenwiderstände mit besonders hoher Genauigkeit siehe S. 141.

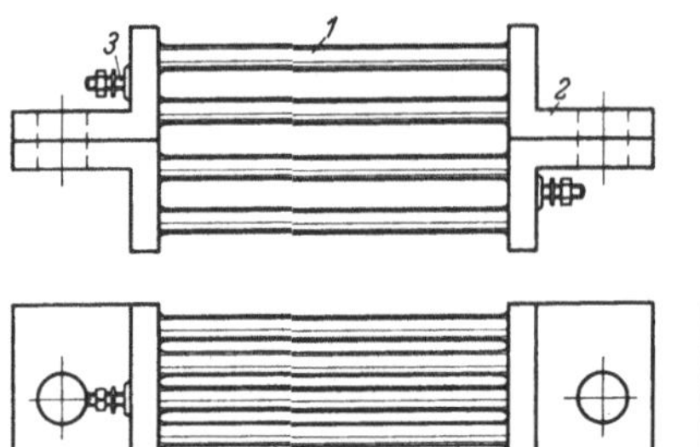


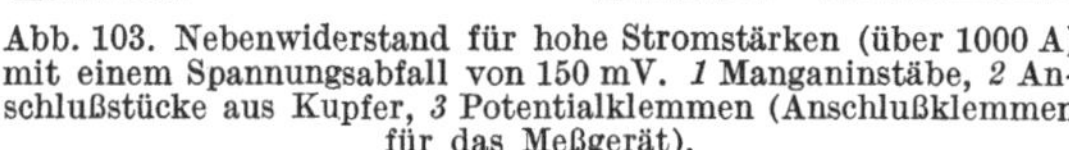

Abb. 103. Nebenwiderstand für hohe Stromstärken (über 1000 A) mit einem Spannungsabfall von 150 mV. *1* Manganinstäbe, *2* Anschlußstücke aus Kupfer, *3* Potentialklemmen (Anschlußklemmen für das Meßgerät).

## 2. Vorwiderstände.

Die Spulen der Meßgeräte benötigen nur Spannungen in der Größenordnung mV bis 1 V. Der für höhere Spannungen notwendige Vorwiderstand wird häufig bis zu einigen hundert Volt im Instrumentgehäuse selbst oder auf dessen Rückseite untergebracht. Der Verbrauch beträgt dann z. B. 0,03 A · 250 V = 7,5 W, ein Betrag, der im und am Gehäuse noch ohne störende Beeinflussung des Meßwerks zugelassen werden kann. Abb. 104 zeigt die Rückseite eines Spannungsmessers mit in die Grundplatte *1* eingebautem Vorwiderstand *4*. Da die Zuleitungen *3* bei Spannungsmessern nur kleine Ströme (30 mA) zu führen haben, macht ihr Anschluß im Gegensatz zu den Anschlüssen der Strommesser keine Schwierigkeiten. Der Widerstand der Zuleitungen spielt, wenn sie nicht kilometerlang sind, keine Rolle gegen den Widerstand der Spule und des Vorwiderstandes, der z. B. bei 250 V und 30 mA 8333 Ω beträgt.

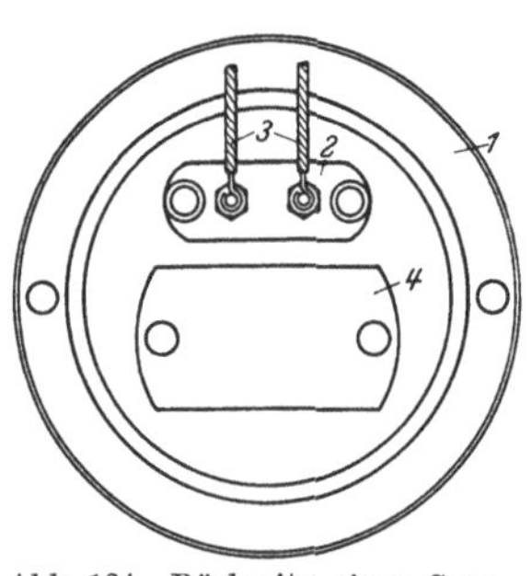


Abb. 104. Rückseite eines Spannungsmessers mit eingebautem Vorwiderstand. *1* Grundplatte, *2* Klemmsockel, *3* Zuleitungen, *4* Widerstand z. B. wie Abb. 106b.

Bei Spannungen über etwa 250 V und bei zahlreichen Meßbereichen werden die Vorwiderstände in einem vom Meßgerät getrennten Gehäuse untergebracht, das für den festen Einbau hinter der Schalttafel oder als tragbarer Vorwiderstand ausgeführt ist. Das Gehäuse besteht aus gelochtem Blech, unter Umständen auch aus Drahtgeflecht, das zur guten Abkühlung den Durchtritt der Luft gestattet. Abb. 105 zeigt einen Vorwiderstand für mehrere Meßbereiche. Die Widerstände sind aus temperaturunabhängigem Manganin- oder Konstantandraht von 0,04...0,1 mm blankem Durchmesser gewickelt, der zur Isolation emailliert oder umsponnen ist. Die Drähte werden nach Abb. 106 auf Rollen, Platten oder Rahmen aus wärmebeständigem Isolierstoff, Porzellan, Steatit od. dgl., gewickelt und dann z. B. wie in der Abb. 105 zu einem Vorwiderstand zusammengebaut. Die Rollen haben eine ungünstige Abkühlungsoberfläche, sie werden daher nur für Widerstände mit verhältnismäßig kleiner Belastung verwendet. Die Wicklung wird bei fast allen Vorwiderständen, auch bei denen für Gleichstrompräzisionsinstrumente, bifilar ausgeführt. Hierzu wird der ganze Widerstand in eine Anzahl von Gruppen unterteilt, so daß die Teilspannungen der dünnen Drahtisolation nicht gefährlich werden. In jeder Gruppe werden zwei am Wicklungsanfang miteinander verbundene Drähte gleichzeitig und eng nebeneinander aufgewickelt, durch die der Strom hin und zurück fließt. Die Selbstinduktion der Spulen wird hierdurch für technische Widerstände

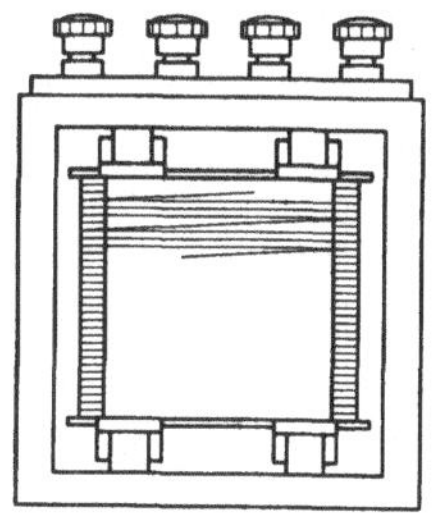

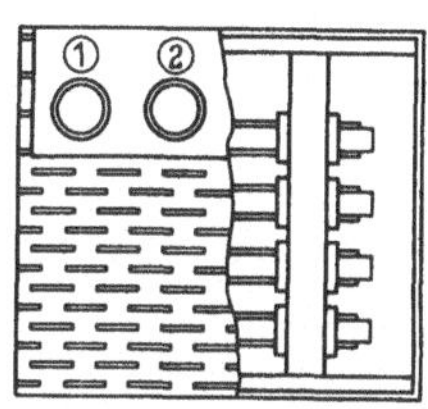


Abb. 105. Tragbarer Vorwiderstand für mehrere Meßbereiche in gelochtem Blechgehäuse.

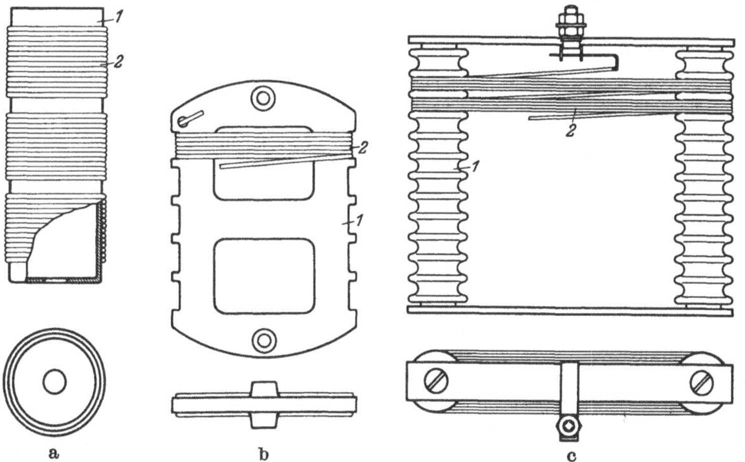


Abb. 106a—c. Technische Vorwiderstände. a auf Rollen. *1* Messingrohr, an einem Ende umgebördelt, *2* Wicklung. b auf Platten. *1* Specksteinplatte, *2* Wicklung. c auf Rahmen. *1* Rahmen mit Porzellanrollen, *2* Wicklung.

und Niederfrequenz so klein gehalten, daß der durch sie verursachte Fehler innerhalb der Gerätetoleranz liegt. Es entsteht durch die langen, nebeneinander liegenden Drähte eine kleine Kapazität, deren

Einfluß durch die erwähnte Unterteilung in Spannungsgruppen klein gehalten wird und für die meisten Messungen vernachlässigt werden kann. Für sehr genaue Messungen und höhere Frequenzen sind Sonderwicklungen notwendig, die auf S. 143 beschrieben sind. Man verwendet heute auch Widerstandselemente, bei denen das Widerstandsmetall (Manganin) oder ein Halbleiter (Graphit, Silit u. dgl.) in dünner Schicht auf einen Stab aus keramischem Stoff aufgebracht ist. Diese Widerstände sind billiger als Drahtwiderstände, lassen sich aber nur schwer auf einen genauen Wert abgleichen; auch sind ihre Eigenschaften nicht immer hinreichend konstant.

Vorwiderstand mit Stromwandler. Imhof[1] hat für Betriebsmessungen, z. B. in Freiluftanlagen für 135 kV, einen in Gruppen gewickelten Drahtwiderstand in einen Hochspannungsstützisolator eingebaut. Mit dem Widerstand liegt ein Stromwandler in Reihe, dessen einseitig geerdete Primärwicklung etwa 5 mA führt, die im Wandler auf 500 mA übersetzt und in einem Wechselstromgerät mit kV-Skala gemessen werden.

## 3. Stromwandler.

**Allgemeines über Meßwandler.** Der Meßwandler ist ein kleiner Transformator, der eine Wechselspannung oder einen Wechselstrom auf eine für die Messung praktische Größe herabsetzt. Oft hat er dabei noch die Aufgabe, das für Niederspannung eingerichtete Meßgerät gegen die Hochspannung zu isolieren. Man teilt die Meßwandler nach ihrer Isolierung ein in

Trocken-<br>Öl-<br>Masse-<br>Porzellan- } Wandler;

nach der Bauweise der Wandler in

Topf-<br>Stützer-<br>Durchführungs-<br>Kaskaden- } Wandler;

nach der Bauweise der Wicklung in

Stab-<br>Wickel- } Wandler.

Das Gebiet der Meßwandler ist sehr groß. Hier kann nur ein Überblick gegeben werden. Eine umfassende Darstellung über Meßwandler findet man bei Keinath[2].

---

[1] Imhof, A.: Bull. schweiz. elektrotechn. Ver. Bd. 19 (1928) S. 741.

[2] Siehe Fußnote 2, S. 68.

Der Stromwandler übersetzt den Primärstrom, z. B. 1000 A, auf einen Sekundärstrom von fast immer 5 A, der dem Meßgerät zugeführt wird. Nur bei ausnahmsweise großer Entfernung zwischen Stromwandler und Meßgerät wählt man einen Sekundärstrom von 1 A und kann dann am Querschnitt der langen Meßleitungen sparen.

**Schaltung und Wirkungsweise.** Abb. 107 zeigt die Schaltung eines Stromwandlers. (In Abb. 52 ist eine Zusammenschaltung eines Strom- und eines Spannungswandlers mit Meßinstrumenten gezeigt.) Auf einen Eisenkörper *3*, der ähnlich wie bei den Leistungstransformatoren aus Sonderblechen von 0,3...1 mm Dicke aufgebaut ist, befindet sich die Primär- (Hochstrom-) Wicklung *1*, die den zu messenden Strom $I$ und eine Sekundärwicklung *2*, die den Meßstrom $i$ (5 A) führt. Die Windungszahl ergibt sich aus der Tatsache, daß die Amperewindungen primär und sekundär praktisch gleich groß sind, also z. B. primär 600 A und 2 Windungen, sekundär 5 A und 240 Windungen. Die magnetischen Flüsse der beiden Wicklungen sind — und das ist ein besonderes Merkmal des Stromwandlers — in jedem Augenblick fast gleich groß und einander entgegengesetzt gerichtet, so daß nur ein kleiner Fluß übrigbleibt, der im Eisen eine Induktion von einigen hundert Gauß hervorruft, wodurch eine Spannung induziert wird, die gerade den Meßstrom aufrecht erhält. Läßt man aber die Sekundärwicklung offen, so dient der gesamte Primärstrom $I$ zur Magnetisierung, die Induktion im Eisen wird sehr hoch, und damit steigen die Eisenverluste; der Wandler verbrennt, zum mindesten bleibt eine Restmagnetisierung im Eisen, und die Abgleichung des Wandlers hat sich geändert. Dabei wird in der offenen Sekundärwicklung eine lebensgefährlich hohe Spannung induziert, die für die Isolation schädlich sein kann. Der Effektivwert der Spannung ist nicht so hoch im Vergleich zu den Spannungsspitzen, die der vom sinusförmigen Magnetisierungsstrom erzwungene, trapezförmige Fluß in der Wicklung induziert. Die Sekundärwicklung des Wandlers und sein Gehäuse müssen aus Sicherheitsgründen immer an Erde liegen.

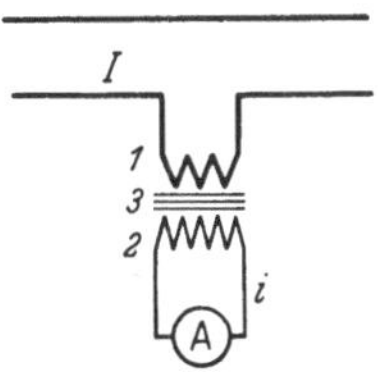

Abb. 107. Stromwandlerschaltung. *1* Primärwicklung, *2* Sekundärwicklung, *3* Eisenkern.

In Abb. 108 ist das **Vektorschaubild** eines Stromwandlers dargestellt. Der sekundäre Strom $I_2'$ (bezogen auf die Primärseite) ruft in der Sekundärwicklung die Spannungsabfälle $I_2' \cdot R_2'$ und $I_2' \cdot X_2'$ hervor. Diese ergeben zusammen mit der Spannung $U_2'$ an der Bürde (Instrument) die sekundäre ($E_2'$) und damit auch die primäre EMK $(-E_2') = E_1$. Senkrecht auf dieser steht der Magnetisierungsstrom $I_m$, der zusammen mit dem Strom $I_w$, der die Eisenverluste deckt, den Leerlaufstrom $I_0$ ergibt. $I_0$ setzt sich mit dem Sekundärstrom $(-I_2')$ zum Primärstrom $I_1$ zusammen, der in der Primärwicklung die Spannungsabfälle $I_1 \cdot R_1$ und $I_1 \cdot X_1$ hervorruft. Letztere und die EMK $E_1$ müssen von der primären Klemmenspannung $U_1$ überwunden werden. Der Winkel $\delta$ zwischen dem Primärstrom und dem Sekundärstrom ist der sog. Fehlwinkel, der nach den „Regeln" 10...120′ betragen kann. Der absolute Unterschied $\Delta I$ zwischen dem Primär- und dem Sekundärstrom ergibt den sog. Übersetzungsfehler. Fehlwinkel und Übersetzungsfehler fälschen die Angaben von Leistungsmessern und Zählern. Sie sind um so kleiner, je kleiner der Magnetisierungsstrom $I_m$ wird, der wiederum durch geschickten Bau des Wandlers und die Verwendung hochwertiger Eisensorten für den Kern klein gehalten wird.

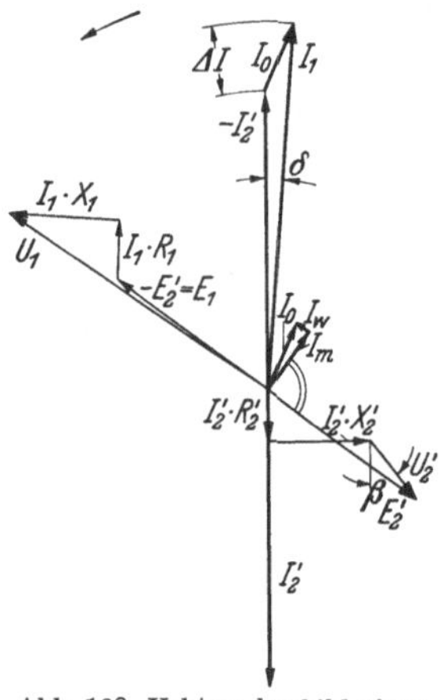


Abb. 108. Vektorschaubild eines Stromwandlers (alle sekundären Größen sind auf die Primärseite bezogen). $I_2'$ Sekundärstrom, $I_2' \cdot R_2'$ Ohmscher, $I_2' \cdot X_2'$ induktiver sekundärer Spannungsabfall, $U_2'$ Klemmenspannung an der Bürde mit $\cos \beta = 0{,}8$, $E_2'$ sekundäre EMK, $I_m$ Magnetisierungsstrom $\perp -E_2' = E_1$, $I_w$ Verluststrom durch Eisenverluste, $I_0 = I_m \hat{+} I_w$ = Leerlaufstrom, $I_1 = I_2' \hat{+} I_0$ = Primärstrom, $I_1 \cdot R_1$ Ohmscher, $I_1 \cdot X_1$ induktiver primärer Spannungsabfall, $U_1$ primäre Klemmenspannung, $\Delta I$ Stromfehler, absolut (Übersetzungsfehler), $\delta$ Winkelfehler.

Die Formen der Stromwandler sind, je nach ihrem Verwendungszweck, außerordentlich mannigfaltig; es sollen hier einige kennzeichnende Beispiele beschrieben werden. Abb. 109 zeigt den viel verwendeten **Schenkelkern-Stromwandler**, der für Spannungen bis etwa 30 kV (Prüfspannung) verwendbar ist. Auf dem Eisenkörper *3* ist zunächst die Sekundärwicklung *2* für 5 A aufgebracht. Sie wird von einem Isolierrohr aus Hartpapier oder Porzellan umschlossen, das die Primärwicklung *1* (in der Hochspannungsleitung liegend) trägt. Man stellt den Schenkelkern so her, daß man die rechteckigen Bleche an ihrer Längsseite aufstanzt und wechselweise von der einen oder anderen Seite in die Wicklung schiebt, so daß sie sich abwechselnd überlappen, oder man stanzt die Bleche vollständig stoßfugenfrei, wodurch man den kleinsten Magnetisierungsstrom erhält. Die Wicklungen sind dann aber schwierig auf den Kern zu bringen. Beim **Ringkern-Stromwandler** nach Abb. 110 kann man die Streuung praktisch vollkommen unterdrücken. Der Eisenkern *3* ist ohne Stoßfuge, also vollkommen geschlossen. Aus diesen Gründen haben Ringwandler kleinere Fehler als solche mit Stoßfuge, gleiche Amperewindungszahl und gleichen Eisenquerschnitt vorausgesetzt. Die Sekundärwicklung *2* liegt mit geringer Isolation gleichmäßig gewickelt auf dem Eisen *3*. Zwischen *2*

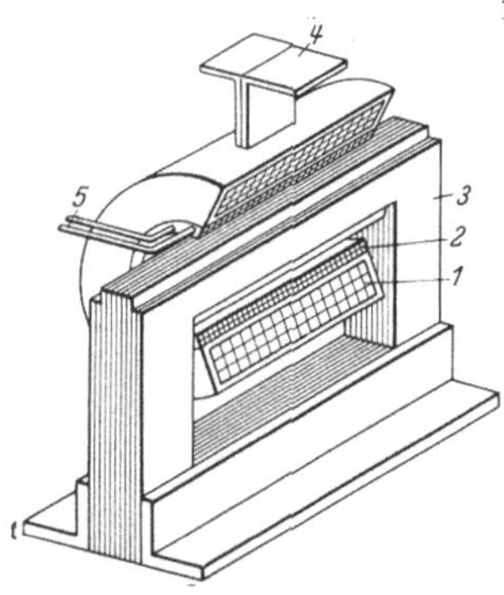


Abb. 109. Schenkelkern-Stromwandler. *1* Primärwicklung, *2* Sekundärwicklung, *3* Wandlereisen, *4* Primäranschlüsse, *5* Sekundäranschlüsse.

und der Primärwicklung *1* liegt eine kräftige Isolierschicht. Durch Unterteilung der Wicklung *1* lassen sich kleine Wandler mit beispielsweise 45 Meßbereichen[1] herstellen. Für sehr hohe Ströme (einige hundert Ampere) verwendet man nur eine Primärwindung und kommt dann zur Gattung der **Stabwandler** nach Abb. 111. Der Primärleiter *1* kann z. B. der Zuleitungsbolzen eines Durchführungsisolators sein. Das Eisen *3* mit der Sekundärwicklung *2* liegt meist außerhalb des Durchführungsisolators. Häufig sind die Hochspannungsklemmen an Hochspannungstransformatoren und -schaltern sowie Durchführungs- und Stützerisolatoren gleichzeitig als Durchführungsstromwandler ausgebildet.

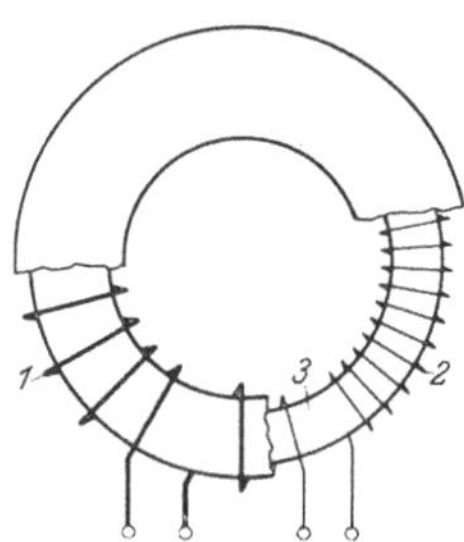


Abb. 110. Ringkern-Stromwandler. *1* Primärwicklung, *2* Sekundärwicklung, *3* Eisenkern.

Für höhere Spannungen müssen die beiden Wicklungen sehr gut gegeneinander isoliert sein. Als Beispiel hierfür ist in der Abb. 112 der sog. **Querlochwandler** von Koch & Sterzel schematisch dargestellt, bei dem die Isolationsfrage in sehr vollkommener Weise gelöst ist. Die unter hoher Spannung stehende Primärwicklung *1* befindet sich im Innern eines kräftigen Isolierkörpers *4* und umschließt ein quer zum Hauptkörper verlaufendes Isolierrohr, durch dessen „Querloch“ der die Sekundärwicklung *2* tragende Eisenkörper *3* hindurchtritt. Hauptkörper und Querrohr des Isolators bilden einen einzigen Porzellankörper. Diese Wandler werden für Betriebsspannungen von 10 kV an aufwärts ausgeführt. Bei sehr hohen Spannungen werden mehrere Wandler hintereinander geschaltet, so daß auf jeden Wandler nur ein Teil der Hochspannung kommt, wodurch man Isolierstoff spart. Der Hohlraum, in dem sich die Hochspannungswicklung befindet, wird bei dem Querloch- und auch

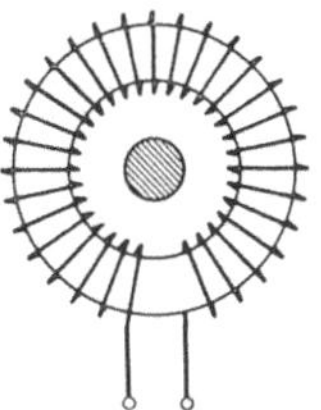

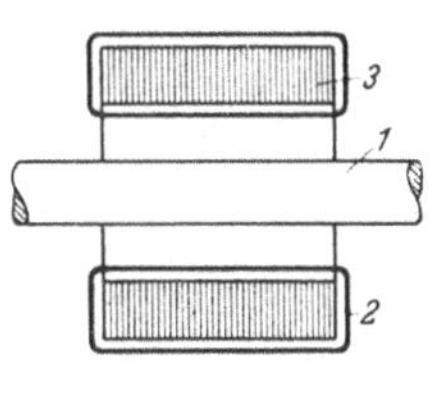


Abb. 111. Stab-Stromwandler. *1* Primärwicklung (Hochstromleiter), *2* Sekundärwicklung, *3* Wandlereisen.

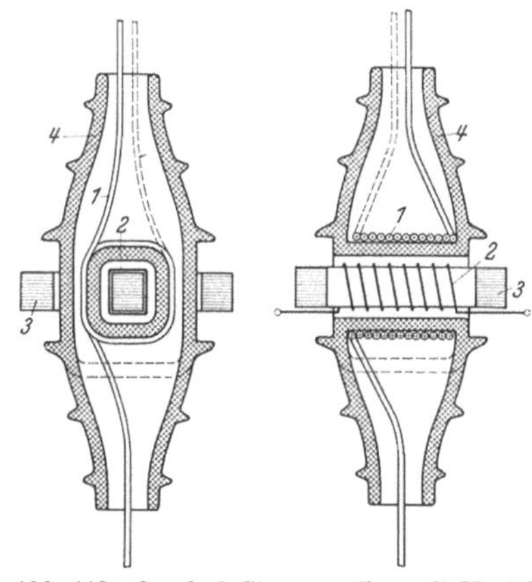


Abb. 112. Querloch-Stromwandler mit Mantelkern (Koch & Sterzel) als Durchführungswandler ausgebildet, gestrichelt: Abänderung zum Topfwandler. *1* Primärwicklung an der Hochspannung, starkstromführend, *2* Sekundärwicklung zum Anschluß des Instruments, *3* Wandlereisen, geschichtet, *4* Isolator aus Porzellan.

[1] Siehe Keller: Meßtechn. Bd. 10 (1934) S. 223.

bei anderen Wandlern mit einer festen Isoliermasse oder mit Sand ausgefüllt, und zwar aus zwei Gründen: Die Luftschicht kann bei hohen Spannungen, besonders bei Überspannungen, an den scharfen Kanten der Spule glimmen, wodurch die Durchschlagsfestigkeit herabgesetzt wird. Ferner muß die Hochspannungsspule sehr gut gegen Eisenkern und Gehäuse abgestützt sein, da sie bei Netzkurzschlüssen mechanisch hoch beansprucht wird und versucht, sich auszuweiten. Der Querlochwandler nach der Abb. 112 ist als Durchführungswandler dargestellt. Er kann am Eisenkörper *3* gefaßt und z. B. in den Deckel eines Hochspannungsschalters eingebaut werden. Führt man die beiden Enden der Hochspannungswicklung *1* nach oben heraus — ihre Spannungsdifferenz liegt meist unter 10 V — und schließt den Porzellankörper bei der gestrichelten Linie in Abb. 112, so entsteht der Querloch-Topfwandler. Dabei sind der Eisenkörper *3* und der verkürzte untere Teil des Isolators *4* oft von einem eisernen Topf umgeben.

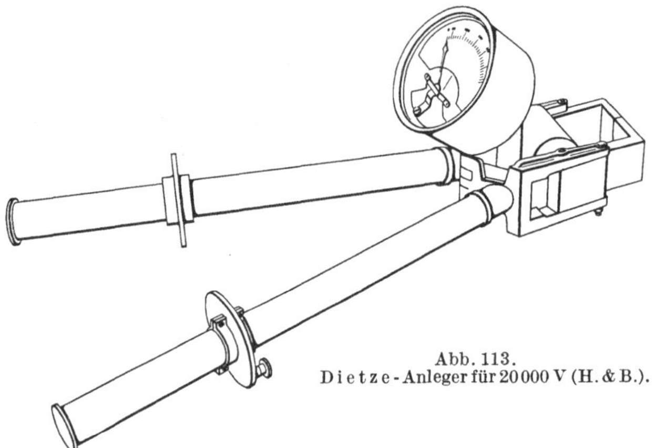

Abb. 113.
Dietze-Anleger für 20000 V (H. & B.).

Abb. 113 zeigt den sog. **Dietze-Anleger**[1]. Sein Eisenkörper läßt sich wie eine Zange öffnen. Man umfaßt damit einen im Betrieb befindlichen Leiter, der als Primärwicklung dient. Der Stromkreis braucht dabei nicht unterbrochen zu werden. Das Eisen trägt auch die Sekundärwicklung und meist noch den in diesem Zusammenbau geeichten Strommesser. Es lassen sich mit dem handlichen Apparat Ströme von etwa 1...1000 A messen. Für hohe Spannungen bis etwa 20 kV versieht man die Zange mit entsprechend langen Isoliergriffen, dabei kommt der Strommesser auf Hochspannung.

**Die Kurzschlußfestigkeit** von Stromwandlern, die in Starkstromnetzen eingebaut werden, ist von sehr hoher Wichtigkeit. Kurzschlußfest ist ein Wandler, der Netzkurzschlüsse ohne Schaden aushalten

[1] Dietze, G.: Elektrotechn. Z. Bd. 23 (1902) S. 843.

kann. Dabei tritt eine hohe mechanische Beanspruchung der Wicklungen auf, die Primärwindungen werden, wie schon bemerkt, mit großer Kraft auseinandergetrieben. Die Ringwandler nach Abb. 110 und 111 sind dieser Beanspruchung durch die symmetrische Anordnung der Primärwicklung am besten gewachsen. Außer der mechanischen tritt noch eine thermische Beanspruchung auf; die Erwärmung muß in zulässigen Grenzen bleiben.

**Toleranz und Bürde.** Der Stromwandler ist ein im Kurzschluß arbeitender Transformator. Sein Übersetzungsverhältnis nähert sich dem aus den Windungszahlen errechneten um so besser, je vollkommener der Kurzschluß ist. Die Stromspule eines Meßgerätes bedeutet eine Minderung des sekundären Kurzschlusses, oder, wie man dies bei dem Stromwandler nennt, eine Bürde, an der Spannungsabfälle auftreten, und die deshalb nicht ohne Rückwirkung auf das Übersetzungsverhältnis und die Phase (Fehlwinkel) ist (Abb. 108). Eicht man den Strommesser zusammen mit seinem Wandler, so tritt der Stromfehler nicht in Erscheinung. Die meisten Stromwandler sind aber selbständige Apparate, die beim Anschluß einer bestimmten Bürde, die aus der Stromspule eines Instruments, Zählers oder Relais bestehen kann, eine vom VDE festgelegte Toleranz nicht überschreiten dürfen, wie dies Abb. 114 veranschaulicht. Auf der Abszisse ist der Strom als Bruchteil vom Nennstrom, auf der Ordinate der Übersetzungsfehler in Prozent bzw. der Winkelfehler in Minuten aufgetragen. Der Raum zwischen den schraffierten Linien ist die nach den Vorschriften des VDE[1] für einen Stromwandler der Klasse 0,2 zugelassene Toleranz. Die ausgezogenen Linien sind die an einem guten Wandler gemessenen Fehler. Man unterscheidet folgende Wandlerklassen: 0,2...0,5...1,0...3,0...10. Für jede Klasse sind Fehlergrenzen vorgeschrieben, die ein Wandler nicht überschreiten darf, um das Klassenzeichen des VDE zu bekommen.

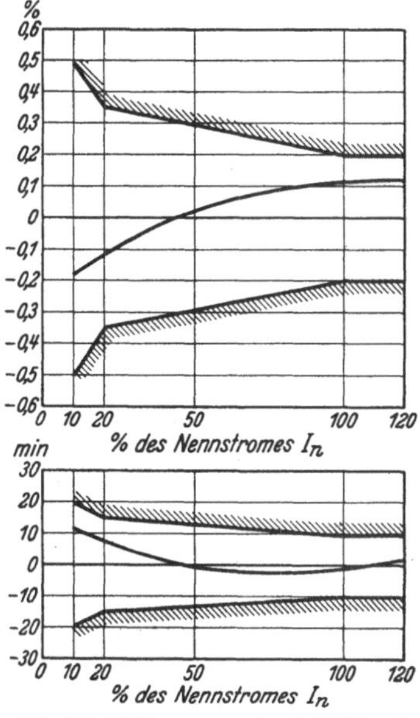

Abb. 114. Fehlergrenzen (nach VDE) und Fehlerkurven eines Stromwandlers der Klasse 0,2.

**Normalstromwandler.** Für sehr genaue Strom- und Leistungsmessungen genügt die Toleranz des technischen Wandlers nicht, z. B. bei der Prüfung von Wandlern mit einem Normalwandler in der

[1] VDE 0414/1932 Regeln für Wandler R.E.W.

Einrichtung nach Hohle (s. S. 174). Dafür fällt hier die Aufgabe weg, den Meßkreis gegen die hohe Spannung des Stromleiters betriebssicher zu isolieren, da auch auf der Primärseite niedere Spannung herrscht. Für Normalwandler verwendet man einen geschlossenen Eisenring aus einer hochwertigen Eisen-Nickellegierung, der nicht aus den üblichen Blechscheiben zusammengesetzt ist, sondern aus einem dünnen Band gewickelt wird. Der fertige Ring wird in einem nicht ganz einfachen thermischen Verfahren magnetisch vergütet und dann bewickelt. Die Sekundärwicklung hat bei 5 A etwa 200 Windungen. Um auf $^1/_{1000}$ abgleichen zu können, verwenden H. & B.[1] zwei parallel geschaltete Sekundärwicklungen verschiedener Windungszahl; die Feinabgleichung erfolgt durch einen Widerstand vor einer der Sekundärwicklungen. Es ist so möglich, zwischen 10% und 100% der Vollast mit dem Übersetzungsfehler eine Toleranz von 0,1% und mit dem Winkelfehler eine Toleranz von etwa 5 min einzuhalten. Dabei kann man den Wandler zur Bildung mehrerer Meßbereiche mit mehreren Primärwicklungen versehen. Keller[1] beschreibt solche 0,1%-Wandler für 0,25...0,5...1...2,5...10...25...50...100...250...1000...2000/5 A.

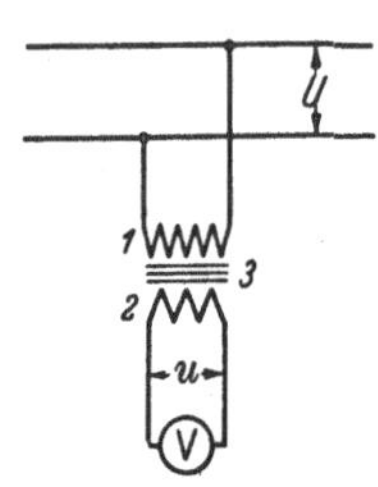

Abb. 115. Spannungswandlerschaltung. *1* Primärwicklung, *2* Sekundärwicklung, *3* Eisenkern.

## 4. Spannungswandler.

**Schaltung und Wirkungsweise.** Die allgemeinen Ausführungen über Stromwandler gelten sinngemäß auch für Spannungswandler. Im Gegensatz zum Stromwandler ist der Spannungswandler ein sekundär praktisch offener Transformator, arbeitet also im Leerlauf. Abb. 115 zeigt seine Schaltung. An der hohen Spannung $U$ liegt die feindrähtige Wicklung *1* mit vielen Windungen $w_1$, die wie bei Leistungstransformatoren in einem durch die Spannung bestimmten Abstand um die Sekundärwicklung *2* mit der Windungszahl $w_2$ und der Niederspannung $u$ gelegt ist. Beide Wicklungen sind durch den Eisenkörper *3* aus geschichtetem Blech magnetisch gekoppelt. Für das Übersetzungsverhältnis gilt sehr angenähert die Beziehung $U : u = w_1 : w_2$. Die Sekundärspannung ist heute fast allgemein auf 100 V genormt. Bei einem Spannungswandler für 30000/100 V ergeben sich folgende Windungszahlen: $w_1 = 50000$, $w_2 = 167$. Diese hohen Windungszahlen, zusammen mit der für die Spannung notwendigen Isolation, bestimmen die Konstruktion und die hohen Kosten der Spannungswandler, die in ihrem Aufbau den Transformatoren für kleine Leistungen sehr ähnlich sind. In der Abb. 116 ist als **Ausführungsbeispiel** ein Spannungswandler für 30 kV im Schnitt dargestellt. *3* ist der Eisenkörper, *1* die Hochspannungswicklung, *2* die Sekundärwicklung

[1] Keller, A.: Elektrotechn. Z. Bd. 54 (1933) S. 1258.

für 100 V. Zwischen den beiden letzteren befindet sich ein kräftiges Hartpapier-Isolierrohr. Eisenkörper und Wicklungen sind in einem mit Isolieröl gefüllten Behälter *4* eingebaut, durch dessen Deckel die großen Porzellandurchführungen *6* für die Hochspannung und kleine Porzellanklemmen (nicht gezeichnet) für die sekundäre Niederspannung führen. Die Durchführungsisolatoren sind oft als Ölausdehnungsgefäße ausgebildet.

Für sehr hohe Spannungen werden die Spannungswandler häufig zur Aufstellung im Freien ausgebildet. Zuweilen werden mehrere in der sog. Kaskadenschaltung in Reihe geschaltet. Überspannungen durch Wanderwellen, wie sie besonders in Freileitungen auftreten, beanspruchen die Isolation über die normale Spannung. Man muß daher einen Überspannungsschutz (gut isolierte Eingangswindungen) wie bei den Leistungstransformatoren vorsehen. Bei Netzkurzschlüssen erfahren die Spannungswandler im Gegensatz zu den Stromwandlern keine Überlastung.

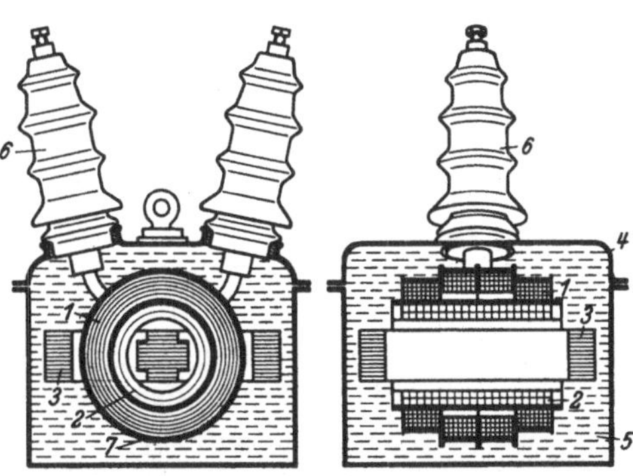

Abb. 116. Spannungswandler für 30 kV mit Mantelkern. *1* Primärwicklung, *2* Sekundärwicklung, *3* Wandlereisen, *4* Gehäuse, *5* Isolieröl, *6* Porzellanisolatoren mit Hochspannungsklemmen, *7* Hartpapierrohr.

**Toleranz und Bürde.** Für Spannungswandler sind vom VDE ebenfalls in den Regeln über Meßwandler Fehlergrenzen für Änderungen von $\pm 20\%$ der Nennspannung aufgestellt. Da die zu messende Spannung sich selten um mehr als $\pm 10\%$ ändert, ist eine bestimmte Toleranz bei Spannungswandlern leichter einzuhalten als bei Stromwandlern. Die Bürden sind die Spannungsspulen von Voltmetern, Wattmetern, Zählern und Relais, die parallel an die Sekundärklemmen angeschlossen werden, und deren Verbrauch die zulässige Gesamtbürde nicht überschreiten darf.

# XIII. Zusammenstellung von Angaben über elektrische Meßgeräte.

Um einen Überblick über die Anwendungsmöglichkeit der Meßgeräte zu geben, sind in den folgenden Tafeln wichtige Angaben zusammengestellt.

## 1. Verwendungsmöglichkeit.

In der Tafel I auf S. 134 ist die Verwendungsmöglichkeit der Geräte zusammengestellt; die drei letzten waagerechten Zeilen betreffen Meßeinrichtungen, die erst im zweiten Teil beschrieben sind.

## 2. Anwendungsbereiche.

Tafel IIa auf S. 135 zeigt, für welche **Stromstärken** und für welche **Spannungen** innerhalb des angegebenen **Frequenzbereichs** die einzelnen Gerätearten verwendet werden können. Dabei sind auch Kombinationen der Geräte mit zusätzlichen Geräten einbegriffen. Als Zusatzgeräte sind hier zu verstehen Neben- oder Vorwiderstände, Trockengleichrichter, Thermoumformer und Vorkondensatoren, aber keine Strom- und Spannungswandler, da mit diesen der Meßbereich jedes Wechselstromgerätes verändert werden kann.

## 3. Kurzzeichen für die Skalenaufschrift.

Die Tafeln IIb und III auf S. 135 und 136 geben Aufschluß über die Kurzzeichen, die man auf den Skalen der Geräte findet. Während man Meßbereich und Meßgröße aus der Austeilung und ihrer Bezifferung ersehen kann, sind andere Angaben durch Kurzzeichen meist rechts unten auf das Skalenblech aufgedruckt. Hier findet man nach Tafel IIb die **Klassenzeichen,** die **Lagezeichen** sowie die Angabe der **Stromart,** für die das Gerät bestimmt ist, nach Tafel III die **Meßwerksymbole**, die ein Erkennen der Meßwerkart ermöglichen, ohne das Gehäuse zu öffnen.

## 4. Toleranz und Einflußgrößen.

Tafel IV (S. 137) gibt einen Überblick über **Toleranz-** und **Einflußgrößen** nach den internationalen Regeln für Meßgeräte. Ein Zwang für die Einhaltung dieser Regeln ist nur für Betriebsgeräte und Normalinstrumente zur Eichung von Betriebsgeräten gegeben, also für alle Geräte, die mit dem Elektrizitätsverkauf irgendwie zusammenhängen. Die Werte der Tafeln IIb und IV sind aber freiwillig für fast alle Meßgerätarten eingeführt.

## 5. Eigenverbrauch der Strom- und Spannungsmesser.

Die Tafeln V und VI (S. 138 und 139) zeigen in logarithmischem Maßstab den Eigenverbrauch normaler Strom- und Spannungsmesser, und zwar innerhalb eines gewissen, von guten Geräten eingehaltenen Spielraums, der durch Schattierungen im Bild angedeutet ist. Aus den dargestellten Schaulinien kann man interessante Schlüsse auf die Eigenart des Meßinstruments ziehen. Der Stromverbrauch der Drehspulspannungsmesser z. B. kann 3...30 mA (Tafel VI) betragen und ist dann für alle Meßbereiche, die durch Vorwiderstände gebildet werden, konstant. Der Spannungsabfall der Drehspulstrommesser beträgt etwa 30...150 mV (Tafel V) und bleibt für alle Stromstärken konstant, da die Meßbereiche durch Nebenwiderstände gebildet werden. Nur bei ganz kleinen Strommeßbereichen wird der kleinere Meßbereich durch Verringerung der Richtkraft und zuweilen auch durch Erhöhung der Kraftliniendichte des Magnets erzielt; die Schaulinie fällt daher nach links ab.

Als weiteres Beispiel sei das Dreheisengerät herausgegriffen. Zur Erzielung des Endausschlags ist eine bestimmte Amperewindungszahl und damit ein konstanter Wattverbrauch notwendig. Wird der Strommeßbereich vergrößert, so kommt man mit weniger Windungen größeren Querschnittes aus, der Widerstand nimmt quadratisch oder der Spannungsabfall linear im logarithmischen Maßstab ab. Eine ähnliche Überlegung gilt für den Spannungsmeßbereich.

Kennzeichnend ist auch der Verlauf der Schaulinie für das Thermoelement. Um das Drehspulgerät zum Endausschlag zu bringen, ist eine Mindestheizleistung $I^2 \cdot R$ erforderlich. Wächst der Strommeßbereich, dann geht der Widerstand bei gleicher Heizleistung quadratisch zurück. Das gilt streng richtig, wenn keine Wärme verlorengeht (ungefähr zutreffend im Vakuum). Mit kleiner werdendem Widerstand wachsen der Durchmesser und die Oberfläche des Heizdrahtes, damit auch die abgestrahlte Wärmemenge. Um konstante Temperatur zu behalten, muß daher beim Luftelement die Heizleistung zunehmen; der Spannungsabfall bleibt mit wachsendem Strommeßbereich konstant.

Der Verbrauch der Instrumente beim Endausschlag in W bzw. VA ergibt sich jeweils aus dem Produkt von Strommeßbereich mal Spannungsabfall oder Spannungsmeßbereich mal Stromverbrauch.

**Tafel I. Verwendungsmöglichkeiten der Gerätearten.**

| Meßgerät ↓ / zur Messung von: | Gleichspannung | Gleichstrom | Wechselspannung | Wechselstrom | Leistung | Widerstand | Frequenz | Phase | Kapazität | Induktivität | Drehzahl | Temperatur | Feuchtigkeit u. $CO_2$ | Fehlwinkel δ | Lichtstärke | Druck |
|---|---|---|---|---|---|---|---|---|---|---|---|---|---|---|---|---|
| Einheit: → | V | A | V | A | W | Ω | Hz | $\cos\varphi$ | F | H | U/min | °C | % | ‰ | lm | kg/cm² |
| Drehspule | ○ | ○ | [1 2] | [1 2] | | ○ | | | | | [3] | [2] | [2] | | [6] | |
| Kreuzspule mit Dauermagnet | | | | | | ○ | | | | | | [4] | [4] | | | |
| Drehmagnet | ○ | ○ | | | | | | | | | | | | | | |
| Elektrodynamometer | | | ○ | ○ | ○ | | | | | | | | | | | |
| Kreuzspul-(Induktions-)dynamometer | | | | | | ○ | ○ | ○ | ○ | ○ | | [4] | [4] | | | |
| Dreheisen | ○ | ○ | ○ | ○ | | Ⓠ | | | | | [3 5] | [4] | [4] | | | |
| Induktion | | | ○ | ○ | ○ | Ⓠ | Ⓠ | | | | ○ | | | | | |
| elektrostatisch | ○ | | ○ | | | Ⓠ | ○ | | ○ | | | | | | | [7] |
| Hitzdraht | ○ | ○ | ○ | ○ | | | | | | | | | | | | |
| Zungenfrequenzmesser | | | | | | | ○ | | | | [5] | | | | | |
| Oszillograph | | | ○ | ○ | | | ○ | | | | | | | | | [7] |
| Meßbrücke | | | | | | ○ | ○ | ○ | ○ | ○ | | [4] | [4] | ○ | | |
| Kompensator | ○ | ○ | ○ | ○ | | ○ | ○ | ○ | | | | | | ○ | | |
| Ferngeber | [8] | [8] | [8] | [8] | [8] | [8] | [8] | [8] | | | [8] | [8] | [8] | | | |

○ *unmittelbare Anzeige,* [n] *mittelbare Anzeige, bei:*

| | | | | | |
|---|---|---|---|---|---|
| *n = 1* | *über* | *Trockengleichrichter* | *n = 5* | *über* | *Wechselstrominduktor* |
| *n = 2* | *"* | *Thermoelement* | *n = 35* | *"* | *3 oder 5* |
| *n = 12* | *"* | *1 oder 2* | *n = 6* | *"* | *Photozelle* |
| *n = 3* | *"* | *Gleichstrominduktor* | *n = 7* | *"* | *Quarzkristall* |
| *n = 4* | *"* | *Widerstandstherm.* | *n = 8* | *"* | *Ferngeber u. Fernempfänger* |

*Q = Quotientenmeßgerät*

**Tafel II. a) Strom-, Spannungs- und Frequenzbereich der Meßgeräte.**
**b) Klasse, Stromart- und Lagezeichen.**

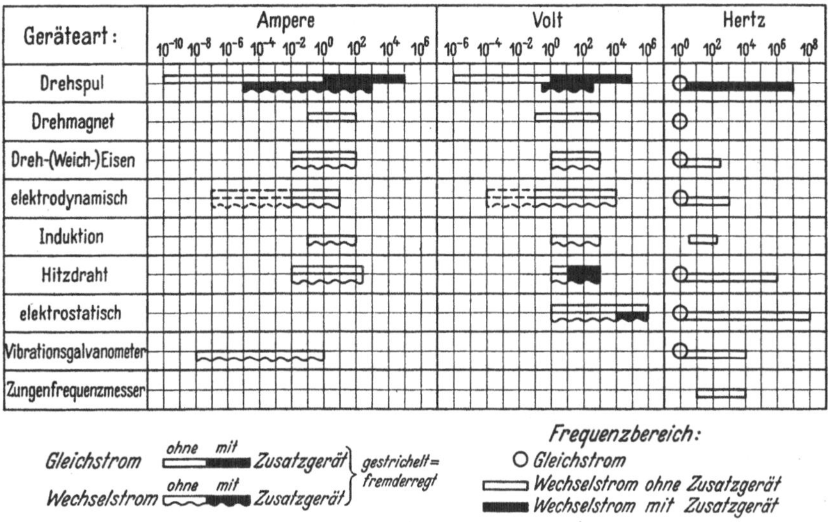

| Geräteart: | Ampere $10^{-10}$ $10^{-8}$ $10^{-6}$ $10^{-4}$ $10^{-2}$ $10^{0}$ $10^{2}$ $10^{4}$ $10^{6}$ | Volt $10^{-6}$ $10^{-4}$ $10^{-2}$ $10^{0}$ $10^{2}$ $10^{4}$ $10^{6}$ | Hertz $10^{0}$ $10^{2}$ $10^{4}$ $10^{6}$ $10^{8}$ |
|---|---|---|---|
| Drehspul | | | |
| Drehmagnet | | | |
| Dreh-(Weich-)Eisen | | | |
| elektrodynamisch | | | |
| Induktion | | | |
| Hitzdraht | | | |
| elektrostatisch | | | |
| Vibrationsgalvanometer | | | |
| Zungenfrequenzmesser | | | |

*Gleichstrom* ohne mit *Zusatzgerät*
*Wechselstrom* ohne mit *Zusatzgerät* } *gestrichelt = fremderregt*

*Frequenzbereich:*
O *Gleichstrom*
*Wechselstrom ohne Zusatzgerät*
*Wechselstrom mit Zusatzgerät*

a

| Bezeichnung: | Zeichen: nach VDE | internat. | bedeutet: nach VDE | international eine Toleranz von: |
|---|---|---|---|---|
| Klassenzeichen | *E* | *0,2* | *Feinmeßgerät 1. Klasse* | *0,2%* |
| | *F* | *0,5* | *" 2. "* | *0,5%* |
| | *G* | *1,0* | *Betriebsmeßgerät 1. Klasse* | *1,0%* |
| | *H* | *1,5* | *" 2. "* | *1,5%* |
| | | *2,5* | | *2,5%* |
| Stromart | ═ | — * | *Gleichstrom* | |
| | ∼ | ∼ | *Wechselstrom* | |
| | ≂ | ≂ | *Gleich- und Wechselstrom* | |
| | ≈ | | *Zweiphasenstrom* | |
| | ≋ | ≋ | *Drehstrom, gleiche Belastung* | |
| | ≋ | ≋ | *Drehstrom, ungleiche Belastung* | |
| | ≋ | ≋ | *Drehstrom ungleiche Belastung, Vierleitersysteme* | |
| Lagezeichen | \| | ⌋ * | *senkrechte Gebrauchslage* | |
| | — | ⊓ | *waagrechte Gebrauchslage* | |
| | ∠45° | △45° | *geneigte Gebrauchslage unter Angabe des Winkels* | |

* *nur Vorschläge*

b

Tafel III. **Meßwerksymbole für die Skalenaufschrift.**

| Art des Meßwerks | Meßwerksymbol nach VDE | Meßwerksymbol international vorgeschlagen |
|---|---|---|
| Drehspul-Instrument mit permanentem Magnet | | |
| Drehspul-Quotientenmesser mit permanentem Magnet (Kreuzspule) | | |
| Dreheisen-Instrument | | |
| Dreheisen-Quotientenmesser | | |
| Elektrodynamometer | | |
| Elektrodynamometer als Quotientenmesser (Kreuzspule) | | |
| Induktions-Instrument | | |
| Induktions-Instrument als Quotientenmesser | | |
| Hitzdraht-Instrument | | |
| Elektrostatisches Instrument | | |
| Vibrationsinstrument (Zungenfrequenzmesser) | | |
| Thermo-Umformer, allgemein | | |
| Isolierter Thermo-Umformer | | |
| Gleichrichter, allgemein | | |
| Eisenschirm, allgemein | | |
| Eisengeschlossenes Instrument, gleichzeitig Schirm | | |

Tafel IV. **Toleranz und Einflußgrößen nach den internationalen Regeln gültig für Drehspul-, Dreheisen-, elektrodynamische und Induktionsinstrumente.**

| Klasse | 0,2 | 0,5 | 1,0 | 1,5 | 2,5 | Gemessen in Prozent |
|---|---|---|---|---|---|---|
| Toleranz (Fehlergrenzen) ± <br>gilt für: 20° C Umgebungstemperatur, die angegebene Frequenz, sonst für 15...60 Hz, praktisch sinusförmige Welle, für Wattmeter bei Nennspannung und $\cos\varphi = 1$, für Aufstellungsorte ohne Fremdfelder, die Lage, wie auf dem Instrument vermerkt. Für kurzzeitige oder Dauereinschaltung bei Instrumenten der Klassen 0,2, 0,5 und 1,0, für einstündige Belastung mit 80% des Nennstroms bzw. -spannung bei Instrumenten der Klassen 1,5 und 2,5 | 0,2 | 0,5 | 1,0 | 1,5 | 2,5 | vom Höchstwert |
| Temperatur-Einfluß. ± <br>Die Änderung der Anzeige eines Instrumentes soll bei Änderung der Umgebungstemperatur um ± 10° C, normalerweise bei 10...30° C, die nebenstehenden Werte nicht überschreiten | 0,2 | 0,5 | 1,0 | 1,5 | 2,5 | der Anzeige |
| Frequenz-Einfluß. ± <br>Die Änderung der Anzeige eines Instrumentes bei Änderung der Frequenz um 10% der angegebenen Nennfrequenz soll die nebenstehenden Werte nicht überschreiten. Bei Instrumenten der Klasse 0,2 ohne angegebene Nennfrequenz darf die Anzeigeänderung bei 15...60 Hz 0,1% nicht überschreiten | 0,2 | 0,5 | 1,0 | 1,5 | 2,5 | der Anzeige |
| Fremdfeld-Einfluß.<br>Drehspulinstrumente mit Dauermagnet ±<br>alle anderen Instrumente ±<br>Die Änderung der Anzeige durch ein magnetisches Feld von 5 Gauß derselben Stromart und Frequenz soll bei ungünstigster Phase und Richtung des Feldes nebenstehende Werte nicht überschreiten | 1,5<br>3 | 1,5<br>3 | 1,5<br>3 | 1,5<br>3 | 1,5<br>3 | vom Höchstwert<br>„ „ |
| Einfluß des Leistungsfaktors auf Wattmeter. ±<br>Wenn ein Wattmeter mit Nennstrom in Nennspannung belastet ist, soll beim Leistungsfaktor Null (nacheilender Strom) die Ablenkung nebenstehende Werte nicht überschreiten<br>Der Ausschlag der Wattmeter der Klassen 0,2 und 0,5 soll bei Nennspannung, Nennstrom und Leistungsfaktor 0,5 nicht mehr als die Tabellenwerte abweichen von dem Ausschlag bei Nennspannung, halbem Strom und $\cos\varphi = 1$ | 0,2 | 0,5 | 1,0 | 1,5 | 2,5 | vom Höchstwert |

## Tafel V. Eigenverbrauch normaler Strommesser.

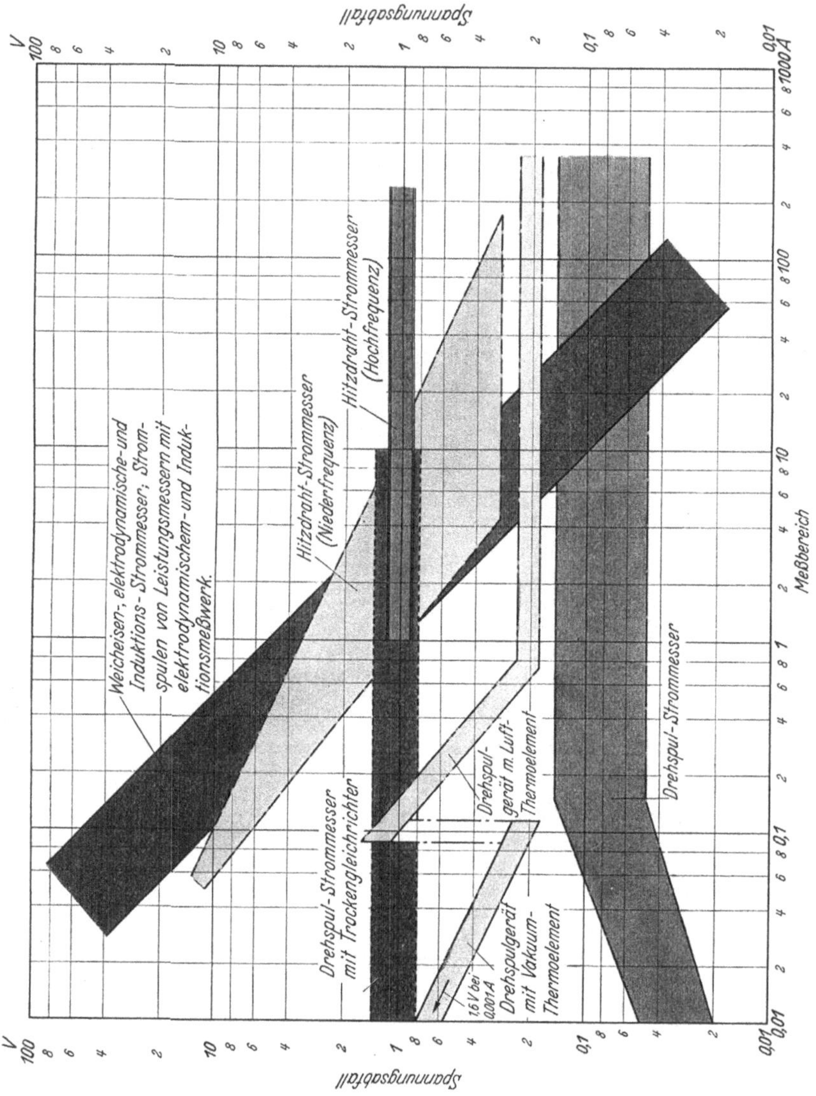

Spannungsabfall

Weicheisen-, elektrodynamische- und Induktions-Strommesser; Strom-spulen von Leistungsmessern mit elektrodynamischem- und Induktionsmeßwerk.

Hitzdraht-Strommesser (Niederfrequenz)

Hitzdraht-Strommesser (Hochfrequenz)

Drehspul-Strommesser mit Trockengleichrichter

1,6 V bei 0,001 A

Drehspulgerät mit Vakuum-Thermoelement

Drehspulgerät m. Luft-Thermoelement

Drehspul-Strommesser

Meßbereich

**Tafel VI. Eigenverbrauch normaler Spannungsmesser.**

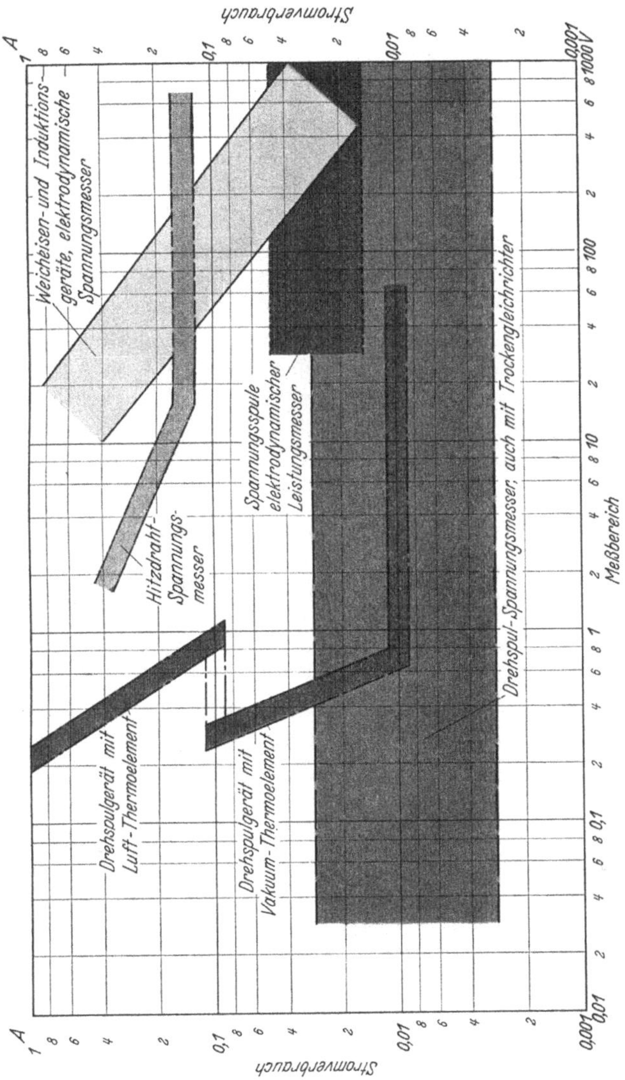

Zweiter Teil.

# Die elektrischen Meßeinrichtungen.

Die Grenze zwischen elektrischen Meßgeräten und Meßeinrichtungen liegt nicht ganz fest. Ein Kreuzspulinstrument mit Ohmskala wird hier zu den Geräten gerechnet, während dasselbe Instrument mit einer Temperaturskala und dem dazugehörigen Widerstandsthermometer bei den Meßeinrichtungen beschrieben ist, obwohl sich beide Geräte einschließlich ihrem Zubehör auch in baulicher Beziehung sehr ähnlich sind. Zu den Meßeinrichtungen sollen neben den Meßwiderständen, Kompensatoren, Brücken usw. auch diejenigen Instrumente gerechnet werden, deren Ausschlagsänderung nicht unmittelbar von der zu messenden Größe abhängt, also z. B. elektrische Thermometer.

## XIV. Meßwiderstände.

**Die Einheit** ist das Ohm. Nach dem 1898 erlassenen Gesetz über die elektrischen Einheiten ist dies der Widerstand einer Quecksilbersäule von 106,3 cm Länge und 1 mm$^2$ Querschnitt bei 0° C. Näheres siehe z. B. bei Jäger[1].

### 1. Der Werkstoff.

Die Hauptanforderungen an Meßwiderstände sind: Möglichst hoher spezifischer Widerstand, Unabhängigkeit von der Temperatur in möglichst weiten Grenzen, Konstanz über Jahrzehnte, Unveränderlichkeit bei ständiger thermischer Belastung durch Stromstöße und mechanischer Beanspruchung durch Erschütterungen. Diese Forderungen werden von zwei erprobten Kupferlegierungen erfüllt, deren Eigenschaften in der folgenden Tabelle 3 zusammengestellt sind. Zum Vergleich sind in der letzten Spalte die Zahlen für reines Kupfer eingetragen.

**Konstantan** ist wegen seiner hohen Thermokraft gegen Kupfer für Gleichstrommessungen nicht geeignet. Man verwendet es heute nur noch für Wechselstrommessungen, bei denen keine Präzisionseichung mit Gleichstrom notwendig ist.

**Manganin** wird wegen seiner kleinen Thermokraft gegen Kupfer dem Konstantan bevorzugt und findet in Form von Drähten und Blechen allgemein Anwendung.

---

[1] Jäger: Geiger-Scheels Handbuch der Physik, Bd. 16 (1927) Kap. 1.

Tabelle 3.

| Eigenschaft | Konstantan | Manganin | Cu |
|---|---|---|---|
| Zusammensetzung . . . | 60% Cu, 40% Ni | 84% Cu, 4% Ni, 12% Mn | 100% Cu |
| Spezifischer Widerstand | 0,49 | 0,42 | 0,0175 |
| Temperaturkoeffizient bei 20° C . . . . . . | —0,00003 ... +0,00005 | +0,00001 ... +0,00003 | 0,004 |
| Thermokraft gegen Cu . | —40 μV/° C | +0,8 ... —7,1 μV/° C | 0 |

Alle Metallwiderstände für genaue Messungen werden nach der Formgebung und Verbindung mit den Anschlußstücken künstlich gealtert, z. B. nach Angaben der P.T.R. durch 24stündiges Erwärmen auf 140° C. Nach dieser Alterung darf keine Formänderung mehr vorgenommen werden. Die Normalwiderstände werden mit einer Toleranz von 0,1‰ bei 20° C abgeglichen.

**Edelmetall** wird zur Bildung sehr hochohmiger Widerstände auf ein Porzellanröhrchen aufgebrannt wie der Goldrand auf die Kaffeetasse. Zuweilen wird dieser dünne Belag durch einen wendelförmigen Kerbschliff zu einem Band geformt. Diese Widerstände zeichnen sich durch gute Konstanz und hohe Belastbarkeit aus, besitzen aber den Temperaturkoeffizienten des verwendeten Metalls, meist Gold oder Platin, und sind daher als Präzisionswiderstände nicht brauchbar. Die Herstellungsmöglichkeit geht bis zu einigen Millionen Ohm.

**Halbleiter** haben einen an sich günstigen hohen spezifischen Widerstand, aber auch einen verhältnismäßig hohen, meist negativen Temperaturkoeffizienten (Graphit —0,3% bei 10° C Temperaturänderung). Man verwendet sie häufig für sehr hochohmige Meßwiderstände[1] bei Zulassung einer verhältnismäßig großen Toleranz.

**Flüssigkeiten** in Isolierrohren werden nur ausnahmsweise im Laboratorium als Meßwiderstände verwendet. Sie haben meist einen hohen Temperaturkoeffizienten, sind zeitlich nicht hinreichend konstant und bilden mit den notwendigen Metallelektroden ein Element, dessen Spannung bei Gleichstrommessungen auch bei sorgfältigster Auswahl der Stoffe nicht vernachlässigt werden kann.

## 2. Niederohmige Widerstände für hohe Ströme.

Hierzu sind Nebenwiderstände nach Abb. 103, S. 122 zu rechnen, wie sie für Strommessungen mit Zeigerinstrumenten Verwendung finden. Für sehr genaue Strommessungen, besonders im Kompensationsapparat erfahren diese Widerstände eine besondere, von der Physikalisch-

[1] Arch. techn. Messen Z. 117—2. (April 1934.)

Technischen Reichsanstalt angegebene Ausbildung, wie dies Abb. 117 zeigt. Ein mit Lüftungslöchern versehenes Metallrohr *1* ist durch einen Deckel *2* aus Isolierstoff verschlossen, durch den zwei starke Kupferbolzen *3* in das Innere des Gefäßes ragen. An diese Bolzen sind besonders geformte Manganinbleche *4* (s. Bodenansicht) hart angelötet. Durch Feilen wird der Widerstand dieser Bleche auf genauen Betrag abgeglichen. Außerhalb des Gefäßes sind die Kupferbolzen als Bügel ausgebildet, die mit ihren Enden *5* in Quecksilbernäpfe aus Kupfer tauchen. Neuerdings schließt man die Stromzuführungskabel meist nur noch mittels der kräftigen Flügelschrauben *6* an. Von den Verbindungsstellen der Widerstandsbleche *4* mit den Kupferbolzen *3* führen besondere Zuleitungen *7* zu den Potentialklemmen *8*, an denen der Spannungsabfall abgenommen wird. Als Nennwiderstand gilt der Widerstand zwischen den Potentialklemmen. Die Toleranz dieser Widerstände beträgt 0,1‰ bei 20° C. Zur Temperaturbeobachtung ist ein Rohr *9* vorgesehen, in das ein Thermometer gesteckt werden kann.

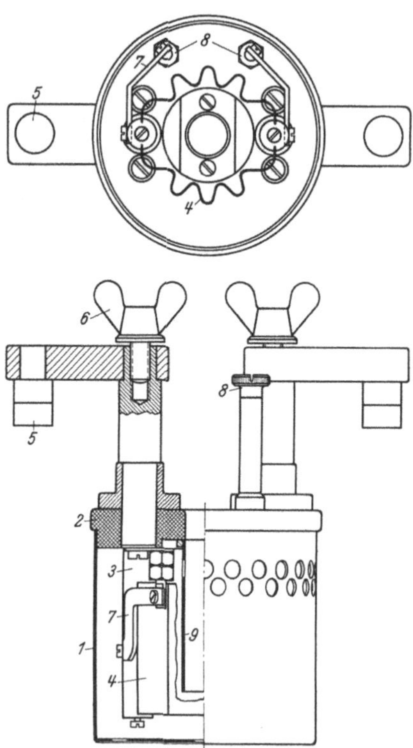


Abb. 117. Normalwiderstand 0,001 $\Omega$ in Reichsanstaltform (H. & B.) (für 200 A bei Kühlung durch Petroleumbad, bei Luftkühlung 35 A.) *1* Metallrohr mit Lüftungslöchern, *2* Deckel aus Isolierstoff, *3* Kupferbolzen, *4* Manganinbleche, *5* Enden der Bügel, *6* Klemmschrauben, *7* Zuleitungen zu den Potentialklemmen, *8* Potentialklemmen, *9* Rohr für Thermometer.

Das Bureau of Standards in Washington baut Normalwiderstände für 1 $\Omega$, deren außerordentlich sorgfältige Herstellung und Untersuchung von Keinath[1] beschrieben wurde. Ein Vergleich dieser Widerstände mit den Normalien in London und Berlin zeigte Abweichungen von weniger als $10^{-4}$%.

Die Belastung wird klein gewählt, damit sich die Widerstände nur wenig erwärmen. Bei sehr hohen Strömen wird der ganze Widerstand zur raschen Abführung der entwickelten Wärme in ein Petroleumbad gesetzt, dessen Kühlflüssigkeit ein kleiner, durch Motor angetriebener Propeller umrührt.

[1] Keinath: Arch. techn. Messen Z. 111—3. (Sept. 1931.)

Für die genaue Messung von hohen Wechselströmen wurden von der Physikalisch-Technischen Reichsanstalt[1] Sonderwiderstände durchgebildet, die aus zwei ineinanderliegenden, dünnwandigen Rohren aus Manganin bestehen. Sie sind durch eine dünne Glimmer- oder Lackschicht voneinander isoliert und an einem Ende miteinander verlötet. An dem anderen Ende sind die Stromzuleitungen und die Potentialklemmen angebracht. Der Strom fließt also durch beide Rohre stets in entgegengesetzter Richtung, so daß die Induktivität praktisch verschwindet. Bei sehr hohen Strömen fließt durch das auch innen mit einer Isolierschicht versehene Doppelrohr Wasser zur Abführung der Wärme. Heute verwendet man bei Wechselstrom allerdings meist Normalstromwandler (vgl. S. 129), deren Meßtoleranz besonders bei hohen Strömen kleiner ist als die der Nebenwiderstände.

## 3. Hochohmige Widerstände für kleine Ströme.

**Zeitkonstante.** Für Ströme von etwa 1 A abwärts werden die Meßwiderstände mit wenigen Ausnahmen als Widerstandsdraht auf Zylinder oder Rahmen gewickelt. Bei Gleichstrom ist der Strom im Widerstand bei einer bestimmten Spannung durch das Ohmsche Gesetz vollkommen bestimmt, Induktivität und Kapazität spielen keine Rolle. Dennoch wickelt man auch die reinen Gleichstromwiderstände fast ausnahmslos bifilar, indem Hin- und Rückleitung gleichzeitig nebeneinander gewickelt werden. Bei Wechselstrom kann zwischen Strom und Spannung eine kleine Phasenverschiebung auftreten, deren Betrag mit $\varphi$ bezeichnet sei. Hierfür gilt angenähert die Gleichung[2]

$$\varphi = \omega L/R - \omega R \cdot C = \omega \cdot T\,. \tag{50}$$

Hierbei bedeuten: $\omega = 2\,\pi f$ die Kreisfrequenz, $L$ die Induktivität, $C$ die Kapazität, $R$ den Ohmschen Widerstand, $T$ die Zeitkonstante mit der Dimension sec. Gl. (50) zeigt, daß es mehrere Wege gibt, um den Fehlwinkel $\varphi$ klein zu halten: man kann unabhängig voneinander $L$ und $C$ möglichst klein machen, man kann aber auch die beiden Glieder in Gl. (50) so abgleichen, daß ihre Differenz möglichst klein wird. Für $L/C = R^2$ wird der Fehlwinkel $\varphi$ bzw. die Zeitkonstante $T$ nach der Näherungsgleichung (50) bei allen Frequenzen gleich Null. Die genaue Beziehung zwischen $R$, $C$ und $L$ enthält noch quadratische Glieder, die bei $L/C=R^2$ nicht Null werden. Bei kleinen Widerständen überwiegt die Induktivität. Man hält dann die Kapazität künstlich groß durch bifilare Wicklung oder durch Bänder, die mit großer Fläche bei dünnster Isolation aneinanderliegen, wie dies Abb. 118a zeigt. Bei hohen Widerständen überwiegt die Kapazität. Man unterteilt die Widerstände daher

[1] Orlich, E.: Z. Instrumentenkde. Bd. 29 (1909) S. 241.

[2] Näheres siehe Wagner u. Wertheimer: Elektrotechn. Z. Bd. 34 (1913) S. 613, 649 u. Wagner: Elektrotechn. Z. Bd. 36 (1915) S. 606, 621.

in Gruppen kleinen Widerstandes, so daß die Spannung zwischen den Drahtlagen klein bleibt. Eine ausgezeichnete Übersicht gibt K. W. Wagner[1]. Die hauptsächlichsten Wicklungsmethoden sind folgende:

**Bifilare Wicklung** für Widerstände von 1...100 Ω. Wickelt man einen umsponnenen, schellackierten Draht auf eine Spule ohne Wechsel der Wicklungsrichtung (unifilare Wicklung), so besitzt die Widerstandsspule eine ziemlich große Induktivität, die man vermindern kann, wenn man den Draht abwechselnd einige Windungen rechts und dann gleichermaßen links herumwickelt. Wickelt man nach Abb. 118b zwei am Anfang verbundene Drähte gleichzeitig auf eine Rolle, so entsteht die sog. bifilare Wicklung. Hierbei wird die Induktivität sehr klein. Die Oberflächen der beiden Drähte liegen aber auf einer großen Länge (halbe Drahtlänge) nahe zusammen. Am gemeinsamen inneren Wicklungsanfang ist die Spannung zwischen den beiden gegenläufigen Wicklungen Null, sie steigt aber nach den äußeren Wicklungsenden an und hat eine kapazitive Wirkung zur Folge. Die rein bifilare Wicklung wird daher nur für verhältnismäßig kleine Widerstände verwendet.

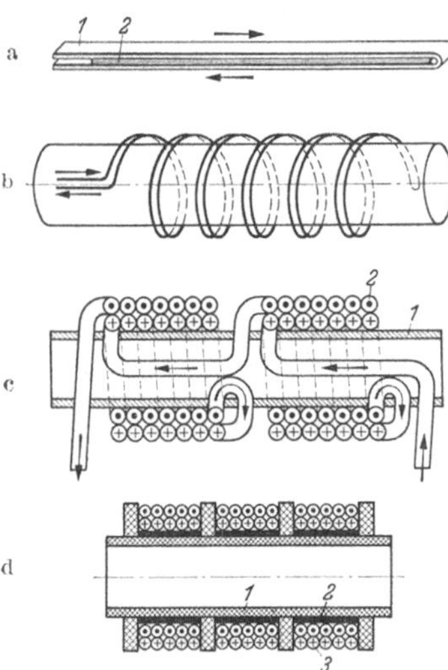

Abb. 118. Wicklungen für Präzisionswiderstände. a Bifilarwicklung aus Blechen für kleinste Widerstände. *1* Manganinblech, *2* Glimmerzwischenlage. b Bifilarwicklung aus Drähten für kleinere Widerstände. c Wicklung nach Chaperon für große Widerstände. *1* Metallrohr, *2* Wicklung. d Wicklung nach Wagner und Wertheimer für größte Widerstände. *1* Isolierrohr, *2* geschlitztes Metallrohr, *3* Wicklung.

Die **Wicklung nach Chaperon** für Widerstände über 100 Ω, nach der die meisten Laboratoriumswiderstände gewickelt sind, zeigt Abb. 118c. Auf dem Metallrohr *1* wird erst eine Lage Draht rechts herum, dann die zweite links herum gewickelt. Die Wicklung wird in kleine Gruppen unterteilt, von denen zwei im Bild zu sehen sind. Zwischen den Gruppen liegen Ringe aus Isolierstoff. Die Zeitkonstante $T$ dieser und der nachstehenden Widerstände kann man in der Größenordnung $10^{-8}$ sec halten. Aus der Gl. (50): $\varphi = \omega T$ kann man sich die Frequenz $f$ bzw. Kreisfrequenz $\omega$ ausrechnen, bei der die Toleranz des Widerstands einen bestimmten Betrag überschreitet. Im übrigen hängt die Toleranz der Widerstände von der Genauigkeit ab, mit der man sie ausmessen kann.

Die **Wicklung nach Wagner und Wertheimer** für größte Widerstände (vgl. die bereits erwähnte Arbeit) ist das Ergebnis sehr eingehender Untersuchungen. Das Schema ist in Abb. 118d dargestellt. Die nach Chaperon bifilar gewickelten Drähte sind hier in kleinste Gruppen

[1] Siehe Fußnote 2, S. 143.

unterteilt. Auf dem Isolierkörper *1* sind Metallrohre *2* aufgebracht, die der Wicklung eine feste Unterlage und ein bestimmtes Potential geben, die aber zur Vermeidung von Wirbelströmen längs aufgeschlitzt sind. Der Längsschlitz bringt noch eine vorteilhafte Nachgiebigkeit der Wicklungsunterlage. Als Träger für die Wicklung dient bei den Präzisionswiderständen eine Rolle aus einem keramischen Stoff oder ein dünnwandiges Metallrohr, das die Wärme besser abführt. Die Wicklung ist dann durch eine dünne Lackschicht gegen das Metallrohr isoliert. Die feinen Enden der Widerstandsdrähte sind immer an kleine Messingösen oder Kupferdrähte hart angelötet, da Weichlöten bei Manganin nur ungenügende Haltbarkeit ergibt. Diese künstlichen Enden können dann durch Verschrauben oder Weichlöten befestigt werden.

## 4. Hochspannungswiderstände.

Hochspannungswiderstände zur Messung von Spannungen bis etwa 100 kV wurden in zahlreichen Formen entwickelt, von denen sich jedoch bisher keine allgemein eingeführt hat. Für Gleichstrom lassen sich Widerstände der vorbeschriebenen Art bei guter Isolation in hinreichender Zahl in Reihe schalten; das Verfahren ist aber sehr kostspielig. Neuerdings verwendet man die sog. Widerstandskordel, bei der ein feiner Manganin- oder Chromnickeldraht um eine Kordel aus Isolierstoff von etwa 2 mm Durchmesser gewickelt ist. Diese Kordel, die bis zu 2 MΩ für den laufenden m hergestellt wird, wird auf ein Isolierrohr gewickelt, z. B. von etwa 1 m Länge und etwa 40 mm Durchmesser, wie dies Renninger[1] beschreibt als Vorwiderstand von 25 MΩ für 50 kV in Verbindung mit einem kleinen Strommesser für 2 mA.

Bei Wechselstrom treten durch die Kapazität der Widerstände gegen die Umgebung Meßfehler auf, die nur durch sorgfältige Abschirmung in erträglichen Grenzen zu halten sind. Es sei hier der Flüssigkeitswiderstand von Kuhlmann und Mecklenburg[2] erwähnt, der sich im Laboratorium für Hochspannungsmessungen bis 300 kV bewährt hat. Der Temperaturkoeffizient des Widerstands ist auf chemischem Wege zwischen 10...45° C weitgehend kompensiert, die Zeitkonstante beträgt $10^{-5}$ sec, die Belastung 50...300 μA und die Toleranz 1%.

## 5. Regelbare Widerstände.

Die beschriebenen Drahtwiderstände werden in verschiedenen Anordnungen zu veränderbaren Meßsätzen zusammengestellt. Man unterscheidet je nach der Art der Regelung Schleifdraht-, Stöpsel- oder Kurbelwiderstände.

---

[1] Renninger, M.: Z. Instrumentenkde. Bd. 55 (1935) S. 377.

[2] Kuhlmann u. Mecklenburg: Bull. schweiz. elektrotechn. Ver. Bd. 26 (1935) S. 737.

Der **Schleifdrahtwiderstand** besteht aus einem kalibrierten Draht, meist aus Manganin, der auf einer ebenen Unterlage oder auf dem Umfang einer runden Isolierscheibe ausgespannt ist. Auf seiner ganzen Länge kann an einem entsprechend geführten Schieber oder Drehknauf eine Feder bewegt werden, die auf dem Widerstandsdraht schleift, häufig unter Zwischenlage eines besonderen Kontaktstückes, z. B. aus Silber. Da man mit der Schleifdrahtdicke aus mechanischen Gründen nicht unter ein bestimmtes Maß (etwa 0,5 mm), heruntergehen kann, hat man zur Erzielung möglichst hoher Widerstände den Schleifdraht auch in Form einer Wendel auf den Mantel eines Zylinders aus Isoliermaterial gelegt, z. B. bei der Walzenbrücke nach Kohlrausch (s. S. 156). Der Schleifkontakt oder auch eine federnd gelagerte Abnahmerolle kann dann, vom Schleifdraht selbst geführt, in axialer Richtung der Wendel folgen.

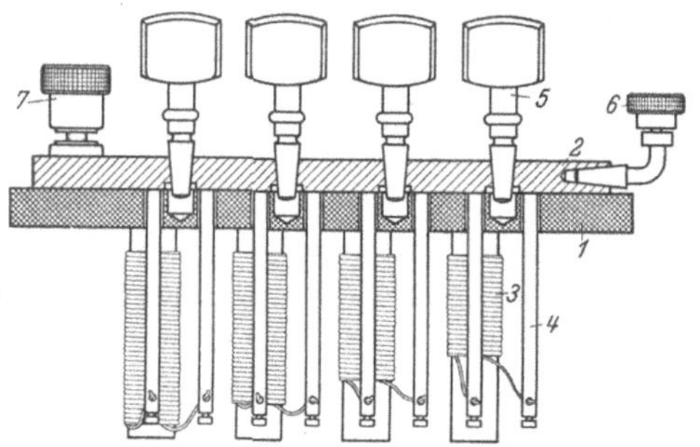

Abb. 119. Stöpselwiderstand (Schnitt). *1* Hartgummiplatte, *2* Messingklötze, *3* Widerstandsrollen, *4* Messingbolzen, *5* Stöpsel, *6* Abzweigeklemme, *7* Anschlußklemme.

Bei einer anderen Ausführungsart wird ein dünner emaillierter oder oxydierter (Konstantan-) Draht auf einem dickeren Haltedraht oder einem flachen Band Schlag an Schlag aufgewickelt. Man macht auf dieser Wicklung eine schmale Bahn blank, auf der die Kontaktfeder schleift. Die Widerstandsänderung erfolgt nicht mehr stetig mit dem Kontaktweg, sondern in ganz kleinen Sprüngen, die durch die Windungen des Drahtes gegeben sind.

Die Schleifdrahtwiderstände gehören nicht zu den Meßwiderständen höchster Präzision, besonders dann nicht, wenn der Übergangswiderstand am Schleifkontakt mit in den Meßwiderstand fällt. Ferner macht es einige Schwierigkeit, den Schleifdraht bei bestimmter Länge auf einen bestimmten Widerstand abzugleichen. Man verwendet die Schleifdrahtwiderstände bei genauen Messungen nur als Spannungsteiler (Potentiometer) bzw. Verhältniswiderstände.

**Stöpselwiderstände.** Für Meßwiderstände hoher Präzision werden Teilwiderstände, die nach Abb. 118b, c oder d auf Rollen gewickelt sind, nach Abb. 119 in Reihe geschaltet. Die Enden der Teilwiderstände *3* sind durch Messingbolzen *4* an kräftige Metallklötze *2* geführt, die möglichst unverrückbar auf einer Isolierplatte *1* befestigt sind. Der Anschluß erfolgt an den Klemmen *7* (nur eine gezeichnet). Die Widerstände *3* können durch konische Stöpsel *5*, die einen isolierten Handgriff besitzen, kurzgeschlossen werden. In der Abb. 119 sind alle Widerstände kurzgeschlossen, und zwischen der Klemme *7* und der Abzweigklemme *6* liegen nur die Widerstände der Klemmklötze, der Stöpsel und die Übergangswiderstände zwischen beiden. Letztere sind bei guter Arbeit ganz außerordentlich klein ($5 \cdot 10^{-5}\,\Omega$); darum verwendet man bei Präzisionswiderständen diese Stöpsel an Stelle von Kurbeln. Letztere haben jedoch kleinere Kapazität der Anschlüsse und sind deshalb für höhere Frequenzen besser geeignet.

Abb. 120 zeigt die U-förmige Anordnung der Klötze für einen Präzisionswiderstand von insgesamt 111,11 Ω auf einer Isolierplatte *1*. Letztere dient als Deckel eines Holzkastens, in dem die Widerstände nach Abb. 119 untergebracht sind. Zwischen der Anschlußklemme *7* und dem zweiten Klotz nach links liegt der Widerstand 0,01 Ω usw. Jeder Widerstand kann durch einen Stöpsel kurzgeschlossen werden. Die Abstufung ist so gewählt, daß sich alle Werte zwischen 0,1 Ω und 111,1 Ω in Stufen von 0,1 Ω darstellen lassen. Die Stufe 0,01 Ω dient zur Interpolation: wenn z. B. bei einer Abgleichung das Galvanometer etwas links von Null, beim Ziehen eines Stöpsels 0,1 etwas rechts von Null steht, so kann man durch Ziehen von 0,01 Ω $^1/_{10}$ des Restausschlags feststellen. Die Abstufung ist ferner so vorgesehen, daß man jede Stufe durch entsprechende Kombination anderer Stufen herstellen kann; hierzu ist die Stufe 0,1 Ω zweimal vorhanden. Durch diese Vergleichsmöglichkeit läßt sich leicht feststellen, ob der Meßwiderstand in Ordnung ist. Die Stöpsel in den Querverbindungen der Ausführung nach Abb. 120 gestatten, die Widerstände durch die Unterbrechungen *9* und *10* in 2 Abteilungen zu trennen; ferner läßt sich durch Unterbrechung bei *9* und *10* der Widerstand ∞ darstellen. Jeder Klotz besitzt noch eine seitliche konische Bohrung, in die sich ein sog. Potentialstöpsel einstecken läßt, wie dies Abb. 119 bei *6* zeigt. Man kann damit den Gesamtwiderstand in zwei beliebige Teile unterteilen.

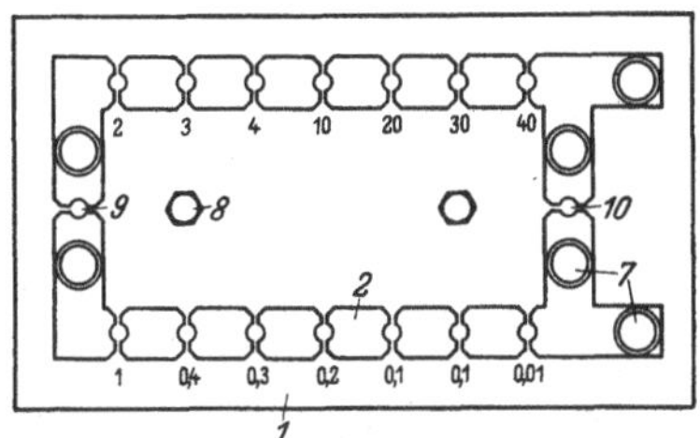

Abb. 120. Präzisions-Stöpselwiderstand (Draufsicht). *1*, *2*, *7* wie Abb. 119, *8* Stöpsel zur Überbrückung der Unterbrechungen *9* und *10*.

Die Herstellungsmöglichkeit dieser Stöpsel-Reihenwiderstände liegt etwa zwischen 111,11 und 11111,1 Ω Gesamtwert. Unterhalb würde die kleinste Stufe so klein, daß schon die Übergangswiderstände der Stöpsel ins Gewicht fielen. Nach oben wird die Ausführung durch die Herstellungsmöglichkeit der Drähte und Spulen begrenzt. Die zulässige Belastung liegt zwischen 0,8 A bei den kleinen und 1 mA bei den großen Stufen; die Widerstände sind sorgfältig vor Überlastung zu schützen.

**Kurbelwiderstände.** Etwas bequemer in der Handhabung als die Stöpselwiderstände sind die Kurbelwiderstände nach Abb. 121. In der Abb. 121a sind die Meßwiderstände *3*, die Kontaktklötze *2* und eine Kurbel *1* mit Kontaktfeder in Abwicklung schematisch dargestellt, bei b ein Meßwiderstand mit 3 Kurbeln in Draufsicht. Der Übergangswiderstand zwischen Schleifbürste und Kontaktklotz (Größenanordnung $2 \cdot 10^{-4}\,\Omega$) ist etwas größer als bei den Stöpseln, fällt aber nur bei kleinen Meßwiderständen ins Gewicht. Die Kontaktklötze (Abb. 121b), meist *10*, zuweilen *11* an der Zahl, sind im Kreis um den Drehpunkt des Bürstenhalters *B* angeordnet. Die Verdrehung erfolgt mit einem kräftigen Knauf *D* aus Isoliermaterial, der die Hand des Beobachters gegen den Strompfad isoliert. Fast immer sind Rasten vorgesehen, in die eine Feder einschnappt und durch die der Beobachter fühlt, daß die Bürste ganz auf einem Kontaktklotz steht. Die Meßwiderstände *3* sind nach einer der in Abb. 118 dargestellten Methoden

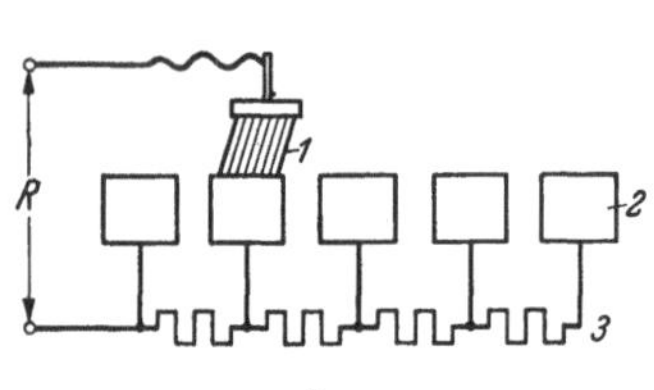


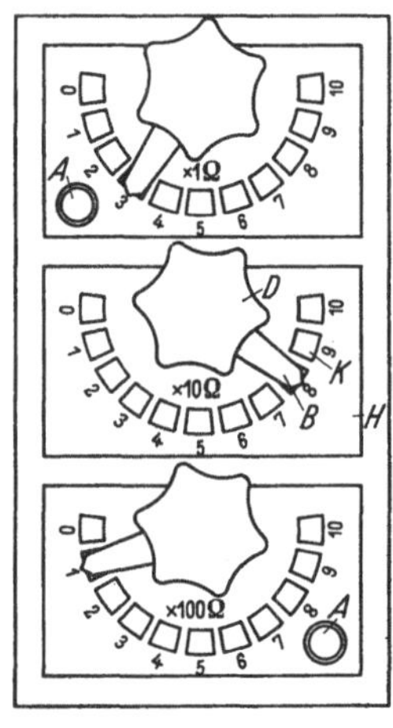


a b

Abb. 121. Kurbelwiderstand. a Schema. *1* Schleifkontakt, *2* Kontaktklötze, *3* Widerstände, *R* Widerstand zwischen den Klemmen. b Draufsicht. *D* Drehknauf, *K* Kontaktklötze, *B* Schleifbürste bzw. Halter, *H* Hartgummiplatte, *A* Anschlußklemmen.

gewickelt und in Reihe geschaltet. In Abb. 121b sind drei solcher Kurbelwiderstände zu einem Satz vereinigt. *A* sind die beiden Anschlußklemmen, dann kommen der Reihe nach die Einer-, die Zehner- und die Hunderter-Dekade. Diese Anordnung gibt eine gute Übersicht; die Kurbeln stehen in der Abb. 121b auf dem Wert 183 Ω. Kurbelwiderstände werden auch als Einzeldekaden gebaut, die sich dann zu größeren Sätzen zusammenstellen lassen, und zwar als fertige Meßsätze bis zu 5 Dekaden. Die untere Grenze liegt bei etwa $10 \cdot 0{,}1\,\Omega$ (zulässige Belastung etwa 1,5 A), die obere Grenze bei $10 \cdot 10000\,\Omega$ (zulässige Belastung etwa 5 mA).

# XV. Induktivitäten und Kapazitäten.

## 1. Induktivitäten.

**Einheit.** Der Induktionskoeffizient eines Leiters, in dem durch die gleichmäßige Änderung der Stromstärke um 1 A/sec 1 V induziert wird, heißt 1 H.

$$1\ \text{Henry (H)} = 10^3\ \text{Millihenry (mH)} = 10^6\ \text{Mikrohenry}\ (\mu\text{H}) = 10^9\ \text{cm}.$$

**Allgemeines.** Der Induktionskoeffizient wird mit $L$ bezeichnet. Für eine runde Spule mit quadratischem Wicklungsquerschnitt nach Abb. 122 ist[1]

$$L = 4\pi \cdot r_m \cdot w \cdot f\,(a/r_m)\,H\,. \tag{51}$$

$a$ und $r_m$ sind in der Abb. 122 eingetragen, $f\,(a/r_m)$ bedeutet, daß die Induktivität auch vom Verhältnis der Wicklungslänge zum mittleren Radius abhängig ist, $w$ ist die Windungszahl. Eine ausführliche theoretische Abhandlung wurde von M. Wien[2] gegeben. Die Eigenkapazität der Wicklung wird, ähnlich wie bei den Widerständen, durch Aufteilung in Gruppen möglichst klein gehalten, sie fällt aber weniger ins Gewicht, da sie keinen Fehlwinkel verursacht. Der Spulenwiderstand dagegen hat einen Fehlwinkel oder Verlustfaktor zur Folge, dem man nur dadurch begegnen kann, daß man den Leitungswiderstand (Kupfer) möglichst klein hält und Metallteile in der Umgebung der Spule vermeidet.

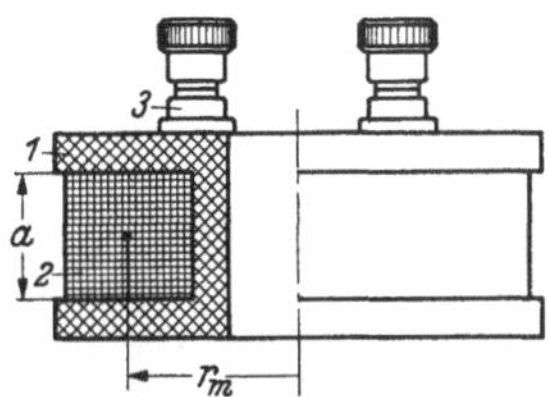

Abb. 122. Normal der Selbstinduktion nach M. Wien (H. & B.). *1* Wicklungsträger aus Porzellan, *2* Wicklung, *3* Anschlußklemme.

**Selbstinduktionen.** Abb. 122 zeigt eine Normalspule nach M. Wien. Auf einen Porzellankörper *1* ist eine Kupferwicklung *2* aufgebracht, deren Enden an die Klemmen *3* geführt sind. Solche Normale werden für $L = 0{,}0001 \ldots 1$ H ausgeführt. Ihr Verlustfaktor tg $\delta$ ist bis 1000 Hz $< 0{,}3$; er ist meist um so größer, je kleiner die Induktivität ist.

Als Normal der **gegenseitigen Induktion** werden auf dem Spulenkörper nach Abb. 122 zwei Drähte nebeneinander aufgewickelt, so daß zwei ineinanderliegende, vollkommen gleiche Spulen entstehen, deren gegenseitiger Induktionskoeffizient $M$ bei einer Spule von 1 mH Selbstinduktion ebenfalls 1 mH beträgt. Bei Wechselstrom hoher Frequenz ist zu bedenken, daß die beiden Spulen auch kapazitiv gut gekoppelt sind. Man verwendet Gegeninduktivitäten hauptsächlich zur Herstellung einer genau bekannten Elektrizitätsmenge $Q = 2 \cdot I \cdot M/R$ Coulomb, die in der Sekundärspule fließt, wenn man den Gleichstrom $I$ A in der Primärspule wendet. $R$ ist hier der Gesamtwiderstand im Sekundärkreis. Derartige gegenseitige Induktivitäten dienen z. B. zum Eichen von Flußmessern und ballistischen Galvanometern.

Die **regelbare Induktivität** besitzt 2 in Reihe geschaltete Spulen, deren Lage zueinander veränderbar ist. Campbell[3] hat einen „Induktionsvariator" angegeben, bei welchem eine von zwei in Reihe geschalteten, nebeneinander liegenden Spulen seitlich verschoben wird.

[1] Stefan: Wiedemanns Ann. Bd. 22 (1884) S. 114.
[2] Wien, M.: Ann. Physik Bd. 58 (1896) S. 553.
[3] Campbell: Philos. Mag. Bd. 6 (1908) S. 155. — Proc. Phys. Soc., Lond. Bd. 21 (1910) S. 69.

Bei der Ausführung nach der Abb. 123 ist innerhalb einer festen Spule *1* eine Spule *2* drehbar gelagert; die Stellung von *2* kann mit Zeiger und Skala bestimmt werden. Steht der Zeiger ganz links, so decken sich die Spulen. Ihr Wicklungssinn ist in dieser Lage derselbe, ihre Induktivitäten addieren sich. Dreht man die innere Spule um 180°, so ist der Wicklungssinn beider Spulen entgegengesetzt gerichtet, ihre Induktivitäten subtrahieren sich. Die Wicklungen der Spulen sind in mehrere Abteilungen unterteilt, die durch einen Schalter in Stufen herausgegriffen werden können. Innerhalb jeder Reihe ist dann eine stetige Veränderung von $L$ durch Drehen der inneren Spule möglich. Es lassen sich so Induktivitäten von 0,0004 ... 0,2 H herstellen. Der Apparat ist ähnlich wie die Spule nach Abb. 122 auch zur Darstellung von gegenseitigen Induktivitäten geeignet, wenn man die beiden Spulen nicht in Reihe schaltet, sondern ihre Enden getrennt herausführt.

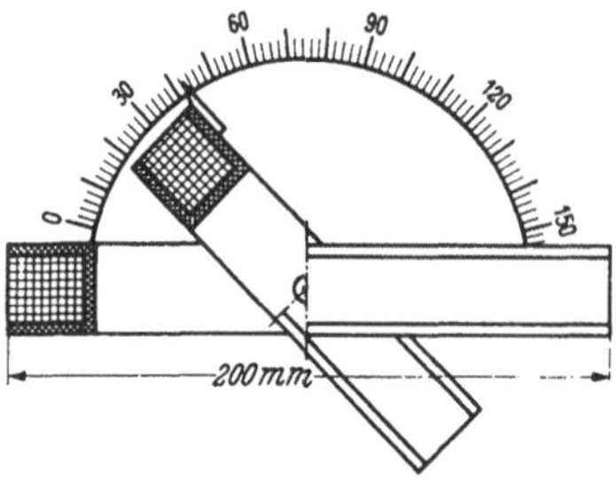

Abb. 123. Regelbare Induktivität 0,0004...0,2 H (H. & B.).

## 2. Kapazitäten.

**Einheit.** Die Kapazität eines Kondensators, der durch die Elektrizitätsmenge von 1 A · 1 sec auf die Spannung von 1 V aufgeladen wird, ist 1 Farad (F). Diese Einheit ist unbequem groß, man hat daher folgende kleine Einheiten festgelegt:

$$1\,\mathrm{F} = 10^6\,\mu\mathrm{F} = (10^{12}\,\mu\mu\mathrm{F}) = 10^{12}\,\mathrm{pF} = 9 \cdot 10^{11}\,\mathrm{cm},$$

wobei μF Mikrofarad und pF Picofarad bedeuten. Die Bezeichnung pF ist neu, man findet vielfach noch die Bezeichnung μμF (Mikromikrofarad). Die Kapazität C eines Kondensators, der aus 2 parallelen Platten oder Folien von der einseitigen Fläche $F$ (in cm²) und dem Abstand $a$ (in cm) besteht, ist nach Gl. (42) auf S. 84

$$C = \frac{\varepsilon \cdot F}{4\pi \cdot a}\,\mathrm{cm}.$$

$\varepsilon$ ist die **Dielektrizitätskonstante** (Elektrisierungszahl), die für das Vakuum gleich 1 ist; für flüssige und feste Stoffe liegt sie etwa zwischen 2 und 80. Flüssigkeiten scheiden als Dielektrikum für Meßkondensatoren aus, da sich ihre Eigenschaften mit der Temperatur und der Zeit ändern. Der elektrischen Beanspruchung eines Kondensators wird durch die Durchbruchfeldstärke des Dielektrikums eine Grenze gesetzt. Man wird daher Isolierstoffe mit hoher Durchschlagsfestigkeit wählen. Ferner muß der Isolationswiderstand des Dielektrikums sehr hoch sein, damit bei den großen Oberflächen der Beläge kein Isolationsstrom fließt. Endlich müssen für Wechselstrom die **dielektrischen Verluste** klein sein, die durch die ständige Umelektrisierung entstehen, und die zusammen mit dem Isolationsstrom den Verlustfaktor $\operatorname{tg}\delta$ verursachen. Bei einem idealen Dielektrikum (Vakuum) beträgt im Wechselstrom die Phasenverschiebung zwischen Strom und Spannung genau 90°, bei einem Dielektrikum mit einem Verlustwinkel $\delta$ beträgt sie $90° - \delta°$. Der Verlust im Kondensator in Watt ist dann $N = I \cdot U \sin\delta = U^2 \cdot \omega \cdot C \cdot \sin\delta$. Die Verluste — meist auch der Verlustfaktor — steigen also mit der Kreisfrequenz. Die Gleichung für den Verlustwinkel im Bogenmaß ist: $\delta \approx \operatorname{tg}\delta = R\,\omega\,C$, wenn $R$ und $C$ als Reihenwiderstände und $\delta \approx \operatorname{tg}\delta = \frac{1}{R\,\omega\,C}$, wenn $R$ und $C$ als Parallelwiderstände aufgefaßt werden.

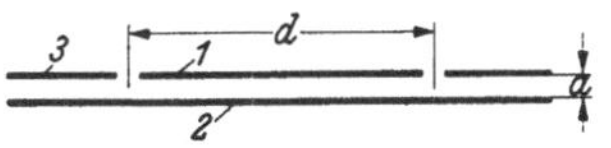

Abb. 124. Absoluter Schutzringkondensator. $d$ wirksamer Plattendurchmesser, $a$ Plattenabstand, *1* Meßbelag, *2* Gegenbelag, *3* Schutzring.

Im zweiten Fall sind die dielektrischen Verluste $N = \frac{U^2}{R}$. Weder das eine noch das andere Ersatzschema für den mit Verlusten behafteten Kondensator, das zur bequemen Rechnung dient, wird den tatsächlichen Verhältnissen und Versuchsergebnissen ganz gerecht. In gewissen Frequenzbereichen ist oft eine weitgehende Frequenzunabhängigkeit des Verlustwinkels zu beobachten.

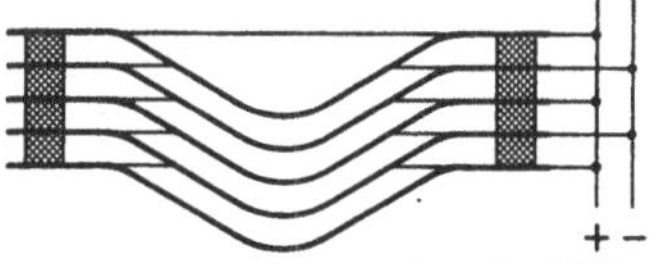

Abb. 125. Luftkondensator der PTR. (Ausführung Selinger).

**Luftkondensatoren.** Die Dielektrizitätskonstante von Luft mit 1 at beträgt $\varepsilon = 1{,}0006$; der Verlustfaktor $\operatorname{tg}\delta$ ist in reinen Gasen außerordentlich klein. Abb. 124 zeigt einen absoluten Kondensator mit Schutzring *3* nach Thomson, der die Meßplatte *1* vom Durchmesser $d$ umgibt und dasselbe Potential wie *1* besitzt, aber nicht mitgemessen wird. Der Gegenbelag *2* befindet sich im Abstand $a$ vom Meßbelag *1*. Die Kapazität läßt sich nach Gl. (42)[1] berechnen. Nach dieser Anordnung kann man nur Kondensatoren bis etwa 100 pF herstellen. Zur Darstellung größerer Kapazitäten werden runde Metallscheiben von etwa 30 cm Durchmesser, die zur Versteifung und zur Vergrößerung ihrer Oberfläche kegelförmig durchgedrückt sind, nach Abb. 125 geschichtet und geschaltet. Sie werden für Kapazitäten von 10 bis zu 100000 pF und Spannungen bis zu etwa 5 kV hergestellt. Die Tragisolation zwischen den Platten besteht aus Quarz, das hohen Isolationswiderstand und kleine dielektrische Verluste besitzt. Die Kapazität dieser Meßkondensatoren wird durch Vergleich mit Normalkondensatoren der PTR.[2] gemessen.

Drehkondensatoren mit vielen ineinander greifenden halbkreisförmigen Platten, wie sie aus der Radiotechnik allgemein bekannt sind,

---

[1] Genaue Berechnung siehe Maxwell: Lehrbuch der Elektrizität und des Magnetismus 1883, Bd. 1 S. 347 f.

[2] Giebe u. Zickner: Z. Instrumentenkde. Bd. 53 (1933) S. 1, 49, 97.

werden ebenfalls häufig als Meßkondensatoren verwendet. Ihre Kapazität ist stetig veränderbar und läßt sich aus der Zeigerstellung ablesen. Die Isolation muß unter Umständen den besonderen Meßzwecken angepaßt werden. Der höchste darstellbare Wert beträgt etwa 3000 pF. Die Kapazität läßt sich bis etwa $^1/_{10}$ des höchsten Wertes herab regeln. Die Kennlinie ist geradlinig bis auf den Anfang.

**Preßgaskondensatoren.** Die Gase — auch Luft — haben bei 1 at nur eine Durchbruchfeldstärke von etwa 30 $kV_{max}$/cm. Bei verdichteten Gasen steigt die Durchbruchfeldstärke etwa verhältnisgleich mit dem Druck an[1]. Dies gibt die Möglichkeit, Kondensatoren mit einer Kapazität von etwa 50 ... 100 pF für sehr hohe Spannungen herzustellen. Abb. 126 zeigt einen Preßgaskondensator nach Schering-Vieweg[2] für eine Betriebsspannung von etwa 500 $kV_{eff}$ bei Stickstoff- oder Kohlensäurefüllung von 15 at. Die zylindrischen Meßbeläge *1* und *2* sind innerhalb eines Isolierrohrs *3* untergebracht. Der Niederspannungsbelag *1* ist isoliert auf einer Säule befestigt und liegt ganz innerhalb von *2*; eine Beeinflussung durch fremde Felder ist dadurch vermieden. Das Isolierrohr *3* ist durch kräftige Metalldeckel abgeschlossen, die zum Schutz gegen Sprühen mit gut verrundeten Blechhauben abgedeckt sind. Hochspannungskondensatoren dieser Art mit vernachlässigbar kleinen Verlusten benötigt man z. B. in der Hochspannungsbrücke nach Schering (s. S. 163).

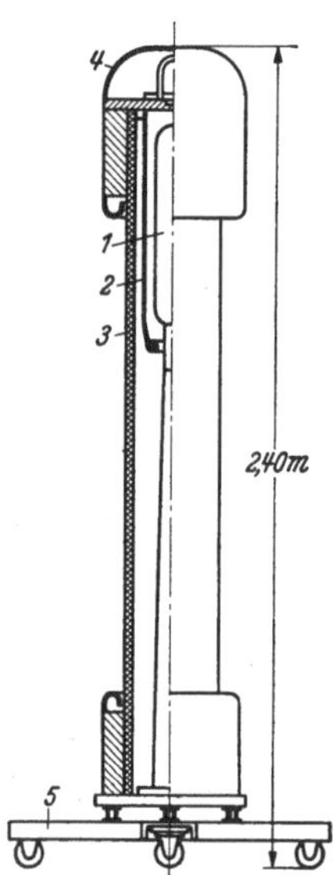

Abb. 126. Preßgaskondensator nach Schering-Vieweg mit etwa 50 pF, $U_{max}$ = 500 kV, Stickstofffüllung von etwa 15 at (H. & B.). *1* innere Elektrode, *2* äußere Elektrode, *3* Hartpapiermantel, *4* Schutzkappe, *5* Fahrgestell.

**Kondensatoren mit festem Dielektrikum.** In der nachstehenden Tabelle sind Dielektrizitätskonstante $\varepsilon$, Verlustfaktor tg $\delta$, spezifischer Widerstand $\varrho$ und Durchschlagsfestigkeit der wichtigsten für Meßkondensatoren verwendeten Isolierstoffe[3] angegeben. Die dritte Spalte zeigt die Temperaturabhängigkeit der Isolierstoffe, gemessen durch die Kapazitätsänderung $\Delta C/C$ eines Kondensators, dessen Dielektrikum sie bilden. Die Werte schwanken sehr mit der Güte der ausgemessenen Probe.

„Edelporzellan" sind die unter dem Namen Calan, Frequenta, Calit usw. bekannt gewordenen keramischen Stoffe, die in den letzten Jahren für die Hochfrequenztechnik entstanden sind. Papierkondensatoren

[1] Palm, A.: Arch. Elektrotechn. Bd. 28 (1934) S. 296.
[2] Schering, H. u. R. Vieweg: Z. techn. Physik Bd. 9 (1928) S. 442.
[3] Siehe auch L. Rohde u. W. Schlegelmilch: Elektrotechn. Z. Bd. 54 (1933) S. 581.

Tabelle 4.

| Dielektrikum | Dielektrizitätskonstante $\varepsilon$ | $10^3 \cdot \frac{\Delta C}{C} / 1^\circ C$ von 20°...80° | Verlustfaktor in $10^3 \cdot \operatorname{tg} \delta$ bei 800 Hz | 5 · 10⁵ Hz | Spezifischer Widerstand $\varrho$ Ω cm | Durchschlagsspannung in kV bei Elektrodenabstand 1 mm | 10 mm |
|---|---|---|---|---|---|---|---|
| Glimmer . . . | 4... 8 | +0,06...+0,1 | 0,1... 1 | 0,2 | $10^{15}...10^{17}$ | 60 | 500 |
| Glas. . . . . | 5...16 | | 10 ...25 | 0,5...13 | $10^{13}...10^{14}$ | 12...20 | 90...100 |
| Minosglas . . | 8 | +0,14 | 1 | 0,45 | | | |
| Quarzglas . . | 4 | | | 0,2 | $10^{15}...5 \cdot 10^{18}$ | | |
| Papier, trocken | 1,8...2,6 | | | | | | |
| Hartpapier . . | 3,5...5 | | 6 ...30 | 25 | $10^{12}...10^{14}$ | 16 | 150...200 |
| Porzellan. . . | 6 | +0,5 ... +0,6 | 10 ...20 | 7...8,5 | $3 \cdot 10^{14}$ | | ...200 |
| Edelporzellan. | ...14 | −0,02...+0,05 | | 0,1...1 | $10^8$ | 15...45 | ...100 |
| Bernstein . . | 2,8 | | | 5 | $> 10^{18}$ | | |
| Hartgummi . | 2,5...3,5 | | 2,5...25 | 6,5 | $10^{15}...10^{18}$ | 35 | 100...300 |

sind in vielen Fällen auch für Meßzwecke verwendbar, da die Herstellungsverfahren gegen früher sehr vervollkommnet wurden. Für genaue Meßkondensatoren hoher Kapazität verwendet man Glimmer, der in sehr dünne Scheiben gespalten und beiderseits mit Stanniol (Klebemittel: Paraffin) beklebt wird. Diese Scheiben werden zu größeren oder kleineren Blöcken zusammengeschichtet, genau auf einen bestimmten Wert, z. B. 2 — 1 — 0,5 — 0,1 — 0,01 — 0,001 μF, abgeglichen und mit Paraffin getränkt. Die Blöcke werden dann, ähnlich wie die Ohmschen Widerstände (Abb. 120 und 121), zu Meßkondensatoren zusammengeschaltet und mit Stöpseln oder Kurbeln auf bestimmte Werte eingestellt; letztere haben z. B. die Größe 10 (0,1 + 0,01 + 0,001) μF. Während die Ohmschen Widerstände zur Summierung in Reihe geschaltet werden, sind die Stöpsel und Kurbeln der Meßkondensatoren so eingerichtet, daß die einzelnen Stufen zur Summierung der Kapazität parallel geschaltet werden.

Für Hochfrequenz-Meßkondensatoren wird heute fast ausschließlich Edelporzellan in Form von dünnwandigen Röhren oder Platten verwendet, auf die der Metallbelag (Silber, Gold) aufgebrannt ist.

Die vorstehend erwähnten festen Isolierstoffe werden nur für Spannungen bis etwa 1 $kV_{eff}$ verwendet. Für höhere und ganz hohe Spannungen verwendet man Minosglas[1], Porzellan oder Hartpapier. Ersteres wird in Form von Flaschen, die ähnlich wie die Leydener Flasche außen und innen mit Metall belegt sind, zu einem Meßkondensator von hoher Konstanz und kleinen Verlusten ausgebildet.

Durchführungsklemmen nach Nagel, die aus Hartpapier mit eingelegten Metallfolien (zur Spannungssteuerung) gewickelt sind, wurden von S. & H.[2] als technische Meßkondensatoren durchgebildet. Ihre

[1] Schott, E.: Z. Hochfrequenztechn. Bd. 18 (1921) S. 82. — Schering: Tätigkeitsbericht der PTR. für 1924. Z. Instrumentenkde. Bd. 45 (1925) S. 192.

[2] Keinath: Technik der Meßgeräte, Bd. 2 S. 23. München 1928.

Kapazität ist noch groß genug, um über diese Kondensatoren unter Zwischenschaltung eines einfachen Wandlers parallel zum letzten Kondensator die Spulen von Spannungsmessern und Relais speisen zu können. Solche Meßkondensatoren, die ohnehin als Durchführungen zu Schaltern oder Transformatoren benötigt werden, ersetzen bei nicht zu hohem Anspruch auf Genauigkeit zuweilen in wirtschaftlicher Weise die verhältnismäßig teuren Hochspannungswandler.

# XVI. Meßbrücken.

Die grundlegenden Schaltungen von Brücke und Kompensator sind in der Abb. 127 nebeneinander gezeichnet. Bei der Brücke *a* werden 2 Spannungen miteinander verglichen, die einer gemeinsamen Stromquelle entspringen, unbekannt ist einer der Widerstände $R_1 \ldots R_4$. Beim Kompensator *b* werden ebenfalls 2 Spannungen verglichen, die aber von verschiedenen Stromquellen $B_1$ und $B_2$ stammen, unbekannt ist die Spannung der einen Stromquelle $B_2$. Beiden Methoden gemeinsam ist ein empfindliches Nullinstrument *G*, meist ein Galvanometer, bei Wechselstrom auch ein Telephon oder ein Vibrationsgalvanometer. Beide Methoden werden bei Gleich- und Wechselstrom zur Messung von Widerständen jeder Art, sowie von Spannungen und Strömen außerordentlich verschiedener Größe verwendet. Auf dem Umweg über die Bestimmung von Strom, Spannung oder Widerstand finden diese beiden Methoden zur genauen Messung sehr vieler physikalischer Größen, z. B. Temperatur, Feuchte u. dgl. zahlreiche Anwendung.

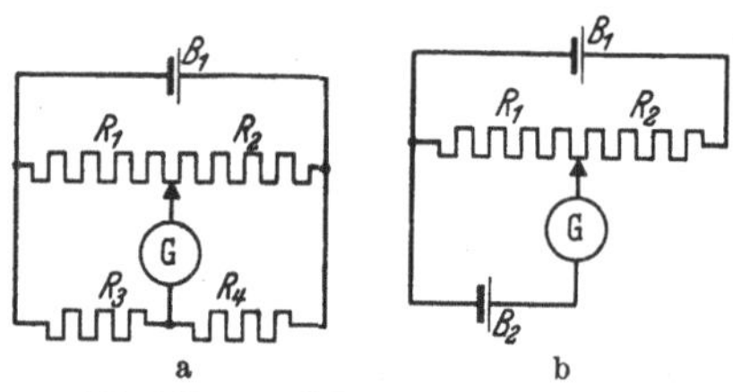

Abb. 127. a Schema der Meßbrücke, b des Kompensators. *G* Galvanometer, $B_1$, $B_2$ Stromquellen, $R_1 \ldots R_4$ Widerstände.

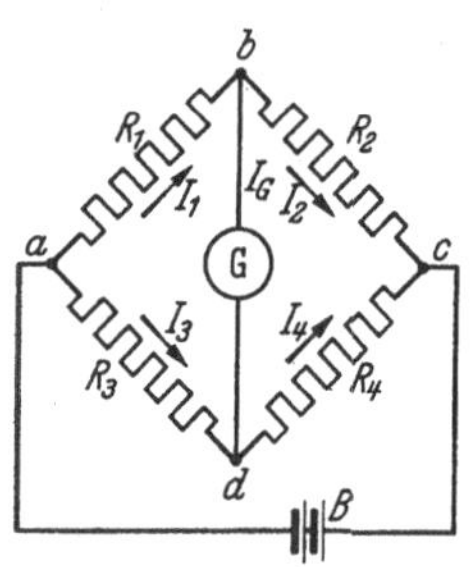

Abb. 128. Schaltung der Wheatstone-Brücke.

## 1. Meßbrücken für Gleichstrom[1].

**Wheatstone-Brücke.** Die älteste und verbreitetste Meßbrücke wurde von Wheatstone für Telegraphierzwecke angegeben. Abb. 128 zeigt ihre Schaltung. Die 4 Zweige bestehen aus den Widerständen $R_1$ bis $R_4$, sie werden von Strömen $I_1$ bis $I_4$ durchflossen, die aus der Batterie *B* kommen. In der senkrechten Brückendiagonale liegt das Galvanometer *G*, das vom Strom $I_G$ durchflossen wird. Man kann nun die Widerstände $R_1$ bis $R_4$ so wählen

[1] Näheres siehe H. v. Steinwehr: Geiger-Scheels Handbuch der Physik, Bd. 16. Berlin 1927.

bzw. ändern, daß der Galvanometerstrom $I_G = 0$ wird; dann herrscht zwischen der oberen und unteren Ecke $b$ bzw. $d$ des Vierecks keine Spannung mehr, und es ist

$$\left.\begin{aligned} U_{a-b} &= U_{a-d} = I_1 \cdot R_1 = I_3 \cdot R_3 \\ U_{b-c} &= U_{d-c} = I_2 \cdot R_2 = I_4 \cdot R_4 , \end{aligned}\right\} \qquad (52)$$

für $I_G = 0$ ist ferner

$$I_1 = I_2; \quad I_3 = I_4, \qquad (53)$$

dividiert man die beiden Gl. (52), so erhält man mit Gl. (53)

$$\frac{R_1}{R_2} = \frac{R_3}{R_4}. \qquad (54\,\text{a})$$

Ist einer dieser Widerstände, z. B. $R_1$, unbekannt, so kann er nach der Gl. (54a) berechnet werden zu

$$R_1 = \frac{R_2 \cdot R_3}{R_4}. \qquad (54\,\text{b})$$

Hierbei ist wichtig, daß nur der sog. Vergleichswiderstand $R_2$ in $\Omega$ bekannt sein muß. Von $R_3$ und $R_4$ genügt es, wenn man das Verhältnis $R_3 : R_4$ kennt, z. B. bei der Schleifdrahtmeßbrücke nach Abb. 129 das Verhältnis der Längen $l_3$ und $l_4$, da die Längen dem Widerstand verhältnisgleich sind. Man kann an den Diagonalen jeder Brücke Galvanometer und Batterie miteinander vertauschen.

Die Brückengleichung (54) ist unabhängig von der Spannung der Batterie $B$ und der Empfindlichkeit des Galvanometers $G$. Dagegen ist die Empfindlichkeit einer Brücke um so größer, je höher die Spannung von $B$ und je empfindlicher das Galvanometer $G$ ist. Erstere wird begrenzt durch die Belastbarkeit der Widerstände, letztere durch die Konstruktion des Galvanometers und seine Verwendungsart. Die Toleranz der Brückenmessung wird begrenzt durch die Toleranz der Meßwiderstände, besonders des Vergleichswiderstandes $R_2$ Gl. (54b). Bei sehr genauen, großen Brücken mit Spiegelgalvanometern höchster Empfindlichkeit kann man in der Wheatstone-Brücke Widerstände von $10^{-1} \ldots 10^6\ \Omega$ mit einer Toleranz von etwa $\pm 0{,}5\,^0/_{00}$ messen. Bei Brücken mit Zeigergalvanometern liegt die Toleranz wesentlich höher.

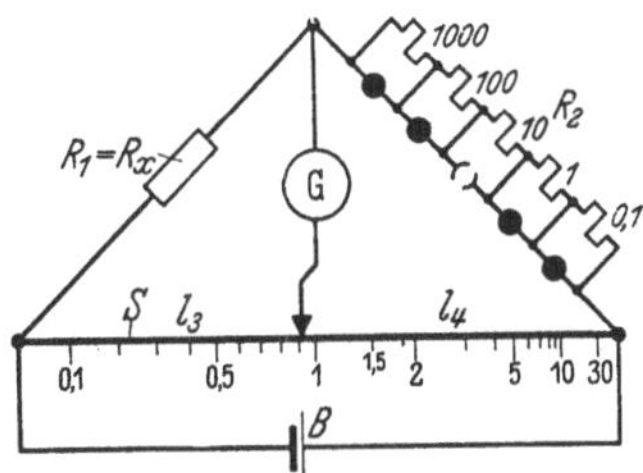


Abb. 129. Schleifdrahtmeßbrücke mit Stöpselwiderständen. Eingestellter Wert: $0{,}92 \cdot 10 = 9{,}2\ \Omega$. $R_x$ unbekannter Widerstand, $R_2 = 0{,}1,\ 1,\ 10\ldots$ Vergleichswiderstand, $S$ Schleifdraht mit den Längen $l_3$ und $l_4$, $B$ Batterie, $G$ Galvanometer.

**Schleifdrahtmeßbrücke nach Kohlrausch.** Abb. 129 zeigt das Schema einer Schleifdrahtmeßbrücke. $R_x$ ist der zu messende Widerstand. Der Vergleichswiderstand $R_2$ besteht hier beispielsweise aus 5 Stufen von $0{,}1 \ldots 1000\ \Omega$, die durch Stöpsel kurzgeschlossen werden können. Dieser Vergleichswiderstand $R_2$ wird der Größenordnung von $R_x$ angepaßt. Das Verhältnis $R_3$ zu $R_4$ oder $l_3$ zu $l_4$ gibt den Faktor an, mit dem beim Galvanometerausschlag Null der Vergleichswiderstand $R_2$ zu multiplizieren ist, um den Wert von $R_4$ zu erhalten. Bei der Einstellung nach Abb. 129 ist z. B. $R_x = 10 \cdot 0{,}92 = 9{,}2\,\Omega$. Aus diesem Beispiel ersieht man, daß die Toleranz der Brückenmessung von der Länge und Genauigkeit des Schleifdrahtes und der Ablesegenauigkeit an seinem Maßstab abhängt. Für technische Messungen genügt eine Länge des Schleifdrahtes $l_3 + l_4$ von etwa 30 cm, man kann dann Widerstände von 0,5...5000 Ω mit einer Meßtoleranz von ±1% in der Mitte des Drahtes ablesen. Nach den Schleifdrahtenden nimmt die Toleranz zu, d. h. die Genauigkeit wird kleiner, da die Teilung am Maßstab nicht linear, sondern ungleichmäßig ist.

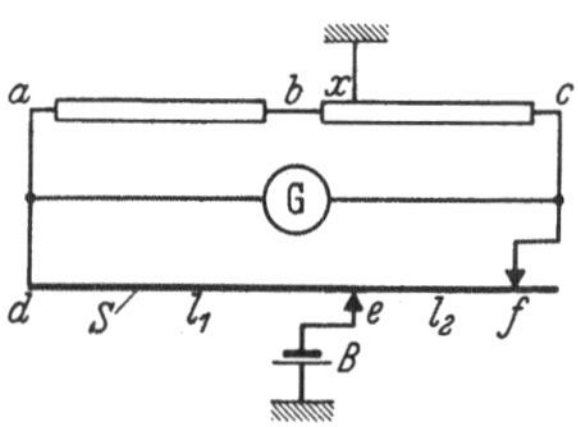

Abb. 130. Fehlerortsmeßbrücke. $a$—$b$ gesundes Kabel, $b$—$c$ Kabel mit Erdschluß, $S$ Schleifdraht, $e, f$ Schleifkontakte, $B$ Batterie, $G$ Galvanometer.

**Walzenmeßbrücke nach Kohlrausch.** Für Messungen höherer Genauigkeit verwendet man einen Schleifdraht von etwa 320 cm Länge, der in 10 Windungen auf eine Walze aus Isolierstoff von etwa 10 cm Durchmesser aufgewickelt ist. Als Schleifkontakt dient dann eine kleine Rolle, die mit einer Rille auf dem Schleifdraht aufliegt. Sie ist auf einem Stift von der Länge der Walze parallel zu ihr gelagert. Der Stift ist an Federn befestigt, die für ausreichenden Kontaktdruck zwischen Rolle und Schleifdraht sorgen. Erstere wird durch den letzteren in axialer Richtung der Wendel nachgeführt. Die Ablesung erfolgt an 2 Skalen: Die Grobablesung an einem, am Weg der Rolle angebrachten geraden Maßstab (Zahl der Windungen), die Feinablesung an einer Teilung am Umfang der Walze (Bruchteil einer Windung). Mit dieser Walzenmeßbrücke kann man unter Verwendung eines hochempfindlichen Spiegelgalvanometers Widerstände von 0,1 bis etwa 100000 Ω mit einer Toleranz von etwa $0{,}3\,^0/_{00}$ messen, wenn der Schleifer etwa in der Mitte des Schleifdrahtes steht.

**Fehlerortsmeßbrücken** werden ebenfalls mit einem langen, auf eine Walze oder Scheibe gewickelten Schleifdraht in der besonderen Schaltung nach Abb. 130 ausgeführt. Galvanometer $G$ und Batterie $B$ sind gegen die Schaltung nach Abb. 129 vertauscht. Das Stück $a$—$b$ ist ein gesundes, $b$—$c$ ein bei $x$ verletztes und dort geerdetes Kabel. Die beiden Punkte $a$ und $c$ sind in der Meßstation an die Brücke angeschlossen. Die Kabel oder 2 Adern eines Kabels liegen nebeneinander und sind an ihrem fernen Endpunkt $b$ für die Fehlerortsmessung miteinander verbunden. Da die beiden Widerstände $a$—$c$ und $d$—$f$ aus Drähten von mit der Länge unveränderlichem Querschnitt bestehen, setzt man statt der Widerstände in die Gl. (54a) unmittelbar die Längen ein und erhält dann

$$\frac{\overline{ab} + \overline{bx}}{\overline{xc}} = \frac{l_1}{l_2}; \quad \overline{xc} = \overline{ab} - \overline{bx} \text{ und damit } \overline{bx} = \overline{ab}\,\frac{l_1 - l_2}{l_1 + l_2}. \qquad (55)$$

Man kann also die Entfernnng des Fehlers $x$ vom Kabelmeßort genau messen und berechnen. Bei Starkstromkabeln ist der Punkt $f$ als feste Verbindung ausgeführt, da sonst der Übergangswiderstand gegen den niedrigen Kabelwiderstand ins Gewicht fallen würde. Für Fernsprechkabel mit ihrem verhältnismäßig hohen Leiterwiderstand wird der Punkt $f$ ebenso wie $e$ als Schleifkontakt ausgebildet. Entlang am Schleifdraht verläuft eine Teilung. Man kann die Strecke $d$—$f$ gleich 600 Teilen wählen, wenn die gesamte Kabellänge von $a$ bis $c$ 600 m beträgt. Die Stellung des Schleifkontaktes $c$ gibt dann den Ort des Fehlers unmittelbar in m an. Eine ausführliche Darstellung der Fehlerortsmessung findet man in dem Buch von Kögler[1]. Eine bestimmte Toleranz läßt sich hier nicht angeben, da sie vom Übergangswiderstand des Erdschlusses und von der verwendeten Meßspannung abhängt.

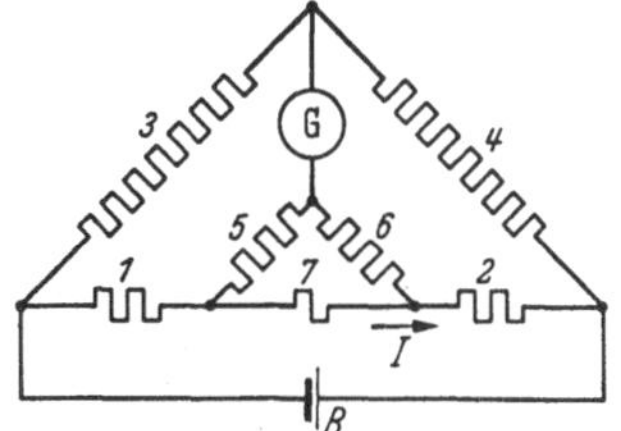

Abb. 131. Thomson-Brücke für kleine Widerstände.

**Thomson-Brücke zur Messung kleiner Widerstände.** Die Meßbrücke nach Wheatstone versagt bei der Messung kleiner Widerstände von etwa 1 Ω abwärts, da dann die Übergangswiderstände und die Widerstände der Zuleitungen in den Eckverbindungen der Brücke gegen die Meßwiderstände ins Gewicht fallen. Thomson hat schon 1862 eine Doppelbrücke nach Abb. 131 angegeben, bei der der Einfluß der Zuleitungswiderstände herausfällt. *1* ist der unbekannte Widerstand von $R_1$ Ω, *2* ein bekannter Vergleichswiderstand von $R_2$ Ω, *7* ist die Verbindungsleitung zwischen beiden. Durch *1*...*7*...*2* fließt aus einer geeigneten Stromquelle ein Strom $I$, der so gewählt wird, daß an *1* und *2* ein genügend großer Spannungsabfall herrscht. $I$ muß also um so größer sein, je kleiner $R_1$ bzw. $R_2$ ist; dies ist zur Erzielung einer hinreichenden Empfindlichkeit notwendig. Die Meßwiderstände *3*...*6* führen nur Ströme von etwa 10 mA. Man kann für die Doppelbrücke eine ähnliche Berechnung wie für die einfache Brücke auf S. 155 aufstellen und findet sie in dem angegebenen Schrifttum[2]. Das Ergebnis ist folgendes: Wenn das Galvanometer nicht mehr ausschlägt, und wenn sich die Widerstände $R_3 : R_4$ wie $R_5 : R_6$ verhalten, so ist

$$\frac{R_1}{R_2} = \frac{R_3}{R_4} = \frac{R_5}{R_6}; \quad R_1 = R_2 \cdot \frac{R_3}{R_4} \quad \text{oder} \quad R_1 = R_2 \cdot \frac{R_5}{R_6}. \tag{56}$$

Das Wesentliche ist, daß der Spannungsabfall der Verbindungsleitung *7* zwischen *1* und *2* durch die Widerstände *5* und *6* im Verhältnis der Widerstände *1* zu *2* bzw. *3* zu *4* geteilt wird. Dadurch fällt der Einfluß von *7* aus der Rechnung. Die Widerstände *3* und *4* sind

[1] Kögler: Isolationsmessungen und Fehlerortsbestimmungen. Leipzig 1926.
[2] S. 154.

so groß, daß die Widerstände der Verbindungen zwischen *1* und *3* bzw. *2* und *4* zu *3* bzw. *4* geschlagen werden können. Die Abgleichung dieser Doppelbrücke mit ihren 4 veränderbaren Widerständen *3*...*6* erfordert etwas mehr Übung als die der einfachen Brücke. Man kann mit ihr Widerstände von 1 Ω bis herab zu etwa $10^{-6}$ Ω messen. Die Toleranz hängt von der Genauigkeit der Widerstände $R_2 \ldots R_6$ ab, vor allem aber auch von der Empfindlichkeit des Galvanometers $G$.

Die Doppelbrücke nach dem Schema Abb. 131 wird in zahlreichen Formen zur Messung kleiner Widerstände ausgeführt. Für hohe Genauigkeit werden die veränderlichen Widerstände mit Stöpsel- oder

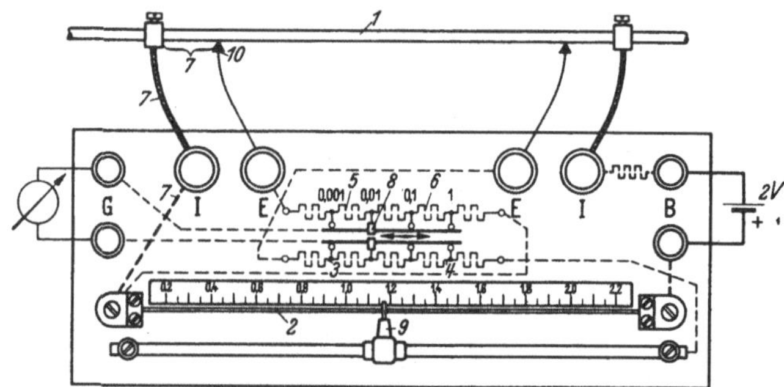


Abb. 132. Schleifdraht-Doppelbrücke nach Thomson zur Widerstandsmessung an Leitungsdrähten. (Eingestellter Wert 1,17 · 0,01 = 0,0117 Ω, gestrichelte Linien: verdeckt verlegte Leitungen.) *1*...*7* Widerstände entsprechend Abb. 131, *1* Prüfstab, *2* Vergleichsschleifdraht, *3*, *4* Vergleichswiderstände im gleichen Verhältnis wie *1* und *2*, *7* Verbindung zwischen *1* und *2*, *5*, *6* überbrücken *7* und teilen sie im Verhältnis der Widerstände *1* und *2* bzw. *3* und *4*, *B* Batterieanschluß, *G* Galvanometeranschluß, *I*—*I* Stromanschluß an *1*, *E*—*E* Potentialanschluß an *1*, *8* Schiebe- bzw. Drehschalter bzw. Druckknopfschalter, *9* Schleifer von *2*, *10* Schneiden zur Abnahme der Potentialdifferenz.

Kurbelschaltung nach den Abb. 120 und 121 versehen, als Vergleichswiderstand dient ein Normalwiderstand nach Abb. 117. Die Widerstände werden in einem Holzkasten zusammengebaut mit entsprechenden Anschlüssen für Batterie, Galvanometer und den zu messenden Widerstand.

Abb. 132 zeigt die Draufsicht auf eine **Schleifdraht-Doppelbrücke** nach Thomson, in der z. B. der spezifische Widerstand von kurzen Kupferstäben *1* gemessen werden kann. Der Strom $I$ wird von der Batterie $B$ dem zu untersuchenden Stab *1* über besondere Klemmen $I$ zugeführt, gemessen wird der Spannungsabfall bzw. der Widerstand zwischen den Klemmen *10*, die den Stab *1* wie Messerschneiden berühren, so daß ihr Abstand genau und eindeutig bestimmt werden kann. Die übrigen Teile entsprechen dem Schema Abb. 131 und sind bei Abb. 132 erläutert. Man kann in dieser Brücke Widerstände von etwa $10^{-5} \ldots 1$ Ω mit einer Toleranz von etwa 1‰ messen. Um einen genügend hohen Spannungsabfall am Prüfling zu erhalten, fließt beim kleinsten Meßbereich ein Strom von etwa 2,5 A. Auch von dieser Schleifdrahtbrücke gibt es zahlreiche Ausführungen, die dem jeweiligen Verwendungszweck angepaßt sind. Es sei eine ganz kleine Brücke in Taschenformat ähnlich den

Abb. 20b und 148 erwähnt, das „Pontavi" von H. & B., eine Schleifdrahtbrücke, der die Anordnung von Abb. 132 zugrunde liegt, bei der jedoch zur Raumersparnis der Schleifdraht *2* auf den Umfang einer runden Scheibe aufgebracht ist.

## 2. Meßbrücken für Wechselstrom[1].

**Allgemeines.** Die beschriebenen Brücken lassen sich auch alle mit Wechselstrom betreiben, wenn man an Stelle des nur auf Gleichstrom ansprechenden Drehspulgalvanometers ein wechselstromempfindliches Nullinstrument schaltet. Bei Messung des Widerstandes von Flüssigkeiten oder auch des Erdwiderstandes eines im feuchten Boden verlegten Leiters treten Polarisierungsspannungen auf, die bei der Messung mit Gleichstrom das Meßergebnis fälschen könnten. Man verwendet aus diesem Grund an Stelle der Batterie $B$ in der Abb. 128 z. B. einen Summer, der einen Wechselstrom von Hörfrequenz liefert. An die Stelle des Galvanometers tritt ein empfindlicher Fernhörer, dessen Membran nur von dem Wechselstrom und nicht von dem störenden Gleichstrom in Schwingungen versetzt wird. Man gleicht die Widerstände solange ab, bis der Summerton im Fernhörer verschwindet. Es gelten dann die für die Wheatstone- und die Thomson-Brücke angeführten Beziehungen. Die Abgleichung mit dem Ohr ist bei den meisten Beobachtern weniger scharf als die mit dem Auge. Man nimmt als Nullinstrument für Brückenmessungen mit niederfrequentem Wechselstrom, bei dem die Empfindlichkeit des Ohres geringer als bei Mittelfrequenz ist, das Vibrationsgalvanometer, das allerdings teurer und in seiner Handhabung schwieriger als der einfache Fernhörer ist. **Die Wechselstromempfindlichkeiten** dieser **Nullinstrumente** sind etwa folgende, gemessen in mm Ausschlag für 1 μA bei 1 m Skalenabstand: Spulen-Vibrationsgalvanometer 125, Nadel-Vibrationsgalvanometer: 10...150, Spiegel-Elektrodynamometer mit 1 Watt Fremderregung: 200, Spiegel-Elektrodynamometer mit hintereinander geschalteten Wicklungen: 0,3. Ein gewöhnliches Telephon ist hörbar bei 500 Hz bei 0,01 μA und bei 50 Hz bei 100 μA, einen Spulenwiderstand von etwa 100 Ω vorausgesetzt. Höhere Harmonische der Wechselstromkurve stören beim Fernhörer und beim Galvanometer mit Gleichrichter die scharfe Abgleichung auf Null. Beim Vibrationsgalvanometer, das nur auf die Grundwelle anspricht, kann man dagegen auch bei der Anwesenheit höherer Harmonischer genau auf Null einstellen.

Für die Wheatstone-Brücke Abb. 128 war die Gleichung abgeleitet worden $R_1/R_2 = R_3/R_4$ oder $R_1 \cdot R_4 = R_2 \cdot R_3$. Diese Beziehung gilt auch für jede beliebige Wechselstrombrücke, wenn man an die Stelle des Ohmschen Widerstandes $R$ den Scheinwiderstand $\mathfrak{Z}$ setzt, also

[1] Näheres siehe E. Giebe: Geiger-Scheels Handbuch der Physik, Bd. 16. Berlin 1927. — R. Vieweg: Brion-Viewegs Starkstrommeßtechnik. Berlin 1933. — Hague, Alternating current bridge methods, London 1930.

$\mathfrak{Z}_1 \cdot \mathfrak{Z}_4 = \mathfrak{Z}_2 \cdot \mathfrak{Z}_3$. Löst man dieses Vektorprodukt nach den Gesetzen der Vektorrechnung auf, so erhält man

$$Z_1 \cdot Z_4 = Z_2 \cdot Z_3 \text{ [Gl. (57)] und } \varphi_1 + \varphi_4 = \varphi_2 + \varphi_3 \text{ [Gl. (58)]},$$

wobei $Z$ der Betrag von $\mathfrak{Z}$ ist und $\varphi$ der Phasenverschiebungswinkel von $\mathfrak{Z}$ gegen seine Ohmsche Komponente.

Aus den Gl. (57) und (58) geht ferner hervor, daß bei Wechselstrombrücken im allgemeinen 2 Abgleichungen (Größe und Phase) vorzunehmen sind, also auch 2 Abgleichglieder vorhanden sein müssen. Als Beispiel sei die einfache **Kapazitäts-Vergleichsmeßbrücke** (Abb. 133) erwähnt, die in ein kleines Gehäuse ähnlich den Abb. 20b und 148 eingebaut wird und einen Meßbereich von 20 pF...10 μF hat. Die Toleranz beträgt etwa 1%. $R_1$ ist ein fester, zur Wahl des Meßbereichs einstellbarer Widerstand, $R_2$ ein regelbarer Raupen-Schleifdrahtwiderstand, $C_x$ die gesuchte Kapazität und $C_4$ die feste Vergleichskapazität. Als Stromquelle dient ein Summer $S$ mit dem Übertrager $Ü$, als Nullinstrument ein Fernhörer $T$. Entsprechend den obigen Beziehungen muß sein

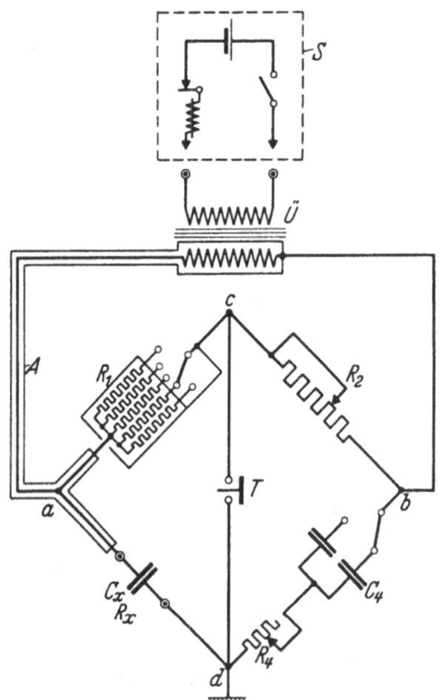


Abb. 133. Einfache Vergleichsmeßbrücke für Kapazitätsmessung (H. & B.). $S$ Summer, $Ü$ Übertrager, $T$ Fernhörer, $R_1$ fester, einstellbarer Widerstand, $R_2$ regelbarer Schleifdrahtwiderstand, $C_3 = C_x$ gesuchte Kapazität, $C_4$ feste Kapazität (2 Werte), $R_4$ Abgleich der Verluste von $C_x$, $A$ Abschirmung.

$$R_1 \cdot \frac{1}{\omega C_4} = R_2 \cdot \frac{1}{\omega C_x}$$

$$\text{oder: } C_x = \frac{R_2}{R_1} \cdot C_4$$

und $\varphi_1 + \varphi_4 = \varphi_2 + \varphi_x$. Wenn man annimmt, daß $R_1$ und $R_2$ rein Ohmscher Natur sind, daß also $\varphi_1 = 0$ und $\varphi_2 = 0$ ist, so muß $\varphi_x = \varphi_4$ sein, d. h. die Phasenverschiebung $\varphi$ bzw. der Fehlwinkel $\delta$ in beiden Kondensatoren muß gleich sein, wenn das Telephon wirklich schweigen soll. Zu diesem Abgleich dient der Widerstand $R_4$.

Zur weiteren Veranschaulichung sei das Vektorschaubild Abb. 134 der nicht vollkommen abgeglichenen Brücke gebracht. Die Summerspannung teilt sich an den Widerständen $R_1$ und $R_2$ auf im Verhältnis der Widerstandsbeträge. Im Zweig $a$—$d$—$b$ fließt ein Strom entsprechend der Summe der Widerstände von $C_x$ und $C_4$ unter einem Phasenverschiebungswinkel $\varphi$ gegeben durch

$$\operatorname{tg} \varphi = \frac{\frac{1}{\omega C_x} + \frac{1}{\omega C_4}}{R_x + R_4}.$$

Dieser Strom ruft im Verlustwiderstand des unbekannten Kondensators $C_x$ den Ohmschen Spannungsabfall $U_{R_x}$ hervor, senkrecht darauf steht der kapazitive Spannungsabfall $U_{C_x}$. Genau so erhält man die Teilspannungen des Kondensators $C_4$. Zwischen den Punkten $d$—$c$ liegt der Fernhörer $T$. Dieser schweigt nur, wenn die Spannung zwischen $d$ und $c$ Null wird, wenn also die Punkte $d$ und $c$ im Vektorschaubild zusammenfallen. Da $U_{R_x}$ und $U_{R_4}$ bzw. $U_{Cx}$ und $U_{C4}$ parallel laufen müssen, kann dieser Fall nur eintreten, wenn sich verhält

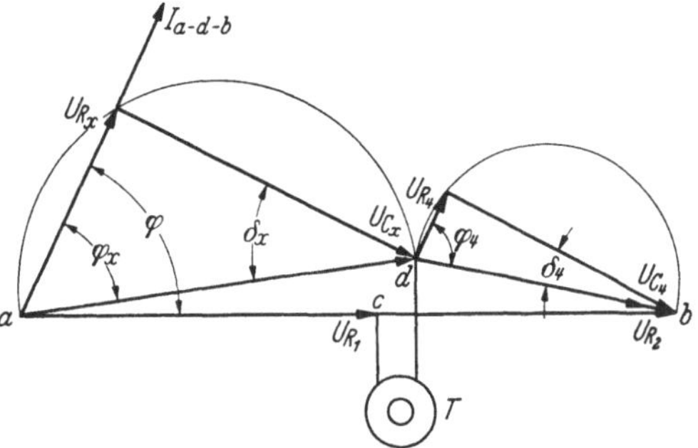

Abb. 134. Vektorschaubild einer nicht abgeglichenen Wechselstrombrücke.

$$\frac{U_{R_x}}{U_{C_x}} = \frac{U_{R_4}}{U_{C_4}},$$

d. h., wenn die Phasenverschiebungswinkel $\varphi_x$ und $\varphi_4$ bzw. ihre Komplementwinkel, die sog. Verlustwinkel $\delta_x$ und $\delta_4$ gleich sind. Dann ist auch $\varphi = \varphi_x = \varphi_4$. Bei normalen Kondensatoren ist der Verlustwinkel klein (einige min), in Abb. 134 ist $\delta$ also übertrieben groß dargestellt. In Abb. 133 ist gleichzeitig die Abschirmung der Brücke gezeigt, durch die eine Beeinflussung des Nullinstruments durch Kapazitäten von Brückengliedern gegeneinander und durch Erdkapazitäten ausgeschaltet wird. Fehlt die Abschirmung, so wird der Ton im Kopfhörer nicht verschwinden.

**Die Brücke nach Wien**[1] ist in der Abb. 135 dargestellt. Die Zweige *1* und *2* besitzen nur Ohmschen Widerstand, im Zweig *3* ist ein unbekannter Kondensator $C_3$ mit einem kleinen Widerstand $R_3$ in Reihe, im Zweig *4* ein Kondensator $C_4$ mit einem hochohmigen Widerstand $R_4$ parallel geschaltet. Im Falle der Abgleichung gelten folgende Beziehungen:

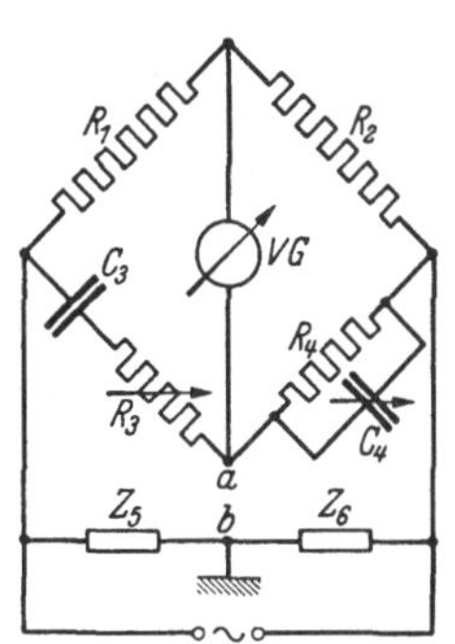

Abb. 135. Brücke nach Wien mit Wagnerschem Hilfszweig. $R_1 \ldots R_4$ Ohmsche Widerstände, $C_3$ Reihenkondensator, $C_4$ Parallelkondensator, $Z_5, Z_6$ regelbare Scheinwiderstände, $VG$ Vibrationsgalvanometer.

$$\left.\begin{aligned} &\frac{C_4}{C_3} = \frac{R_1}{R_2} - \frac{R_3}{R_4} \approx \frac{R_1}{R_2}, \text{ also } C_3 = C_4 \cdot \frac{R_2}{R_1}, \\ &\text{weiterhin:} \qquad C_3 \cdot C_4 = \frac{1}{\omega^2 \cdot R_3 \cdot R_4}. \end{aligned}\right\} \quad (59)$$

Die Brücke nach Wien ist nach Gl. (59) zur Messung von Kapazitäten ($C_3$) verwendbar. Die Widerstände $R_3$ und $R_4$ dienen nur zur Verbesserung des Tonminimums.

[1] Wien, M.: Ann. Physik Bd. 44 (1891) S. 689.

In der Gl. (59) kann eine Größe unbekannt sein. Wählt man, wie dies Robinson[1] tat,

$$R_1 = 2\,R_2\,,$$
$$C_3 = C_4 \text{ und } R_3 = R_4\,,$$

so ist:

$$\omega = \frac{1}{C_3 \cdot R_3} = \frac{1}{C_4 \cdot R_4}\,, \qquad (60)$$

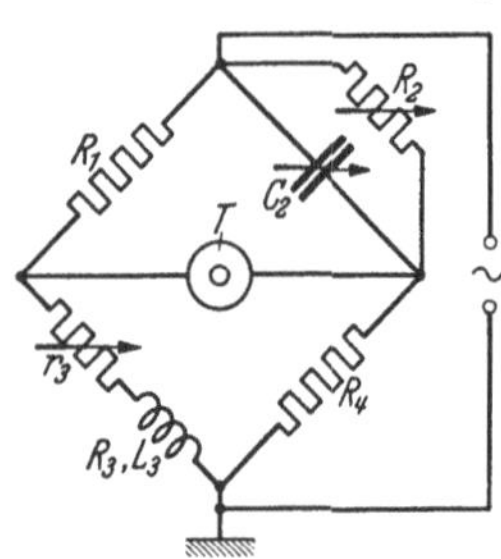

Abb. 136. Brücke nach Maxwell. $R_1 \ldots R_4$ Ohmsche Widerstände, $C_2$ Parallelkondensator, $R_3, L_3$ Induktivität mit Verlusten, $T$ Fernhörer.

wobei $\omega = 2\pi f$ die Kreisfrequenz des Wechselstroms bedeutet. Mit Hilfe der Gl. (60) kann man in einfacher Weise Frequenzen von Wechselströmen messen. $R_3$ und $R_4$ bzw. $C_3$ und $C_4$ müssen dann immer gleichzeitig in gleicher Weise (unter Umständen durch Doppelkurbel) geändert werden. Der Frequenzbereich beträgt etwa 15000 Hz, die Toleranz 1%.

**K. W. Wagner**[2] hat den sog. **Hilfszweig** für Wechselstrombrücken angegeben, der in Abb. 135 mit eingezeichnet ist. Er hat den Zweck, die Potentiale der Brücke gegen Erde zu steuern. Die Widerstände oder Scheinwiderstände $Z_5$ und $Z_6$, deren Verbindungspunkt geerdet ist, werden so abgeglichen, daß das Vibrationsgalvanometer *VG* sowohl bei einer Verbindung mit Punkt *a* als auch bei einer Verbindung mit Punkt *b* Null zeigt. Dieser Abgleich des Hilfszweigs hat dann die Wirkung, als sei das Galvanometer geerdet, d. h. der Einfluß der Erdkapazität des Nullinstrumentes fällt heraus, ohne daß die Abgleichung gestört wird.

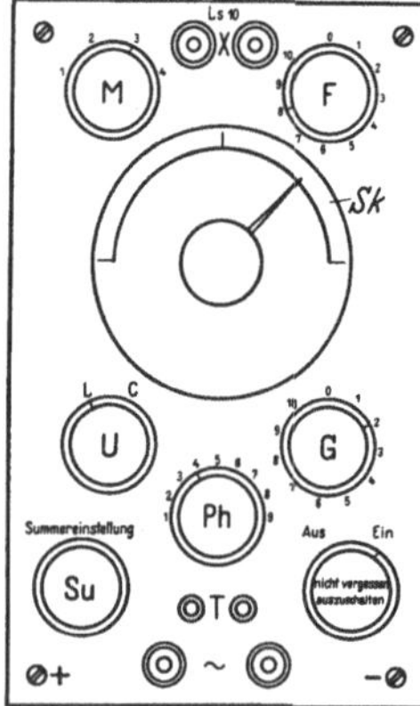

Abb. 137. Schaltplatte der Selbstinduktions- und Kapazitätsmeßbrücke von Seibt. $X$ Anschlußklemmen für den Prüfling, $M$ Meßbereichschalter, $F$ Feinregler, $Sk$ 180°-Skala, $U$ Umschalter von Induktivität $L$ auf Kapazität $C$, $G$ Grobregler, mit $F$ im gleichen Brückenzweig wie die zu messende Induktivität, $Ph$ Phasenregler (veränderbarer Widerstand parallel einem Kondensator), $T$ Buchsen für Fernhörer, ~ für Wechselstromanschluß, + — für Gleichstromquelle 1,4 V zur Speisung des Summers, $Su$ Summereinstellung.

Die **Brücke von Maxwell** ist in der Abb. 136 gezeigt. Es gelten die Gleichungen

$$\frac{L_3}{C_2} = R_1 \cdot R_4 \text{ und } R_1 \cdot R_4 = (r_3 + R_3) \cdot R_2\,, \qquad (61)$$

wenn das Vibrationsgalvanometer nicht mehr ausschlägt bzw. wenn der Fernhörer schweigt; für die praktische Ausführung ist erwünscht:

$$R_2 \gg \frac{1}{\omega\, C_2} \quad \text{und} \quad (R_3 + r_3) \ll \omega\, L_3\,.$$

Die Brücke nach Wien und die nach Maxwell wurden in einer von Zickner[3] angegebenen Weise für die Messung von Induktivitäten und

[1] Robinson: Post Office Electr. Engr. J. Bd. 16 (1923) S. 171.
[2] Wagner, K. W.: Elektrotechn. Z. Bd. 32 (1911) S. 1001, Bd. 33 (1912) S. 635.
[3] Zickner: Arch. Elektrotechn. Bd. 19 (1927) S. 49.

Kapazitäten vereinigt. Eine Ausführung zeigt Abb. 137. Der Meßbereich der Brücke beträgt für Kapazitäten 10 pF...1 μF, für Induktivitäten $10^{-5}...10^{-1}$ H bei 800 Hz. Die Toleranz liegt über 1%.

**Die Schering-Brücke**[1] dient zur Messung von Kapazität und dielektrischem Verlust bei Hochspannung, z. B. an Kabeln, Isolatoren, Hochspannungswicklungen von Maschinen und Transformatoren u. a. m. Im Schema Abb. 138 ist $T$ der Hochspannungstransformator, dessen Sekundärwicklung einseitig geerdet und deren Hochspannungsende mit dem linken Brückeneckpunkt verbunden ist. $C_X$ ist die zu untersuchende Kapazität, z. B. ein Hochspannungskabel, das mit dielektrischen Verlusten behaftet ist. $C_N$ ist der notwendige Normalkondensator, dessen Kapazität genau bekannt und dessen Verlustwinkel Null oder sehr klein sein muß. Es herrscht dann in dem Brückenzweig $C_N$ zwischen Strom und Spannung eine Phasenverschiebung von genau 90°. Für $C_N$ wird meist ein Preßgaskondensator verwendet (vgl. Abb. 126), dessen Fuß geerdet ist. $R_2$ und $R_4$ sind winkelfehlerfreie Ohmsche Widerstände, $C_2$ ist ein Meßkondensator mit Kurbeln (ähnlich Abb. 121b) mit den 30 Stufen 10 (0,001 + 0,01 + 0,1) μF. Wenn der Strom im Vibrationsgalvanometer $VG$ durch Regeln von $C_2$ und $R_4$ Null geworden ist, dann gelten folgende Beziehungen:

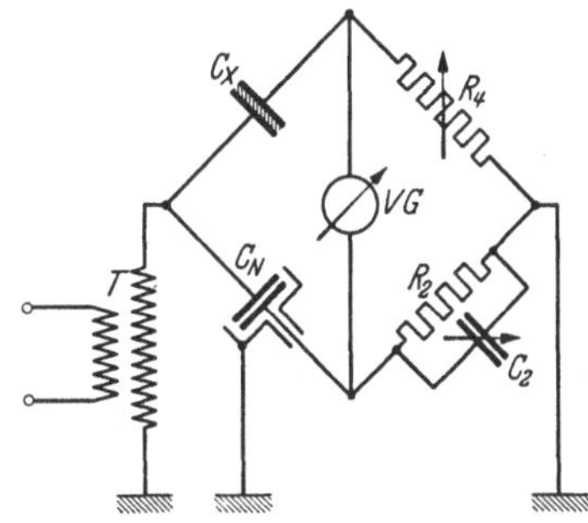

Abb. 138. Hochspannungsbrücke nach Schering zur Messung von Kapazität und dielektrischem Verlustwinkel. $R_2, R_4$ Ohmsche Widerstände, $C_N$ Vergleichs- (Normal-) Kondensator, $C_X$ Kondensator mit Verlusten, $C_2$ regelbarer Glimmerkondensator, $T$ Hochspannungstransformator, $VG$ Vibrationsgalvanometer.

$$\left.\begin{aligned} \operatorname{tg}\delta_X &= \omega C_X R_X; \quad R_X = R_4 \cdot \frac{C_2}{C_N}; \\ C_X &= C_N \cdot \frac{R_2}{R_4}; \\ \text{also:} \quad \operatorname{tg}\delta_X &= \omega R_2 \cdot C_2. \end{aligned}\right\} \qquad (62)$$

Hierin ist tg $\delta_X$ der Verlustwinkel von $C_X$, d. h. der Betrag, der zu einer Phasenverschiebung von 90° zwischen Strom und Spannung in $C_X$ fehlt und $\omega = 2\pi f = 314$ für 50 Hz die Kreisfrequenz. Man kann also in sehr einfacher Weise die Kapazität und den Verlustwinkel des Meßobjektes $C_X$ bestimmen.

Die Schering-Brücke wird für Spannungen von wenigen kV bis etwa 500 kV verwendet. Sie hat die Entwicklung der Hochspannungsisoliertechnik außerordentlich günstig beeinflußt, und es ringt sich heute immer mehr die Erkenntnis durch, daß die Messung des Verlustwinkels

[1] Semm: Verlustmessungen bei Hochspannung. Arch. Elektrotechn. Bd. 13 (1920) S. 30.

mindestens ebenso wichtig ist wie die Spannungsprüfung. Über die Schering-Brücke und ihre Anwendung und Anpassung an bestimmte Sonderzwecke besteht eine umfangreiche Literatur, die vom Verfasser[1] zusammengestellt wurde.

**Brücken zur Messung von Erdwiderständen.** Für die Messung des Erdwiderstandes, z. B. des Schutzseiles einer Hochspannungsleitung, der Erdleitung in einem Fernsprechamt u. a. m., sind zahlreiche Meßeinrichtungen ersonnen worden, über die Krönert[2] zusammenfassend berichtet hat. Hier soll als Beispiel die in der Abb. 139 dargestellte Brücke erläutert werden, deren Anordnung von Stössel stammt. Der Widerstand $R_X$ der Erdung soll gemessen werden. Neben einer Hilfserde $R_H$ benötigt man noch eine behelfsmäßige Erdung (Sonde) $R_S$, deren Widerstand hoch sein kann. $R_X$ und $R_H$ sollen mindestens 15 m voneinander entfernt sein; die Sonde $R_S$ soll zwischen beiden Erden liegen, weder nahe an $R_X$ noch an $R_H$. Die Brücke wird von einer Wechselstromquelle, z. B. einem Summer, gespeist. $R_1 = R_2$ sind feste Widerstände, meist 10 oder 100 $\Omega$. $R_3$ ist ein Schleifdraht oder, wie in der Abb. 139 angedeutet, ein Schleifwiderstand. In der senkrechten Brückendiagonale liegt ein Telephon oder über einem kleinen Wandler $W$ ein empfindliches Drehspulgerät $G$ mit Gleichrichter.

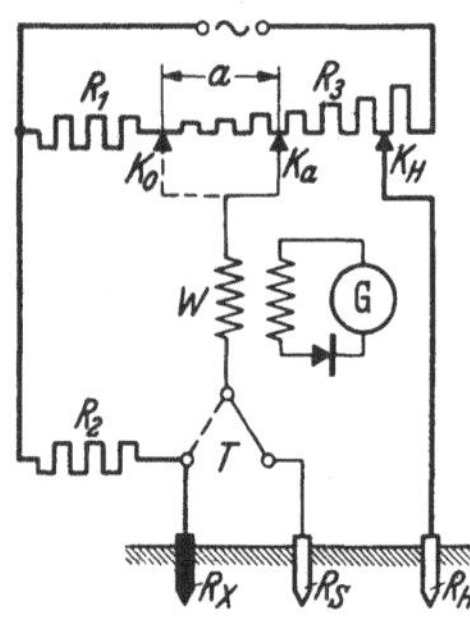

Abb. 139. Stösselbrücke zur Messung von Erdwiderständen (H. & B.). $R_X$ gesuchter Erdwiderstand, $R_S$ Sonde, $R_H$ Hilfserde, $R_1$, $R_2$ Festwiderstände, $R_3$ abgestufter Widerstand, $W$ Wandler, $G$ Drehspulgalvanometer mit Trockengleichrichter, $T$ Taster.

Zur Messung stellt man den Schleifkontakt $K$, der zum Galvanometer bzw. Zwischenwandler führt, zunächst in die Stellung $K_0$ d. h. $a = o$, den Taster $T$ auf $R_X$ und verändert nun den Kontakt $K_H$, der zur Hilfserde $H$ führt, so lange, bis das Galvanometer Null zeigt. Dann schaltet man den Taster $T$ nach rechts auf die Sonde $R_S$, verschiebt den Kontakt $K$ so lange, bis in der Stellung $K_a$ das Galvanometer wiederum Null zeigt. Die Strecke $a$ des Widerstandes $R_3$ gibt dann ein Maß für den gesuchten Erdwiderstand $R_X$. Die Gleichgewichtsbedingung der Brücke ($R_X = a \cdot R_2/R_1$) läßt sich leicht ableiten, wenn man sie für die beiden Abgleichungsstellungen ($K_0$ und $K_H$) und ($K_a$) getrennt aufschreibt. Längs des Schiebewiderstandes $R_3$ liegt eine Skala, an der $R_x$ unmittelbar abgelesen werden kann. Der Schiebewiderstand $R_3$ ist so gewickelt, daß sein Widerstand je Längeneinheit nach rechts zunimmt, um die Empfindlichkeit der Brücke für kleine Widerstände $R_X$ zu steigern. Bei der Ausführung nach Abb. 139 wird neuerdings wie bei dem Isolations-

[1] Palm, A.: Arch. techn. Messen J 921—3. (Sept. 1932.)

[2] Krönert, J.: Arch. techn. Messen V 35192—1. (Jan. 1932.)

prüfer nach Abb. 167, ein Summerumformer verwendet, der gleichzeitig den Sekundärstrom des Galvanometertransformators wieder in Gleichstrom umformt.

Der Erdungsmesser nach Abb. 140[1], der ebenfalls auf dem Prinzip der Wechselstrombrücke beruht, hat als Stromquelle einen Wechselstromkurbelinduktor $G$ mit Trommelanker (100 V, 75 Hz). Der Hauptstrom des von Hand betätigten Induktors $G$ fließt über die Primärwicklung des Stromwandlers $SW$, die zu messende Erde $E$ und die Hilfserde $H$. Durch den Wandler erhält man ein konstantes Verhältnis zwischen den Strömen im Primärkreis und im Meßkreis, was durch einen Nebenwiderstand nicht zu erreichen ist. Über die Anordnung der Erden gilt das oben Gesagte. Auch hier ist eine Sonde $S$ vorgesehen, die mit dem geeichten Widerstand $R$ (Drahtraupe) durch einen Schleifkontakt $K$ verbunden ist, der so lange verschoben wird, bis das Galvanometer nicht mehr ausschlägt. Letzteres ist über einen Isolierwandler $IW$, der fremde Gleichströme vom Nullinstrument fernhält, und einen Schwingkontaktgleichrichter $SG$ in den Meßkreis gelegt. Die Einrichtung kann weitgehend der Größe der zu messenden Erdwiderstände (feuchter oder trockener Boden, 10, 100, 1000 Ω) angepaßt werden, sie ist unempfindlich gegen fremde Einflüsse und hat eine Toleranz von 2,5%. Durch zyklisches Vertauschen der Anschlüsse können auch die Widerstände der Erden $H$ und $S$ gemessen werden.

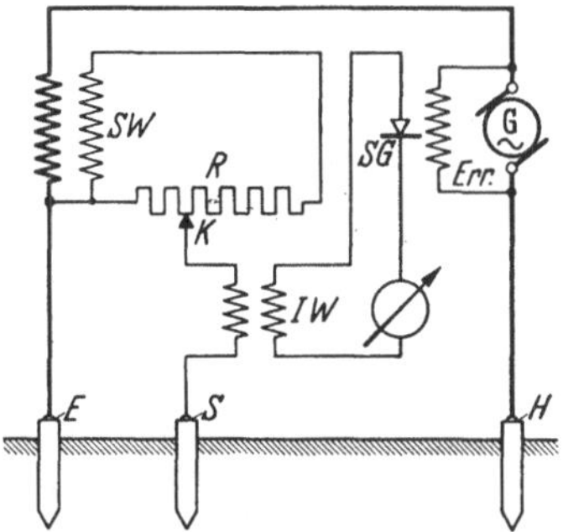

Abb. 140. Stromlauf des Erdungsmessers von S. & H. $G$ Wechselstromgenerator, $SW$ Stromwandler, $E$ Erder, der untersucht wird, $H$ Hilfserder, $S$ Sonde, $R$ Vergleichswiderstand, $IW$ Isolierwandler, $SG$ Schwingkontakt-Gleichrichter, $Err.$ Erregung für $SG$, $K$ Schleifkontakt.

## XVII. Kompensatoren.

Das Prinzip des Kompensators wurde in der Abb. 127b gezeigt: Es wird eine bekannte Spannung mit einer unbekannten, zu messenden Spannung verglichen. Zur Abgleichung bis zum Strom Null im Galvanometer $G$ kann man entweder den Widerstand $R_1$ konstant halten und den Strom $I$ in $R_1$ stetig ändern, oder man kann den Strom konstant halten und $R_1$ stetig ändern. Im ersten Fall wird die gesuchte Spannung durch einen Strommesser angezeigt, im zweiten durch den Betrag eines Widerstandes. Dies gilt in erweitertem Sinne auch für Wechselstromkompensatoren.

[1] Pflier, P. M.: Siemens-Z. Bd. 13 (1933) S. 12.

## 1. Kompensatoren für Gleichstrom.

Der technische **Kompensator nach Lindeck-Rothe** ist nach Abb. 141 geschaltet. Über einen Meßwiderstand $R$ fließt ein durch $r$ veränderbarer Strom $I$ und erzeugt an $R$ den Spannungsabfall $I \cdot R$; $I$ wird mit dem Strommesser $A$ gemessen, $R$ ist bekannt. An $R$ liegt die zu messende EMK, z. B. ein Thermoelement mit der Thermokraft $E_X$. Zeigt das Galvanometer $G$ Null, dann ist $E_X = I \cdot R$. Diese Schaltung dient als Grundlage für einen Kompensator zur Untersuchung von Thermoelementen, wobei es möglich ist, zwei Thermoelemente zu vergleichen und überdies noch den Spannungsmesser, der die Temperatur anzeigen soll, zu kontrollieren. Die Toleranz der Messung ist durch die Toleranz des Strommessers $A$ und des Widerstandes $R$ gegeben.

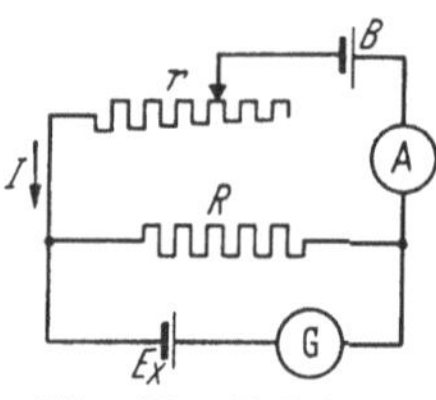

Abb. 141. Technischer Kompensator nach Lindeck-Rothe. $B$ Batterie, $A$ Strommesser, $r$ Regelwiderstand, $R$ Festwiderstand, $E_x$ zu messende Spannung, $G$ Galvanometer.

Beim Normalkompensator führt man alle Messungen auf die Spannung eines Normalelements[1] zurück, die 1,0183 V bei 20° C beträgt. Wie man hierbei verfährt, soll an der vereinfachten Schaltung des **Feußner-Kompensators**[2] nach Abb. 142 erläutert werden. Aus einer Batterie $B$ fließt ein durch einen Regelwiderstand $R$ veränderbarer Hilfsstrom $I_H$ von z. B. 0,1 mA über die Widerstände $R_1$ bis $R_4$. Legt man den Schalter $S$ zunächst nach oben, so liegt die Spannung des Normalelements $E_N$ an den Schleifern $a$ und $d$. Diese und den Doppelschleifer mit den mechanisch gekuppelten Kontakten $b$—$c$ stellt man auf einen Widerstandswert, der der Spannung des Normalelementes entspricht, also z. B. bei 1,0185 V auf 10185 Ω. Der Regelwiderstand $R$ wird nun so lange geändert, bis das Galvanometer stromlos ist, dann fließt ein Hilfsstrom $I_H$ von $\frac{1,0185}{10185} = 0,1$ mA. Jetzt legt man den Schalter $S$ nach unten und verändert die Schleifer bzw. Kurbeln $a$ und $d$ sowie den Doppelschleifer bzw. die Doppelkurbel $b$—$c$ so lange, bis das Galvanometer nicht mehr ausschlägt, dann kann man den Wert für die

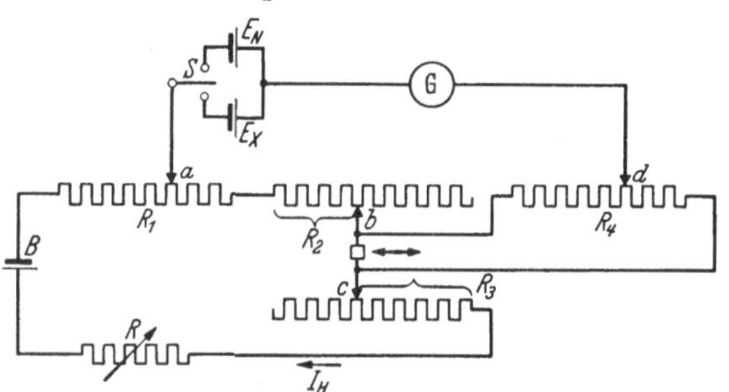

Abb. 142. Prinzip des Feußner-Kompensators O. Wolf. $B$ Hilfsstrombatterie, $R$ Regelwiderstand, $R_1, \ldots R_4$ Präzisionswiderstände, $R_2 + R_3$ = konstant, $a \ldots d$ Kurbeln bzw. Schleifer, $S$ Schalter, $E_N$ Normalelement, $E_X$ gesuchte Spannung, $G$ Galvanometer.

[1] Näheres siehe z. B. Jäger: Elektrische Meßtechnik, 1917 S. 147.

[2] Feußner, K.: Z. Instrumentenkde. Bd. 10 (1890) S. 113, Bd. 21 (1901) S. 227, Bd. 23 (1903) S. 301.

gesuchte Spannung unmittelbar an den Kurbeln ablesen. Da sich $R_2$ und $R_3$ hierbei durch den Doppelschleifer *b*—*c* gegenläufig ändern, bleibt ihre Summe konstant, so daß sich bei der zweiten Einstellung der zuerst eingestellte Strom $I_H$ nicht ändert.

Die Feußnersche Schaltung (Abb. 142) liegt einer Ausführung zugrunde, bei der die Widerstände $R_2$ und $R_3$ halbkreisförmig in 3 Doppelkurbeln und 2 Einfachkurbeln angeordnet sind, so daß der Wert der Normalspannung auf 5 Stellen genau eingestellt werden kann.

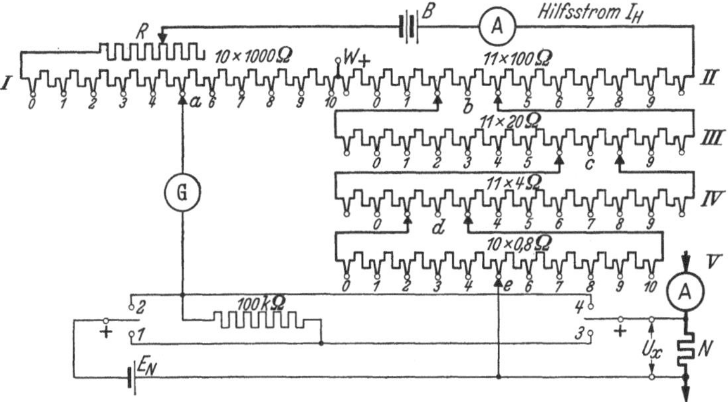


Abb. 143. Normalkompensator von H. & B. *B* Batterie im Hilfsstromkreis, *R* Regelwiderstand im Hilfsstromkreis, *A* Strommesser im Hilfsstromkreis, *G* Galvanometer, 100 kΩ Galvanometer-Schutzwiderstand, $E_N$ Normalelement = 1,0184 V, $U_x$ gesuchte Spannung, *1*, *2*, *3*, *4* Schalterkontakte.

Die Abb. 143 zeigt die Schaltung eines **Normalkompensators,** der auf der ebenfalls von Feußner[1] angegebenen Nebenschlußschaltung beruht. Die 5 Widerstandsgruppen *I*...*V* sind in der Abb. 143 zur Vereinfachung gestreckt mit Schiebekontakten *a*...*e* dargestellt; in der Ausführung sind es Kurbeln bzw. Doppelkurbeln, deren Kontaktfedern (kleine Pfeile) auf kreisförmig angeordneten Kontaktstücken (kleine Kreise) schleifen. Die Widerstandsgruppen *I* und *V* sind mit Einfachkurbeln, *II*...*IV* mit Doppelkurbeln versehen. Dabei sind 2 Stufen des Widerstandes *II* mit 200 Ω den Widerständen *III*...*V* mit insgesamt 200 Ω parallel geschaltet. Den zwei Stufen des Widerstandes *III* von 40 Ω sind die Widerstände *IV* bis *V* von insgesamt 40 Ω parallel geschaltet und zuletzt noch 2 Stufen des Widerstandes *IV* von 8 Ω der Widerstand *V* mit 8 Ω. Die Doppelkurbeln jedes Widerstandssatzes sind im Abstand von 2 Widerstandsstufen fest miteinander gekuppelt, aber elektrisch voneinander isoliert. Der Gesamtwiderstand der Gruppen *I*...*V*, bezogen auf die Batterie *B*, beträgt also 11000 Ω, unabhängig von der Stellung aller 5 Kurbeln.

Soll z. B. der Strom *I* in einem Strommesser *A* zu dessen Kontrolle genau gemessen werden, so verfährt man folgendermaßen: Man schickt

[1] Feußner, K.: Elektrotechn. Z. Bd. 32 (1911) S. 215.

den Strom durch einen bekannten Normalwiderstand $N$ und mißt den Spannungsabfall $U_x$ mit dem Kompensator. Lautet z. B. der Prüfschein des Normalelementes $E_N$ auf 1,0184 V bei einer Raumtemperatur von 22° C, so greift man mit den Kontakten $a \ldots e$ einen Gesamtwiderstand von 10184 Ω heraus und regelt den der Batterie $B$ entnommenen Hilfsstrom $I_H$ mit Hilfe des Regelwiderstandes $R$ so, daß das Galvanometer $G$ beim Drücken des Tasters *1*, später *2*, nicht mehr ausschlägt. Es herrscht dann an den Enden des Gesamtwiderstandes von 11000 Ω eine Spannung von 1,1 V bei einem Strom von 0,1 mA. Nun gleicht man die zu messende

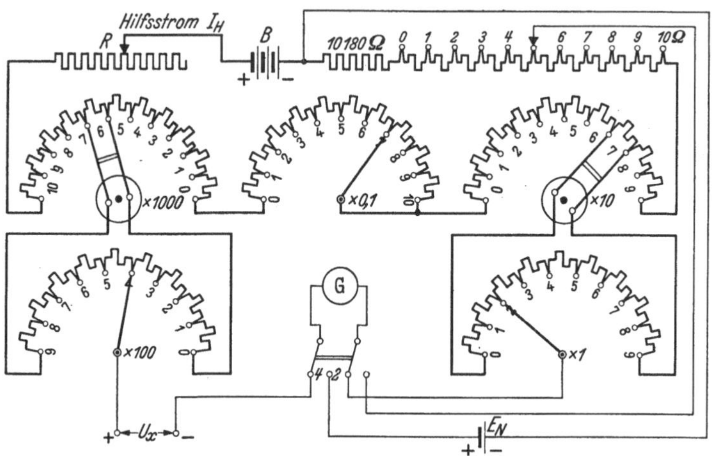


Abb. 144. Schaltung des Kompensators nach Raps (S. & H.). Legende wie Abb. 143.

Spannung $U_x$ ab durch Drehen der Kurbeln $a \ldots e$ bei gedrücktem Taster *4*, später *3*, bis das Galvanometer $G$ wiederum Null zeigt und liest dann zwischen den Kontakten $a \ldots e$ eine Stellung der Kurbeln (Abb. 143) von beispielsweise 5372,5 ab, d. h. der Spannungsabfall am Normalwiderstand $N$ beträgt 0,53725 V. Sein Widerstand sei genau 0,01 Ω, dann ist der gesuchte Strom $I = 53{,}725$ A.

Beim Drücken der Tasten *1* bzw. *3* ist vor dem Galvanometer $G$ noch ein Sicherheitswiderstand von 100 kΩ geschaltet, der die Empfindlichkeit des Galvanometers bei der Grobeinstellung herabsetzt, damit das Auffinden der richtigen Kurbelstellung erleichtert und das Galvanometer vor Überlastung geschützt wird. Auch das hochempfindliche Normalelement $E_N$, dem nur kurzzeitig ganz geringe Ströme entnommen werden dürfen, wird so vor Überlastung geschützt. Erst wenn mit den Tastern *1* bzw. *3* genau abgeglichen ist, erfolgt die letzte Feinabgleichung mit den Tastern *2* bzw. *4*.

Das Schema Abb. 144 stellt den **Normalkompensator nach Raps** in der Ausführung von S. & H. dar. Auch hier ist der Gesamtwiderstand des Hilfsstromkreises von mindestens 11000 Ω konstant mit Ausnahme der 0,1-Kurbel, die eine Widerstandsänderung von 1 Ω, das ist ein Fehler von 0,01%, hervorrufen kann. Für die Einstellung des Hilfsstromes mit dem Normalelement $E_N$ ist noch ein besonderer Widerstand im Hilfsstromkreis von 10180...10190 Ω vorgesehen. Der Potentialabgriff erfolgt mit 3 Einfach- und 2 Doppelkurbeln, die Anwendung ist dieselbe wie bei dem vorbeschriebenen Apparat. Bei beiden Kompensatoren nach Abb. 143 und 144 ist der Übergangswiderstand der Kurbelkontakte so klein gehalten, daß er gegen den Widerstand von 11000 Ω vernachlässigt werden kann.

Die Meßgenauigkeit der Normalkompensatoren ist sehr hoch, man kann die fünfte Dezimale noch sicher einstellen, also z. B. 1,0183 V. Dies setzt voraus, daß die Widerstände mit einer Toleranz von ±0,01% abgeglichen sind, und daß das Nullgalvanometer $G$ eine Empfindlichkeit von mindestens 1 mm Ausschlag bei $10^{-8}$ A und 1 m Skalenabstand besitzt.

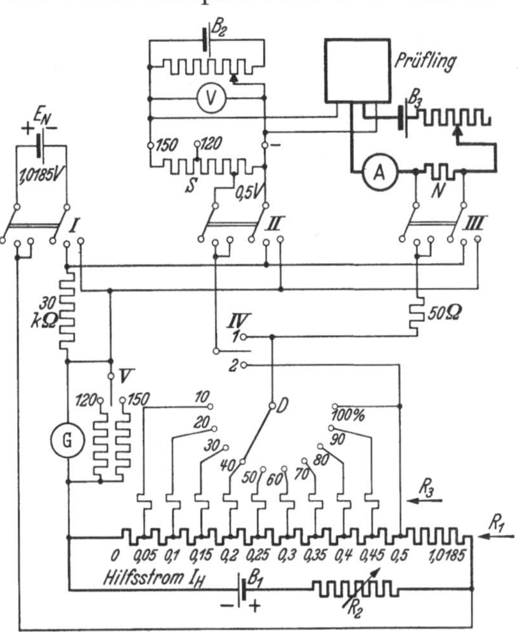


Abb. 145. Stufenkompensator nach Dr. Schmidt (Ausführung von H. & B.). $E_N$ Normalelement, 30 kΩ Galvanometerschutzwiderstand, $G$ Galvanometer, 120 bzw. 150 Galv. Widerstände bei 120 bzw. 150 V zu messender Spannung, $B_1$ Batterie, $R_2$ Regelwiderstand im Hilfsstromkreis, $R_1$ Stufenwiderstand zum Vergleich von Spannungsabfällen mit dem Normalelement. $R_3$ Zusatzwiderstände, damit der Galvanometerkreis unverändert bleibt. $D$ Drehschalter zum Kompensieren von 10, 20...100% der Spannung 0,5 V (Abgriff an den Stufenwiderständen). *I, II, III, IV, V* Schalter, $B_2$ Batterie im Spannungshilfskreis, $B_3$ Batterie im Stromhilfskreis, $A$ Strommesser im Stromhilfskreis, $N$ Normalwiderstand, Prüfling: Leistungsmesser oder Zähler auch Strom- und Spannungsmesser.

Für die Messung einer Spannung tritt an Stelle des Normalwiderstandes $N$ ein genauer Spannungsteiler. Die Meßwiderstände sind mit den erforderlichen Tastern und Anschlußklemmen in einem Holzkasten eingebaut. Man findet die Kompensatoren mit anderen Meß- und Regeleinrichtungen in Meßtischen, z. B. in den Prüfämtern der Elektrizitätswerke.

Abb. 145 zeigt einen **Stufenkompensator in der Anordnung nach Schmidt**[1]. Ein elektrodynamischer Leistungsmesser (Prüfling) soll mit Hilfe eines Normalelements $E_N$ geprüft werden. Aus einer Hilfsbatterie $B_1$ fließt über einen Regelwiderstand $R_2$ und den

[1] DRP. 627857 vom 7. 1. 1934.

Stufenwiderstand $R_1$ ein Hilfsstrom $I_H$. Der Spannungsabfall an dem Stufenwiderstand $R_1$ wird auf 1,0185 V, d. h. die Spannung $E_N$ des Normalelements eingestellt. Hierzu wird der Kippschalter *I* von den toten Kontakten links zunächst auf die erste Stufe mit dem Schutzwiderstand 30 kΩ gestellt, ähnlich wie bei den vorbeschriebenen Kompensatoren, und der Hilfsstromkreis grob abgeglichen durch Ändern von $R_2$. Zeigt das Galvanometer *G* Null an, so wird der Kippschalter *I* auf den nächsten Kontakt ganz rechts gestellt und die Spannung an $R_1$ genau auf 1,0185 V abgeglichen; dann fließt der richtige Hilfsstrom. $R_1$ ist so unterteilt, daß man die angegebenen Teilspannungen — z. B. auf der höchsten Stufe 0,5 V — mit dem Stufenschalter *D* abgreifen kann, an dessen Kontakten der Meßbereich in Prozent angegeben ist. Die Spannung am Leistungsmesser wird mit Hilfe des Spannungsmessers *V* so genau wie möglich auf z. B. 150 V eingestellt. Es ist noch ein Spannungsteiler *S* vorgesehen, der die 150 V auf 0,5 V zurückführt, den Wert, der bei der ersten Abgleichung mit dem Normalelement an der höchsten Stufe von $R_1$ eingestellt wurde. Der aus der Batterie $B_2$ entnommene Spannungsteilerstrom wird nun geregelt, bis bei der Betätigung des Kippschalters *II* (ähnlich wie bei der ersten Abgleichung mit *I*) der Ausschlag am Galvanomter *G* Null ist, dann beträgt die Spannung am Leistungsmesser (Prüfling) genau 150 V.

Der am Strommesser *A* angezeigte Strom *I* wird nicht vollkommen kompensiert, und das ist die Eigenart dieses Kompensators. Man regelt den der Batterie $B_3$ entnommenen Strom *I* so, daß der Zeiger des Leistungsmessers genau auf einem bestimmten Wert, z. B. auf 75,0, d. h. 50% bei 150teiliger Skala steht. Der Spannungsabfall am Normalnebenwiderstand *N*, der bei genau 50% des vollen Stromes genau 0,25 V sein soll, weicht von diesem Wert um einen Betrag ab, welcher der Fehlanzeige des Leistungsmessers verhältnisgleich ist. Mit dem Schalter *V* kann dem Galvanometer *G* ein Widerstand parallel geschaltet werden, der bei 150teiliger Skala des Leistungsmessers verschieden ist von dem bei 120teiliger (oder bei 100teiliger). Mit diesem Nebenwiderstand und den Vorwiderständen $R_3$, die so abgeglichen sind, daß der Widerstand im Galvanometerkreis bei Drehung von *D* konstant bleibt, zeigt das Galvanometer *G* als Millivoltmeter unmittelbar den Fehler des Leistungsmessers in Promille an. Diese Prüfung ist nicht nur bei 50% des Skalenendwertes des Leistungsmessers, sondern bei allen, am Stufendrehschalter *D* angeschriebenen Beträgen von 10...100% des Endausschlags möglich. Die Fehler des Leistungsmessers lassen sich also über die ganze Skala rasch, sicher und ohne Rechnung ermitteln.

Stellt man den Schalter *IV* auf Kontakt *1*, so kann man an dem Spannungsteiler *S* oder dem Nebenwiderstand *N* die Fehlweisung eines Spannungsmessers oder eines Strommessers in der gleichen Weise bestimmen. Das Schema Abb. 145 entspricht der Ausführung von H. & B.

Abb. 146 zeigt ein Ausführungsbeispiel von S. & H., dem etwa dieselbe Schaltung zugrunde liegt.

**Schleifdrahtkompensator zur $p_H$-Bestimmung.** Es soll hier an einem Beispiel gezeigt werden, wie es möglich ist, mit einer kleinen elektrischen Meßeinrichtung chemische Messungen schnell und sicher auszuführen. Um bei einer wässerigen Lösung festzustellen, ob und in welchem Maße sie sauer oder alkalisch ist, genügt es, den Gehalt an H- (Wasserstoff-) Ionen anzugeben; den Gehalt an OH- (Hydroxyd-) Ionen findet man als

Abb. 146. Stufenkompensator nach Dr. Schmidt in der Ausführung von S. & H.

Ergänzung zu der Zahl $10^{-14}$, d. h. das Produkt aus H- und OH-Ionen ist immer gleich $10^{-14}$. Die Wasserstoffionenkonzentration gibt man in vereinfachter Weise mit dem Exponent dieser Zahl mit dem Pluszeichen an und bezeichnet sie mit $p_H$. Eine Lösung ist sauer, wenn $p_H < 7$, neutral, wenn $p_H = 7$, und alkalisch, wenn $p_H > 7$ ist. Taucht man in eine Lösung eine geeignete Elektrode ein, so entsteht zwischen ihr und der Lösung eine EMK, die eine eindeutige Funktion des $p_H$-Wertes (Nernstsche Gleichung) ist. Verwendet man noch eine zweite Elektrode, die sich in einer Lösung bekannter Konzentration $c_1$ befindet, so gibt die Differenz der beiden gegeneinander geschalteten elektromotorischen Kräfte ein Maß für den gesuchten $p_H$-Wert der Lösung nach der Gleichung

$$E_1 - E_2 = 56 \cdot \lg \frac{c_1}{c_2} \text{ mV}. \tag{63}$$

$c_2$ ist die gesuchte Konzentration der Lösung, die sich bei der Messung von $(E_1 - E_2)$ mit einem stromverbrauchenden Gerät ändern würde. Es gilt also, die EMK ohne Stromentnahme zu messen. Dies geschieht in einer Kompensationsschaltung nach Abb. 147; die dazu benötigten Teile, wie Galvanometer, Widerstände usw., sind in ein kleines Gehäuse nach Abb. 148 eingebaut. Die Bezeichnungen stimmen in beiden Abbildungen überein. Aus einer in das Gehäuse eingebauten Trockenbatterie $B$ wird über den Schalter $S$ und den Regelwiderstand $R$ über den Schleifdraht $D$ ein Hilfsstrom $I_H$ geleitet, der in der Stellung $I_h$ des Schalters $U$ mit Hilfe des Galvanometers $G$ auf einen bestimmten Wert eingestellt werden kann. Zur Kompensation der bei $X$ angelegten $p_H$-EMK dreht man den Schalter $U$ auf die Stufen $M$ mit verschiedener Empfindlichkeit, kompensiert durch Drehen am Knauf $D$ (Kontakt $K$ des Schleifdrahts $D$ Abb. 147) so lange, bis das Galvanometer $G$ auch in der empfindlichsten Stufe bei $M_3$ nicht mehr ausschlägt, und kann dann an der Skala bei $F$ den gesuchten $p_H$-Wert ablesen. Auf der Skalenscheibe des Drehknaufes $D$ sind mehrere Teilungen angebracht, die für verschiedene Elektrodenarten (Elektrodenketten) gelten. Durch den kleinen Knauf $E$ wird eine über der Skala liegende Scheibe betätigt, welche die jeweils nicht geltenden Teilungen abblendet[1].

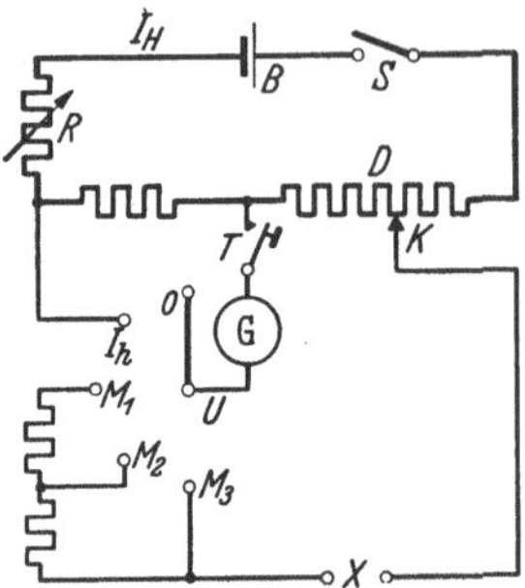


Abb. 147. Kompensationsschaltung zur $p_H$-Messung. $B$ Batterie im Hilfsstromkreis, $S$ Schalter im Hilfsstromkreis, $R$ Regelwiderstand im Hilfsstromkreis, $D$ Schleifdraht im Hilfsstromkreis, $T$ Taster, $G$ Galvanometer als Nullinstrument und zum Einstellen des Hilfsstroms in Stellung $I_H$ des Schalters $U$, $X$ zu messende Spannung, $M_1$, $M_2$, $M_3$ Stufen entsprechend dem Grad der Kompensation, $K$ Schleifkontakt.

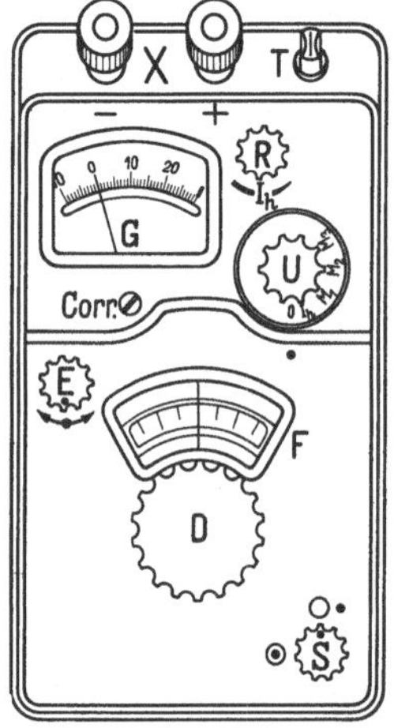


Abb. 148. Vollständiger Kompensator zur Bestimmung der Wasserstoffionenkonzentration (H. & B.). $E$ Knopf zum Freimachen der Skala entsprechend der Elektrodenkette. Übrige Bezeichnung siehe Schema Abb. 147.

## 2. Kompensatoren für Wechselstrom.

Hier sind 2 Wechselspannungen gegeneinander zu kompensieren, wozu zwei Bedingungen zu erfüllen sind: 1. ihre Beträge müssen gleich groß sein, 2. sie müssen gleiche Phasenlage haben. Nur dann wird die Differenzspannung vollkommen gleich Null. Als Nullinstrument wird wie bei den Wechselstrombrücken ein Telephon, ein Vibrationsgalvanometer oder ein Drehspulgalvanometer mit Gleichrichter benutzt. Man kann bei Wechselstrom eine unbekannte Spannung $E_x$ nur gegen eine bekannte Spannung $E$ von gleicher Frequenz kompensieren. Dabei hat man sich $E$ aus zwei Komponenten $E_1$ und $E_2$ zusammengesetzt zu denken, die genau um 90° phasenverschoben sind nach dem Gesetz $E^2 = E_1^2 + E_2^2$ $(= E_x^2)$, wobei der Klammerausdruck nur für den abgeglichenen Kompensator gilt. Kennt man $E_1$ und $E_2$, so ist auch $E_x$ nach Größe und Richtung bekannt; vgl. hierzu Abb. 150.

[1] Näheres siehe Wengel: Meßtechn. Bd. 11 (1935) S. 86.

Als kennzeichendes Beispiel dieser großen Gruppe von Meßeinrichtungen sei der komplexe **Kompensator von Geyger**[1] angeführt, dessen Schaltung Abb. 149 zeigt. Der Strom $I$ wird dem Netz über einen Isolierwandler $T$ entnommen und mit dem Strommesser $A$ und einem Regelwiderstand $R$ auf einen bestimmten Wert gebracht. $I$ durchfließt den induktions- und kapazitätsfreien Widerstand $R_T$ und die Primärspule des Luftwandlers $M$, dessen sekundäre EMK genau 90° phasenverschoben ist gegen $I$. Diese Spannung wird dem Spannungsteiler $S_2$, $R_2$ zugeführt und kann in verschiedenen Größen $E_2$ dort abgegriffen werden. Am Stufenwiderstand $R_2$ wird grob, am Schleifdraht $S_2$ fein geregelt. Der Ohmsche Spannungsabfall an $R_T$, der in Phase mit $I$ ist, wird dem Spannungsteiler $R_1$, $S_1$ zugeführt, wo man $E_1$ in ähnlicher Weise wie $E_2$ grob und fein einstellen kann. Die Resultierende aus $E_1$ und $E_2$ ist die EMK $E$, die, wenn das Nullinstrument (Telephon, Vibrationsgalvanometer) Null zeigt, gleich und entgegengesetzt ist der gesuchten EMK $E_x$. Die Umschalter $U_1$ und $U_2$ ermöglichen es, die Komponenten $E_1$ und $E_2$ um je 180° zu verschieben, und damit die Spannungen $E_x$ in allen Phasenlagen zwischen 0 und 360° entsprechend der Phasenlage von $I$ gegen $E_x$ vollkommen zu kompensieren. $E_x$ ist dann nach Größe und Phasenlage zur Bezugsgröße $I$ bekannt. Ein reiner Schleifdrahtkompensator für vier Quadranten, bei dem die Umschalter $U_1$ und $U_2$ wegfallen, wurde ebenfalls von Geyger[2] durchgebildet.

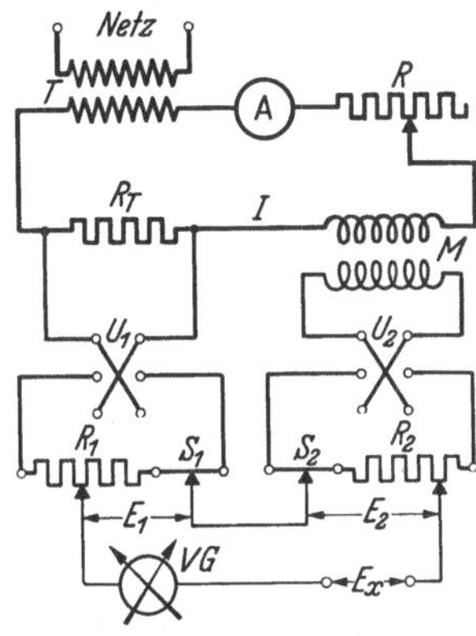


Abb. 149. Komplexer Kompensator nach W. Geyger. $T$ Isolierwandler, $A$ Strommesser, $R$ Regelwiderstand, $R_T$ Widerstand zur Abnahme der 0°-Spannung, $M$ Luftwandler zur Erzeugung der 90°-Spannung, $U_1$, $U_2$ Umschalter, $R_1$, $S_1$ Grob- und Feinabgriff der 0°-Spannung $E_1$, $R_2$, $S_2$ Grob- und Feinabgriff der 90°-Spannung $E_2$, $E_x = E_1 \hat{+} E_2$ = gesuchte Spannung, $VG$ Vibrationsgalvanometer.

Wechselstromkompensatoren finden bei der Untersuchung von Zählern, Fernsprechapparaten und überall da Anwendung, wo es sich darum handelt, kleine Spannungen nach Größe und Phasenlage zu bestimmen.

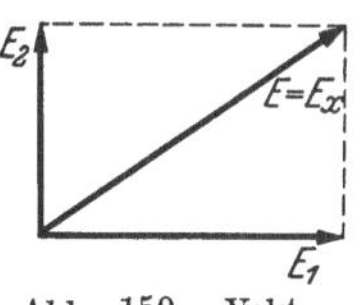


Abb. 150. Vektorschaubild zu Abb. 149.

Die **Stromwandlerprüfeinrichtung nach Schering-Alberti**[3] ist in der Abb. 151 wiedergegeben. Beim Wandler stehen, wie bei jedem Transformator, zwei elektrisch getrennte Stromkreise zur Verfügung. Die elektrischen Daten beider Kreise können miteinander verglichen werden.

---

[1] Einzelheiten und Schrifttumsangabe findet man bei Geyger: Krönerts Meßbrücken und Kompensatoren. München 1935.

[2] Geyger, W.: Arch. Elektrotechn. Bd. 17 (1926) S. 213.

[3] Schering, H. u. E. Alberti: Arch. Elektrotechn. Bd. 2 (1914) S. 263.

Kleine Änderungen der Primärgrößen wirken sich in gleichem Maß auf die Sekundärgrößen aus, was die Abgleichung sehr erleichtert. Der Primärstrom wird mit dem Strommesser $A$ auf den gewünschten Wert eingestellt und während der Messung etwa konstant gehalten. Zu untersuchen ist der Stromwandler mit den Primärklemmen $K$—$L$ und den Sekundärklemmen $k$—$l$. In beide Stromkreise sind Wechselstrom-Normalwiderstände $N_1$ und $N_2$ eingeschaltet, deren Spannungen an die Spannungsteilerwiderstände $R$ und $W$ geführt sind. Im Sekundärkreis liegt noch die Bürde $B$, die nach Widerstand und Induktivität der betriebsmäßigen Belastung des Wandlers entspricht. Der Ausschlag des Vibrationsgalvanometers $VG$ wird durch Änderung von $r$ und $C$ auf Null gebracht. Der Widerstand $w$ wird entsprechend dem Übersetzungsverhältnis des Wandlers eingestellt, an $r$ kann man unmittelbar den Strom- (Übersetzungs-) Fehler ablesen, die Stellung des Kurbelkondensators $C$ ist ein Maß für den Fehlwinkel $\delta$. Der Abgleich ist ähnlich demjenigen der anschließend beschriebenen Einrichtung nach Hohle, bei der statt der Normalwiderstände ein Normalwandler verwendet wird, was eine erhebliche Vereinfachung der Anordnung mit sich bringt. Zur Eichung des Normalwandlers braucht man aber die Einrichtung nach Schering-Alberti, deren Toleranz für das Übersetzungsverhältnis $\pm 0{,}05\%$ und für den Fehlwinkel 1 min beträgt.

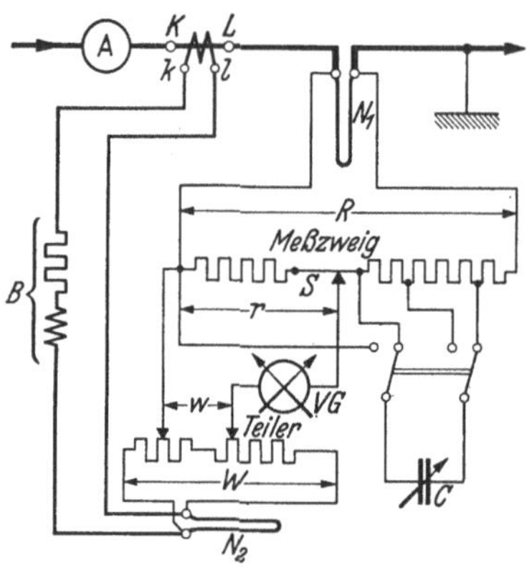


Abb. 151. Stromwandlerprüfeinrichtung nach Schering-Alberti. $K-L$ Primärklemmen des Prüflings, $k-l$ Sekundärklemmen des Prüflings, $B$ Bürde, $N_1$, $N_2$ Normalwiderstände, $R$, $W$ Spannungsteiler, $S$ Schleifdraht, $C$ veränderbarer Kondensator zum Ausgleich des Fehlwinkels $\delta$, $VG$ Vibrationsgalvanometer, $w$, $r$ Spannungen, die einander gleich sein müssen, $w$ wird entsprechend dem Übersetzungsverhältnis fest eingestellt.

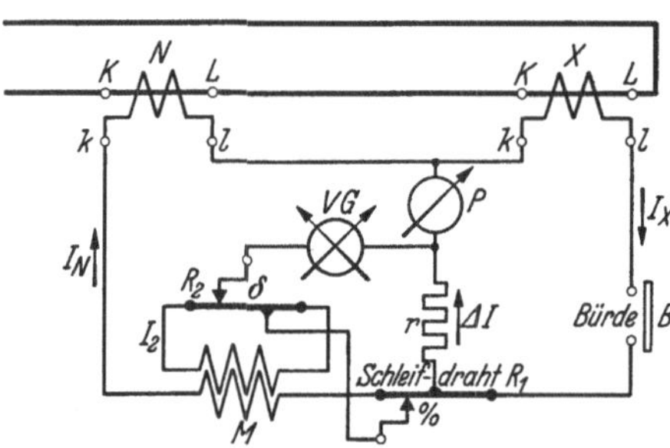


Abb. 152. Grundschaltung der Stromwandlerprüfeinrichtung nach Hohle. $N$ Normalwandler mit Strom $I_N$, $X$ Prüfling mit Strom $I_X$ $K-L$ Primäranschlüsse, $k-l$ Sekundäranschlüsse, $r$ fester Widerstand mit Differenzstrom $\Delta I$, $M$ gegenseitige Induktivität (Luftwandler), $\delta$ Regelung der Phasenverschiebung, % Regelung des Betrags, $B$ Bürde des Prüflings.

Die **Stromwandlerprüfeinrichtung nach Hohle**[1] soll hier als weiteres Beispiel an Hand der Abb. 152 beschrieben werden. Der Einfachheit halber wird nur das Schema zur Stromwandlerprüfung wiedergegeben. Die Spannungswandlerprüfung erfolgt in ähnlicher Weise.

[1] Hohle, W.: Physik. Z. Bd. 35 (1934) S. 844.

Im Schaltungsschema Abb. 152[1] ist $N$ ein Normalstromwandler, dessen Übersetzungs- und Winkelfehler praktisch gleich Null (oder genau bekannt) sind. $X$ ist der zu untersuchende Prüfling; beide haben das gleiche Übersetzungsverhältnis. Legt man ihre Primärwicklungen $K—L$ in Reihe, so fließt in beiden der gleiche Strom. Legt man auch ihre Sekundärwicklungen mit den Klemmen $k—l$ in Reihe, so werden die Sekundärströme $I_N$ und $I_X$ nur dann gleich groß und von gleicher Phasenlage sein, wenn beides, Übersetzungsverhältnis und Fehlwinkel des Prüflings $X$, mit dem des Normalwandlers $N$ übereinstimmt. Ist dies nicht der Fall, so fließt über den Ausgleichszweig mit dem Widerstand $r$ ein Strom $\Delta I$, der nach dem Vektorschaubild Abb. 153 der geometrischen Differenz der Ströme $I_N$ und $I_X$ entspricht. $\Delta I$ ruft in $r$ einen Spannungsabfall $E_r$ hervor, der in Phase ist mit $\Delta I$. Seine Komponente $E_1$, die in Phase bzw. Gegenphase mit $I_N$ liegt und ein Maß für den Strom-(Übersetzungs-)fehler des Prüflings $X$ ist, wird durch den Spannungsabfall an einem Ohmschen Widerstand (Schleifdraht) $R_1$, der nur von $I_N$ durchflossen wird, kompensiert. Die gegen $E_1$ um 90° verschobene Komponente $E_2$ von $E_r$, die ein Maß für den Winkelfehler $\delta$ des Prüflings ist, wird durch eine Teilspannung am Widerstand $R_2$ kompensiert, wobei die sekundäre $EMK$ des Luftwandlers $M$ um 90° gegen $I_N$ verschoben ist, wie bei dem beschriebenen Kompensator nach Geyger. Ist der Strom im Vibrationsgalvanometer $VG$ gleich Null, so gibt die Stellung des Schleifkontaktes auf $R_1$ den Übersetzungsfehler des Prüflings $X$ in Prozent und die Stellung des Kontaktes auf $R_2$ den Winkelfehler $\delta$ in min an. Da sich beide Fehler mit der Bürde $B$ (Belastung) des Prüflings $X$ ändern, so muß diese den betriebsmäßigen Verhältnissen des Wandlers angepaßt werden. Eine kleine Zusatzeinrichtung, die hier nicht beschrieben ist, gestattet, diese Bürde in bezug auf Ohmschen Widerstand und Induktivität mit dem Kompensator selbst zu messen. Das Prüfinstrument $P$ (Strommesser für 10 A) läßt erkennen, ob beide Wandler $N$ und $X$ richtig geschaltet sind; ist dies nicht der Fall, so fließt bei Wandlern mit 5 A Sekundärstrom in $P$ statt der Differenz die Summe dieser Ströme, also 10 A.

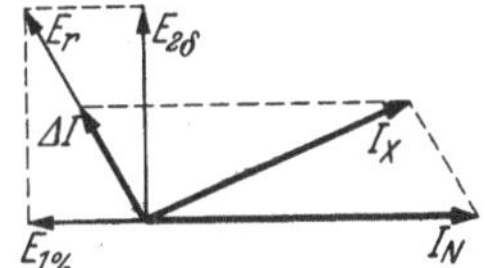


Abb. 153. Vektorschaubild zur Stromwandlerprüfeinrichtung nach Hohle. $\Delta I$ geom. Differenz der Ströme $I_X$ und $I_N$, $E_r$ Spannungsabfall an $r$ durch $\Delta I$, $E_1$ % Komponente von $E_r$ in Richtung von $I_N$, ist ein Maß für den Stromfehler des Prüflings, $E_{2\delta}$ Komponente von $E_r$ senkrecht zu $I_N$, ist ein Maß für den Winkelfehler des Prüflings.

## 3. Selbsttätige Kompensatoren.

Die Firma Leeds & Northrup, USA., baut einen Regel- und Schreibapparat, der die EMK eines Thermoelementes selbsttätig gegen die

[1] Aus Arch. techn. Messen Z 224—6. (Juli 1935.)

bekannte EMK eines Normalelements kompensiert. Der Aufbau des Geräts ist dem in der Abb. 100b und c wiedergegebenen Schreiber sehr ähnlich, die Schaltung ist auf S. 115 beschrieben. Man kann mit dieser Methode die Temperaturskala so stark vergrößern, daß man z. B. den sog. Haltepunkt der Erwärmungs- oder Abkühlungskurve einer Eisenschmelze genau aufzeichnen kann. Auch S. & H. stellen neuerdings einen selbsttätigen Kompensationsschreiber her, der von W. Geyger[1] beschrieben ist und sehr kleine Strom- und Spannungswerte (0,1 mA und 1 mV) ohne Energieverbrauch zu messen gestattet. Die selbsttätige Abgleichung von Wechselstromkompensatoren macht erhebliche Schwierigkeiten, da 2 Größen gleichzeitig auf einen bestimmten Wert einzustellen sind. W. Geyger[2] beschreibt eine solche Meßeinrichtung, bei der die selbsttätige Abgleichung unter Verwendung von Verstärkern und 2 Zählermeßwerken als Antrieb für die Schleifkontakte erfolgt.

## XVIII. Hochspannungsmeßeinrichtungen.

Die elektrostatischen Spannungsmesser und die Spannungswandler zur Hochspannungsmessung sind auf S. 86 und S. 130 bereits beschrieben. In Hochspannungsnetzen wird die Spannung meist mit Spannungswandlern gemessen, die mit der erforderlichen Spannungssicherheit und Leistung hergestellt werden können. Vom unmittelbaren Einbau elektrostatischer Spannungsmesser ist man abgekommen, da ihre Spannungssicherheit nicht hoch genug ist. Dagegen werden kapazitive Spannungsteiler oder Vorkondensatoren verwendet, wie sie auf S. 93 beschrieben sind, auch in Verbindung mit Meßwandlern ($C$-Messung von S. & H.). Hierbei liegt die Spannungssicherheit im Meßkondensator. In Prüfräumen ist die Spannungssicherheit der Meßeinrichtung weniger wichtig. Dafür gilt es hier, sowohl den Effektivwert als auch den Scheitelwert sehr hoher Spannungen möglichst genau zu messen. Von den zahlreichen Meßeinrichtungen für diesen Zweck sollen hier einige beschrieben werden; über die Messung hoher Spannung mit Vorwiderständen ist auf S. 145 Näheres zu finden.

### 1. Funkenstrecken.

Schon bei den ersten Influenzmaschinen und Induktorien dienten Überschläge an Funkenstrecken als Maß für die erreichte Spannung. Die Hochspannungstechniker haben sich sehr bemüht, dieses einfache Gerät zu einer zuverlässigen Meßeinrichtung durchzubilden, ohne jedoch bis heute eine befriedigende Genauigkeit erreicht zu haben. Die Richtigkeit ihrer Einstellung läßt sich mit jedem Maßstab prüfen, aber sie zeigt

[1] Geyger, W.: Arch. Elektrotechn. Bd. 29 (1935) S. 848.
[2] Geyger, W.: Arch. Elektrotechn. Bd. 29 (1935) S. 840.

nur die Erreichung eines gewissen Sollwertes durch einen effektvollen Überschlag an, während sich das Anwachsen oder Absinken der Spannung vor oder nach dem Überschlag nicht verfolgen läßt. Die Ausbildung des Überschlages erfordert eine Zeit von nur $10^{-5}$ bis $10^{-8}$ sec, so daß man auch Stoßspannungen von sehr kurzer Dauer messen kann.

Die **Nadelfunkenstrecke** nach Abb. 154 findet besonders in USA. Anwendung. Als „Nadeln“ dienen scharfe Nähnadeln, die in verstellbar eingespannten Stäben gefaßt sind. Bei Steigerung der Spannung bildet sich eine zunehmende Büschelentladung aus, die bei einem bestimmten Spannungswert zum Überschlag führt. Mit der Schlagweite $s$ (in cm) wächst die Überschlagsspannung. Für Scheitelspannungen $U$ über 100 $kV_{max}$ gilt ungefähr die Beziehung[1]

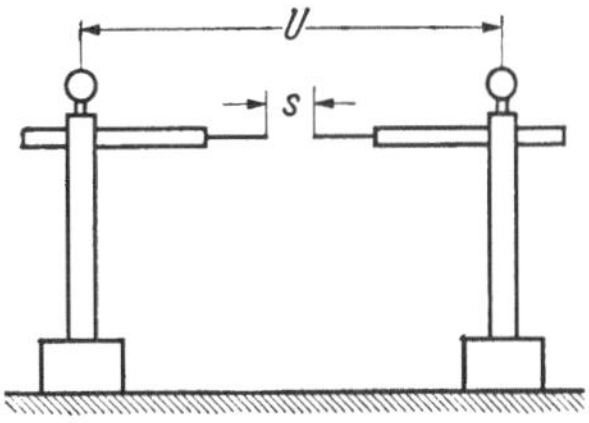

$$U_{max} = 15{,}4 + 4{,}74 \cdot s. \tag{64}$$

Abb. 154. Nadelfunkenstrecke.

Für kleine Schlagweiten treten sehr erhebliche Abweichungen auf. Die Kapazität der Nadelfunkenstrecke ist sehr klein; der Einfluß fremder Felder, der Polarität und der Lage des Erdpotentials ist gering. Die Streuung der Meßwerte ist aber verhältnismäßig groß durch die starke Abhängigkeit der Spitzenfunkenstrecke von der Luftfeuchtigkeit, der Elektrodenfoım und von der Form der Spannungskurve.

Die **Kugelfunkenstrecke** ist in der Abb. 155 schematisch dargestellt. Die Kugeln sind zuweilen waagerecht nebeneinander, häufiger senkrecht übereinander angeordnet. Die obere Kugel hängt fest an einem Schaft, dessen Länge mindestens gleich dem Kugeldurchmesser $D$ ist, und dessen Durchmesser 10% von $D$ betragen soll. Mit dem Schaft, der die Hochspannung zuführt, ist die obere Kugel isoliert aufgehängt. Die untere, meist geerdete Kugel steht auf einem Gestell, das eine Einrichtung zur Verstellung und Ablesung der Schlagweite $s$ besitzt. Vom VDE[2] sind die Schlagweiten für Kugeln von 5...100 cm und Spannungen von etwa 1...1000 kV festgelegt worden. Die Werte sind nach der Formel von Peek[3] berechnet, die er auf Grund eingehender Versuche wie folgt aufgestellt hat:

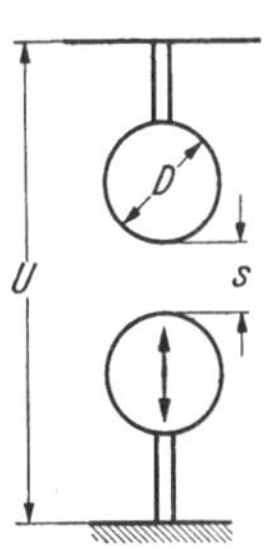

Abb. 155. Kugelfunkenstrecke.

$$U_{\text{eff}} = \delta \cdot 19{,}6_2 \left(1 + \frac{0{,}757}{\sqrt{\delta \cdot D}}\right) \cdot D \left[\frac{s}{D} \cdot \frac{1}{f}\right]. \tag{65}$$

---

[1] Vorschriftenbuch des VDE 1935, 0431, DIN. RÖNT 7, siehe auch S. Franck: Meßentladungsstrecken, S. 161. Berlin 1931.

[2] Vorschriftenbuch des VDE, 1935, 0430.

[3] Peek jr., F. W.: Proc. Amer. Inst. electr. Engr. 1914 S. 889.

$U_{\text{eff}}$ = Überschlagsspannung in $\text{kV}_{\text{eff}}$,
$\delta$ = relative Luftdichte ($\delta = 1$ bei 760 mm Hg Druck und 20° C),
$D$ = Kugeldurchmesser in cm,
$s$ = Schlagweite in cm,
$f$ = eine Funktion von $s/D$, die noch davon abhängt, ob beide Kugeln isoliert befestigt sind, oder ob eine geerdet ist.

Neuere Messungen[1] haben gezeigt, daß die Peeksche Formel in ihrem Aufbau ungefähr richtig ist, daß aber die durch Versuch gefundenen Größen berichtigt werden müssen; Hueter findet Abweichungen bis zu 8%.

## 2. Kugelspannungsmesser nach Hueter.

Zur Vermeidung der im vorigen Abschnitt angedeuteten Schwierigkeiten hat Hueter[2] entsprechend Abb. 156 die unter Hochspannung stehende obere Kugel *1* an einer Schraubenfeder *2* aufgehängt, die isoliert befestigt ist. Durch das elektrostatische Feld (vgl. S. 84) zwischen den Kugeln tritt eine Kraft $P$ auf nach der Beziehung

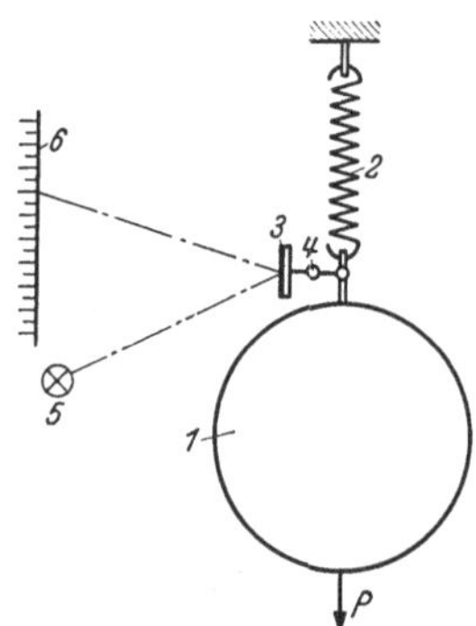

Abb. 156. Schema des Hochspannungsmessers nach Hueter. *1* obere Kugel, *2* Schraubenfeder, *3* Meßwerkspiegel, *4* Achse des Doppelhebels, *5* Lichtquelle, *6* Skala.

$$P = A \cdot \frac{U^2}{s^2} g. \tag{66}$$

$U$ ist die zu messende Spannung, $s$ der Kugelabstand. Die durch $A$ ausgedrückte Zahl kann man nach Formeln von Thomson mit gewissen, von Hueter angegebenen Berichtungen genau berechnen. Es ist also möglich, bei der Eichung des Gerätes jeden Spannungswert durch Gewichte darzustellen, die man oben auf die Kugel legt, und die die Kugel mit der Kraft $P$ nach unten ziehen, genau wie die zu messende Spannung $U$. Die sehr kräftige Feder *2* ist aus einem Stahl hergestellt, der seine Eigenschaften mit der Temperatur und der Belastungsdauer nicht ändert. Bei einem Kugelspannungsmesser für 1000 $\text{kV}_{\text{eff}}$ sind die Hauptdaten folgende: Kugeldurchmesser 125 cm, Kugelgewicht 150 kg, Höchstwert der Kraft $P$ etwa 900 g, Auslenkung der Feder etwa 1 mm. Die kleine Auslenkung wird mit einem Spiegel *3*, der sich um die Achse *4* dreht, und einem Lichtzeiger von der Lichtquelle *5* auf einer Skala *6* von 2 m Länge angezeigt. Die Angaben dieses Hochspannungsmessers, der unmittelbar den Effektivwert mißt, lassen sich wie die Kugelfunkenstrecke mit Maßstab, Gewichten und Formel jederzeit nachprüfen. Man kann die Spannung ohne Überschlag während der Messung ständig verfolgen und kann, wenn dies notwendig wird, durch

[1] Z. B. Hueter: Elektrotechn. Z. Bd. 57 (1936) S. 621.

[2] Hueter, E.: Elektrotechn. Z. Bd. 55 (1934) S. 833. — Hueter, E. u. M. Nolte: Elektrotechn. Z. Bd. 56 (1935) S. 1319.

den Überschlag die Scheitelspannung messen oder die Eichung nachprüfen. Die kleine Bewegung der oberen Kugel ist hierbei meist vernachlässigbar; da sie aus dem Lichtzeigerausschlag bekannt ist, läßt sich das Meßergebnis auch um diesen kleinen Betrag berichtigen. Die Toleranz beträgt nach Untersuchungen von Hueter etwa 1%. Eine Ausführung dieses Kugelspannungsmessers wurde vom Verfasser[1] beschrieben.

## 3. Hochspannungsmesser mit Ventilröhren.

**Verfahren von Chubb.** Das Schema einer von Chubb[2] angegebenen Methode ist in der Abb. 157 gezeigt. Die obere Elektrode des Hochspannungskondensators $C$, der meist wie in Abb. 155 aus 2 Kugeln besteht, ist mit der Hochspannung verbunden, die untere Elektrode über zwei Glühkathoden-Ventilröhren $G$ mit Erde. Der Strom $I$ der einen Halbwelle fließt über das linke, der der anderen Halbwelle über das rechte Ventil und wird hier in einem Spiegelgalvanometer mA gemessen. Der Strom $I$ ist in jedem Augenblick verhältnisgleich der Änderung der zu messenden Hochspannung $U$. Das Galvanometer mA gibt den algebraischen Mittelwert von $I$ an, der mit $i$ bezeichnet sei. Hierfür gilt die Beziehung:

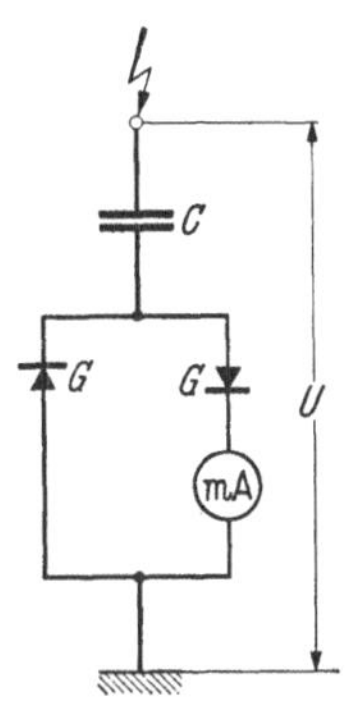

Abb. 157. Hochspannungsmessung nach Chubb. $C$ Hochspannungskondensator, $G$ Röhrengleichrichter, mA Strommesser, $U$ zu messende Spannung.

$$U_{\max} = \frac{i}{2f \cdot C}. \tag{67}$$

Der Ausschlag am Strommesser mA ist also für eine bekannte und konstante Frequenz $f$ und eine bekannte Kapazität $C$ ein Maß für den Scheitelwert $U_{\max}$ der Hochspannung $U$. Eine Einschränkung ist allerdings notwendig: Die Beziehung (67) gilt nur, wenn die Hochspannungskurve in einer Halbwelle nicht mehr als einen Scheitelpunkt besitzt. Die letztere Erscheinung ist nicht mit einfachen Mitteln feststellbar, tritt aber auch nicht allzu häufig auf.

Bei der Ausführung von Haefely[3], bei der im Unterschied zu Chubb die Ventile $G$ mit Wechselstrom statt mit Gleichstrom geheizt werden, sind die beiden Kugeln einer Kugelfunkenstrecke als Kondensator $C$ (Abb. 157) verwendet. Dabei ist die untere Kugel geerdet und nur eine aus ihr herausgeschnittene Kalotte ist gegen den geerdeten Teil isoliert, dient als Niederspannungsbelag des Kondensators $C$ und ist mit den Ventilen $G$ verbunden.

---

[1] Palm, A.: Rdsch. techn. Arbeit Bd. 16 (1936) Nr. 27.

[2] Chubb: Proc. A.J.E.E. Bd. 35 (1916) S. 121.

[3] Haefely & Co., Basel: DRP. 394014 vom Jahre 1923 und Stoerk und Holzer: Z. techn. Phys. Bd. 10 (1929) S. 317.

**Von Craighead**[1] stammt das in Abb. 158 wiedergegebene Verfahren zur Messung des Scheitelwertes der Spannung $U$. Über das Glühkathodenventil $V$ wird der Kondensator $C$ auf $U_{max}$ aufgeladen, und diese Spannung mit einem elektrostatischen Voltmeter $C_I$ gemessen. Die Größe der Kapazitäten $C$ und $C_I$ geht nicht in die Messung ein, $C_I$ zeigt unmittelbar den Scheitelwert $U_{max}$ einer langsam steigenden oder konstanten Spannung $U$ an. Der Isolationsstrom in $C$ und $C_I$ muß so klein sein, daß die Ladung bestehen bleibt. Da bei abfallender Spannung $C$ und $C_I$ geladen bleiben, muß man vor der Ablesung über einen Schalter $T$ und einen Widerstand $R$ etwas entladen, um den Zeigerausschlag nach einer Abnahme von $U$ wieder im Anstieg zu beobachten. Hierbei genügt eine Ventilröhre $V$ für wenige hundert Volt. Die Glühkathode muß auf ein bestimmtes Potential, meist das der Erde, gebracht werden. Die Einrichtung, mit der man recht genau messen kann, läßt sich auch mit einem Spannungsteiler, z. B. nach Abb. 79, für die Messung sehr hoher Spannungen verwenden.

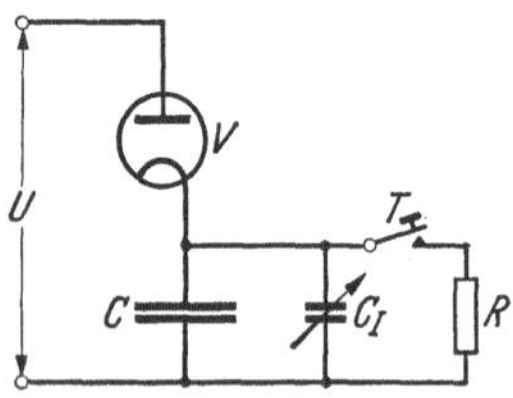

Abb. 158. Spannungsmessung nach Craighead. $U$ zu messende Spannung, $V$ Ventilröhre, $C$ Kondensator, $C_I$ elektrostatischer Spannungsmesser, $T$ Taster, $R$ Ableitewiderstand.

## 4. Hochspannungsteiler mit Glimmröhre.

Die Glimmröhre besitzt 2 Metallelektroden, die in einen Glaskolben eingeschmolzen sind und der mit Edelgas gefüllt ist. Legt man an diese Glimmröhre eine Wechselspannung, so fließt zunächst nur ein sehr kleiner Verschiebungsstrom, der durch die Kapazität der Elektroden bedingt ist. Steigert man die Spannung, so tritt bei einem bestimmten Wert, der vom Gasdruck und den Elektrodenabmessungen abhängt, z. B. 170 V, eine plötzliche Stromerhöhung auf, das Gas glimmt. Steigert man die Spannung weiter, so wird die Glimmerscheinung heftiger, der Strom steigt stetig weiter an, bis bei einem zweiten bestimmten Spannungswert ein zweiter Stromsprung eintritt: der Lichtbogenüberschlag, der dem Überschlag der Funkenstrecke entspricht. Man kann bei Messungen mit der Glimmröhre immer weit unterhalb des Überschlags bleiben.

Der Verfasser[2] hat nachgewiesen, daß unter gewissen Voraussetzungen die Zündspannung von Glimmröhren in weiten Grenzen unabhängig ist von der Frequenz und der Kurvenform der zu messenden Spannung sowie von der Temperatur und der Zeit. Am besten haben sich mit Neon von etwa 0,1 at gefüllte Röhren bewährt, deren Elektroden zum Schutz der Glimmstrecke gegen fremde elektrostatische Felder als

[1] Craighead: Gen. electr. Rev. Bd. 22 (1919) S. 104.

[2] Palm, A.: Z. techn. Physik Bd. 4 (1923) S. 233. — Elektrotechn. Z. Bd. 47 (1926) S. 873, 904.

Zylinder von verschiedenen Durchmessern ineinander liegen. Diese Glimmröhren werden nach Abb. 159 an einen doppelten Spannungsteiler angeschlossen. Zu dem Niederspannungskondensator $C_2$, der zu einem elektrostatischen Hochspannungsteiler $C_1$, $C_2$ gehört (vgl. S. 93), ist ein weiterer Spannungsteiler $C_3$, $C_4$ parallel geschaltet. $C_4$ ist ein Drehkondensator mit Zeiger, wie man ihn von der Radiotechnik her kennt. Stellt man $C_1$ auf den höchsten Kapazitätswert, so ist die Teilspannung $U_4$ an $C_4$ und an der Glimmröhre $G$ klein. Dreht man $C_4$ nach kleineren Werten, so wächst $U_4$, um bei einer bestimmten Stellung des Zeigers an $C_4$ die Zündspannung der Glimmröhre $G$ zu erreichen. Der Glimmeinsatz kann mit dem Auge beobachtet, oder, wenn man vor die Glimmröhre $G$ ein Telephon schaltet, als Knacken gehört werden. Für eine bestimmte Zusammenstellung der Kondensatoren $C_1 \ldots C_4$ läßt sich unter dem Zeiger des Kondensators von $C_4$ eine Skala anbringen, die in $kV_{max}$ geeicht ist. Schaltet man dem Kondensator $C_2$ einen elektrostatischen Spannungsmesser $U_2$ parallel, wie in der Abb. 159, so kann man mit demselben Spannungsteiler sowohl den Scheitelwert als auch den Effektivwert der Spannung $U$ messen. Zur Messung des Scheitelfaktors $kV_{max}/kV_{eff}$ braucht das Unterteilungsverhältnis des Spannungsteilers $C_1$, $C_2$ in Abb. 159 nicht bekannt zu sein.

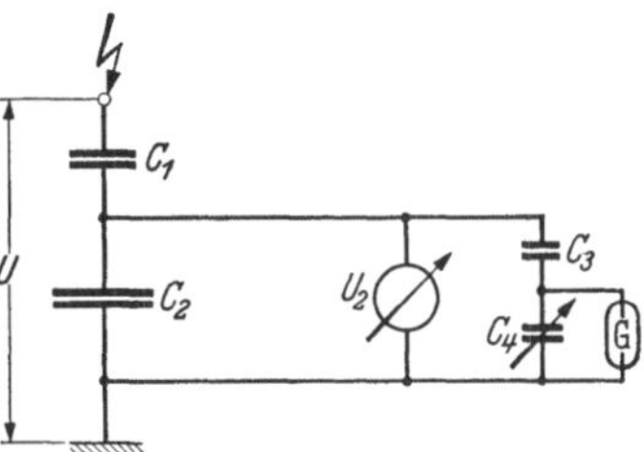

Abb. 159. Scheitelspannungsmesser mit Glimmröhre (H. & B.). $U$ zu messende Spannung, $C_1$, $C_2$ kapazitiver Spannungsteiler, $U_2$ elektrostatischer Spannungsmesser an $C_2$, $C_3$, $C_4$ kapazitiver Spannungsteiler, der $U_2$ unterteilt, $G$ Glimmröhre.

Die Beziehung zwischen der gesuchten Scheitelspannung $U_{max}$ und der Stellung des Drehkondensators $C_4$ ist bei gegebener Zündspannung $U_Z$ der Glimmröhre folgende:

$$U_{max} = U_{2\,max}\left(1 + \frac{C_2}{C_1}\right); \quad U_{2\,max} = U_Z\left(1 + \frac{C_4}{C_3}\right) \quad \text{(siehe Gl. (49), S. 93.)}$$

Da $C_1$, $C_2$, $C_3$ und $U_Z$ konstant sind, ergibt sich aus beiden Gleichungen:

$$U_{max} = k\left(1 + \frac{C_4}{C_3}\right). \tag{68}$$

wo $k$ eine Konstante bedeutet. $C_4$ muß in seinen beiden Endwerten gegenüber $C_3$ so weit verschieden sein, daß man sowohl beim größten als beim kleinsten Wert von $U_{max}$ noch auf die Zündspannung $U_Z$ regeln kann.

Statt der Zündspannung der Glimmröhre kann man auch ihre Löschspannung, die erheblich niedriger liegt, als Normal verwenden. Sie ist bei manchen Röhren sehr gut konstant. An Stelle der einfachen Gl. (68) tritt dann eine etwas umständlichere Rechnung, da zu dem Verschiebungsstrom in $C_4$ noch der Glimmstrom der Röhre vor dem Erlöschen tritt.

### 5. Hochspannungsmessung mittels Röntgenspektrum.

Das Röntgenspektrum gibt die Möglichkeit zu einer absoluten Hochspannungsmessung, bei der, wie bei dem Kathodenstrahloszillograph, das Elektron selbst die Rolle des beweglichen Organs übernimmt, das trägheitslos den Änderungen der Spannung folgt. Diese rein wissenschaftliche Methode ist unter den Elektrotechnikern fast nicht bekannt und soll daher kurz erläutert werden, zumal sie zur Zeit fast die einzige absolute Methode zur Bestimmung eines Spannungsscheitelwertes darstellt.

Nach der Planckschen Gleichung der elektromagnetischen Schwingungsenergie ist

$$h \cdot \nu = e \cdot U; \tag{69}$$

$h$ = Elementarquantum der Energie, $\nu$ = Schwingungszahl, $e$ = Elementarquantum der Ladung, $U$ = Momentanwert der Spannung an einer Röntgenröhre. $h$ und $e$ sind genau bekannte physikalische Konstanten. Setzt man diese Konstanten in Gl. (69) ein und berücksichtigt man, daß $\nu = \frac{c}{\lambda}$ ist ($c$ = Lichtgeschwindigkeit, $\lambda$ Wellenlänge in $10^{-8}$ cm), so erhält man die einfache Beziehung:

$$U_{\text{kV}} = \frac{12{,}34}{\lambda}. \tag{70}$$

Es ist nun möglich, aus einem Röntgenspektrogramm die maximale Schwingungszahl (entsprechend minimaler Wellenlänge $\lambda$) der ausgesandten Röntgenstrahlen zu bestimmen, und damit aus Gl. (70) den Scheitelwert der an die Röhre angelegten Spannung in einfacher Weise zu errechnen. Diese von Duan-Hund entdeckte Methode wurde von Glocker und Kaupp[1] weiter entwickelt und gestattet, Spannungsscheitelwerte mit einer Toleranz von $\pm 1\%$ absolut zu messen.

## XIX. Anzeigende Widerstandsmeßeinrichtungen.

Die Meßbrücken mit ihrer mittelbaren Anzeige eignen sich nicht immer für rasche Betriebsmessungen. Man hat deshalb zahlreiche Einrichtungen ersonnen, die fast ausschließlich auf dem Ohmschen Gesetz beruhen, mit irgendeiner Hilfsstromquelle arbeiten, und den gesuchten Widerstand unmittelbar auf einer Skala anzeigen.

### 1. Widerstandsmesser für Leitungen.

**Strommesser mit Ohmskala.** Nach dem Ohmschen Gesetz $I = U/R$ kann man unter Voraussetzung einer konstanten Spannung $U$ jeden Strommesser nach der Gleichung $\alpha = k_1 \cdot I = k_2/R$ mit einer Ohmskala versehen, wo $\alpha$ den Zeigerausschlag, $k_1$ und $k_2$ Konstanten bedeuten. $R$ ist der Gesamtwiderstand an der Spannung $U$ und setzt sich im wesentlichen aus dem Vorwiderstand $R_1$, der Meßwerkspule und dem

---

[1] Glocker u. Kaupp: Strahlenther. Bd. 22 (1926) S. 160.

gesuchten Widerstand $R_x$ zusammen. Abb. 160 zeigt den Verlauf der Ohmskala eines Drehspulgerätes für 15 V und 15 mA mit einem Eigenwiderstand bzw. Vorwiderstand, wenn der Spulenwiderstand vernachlässigbar ist, von $R_1 = 1000\,\Omega$. Der mittlere Ohmwert der Skala ist bei allen Drehspul-Ohmmetern gleich dem Vorwiderstand $R_1$, da bei $R_x = R_1$ der Strom des Instruments nur halb so groß wie bei $R_x = 0$ ist.

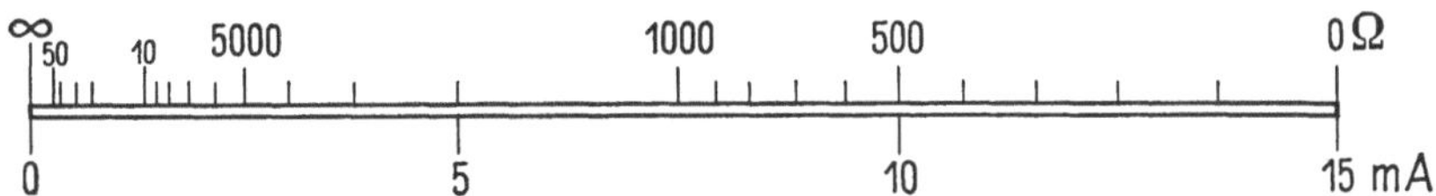


Abb. 160. Ohmskala eines Drehspulstrommessers bei konstanter Spannung 15 V und 1000 Ω Eigenwiderstand.

Der Meßbereich läßt sich daher durch die Wahl des Vorwiderstands $R_1$ und der Spannung an der Batterie $B$ ändern.

Die beschriebene Methode setzt eine konstante Spannung von bestimmter Größe voraus, eine Bedingung, die eine Batterie auf die Dauer nicht hinreichend erfüllt. Die demnach notwendige Anpassung des Gerätes an die veränderliche Batteriespannung der Stromquelle ist grundsätzlich auf zwei Wegen möglich, die in Abb. 161 bei a und b gezeigt sind. Bei a liegt an der Batterie $B$ zunächst ein Spannungsteiler $Sp$. Bevor man den unbekannten Widerstand $R_x$ mißt, schaltet man mit dem Taster $T$ das Meßwerk $M$ über den bekannten Widerstand $R_1$ von z. B. $1000\,\Omega$ an den Spannungsteiler $Sp$ und regelt diesen so lange, bis der Zeiger von $M$ auf einen bestimmten Wert, hier $0\,\Omega = 15$ mA, einspielt (vgl. hierzu Abb. 160). Dann öffnet man den Taster $T$ und liest den Wert von $R_x$ an der Skala ab. Bei der Widerstandsmeßeinrichtung nach Abb. 161 b fehlt der Spannungsteiler $Sp$, der einen dauernden Stromverbrauch verursacht. Zum Ausgleich von Spannungsänderungen an der Batterie $B$ ist an den Polschuhen des Meßwerkmagnets ein magnetischer Nebenschluß $N$ aus weichem Eisen angebracht, der in den angegebenen Pfeilrichtungen bewegt werden kann. Hierzu dient eine Einrichtung, die, ähnlich wie der Nullsteller, außen am Gehäuse betätigt wird. Auch hier stellt man zunächst den Taster $T$

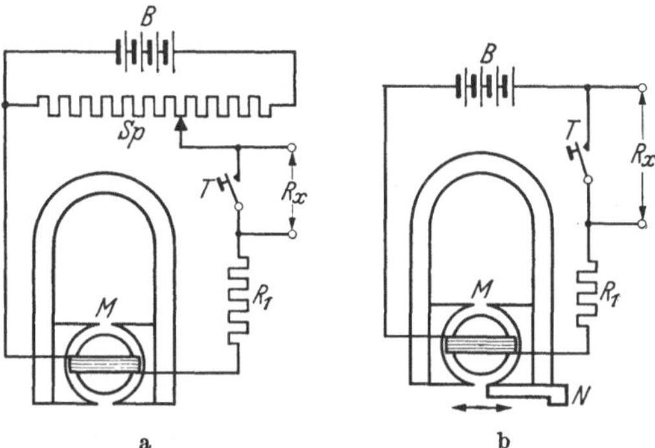


Abb. 161. Drehspulgerät als Widerstandsmesser. a Mit Spannungsteiler. $B$ Batterie, $Sp$ Spannungsteiler, $T$ Taster, $R_1$ Vergleichswiderstand zum Einstellen der Spannung sowie Schutzwiderstand für $R_x = 0$, $M$ Meßwerk, $R_x$ gesuchter Widerstand. b Mit magnetischem Nebenschluß. $B$, $T$, $R_1$, $R_x$, $M$ wie bei a. $N$ magnetischer Nebenschluß.

auf den bekannten Widerstand $R_1$ ein, ändert den magnetischen Nebenschluß $N$, bis der Zeiger des Meßwerks auf 0 Ω spielt, öffnet den Taster und liest $R_x$ ab wie bei Abb. 161a. Es wird hier also die Konstante des Meßwerks $M$ dadurch geändert, daß man dem Feld, in dem sich die Drehspule bewegt, durch den Nebenschluß $N$ mehr oder weniger Kraftlinien entzieht.

Abb. 162 zeigt als Ausführungsbeispiel eine Meßeinrichtung, die Meßwerk, Batterie und Widerstände in einem kleinen Gehäuse aus Preßstoff

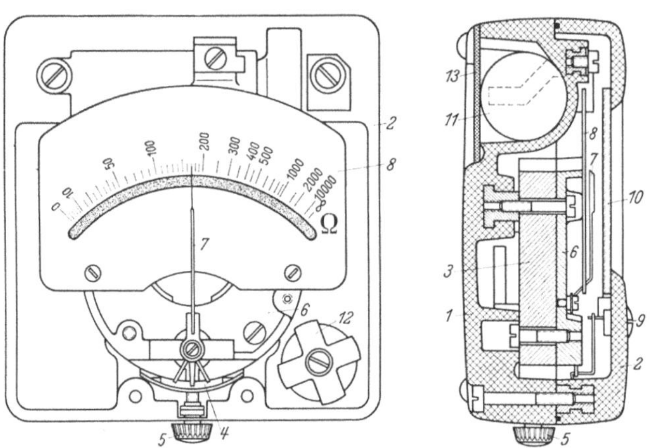


Abb. 162. Draufsicht und Schnitt eines Leitungsprüfers oder Ohmmessers (H. & B.). *1* Gehäusesockel aus Isolierpreßstoff, *2* Gehäuseoberteil aus Isolierpreßstoff, *3* Dauermagnet, *4* magnetischer Nebenschluß, *5* Rändelknauf zum Nähern und Entfernen von *4* an *3*, *6* Tragkörper aus Spritzguß, in der Form wie *3*, *7* Messerzeiger, *8* Skala mit Spiegelbogen, *9* Nullsteller, *10* Glasscheibe *11* Stabbatterie, *12* Eingebauter Widerstand ($R_1$ in Abb. 161), *13* Schieber aus Hartpapier.

vereinigt. Das Drehspulmeßwerk ist mit einem magnetischen Nebenschluß *4* versehen, der durch den Drehknauf *5* am Umfang des Magnets verstellt werden kann (entsprechend dem Schema Abb. 161b). Mit *11* ist eine Trockenbatterie bezeichnet, die durch Öffnen eines Schiebers *13* leicht auswechselbar ist.

**Leitungsprüfer.** Das Gerät nach Abb. 162 ist als Leitungsprüfer zur raschen Untersuchung verlegter Leitungen, z. B. von Fernsprechleitungen, Zündleitungen u. a. m. durchgebildet. Es wird in den verschiedensten Formen von vielen Firmen hergestellt. Eine besonders verbreitete Form trägt auf einem Metallzylinder von etwa 85 mm Höhe und 50 mm Durchmesser, der die Batterie enthält, ein kleines, rundes Meßgerät, dessen Schaltung und Handhabung dieselbe ist wie in Abb. 161b.

**Doppelspulmeßwerk als Strom- und Spannungsmesser.** Als Beispiel soll die Widerstandsmeßeinrichtung der Norma (Abb. 163) angeführt werden. Das Drehspulmeßwerk besitzt zwei Wicklungen $I$ und $U$, die so angeschlossen sind, daß sich ihre Drehmomente entgegenwirken. Der Strom der Batterie $B$ fließt über den zu messenden Widerstand $R_x$, die Stromspule *I* des Meßwerks und einen Regelwiderstand *R*. Zu $R_x$ kann ein Widerstand $R_1$ parallel geschaltet werden, der gleich dem Widerstand der Spannungswicklung *U* ist. Man stellt *R* bei der Tasterstellung *1* so ein, daß der Instrumentzeiger den größten Ausschlag zeigt, also auf der mit 0 Ω bezeichneten Endlage steht. Bringt man nun den Taster *T* in die Stellung *2*, so fließt durch die Wicklung *U* ein Strom, der dem vorher durch $R_1$ geflossenen gleich ist. An dem Strom in der Spule *I* hat sich also nichts geändert. Bei gegebenem Strom wächst mit zunehmendem $R_x$ der Spannungsabfall an $R_x$, und damit der Strom in der Spule *U* und somit das rücktreibende Drehmoment, das ein Maß für $R_x$ gibt. Die Teilung der Skala ist gleichmäßig.

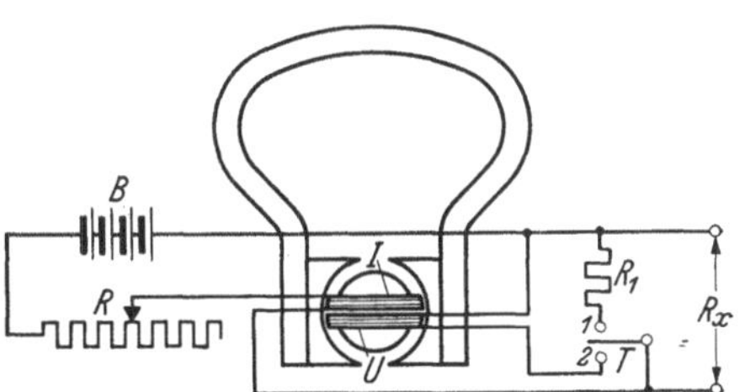

Abb. 163. Widerstandsmeßeinrichtung der Norma mit spannungsunabhängigem Doppelspulmeßwerk. *I* Stromspule, *U* Spannungsspule, *B* Batterie, *R* Regelwiderstand, *T* Taster, $R_1$ Ersatzwiderstand für *U*, $R_x$ gesuchter Widerstand.

**Der Kreuzspul-Widerstandsmesser** wurde auf S. 36 eingehend beschrieben. Er dient in dieser Form, zusammengebaut mit der Stromquelle und einem Vergleichswiderstand, auch als Widerstandsmeßeinrichtung und bietet den schon erwähnten Vorteil der in weiten Grenzen bestehenden Unabhängigkeit von Spannungsänderungen der Stromquelle, da er das Verhältnis zweier Widerstände anzeigt. Man findet diese Einrichtung in den verschiedensten Ausführungsformen, z. B. zur raschen Messung des Widerstandes von Spulen in der Massenfertigung. Als Anwendungsbeispiel sei auf Abb. 167 hingewiesen; dort ist ein Kreuzspul-Widerstandsmesser *16, 17* in eine Meßeinrichtung eingebaut.

## 2. Isolationsmesser.

Die Messung eines Isolationswiderstandes erfordert aus zwei Gründen verhältnismäßig hohe Spannungen: Die Widerstandswerte liegen sehr hoch, man rechnet mit Megohm ($1\,\text{M}\Omega = 10^6\,\Omega$) in der Mitte der Skala und muß daher eine beträchtliche Spannung von etwa 500 V anwenden, wenn über diesen hohen Widerstand ein Strom von üblicherweise 0,5...1 mA fließen soll. Ferner wählt man häufig eine hohe Spannung, um mit der Messung des Isolationswiderstandes einer Lichtleitung in einem Neubau vor dem Anschluß an das Ortsnetz eine Spannungsprüfung zu verbinden. Diese setzt eine vom Ortsnetz unabhängige Spannungsquelle voraus. Man wählt Gleichspannung, damit man als Anzeigegerät das empfindliche Dreh- oder Kreuzspulmeßwerk verwenden kann. Bei Wechselstrom würde die Kapazität des Prüflings stören. Die Einrichtung soll handlich sein, und eine Spannung von 500 V, zuweilen bis zu 2000 V, liefern. Die unmittelbare Verwendung von Batterien für diese hohe Spannung verbietet sich durch ihr Gewicht; man verwendet daher als Stromquelle Kurbelinduktoren oder neuerdings auch Batterien mit kleiner Spannung und Umspannern.

Der **Isolationsmesser mit Kurbelinduktor** ist in der Abb. 164 schematisch dargestellt. Zwischen den Polen $N$ und $S$ eines sehr kräftigen (nicht dargestellten) Dauermagnets, meist in der bekannten U-Form, dreht sich ein Anker *1* in Doppel-T- oder Trommelausführung mit etwa 3000 Umdrehungen in der min. Er wird durch eine Handkurbel mit entsprechender Zahnradübersetzung (ebenfalls nicht dargestellt) angetrieben. Auf dem Anker befindet sich eine Wicklung *2* von sehr vielen Windungen feinen Drahtes, deren Enden zu dem Stromwender *3* führen, der sich mit dem Anker auf derselben Achse befindet. Der in der Wicklung *2* induzierte Wechselstrom wird am Stromwender *3* mit den Bürsten *4* als Gleichstrom abgenommen und über Widerstände $R_1$ und $R_2$ und einen Strommesser $mA$ an die mit $E$ und 500 V bezeichneten Klemmen geleitet, zwischen denen der gesuchte Isolationswiderstand $R_x$ liegt. Die Anzeige am Strommesser $mA$ ist von $R_x$ abhängig und wird für eine bestimmte Umdrehungszahl des Ankers in Megohm ausgeteilt. Die richtige Umdrehungszahl kann man für ungefähre Messung durch Drehen der Kurbel nach der Uhr, etwa 1 Umdrehung in der sec, einstellen. Es wurden auch Einrichtungen ersonnen, die das Erreichen der richtigen Drehzahl anzeigen, z. B. durch Umschalten des Strommessers auf einen bekannten Widerstand bis zur Erreichung eines bestimmten Zeigerausschlags. Dann wird unter Einhaltung der Kurbeldrehzahl vom bekannten auf den unbekannten Widerstand umgeschaltet und sein Wert abgelesen. Wählt man statt des Drehspulgerätes ($mA$) ein Kreuzspulgerät, vor dessen einer Spule der bekannte, und vor dessen anderer Spule der unbekannte Widerstand liegt, so mißt

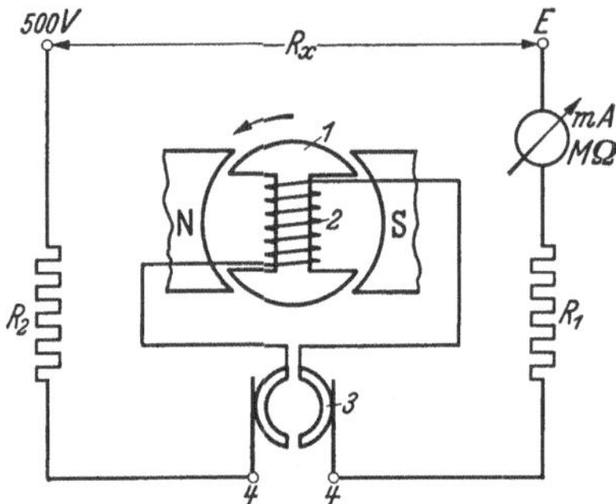

Abb. 164. Schema des Isolationsprüfers mit Kurbelinduktor. $mA$, $M\Omega$ Drehspulstrommesser mit Ohmskala, *1* Doppel-T-Anker, *2* Ankerwicklung, *3* Stromwender, *4* Stromwenderbürsten, $R_1$, $R_2$ Schutz- und Vergleichswiderstände, $R_x$ gesuchter Widerstand.

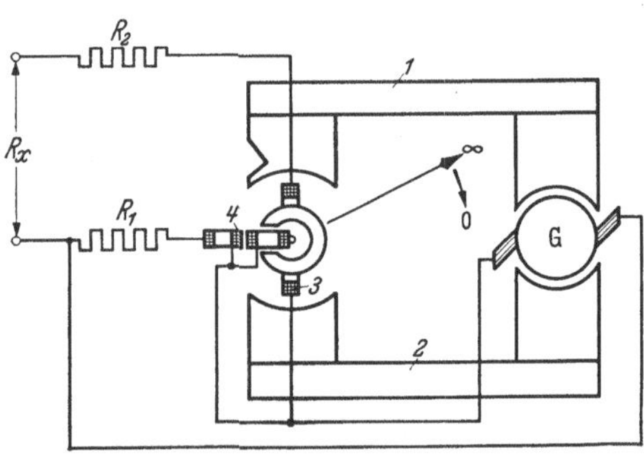

Abb. 165. Schema des „Megger" von Evershed & Vignoles. $G$ Gleichstrominduktor (Generator), *1*, *2* Dauermagnete, *3* Ablenkspule, *4* spannungsabhängige Richtspule, $R_1$, $R_2$ Vergleichs- bzw. Strombegrenzungswiderstände.

man auch bei nur ungefähr richtiger Kurbeldrehzahl genau. Durch geeignete Ausbildung der Polschuhe kommt man zu einer praktisch brauchbaren Kurvenform. Man muß Spannungsformen mit scharfen Spitzen vermeiden, da sonst die zu prüfende Isolation unzulässig hoch beansprucht wird.

Abb. 165 zeigt das Schema des sog. „Megger", bei dem sich der Anker des Induktors *G* und die Drehspulen des Anzeigegerätes im Fluß

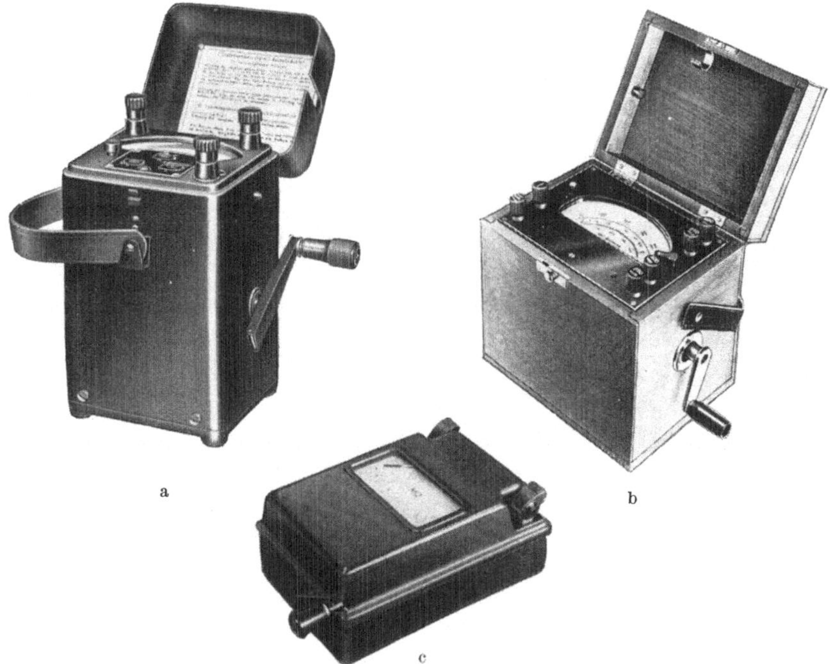

Abb. 166. Ausführungsbeispiele von Isolationsmessern mit Kurbelinduktor. a von S. & H., b von Gossen, c von der AEG.

derselben Dauermagnete *1* und *2* befinden. Die Drehspule *3* ist die sog. Ablenkspule, deren Drehmoment außer von der Induktorspannung noch vom unbekannten Widerstand $R_x$ abhängt. Mit *4* sind Hilfsspulen bezeichnet, die mit *3* auf der Drehachse befestigt sind, und deren Drehmoment spannungsabhängig ist, wodurch Abweichungen der Umdrehungszahl des Ankers vom Sollwert ausgeglichen werden. Die Widerstände $R_1$ und $R_2$ haben etwa dieselbe Aufgabe wie die gleich bezeichneten Widerstände in Abb. 164. Dieser Apparat wird als „Baby-Megger" in besonders handliche Form gebracht.

Die Ausführung von Kurbelinduktoren einiger Firmen, in Metall-, Holz- oder Preßstoffgehäuse, ist aus der Abb. 166 zu ersehen.

**Bei dem Isolationsmesser mit Batterieumspanner**[1] nach Abb. 167 fällt der Geberinduktor fort und an seine Stelle tritt ein Batterieumspanner. Der Gleichstrom einer Batterie wird durch eine schwingende Feder in einen Wechselstrom umgewandelt und von einer zweiten auf der Sekundärseite eines Transformators wieder gleichgerichtet. Mit *1* ist die aus 3 Taschenlampenbatterien zusammengesetzte Stromquelle bezeichnet, die mit einem Taster *2* eingeschaltet werden kann. Es fließt dann ein Strom über die Erregerspulen *3*, die Summerfeder *4* wird nach unten gezogen, schaltet über den Kontakt *6* die Wicklungshälfte *7* des Transformators ein und schließt gleichzeitig die Erregerspulen *3* kurz. Dadurch schwingt die Feder *4* zurück, berührt den Kontakt *5* und schaltet für

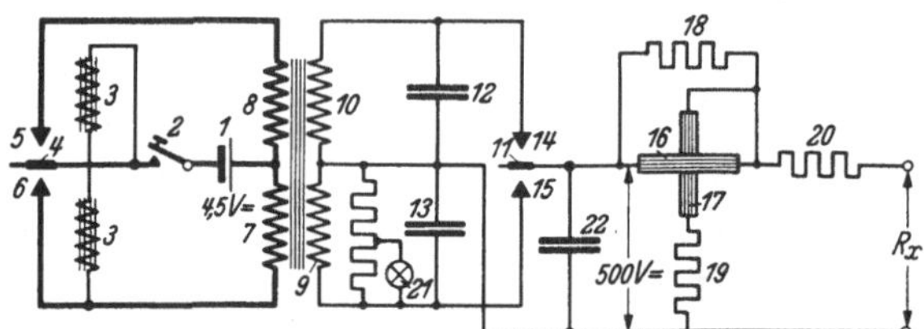


Abb. 167. Isolationsmesser mit Batterieumspanner (4,5V = auf 500 V), *1* Batterie 4,5 V, *2* Taster, *3* Erregerspulen, *4* schwingende Feder, *5, 6* Wechselrichterkontakte, *7, 8* Hälften der Primärwicklung des Transformators, *9, 10* Hälften der Sekundärwicklung des Transformators, *11* schwingende Feder mit *4* gekuppelt, *12, 13* Kondensatoren, *14, 15* Gleichrichterkontakte, *16, 17* Kreuzspule *18, 19, 20* Widerstände, *21* Glimmlampe zur Kontrolle der Batteriespannung, *22* Glättungskondensator.

kurze Zeit die Wicklungshälfte *8* des Transformators ein, und so wiederholt sich das Spiel etwa 130mal in der sec. Die Sekundärwicklungen *9* und *10* des Transformators geben eine Spannung von etwa 500 V, die durch die Kontaktfeder *11* gleichgerichtet wird. Die Feder *11* ist mit der schwingenden Feder *4* gekuppelt, die Gleichrichtung auf der Sekundärseite erfolgt also mit genau derselben Frequenz und Phase wie die Unterbrechung des Primärstroms. Die einzelnen Glieder des Batterieumspanners müssen sowohl mechanisch als auch elektrisch sorgfältig aufeinander abgestimmt sein. Zur Unterdrückung der Funken an den Kontakten *14* und *15* sind Kondensatoren *12* und *13* vorgesehen, der Kondensator *22*, etwa 0,5 $\mu$F, sorgt für die Glättung der Spannung. Es gelingt auf diese Weise, eine praktisch konstante Gleichspannung darzustellen. Zur Messung des gesuchten Isolationswiderstandes $R_x$ dient ein Kreuzspulinstrument, dessen eine Spule *16* mit dem Abgleichwiderstand *18* als Stromspule geschaltet ist und dessen andere Spule *17* mit dem Widerstand *19* an der Spannung liegt. Der Quotient aus Spannung und Strom gibt am Kreuzspulinstrument den gesuchten Widerstand $R_x$. Der Vorwiderstand *20* dient dazu, den Skalenendwert des Instruments für den gewünschten Betrag einzurichten. Eine kleine Glimmlampe *21*, die mit einem Spannungsteiler an der Wicklung *9* des Transformators liegt, leuchtet beim Drücken der Taste *2* auf und

[1] Blamberg, E.: Elektrotechn. Z. Bd. 57 (1936) S. 633.

zeigt damit an, daß das Gerät, besonders die Batterie *1*, in Ordnung ist. Der Meßbereich umfaßt 0...50000 kΩ. Sämtliche im Schema gezeichneten Einrichtungen sind in ein kleines Metallgehäuse eingebaut.

**Elektrostatischer Isolationsmesser.** Lädt man den Kondensator $C_1$ (Abb. 168) durch Schließen des Schalters $S$ auf die Spannung $U_1$, so zeigt der elektrostatische Spannungsmesser $C_I$ nach Öffnen des Schalters den Rückgang der Kondensatorspannung $U_1$ auf den Wert $U_2$ an, der durch die Entladung von $C = C_1 + C_I$ über den Widerstand $R_x$ entsteht. Hierbei gilt folgende Gleichung:

$$\frac{U_1}{U_2} = e^{-\frac{t}{C \cdot R_x}} \quad \text{oder} \quad C \cdot R_x = \frac{t}{\ln(U_1/U_2)}. \tag{71}$$

$t$ ist die Zeit, in der die Spannung $U_1$ auf $U_2$ absinkt. Sind $C$ und $U_1$ bekannt und konstant, so gibt der Ausschlag $U_2$ an $C_I$, nach einer bestimmten Zeit $t$, z. B. 1 min, abgelesen, ein Maß für $R_x$. Man kann nach einem Vorschlag von Gönningen die Skala von $C_I$ für bestimmte Zeiten $t$ in Megohm austeilen, und erhält damit ein Zeigergerät zur Messung hoher Isolationswiderstände $R_x$. Diese bequeme, auch in der Werkstatt brauchbare Einrichtung gestattet, Widerstände bis etwa $10^{18}$ Ω zu messen, auch den Isolationswiderstand von Kondensatoren, der dann an Stelle von $R_x$ in Abb. 168 tritt. Hier ist diese Methode der Messung mit einem hoch empfindlichen Galvanometer überlegen, da letztere selbst bei sehr kleinen Änderungen der Meßspannung durch die dann auftretende Lade- oder Entladeströme des Kondensators gestört wird.

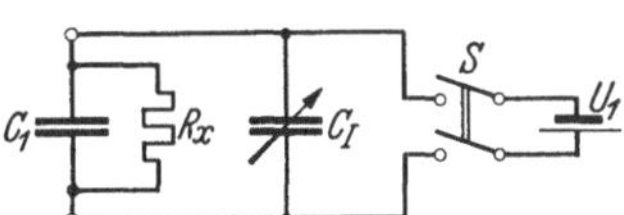


Abb. 168. Elektrostatischer Isolationsmesser für die Messung sehr hoher Widerstände bei großen Kapazitäten. $R_x$ Verlustwiderstand des Kondensators $C_1$, $C_I$ elektrostatisches Gerät, $S$ Schalter.

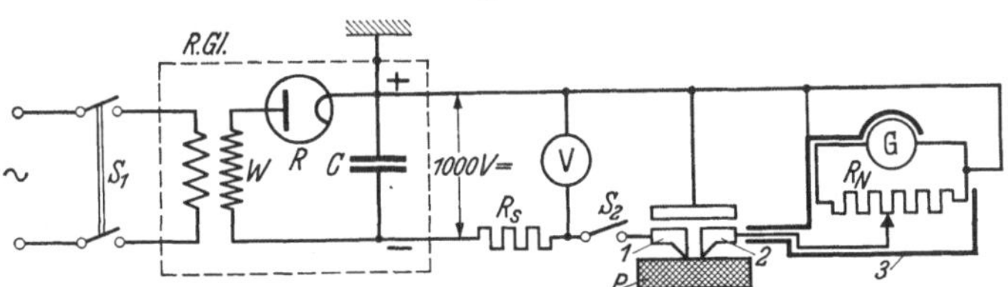


Abb. 169. Messung des Oberflächenwiderstandes von Isolierstoffen. *R.Gl.* Röhrengleichrichter, bestehend aus Wandler $W$, Röhre $R$ und Kondensator $C$, $R_s$ Schutzwiderstand (10000 Ω), $V$ elektrostatischer Spannungsmesser, *1*, *2* Normalelektroden, $P$ Prüfling, *3* Abschirmung des Galvanometers gegen Kriechströme, $G$ Galvanometer, $R_N$ Empfindlichkeitsregler für $G$, $S_1$, $S_2$ Schalter.

Zur Prüfung des **Oberflächenwiderstandes** von Isolierstoffen, für die vom VDE[1] Vorschriften ausgegeben sind, dient eine in Abb. 169 wiedergegebene Einrichtung. Auf den Prüfling $P$ werden zwei Schneiden *1* und *2* aufgedrückt, die zunächst mit Gummi und dann mit einer Metallfolie überzogen sind, damit eine gute Auflage auf der Oberfläche des Prüflings entsteht. Der Abstand der Schneiden beträgt 1 cm, ihre Länge

[1] VDE 0302, 1935.

senkrecht zur Papierebene 10 cm. Die Schneide *1* wird mit dem negativen Pol einer Gleichstromquelle von 1000 V verbunden und die Spannung mit einem elektrostatischen Spannungsmesser $V$ gemessen. Man kann eine Batterie verwenden oder einen kleinen Wandler $W$, dessen Sekundärwicklung über einen Gleichrichter $R$ den Kondensator $C$ auflädt, dessen positiver Belag geerdet ist. Von der Schneide *2* führt eine gut isolierte Leitung zum Spiegelgalvanometer $G$ mit einer Empfindlichkeit von $10^{-9}$ A für 1 mm Ausschlag bei 1 m Skalenabstand. Zur Herabsetzung der Empfindlichkeit liegt parallel zu $G$ ein Widerstand $R_N$. $G$ und $R_N$ sind in einem geerdeten Schutzmantel untergebracht, der sich in Form eines Metallschlauchs auch über die Verbindung der Elektrode *2* zu $G$ und $R_N$ erstreckt. Dieser Metallschutz hält Kriechströme vom Galvanometer fern und leitet sie zur Erde ab. Das Galvanometer darf erst 1 min nach dem Einschalten abgelesen werden, da der Oberflächenwiderstand sich durch den Meßstrom unter Umständen noch etwas ändert. Man kann so Oberflächenwiderstände bis etwa $10^{12}\,\Omega$ auf einer Fläche von 1 cm Länge und 10 cm Breite messen.

## 3. Leitfähigkeitsmeßeinrichtungen.

Bei Flüssigkeiten (Elektrolyten) gibt man nicht ihren Widerstand in Ohm ($\Omega$) an, sondern den reziproken Wert: die Leitfähigkeit in Siemens (S). Es sind also z. B. $0{,}1\,\Omega = 10$ S. Die Leitfähigkeit eines Würfels von 1 cm Seitenlänge nennt man den Leitwert. Die zu untersuchende Flüssigkeit wird in ein Gefäß aus Isolierstoff gegossen, dessen Leitfähigkeit klein sein muß gegen die der Flüssigkeit. Meist verwendet man das von Kohlrausch[1] angegebene U-Rohr aus Glas, in dessen beide Schenkel Elektroden in die Flüssigkeit eintauchen. Wollte man nun, wie bei den festen Stoffen, mit einer Gleichstromquelle und einem Drehspulgalvanometer nach dem Ohmschen Gesetz messen, so würden zwei Erscheinungen die Messungen fälschen: 1. Tauchen Elektroden in eine Flüssigkeit, so entsteht fast immer eine EMK wie bei jedem Element (vgl. $p_H$-Kompensator S. 171); 2. fließt ein Gleichstrom von einer festen Elektrode nach einer Flüssigkeit (oder umgekehrt), so entsteht eine Polarisationsspannung. Man mißt daher immer mit Wechselstrom, so daß diese Eigenspannungen ohne Einfluß auf die Anzeige sind. Die Elektroden müssen aus einem Stoff bestehen, der von der Flüssigkeit nicht angegriffen wird, z. B. Kohle oder Platin. Der Querschnitt des Meßgefäßes oder Rohres muß bekannt sein. Die Leitfähigkeit von Flüssigkeiten steigt rasch, z. B. um 20...30% bei einer Temperaturzunahme von 10° C, wobei die Leitfähigkeitsänderung in gewissen Grenzen der Temperaturänderung verhältnisgleich ist. Bei genauen Meßeinrichtungen muß die Temperatur unbedingt berücksichtigt werden.

---

[1] Kohlrausch, F. u. L. Holborn: Das Leitvermögen der Elektrolyte, insbesondere der wässerigen Lösungen, 2. Aufl. 1916.

Die einfachste Leitwertmeßeinrichtung besteht aus einem **empfindlichen Wechselstrommesser**, der in Reihe mit dem Meßelektroden an eine Wechselspannung gelegt wird. Die Angaben sind aber von Spannungsschwankungen des Netzes abhängig, und das Verfahren ist recht unempfindlich. Meist jedoch verwendet man elektrodynamische Kreuzspulinstrumente (S. 68), wodurch die Messung von Spannungsschwankungen unabhängig wird. Man erhält dann einen Skalenverlauf, wie ihn Abb. 170 zeigt. Bei dieser Messung ist die Anzeige aber noch von der Temperatur der Flüssigkeit abhängig. Als Elektrode kann z. B. die käfigförmige Elektrode nach Schöne (S. & H.) verwendet werden, bei der der Leitwert zwischen einem Kohlestift und einem ihn umgebenden Käfig aus Kohlestiften gemessen wird. Diese Elektrode ist unabhängig von der Größe des Gefäßes und dem Widerstand seiner Wandung.

Abb. 170. Skala eines Leitwertmessers für Wasser (S. & H.).

Bei genauen Leitfähigkeitsmeßeinrichtungen wird die Aufnahmefähigkeit des Meßgefäßes, der Temperatureinfluß und die betriebsmäßige Änderung der Meßspannung berücksichtigt. Als Beispiel ist in der Abb. 171 die Schaltung eines **Leitfähigkeitsmessers mit Temperaturausgleich** nach Blamberg und Müller[1] dargestellt. In ein Gefäß $G$ aus Isolierstoff tauchen zwei Elektroden aus Kohle oder einem anderen Werkstoff, der von der Flüssigkeit nicht angegriffen wird. Der Widerstand $R_1$ zwischen den Elektroden sinkt (die Leitfähigkeit steigt) mit steigender Temperatur. Parallel zu $R_1$ liegt der temperaturunabhängige Widerstand $R_2$ und mit der Parallelschaltung $R_1$, $R_2$ in Reihe der Widerstand $R_3$, aus einem Metall, dessen Widerstand mit der Temperatur um den gleichen Betrag steigt, um den der Kombinationswiderstand $R_1$, $R_2$ gefallen war. Damit $R_3$ stets dieselbe Temperatur annimmt wie $R_1$, tauchen beide in die zu untersuchende Flüssigkeit. Der Gesamtwiderstand zwischen den Punkten $a$ und $b$ wird damit von Temperaturänderungen in weiten Grenzen unabhängig. Er liegt in Reihe mit der einen Drehspule eines Kreuzspulelektrodynamometers $K$ an der gleichen Wechselstromquelle, an die auch die feste Spule $E$ sowie die andere Drehspule über einen

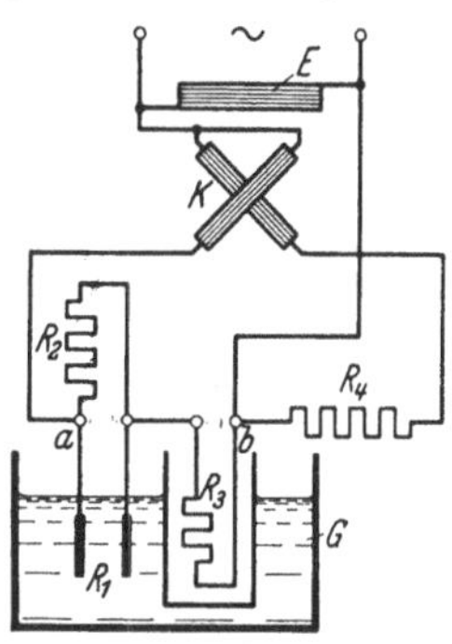

Abb. 171. Schaltung eines Leitfähigkeitsmessers nach Blamberg und Müller (H. & B). $E$ Erregerspule, $K$ Kreuzspule des Kreuzspulelektrodynamometers, $R_1$ Kehrwert der Leitfähigkeit, $R_2$ temperaturunabhängiger Widerstand parallel $R_1$, $R_3$ steigt in dem Maße, in dem $R_1/R_2$ fällt, $R_4$ temperaturunabhängiger Widerstand, $G$ Gefäß.

[1] Blamberg, E. u. K. Müller: Arch. Elektrotechn. Bd. 23 (1929) S. 435.

konstanten Widerstand $R_4$ angeschlossen ist. Die Anzeige des Gerätes $K$ wird damit auch unabhängig von Spannungsänderungen der Wechselstromquelle; die Skala kann ähnlich der Abb. 170 ausgeteilt werden. Die Widerstandskombination zwischen den Punkten $a$ und $b$ muß jeweils dem Temperaturkoeffizienten der zu messenden Flüssigkeit angepaßt werden.

Die Leitfähigkeitsmesser finden zur Messung an ruhenden und strömenden Flüssigkeiten Anwendung, z. B. zur Überwachung von Trinkwasser, Abwässern, der Konzentration von Mischungen, Lösungen u. a. m.

# XX. Magnetische Meßeinrichtungen.

Von den zahlreichen Methoden zur Messung der magnetischen Eigenschaften von Stahl und Eisen sollen hier nur einige kennzeichnende

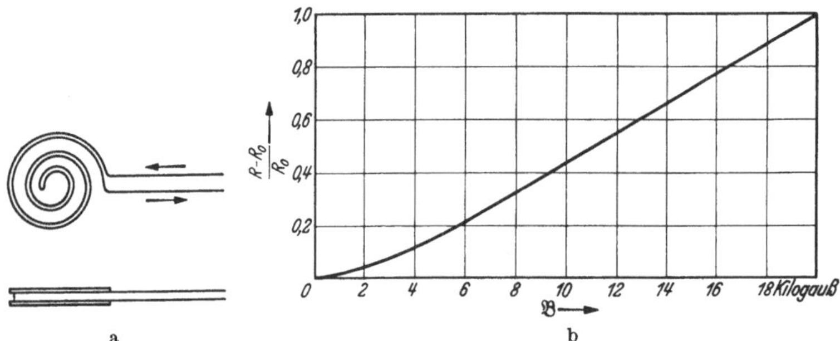


Abb. 172. Messung der Induktion mit der Wismutspirale. a Schema, b Eichkurve.

elektrische Meßeinrichtungen für verhältnismäßig hohe Feldstärken beschrieben werden; eine ausführliche Darstellung von Steinhaus findet man in dem erwähnten Buch von Brion-Vieweg (Fußnote S. 103).

## 1. Messung der Induktion.

**Die Wismutspirale.** Wismut hat die Eigenschaft, im magnetischen Feld seinen Ohmschen Widerstand senkrecht zur Feldrichtung zu erhöhen. Man kann diese Eigenschaft zur Messung der Induktion benützen. Zu diesem Zweck wickelt man einen dünnen Wismutdraht nach dem Schema Abb. 172a in Form einer flachen, bifilaren Spirale zu einer kleinen runden Platte von 6...20 mm Durchmesser, die auf beiden Seiten durch aufgekittete Glimmerplättchen elektrisch isoliert und mechanisch geschützt wird. Ein langer, flacher Stiel, aus zwei isolierten, flach gewalzten Kupferdrähten bestehend, stellt die Verbindung zwischen der Spirale und den Anschlußklemmen her, so daß man die Meßspirale z. B. tief in den Luftspalt zwischen Ständer und Läufer eines Motors oder Generators bringen kann, um dort die an verschiedenen Punkten des Umfangs herrschende Induktion zu messen.

Die bifilare Wicklung der Spirale ist notwendig, um bei räumlichen oder zeitlichen Feldänderungen (Wechselfeld) Induktionswirkungen auszuschalten. Zur Messung des Ohmschen Widerstandes der Spirale, der bei einigen Ausführungen zwischen 5 und 20 Ω liegt, verwendet man eine Meßbrücke, z. B. die auf S. 156 beschriebene Walzenmeßbrücke nach Kohlrausch. Der Brückenstrom muß so klein gehalten werden, daß keine nennenswerte Erwärmung der Wismutspirale erfolgt, da deren Widerstand sich mit der Temperatur um etwa 0,4%/°C ändert (entsprechend 80 Gauß). Für jede Spirale wird eine Eichkurve aufgenommen, wie sie Abb. 172b verkleinert zeigt. Als Abszisse ist die Induktion in Kilo-Gauß aufgetragen; man sieht aus der Kurve, daß der praktische Meßbereich bei etwa 1000 Gauß beginnt. Er reicht bis zu den höchsten gebräuchlichen Induktionen. Als Ordinate ist die Widerstandsänderung $R - R_0$ im Verhältnis zum Widerstand $R_0$ bei 0 Gauß aufgetragen. $R$ ist der Widerstand bei $\mathfrak{B}$ Gauß. Im geradlinigen Teil der Kurve wächst der Widerstand um etwa 5% für 1000 Gauß. Im Wechselfeld erhält man den arithmetischen Mittelwert. Wegen der Temperaturabhängigkeit des Ohmschen Widerstandes von Wismut gilt die Eichkurve Abb. 172b nur für eine bestimmte Temperatur, für andere Temperaturen ist eine entsprechende Berichtigung notwendig.

**Ballistische- und Kriechgalvanometer.** Ändert sich der magnetische Fluß in einer Spule, so wird in ihr eine Spannung induziert nach der Gleichung

$$E = w \cdot \frac{d\Phi}{dt} \qquad \text{oder:} \qquad \int E\,dt = w \int d\Phi = w \cdot \Phi = k \cdot \alpha. \tag{72}$$

$\Phi$ ist der mit den Windungen der Spule verknüpfte magnetische Fluß, $w$ die Windungszahl der Spule. Der Wert $\int E \cdot dt$ ist verhältnisgleich dem Ausschlag $\alpha$ eines ballistischen- oder Kriechgalvanometers oder eines Flußmessers nach S. 29 und 30, und $k$ die sog. (ballistische) Instrumentkonstante. Die Flußänderung in der mit dem Galvanometer verbundenen Spule kann auf 2 Arten geschehen: Man kann z. B. einen Dauermagnet in die Spule hineinschieben oder aus ihr herausziehen, oder man kann das zu untersuchende Eisen (oder den Stahl), das von der Prüfspule umfaßt wird, durch den Strom in einer weiteren Spule erregen. Durch die letztere Methode ist es z. B. möglich, die Kennlinienkurve (Hystereseschleife) einer Eisen- oder Stahlsorte schrittweise aufzunehmen. Das ballistische Galvanometer mit seiner langen Schwingungsdauer und schwierigen Ausschlagsbeobachtung ist etwas umständlicher in der Handhabung als das Kriechgalvanometer, das sich trotz seines Namens sehr schnell und sicher auf einen neuen Meßwert einstellt.

Man verwendet heute fast ausschließlich den sog. Flußmesser, der auch bei langsamer Feldänderung richtig zeigt und sich ganz besonders für magnetische Untersuchungen bei der Massenherstellung von Magneten u. dgl. eignet. Aus der Kenntnis von Windungszahl und

Windungsfläche der Spule sowie des Instrumentausschlags erhält man dann in einfacher Weise die Induktion.

Bei der **Jochmethode** wird die Induktion nicht unmittelbar am Probestück, sondern an einer anderen Stelle des durch ein Joch geschlossenen magnetischen Kreises bestimmt. Als Beispiel soll die Einrichtung nach Köpsel an Hand der Abb. 173 beschrieben werden. Der Probestab *1*, ein Rundstab von etwa 6 mm Durchmesser, oder ein aus dünnen Eisenblechen geschichteter Stab von 5 mm Seitenlänge wird durch eine Spule *4* (Strom $I_M$) magnetisiert. Die Weicheisenstücke *2* umschließen den Stab *1* und passen genau in die Bohrungen des Joches *3*. In einem Luftspalt in der Mitte dieses Joches kann sich die Spule *7* eines Drehspulmeßwerks bewegen, die von einem konstanten Hilfsstrom $I_H$ durchflossen wird, und deren Ausschlag ein Maß gibt für die Induktion im Stab *1*, hervorgerufen durch das bekannte Feld der Spule *4*. Man kann also mit diesem Apparat die Kennlinie ($\mathfrak{B}$-$\mathfrak{H}$-Kurve) des Probestabes aufnehmen. Der magnetische Widerstand des Joches muß möglichst klein sein. Die Hilfsspulen *5* und *6* kompensieren bis zu einem gewissen Grad die in das Joch tretenden Streulinien der Spule *4*, die die Messung fälschen würden. Die Magnetisierungsspule *4* muß nicht nur die Amperewindungen (AW) für den Prüfstab aufbringen, sondern muß auch noch den magnetischen Widerstand der Stoßfugen, des Luftspaltes für die Drehspule *7* und in geringem Maße auch noch den des Joches überwinden. Die Feldstärke $\mathfrak{H}$ ist also immer etwas größer als zur alleinigen Erzeugung der Induktion $\mathfrak{B}$ im Stab *1* nötig wäre. Es sind daher zur genauen Aufnahme der Hystereseschleife noch Korrektionskurven (sog. Scherungskurven) notwendig, die in ihrem Verlauf auch von den Eigenschaften des Prüfstabes abhängig sind.

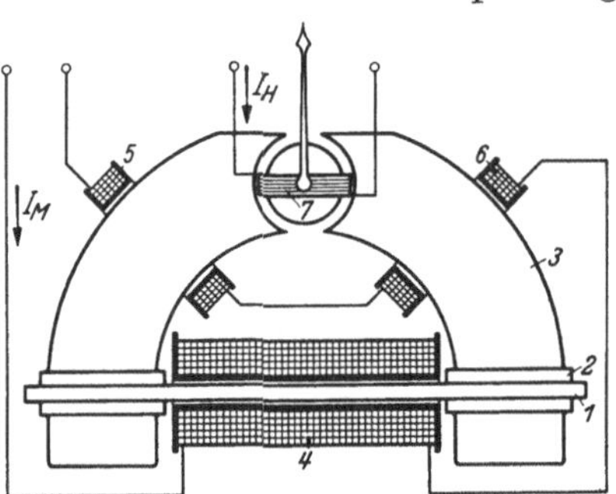

Abb. 173. Schema des Köpsel-Apparates (S. & H.). *1* Probestab, *2* Klemmbacken, *3* Joch, *4* Feldspule, *5*, *6* Hilfsspulen zur Aufhebung des Einflusses der Feldspule auf das Joch, *7* Drehspule, $I_M$ Magnetisierungsstrom, $I_H$ Hilfsstrom für *7*.

## 2. Eisenverlustmessung.

Im sog. **Epstein-Apparat** nach Abb. 174 werden die durch die Magnetisierung des Eisens bei Wechselstrom entstehenden Ummagnetisierungs- und Wirbelstromverluste mit einem Leistungsmesser *W* bestimmt, und zwar bei 10000 und 15000 Gauß. Die Eisenprobe, meist Blechpakete von 3 · 3 cm Querschnitt und etwa 50 cm Länge[1], zur Hälfte in und zur anderen Hälfte quer zur Walzrichtung geschnitten, sind zu

[1] DIN VDE 6400.

einem Quadrat zusammengesetzt. Die Abmessungen sind so gewählt, daß die Querschnittseite klein gegen die Quadratseite ist, damit der magnetische Fluß sich gleichmäßig über den Querschnitt verteilt. Alle Bleche und Blechbündel sind zur Kleinhaltung der Wirbelstromverluste durch Papier- bzw. Hartpapierzwischenlagen gegeneinander isoliert. Die beiden Spulen sind um die Eisenprobe $P$ gewickelt (erst $II$, dann $I$) und auf alle 4 Stäbe verteilt zu denken. Durch $I$ fließt aus einer Wechselstromquelle ein Strom $I_M$, der zur Bestimmung der Feldstärke in $I$ mit dem Strommesser $A$ gemessen wird. In der Sekundärwicklung $II$ wird durch die Induktion $\mathfrak{B}$ im Eisen eine Spannung induziert und mit dem Voltmeter $V$ gemessen. Der Leistungsmesser $W$ mißt den Eisenverlust, der meist in W/kg angegeben wird. Die Wicklung $II$ liefert bei kleinem Verbrauch der Meßwerkspulen von $W$ und $V$, unabhängig von dem Spannungsabfall des Stromes $I_M$ in der Wicklung $I$, die tatsächlich vom Fluß $\Phi$ im Eisenpaket erzeugte Spannung.

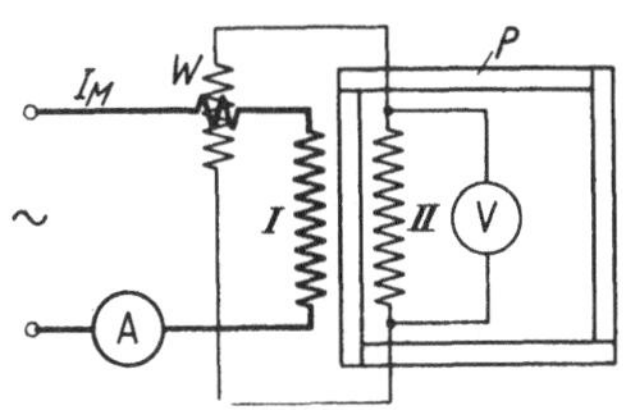

Abb. 174. Epstein-Apparat zur Eisenverlustmessung. $P$ zu prüfendes Eisen, $I$ Magnetisierungswicklung, auf alle 4 Schenkel verteilt, $II$ Sekundärwicklung zur Speisung der Spannungsspule, wie $I$ verteilt, $V$ Spannungsmesser, $A$ Strommesser, $W$ Leistungsmesser.

Das **Ferrometer**[1], eine neue Meßeinrichtung für Weicheisenuntersuchungen, besitzt als Anzeigegerät ein hochempfindliches Lichtzeigergalvanometer mit Schwingkontaktgleichrichter. Der Eigenverbrauch der Meßgeräte, der die Genauigkeit der Messung beeinflußt, ist hier, im Gegensatz zum Epstein-Apparat, so außerordentlich klein, daß das Ferrometer auch bei kleinen Eisenproben (100 g) richtig mißt. Die Eisenprobe, in Abb. 175 ein kleiner aus Blechen geschichteter Ring *1*, trägt zwei Wicklungen *2* und *3* von je 20 bis 30 Windungen, je nach dem Durchmesser der Probe. Die Wicklung *2* führt den Magnetisierungsstrom $I_M$ und wird über einen induktionsfreien Widerstand $R$ aus einer Wechselstromquelle, meist einem reichlich bemessenen Wandler, gespeist. Die Sekundärwicklung *3* liegt wie die Spannungsklemmen des Widerstandes $R$ an einem Umschalter *4*, der es ermöglicht, mit dem Lichtzeigergalvanometer $A$ wechselweise den Primärstrom $I_M$ oder die

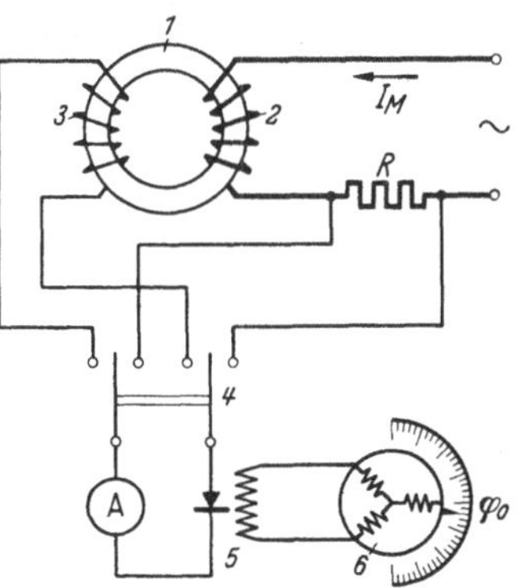

Abb. 175. Schaltung des Ferrometers zur Eisenverlustmessung (S. & H.). *1* Eisenprobe, *2* Magnetisierungswicklung, durch Wandler gespeist, $R$ Ohmscher Widerstand zur Einstellung von *6* auf die Phasenlage von $I_M$, $I_M$ Magnetisierungsstrom, *3* Spannungswicklung, *4* Schalter, $A$ Lichtmarkengalvanometer, *5* Schwingkontaktgleichrichter, *6* Phasenschieber.

[1] Thal: Arch. techn. Mess. J 60—2. (Dez. 1934.)

Sekundärspannung $U$ zu messen. Das Lichtmarkeninstrument wird über einen Schwingkontaktgleichrichter *5* gespeist, der über einen Phasenschieber *6* erregt wird. Das Wesentliche bei der Messung ist, daß der Gleichrichter durch die Wahl der Phasenlage seiner Erregung nur ganz bestimmte Komponenten des Wechselstromes über das Drehspulgerät fließen läßt, er besitzt also vektoriellen Charakter. Stellt man in beiden Stellungen des Schalters *4* durch Drehen des Phasenschiebers *6* den Galvanometerausschlag auf Null ein, so ergibt die Differenz dieser beiden Phasenschiebereinstellungen den Phasenverschiebungswinkel $\varphi_0$ der Eisenprobe. Wenn man bei jeder Nulleinstellung die Phase des Schwingkontaktgleichrichters um 90° schwenkt, so erhält man am Instrument $A$ die absolute Größe von $I$ und $U$. Hiermit und mit dem Winkel $\varphi_0$ ist der Betrag der Verluste $N = U \cdot I \cdot \cos\varphi_0$ in W festgelegt. Stellt man dagegen die Phasenlage des Gleichrichters auf die Spannung $U$ bzw. auf die gegen $U$ um 90° verdrehte Richtung ein, so kann man nach Umschalten des Umschalters *4* auf den Widerstand $R$ unmittelbar die Wirk- bzw. die Blindkomponente von $I_M$ am Strommesser $A$ ablesen.

# XXI. Temperaturmeßeinrichtungen.

Neben den Ausdehnungsthermometern und den Segerkegeln findet man auf dem großen Gebiet der praktischen Temperaturmessung fast ausschließlich elektrische Temperaturmeßeinrichtungen. Ihre Vorzüge sind: hohe Genauigkeit, großer Anwendungsbereich von etwa —250 bis +3500° C und die Möglichkeit, das Anzeigegerät vom Ort der Messung so weit zu entfernen, wie es die Zugänglichkeit oder die Temperatur des zu messenden Gegenstandes notwendig machen. Es sind hauptsächlich zwei Arten zu unterscheiden: das Widerstandsthermometer für niedere und mittlere Temperaturen und das thermoelektrische Pyrometer für mittlere und hohe Temperaturen. Daneben gibt es noch einige andere Methoden, besonders zur Messung hoher Temperaturen.

## 1. Temperaturmeßeinrichtungen mit Widerstandsthermometer.

**Kreuzspulgerät mit Vergleichswiderstand.** In der Abb. 176 ist die heute am häufigsten verwendete Schaltung mit Kreuzspulmeßgerät dargestellt. Der Widerstand $R_x$, dessen Betrag sich mit der Temperatur ändert, taucht, von einer Schutzhülle umgeben, in einen Behälter mit Flüssigkeit, deren Temperatur $t_x$ gemessen werden soll. Die Enden von $R_x$ sind durch zwei Leitungen $L$, die sehr lang sein können, mit den Klemmen eines Kreuzspulmeßgerätes $K$ (s. S. 36) verbunden. Die eine Leitung führt zur Batterie $B$, die andere zu einer der Meßwerkspulen. Die zweite Spule liegt in Reihe mit einem bekannten und temperaturunabhängigen Widerstand $R$ (meist im Gehäuse von $K$

eingebaut) ebenfalls an der Batterie $B$. Der Widerstand der Leitungen $L$ spielt nur bei sehr großen Längen und bei genauen Messungen eine Rolle und muß dann durch besondere Leitungsführung oder entsprechende Korrektur der Anzeige berücksichtigt werden. Bei der folgenden Ableitung wird er sowie der Spulenwiderstand $R_S$ gegen die verhältnismäßig hohen Widerstände $R_x$ und $R$ vernachlässigt. Die Kreuzspule kommt bekanntlich zur Ruhe, wenn die beiden Drehmomente $M_1$ und $M_2$ der beiden Spulen des Meßwerks entgegengesetzt gleich groß sind. Nach Gl. (13) S. 37 ist im Beharrungszustand des beweglichen Organs der Ausschlag $\alpha$ eines Kreuzspulmeßwerks eine Funktion des Verhältnisses der Widerstände in den beiden Spulenzweigen, auf Abb. 176 bezogen ist also: $\alpha = f_1\left(\frac{R_x}{R}\right)$. $R_x$ ist wie folgt von der Temperatur abhängig:

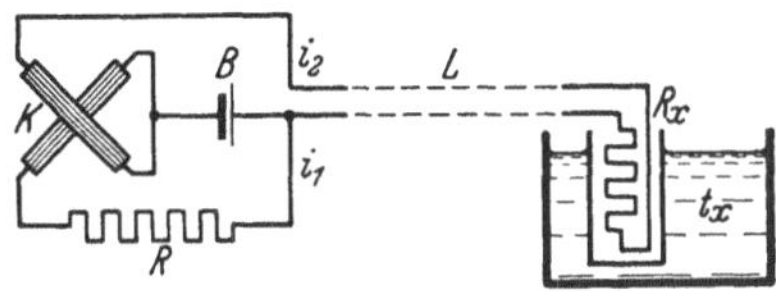


Abb. 176. Elektrisches Widerstandsthermometer $R_x$ mit Kreuzspulmeßwerk $K$ und Batterie $B$. $R_x$ Thermometer mit Temperatur $t_x$, $L$ Leitung, $R$ Festwiderstand.

$$R_x = R_0 (1 + \beta t_x), \tag{73}$$

wobei $t_x$ die gesuchte Temperaturerhöhung über 20° C und $R_0$ der Widerstand von $R_x$ bei 20° C bedeuten. $\beta$ ist der Temperaturkoeffizient des Widerstands $R_0$. Man erhält also, konstantes $\beta$ vorausgesetzt:

$$\alpha = f_1\left(\frac{R_0}{R}(1 + \beta t_x)\right) = f(t_x), \tag{74}$$

da der Widerstand $R$ nach Voraussetzung unabhängig von der Temperatur ist. Gl. (74) bedeutet, daß der Ausschlag $\alpha$ des Kreuzspulgeräts nur noch von der Temperatur am Ort des Widerstands $R_x$ abhängig ist. Die vereinfachte Gl. (74) genügt immer mit hinreichender Genauigkeit.

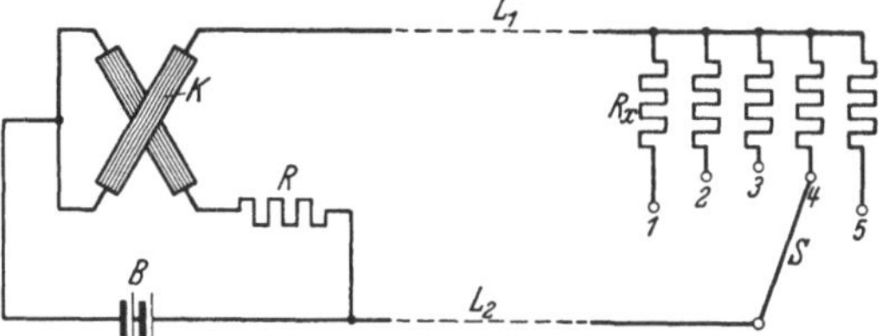


Abb. 177. Temperaturablesegerät mit 5 Widerstandsthermometern. $K$, $B$, $R$, $R_x$ wie vorige Abbildung, $S$ Meßstellenumschalter, $L_1$, $L_2$ Zuleitungen zum Thermometer.

Abb. 177 zeigt ein Ablesegerät mit fünf umschaltbaren Widerstandsthermometern in schematischer Darstellung; die Widerstände $R_x$ können räumlich weit voneinander entfernt sein. In der praktischen Ausführung des Schalters $S$ wird beim Übergang von einem zum anderen Kontakt auch jedesmal die Batterie vom Widerstand $R$ abgetrennt, um Beschädigungen des Meßwerks $K$ zu vermeiden.

**Thermometer in Brückenschaltung.** Man kann den Meßwiderstand $R_x$ auch in eine Brücke nach Abb. 178 legen und mit dem Galvanometer $G$ die Verstimmung der vorher abgeglichenen Brücke durch das mit der Temperatur sich ändernde $R_x$ und damit die Temperatur selbst messen. Das Widerstandsthermometer $R_x$ ist über die Leitungen $L_1$ und $L_B$ an die Brücke angeschlossen. Der Widerstand $R_2$ wird über eine Leitung $L_2$ mit dem rechten Brückeneckpunkt $a$ verbunden, wie dies William Siemens 1871 angegeben hat. $L_2$ ist von gleichem Metall und Querschnitt wie $L_1$ und ist längs $L_1$ geführt, unterliegt also den gleichen Temperaturen und bringt damit in den Brückenzweig mit $R_2$ dieselbe Widerstandsänderung wie $L_1$ in den Zweig mit $R_x$, wodurch der durch die notwendigen Zuleitungen entstehende Fehler nahezu ausgeglichen wird. Der Widerstand von $L_B$ ist praktisch ohne Einfluß auf die Messung. Bei der Ausschlagmethode ändert sich der Zeigerausschlag mit der Spannung der Batterie. Bei genauen Messungen muß man die Brücke in der Nullmethode verwenden, geht also der unmittelbaren Anzeige verlustig; die Brückenmethode scheidet dann für Betriebsmessungen aus.

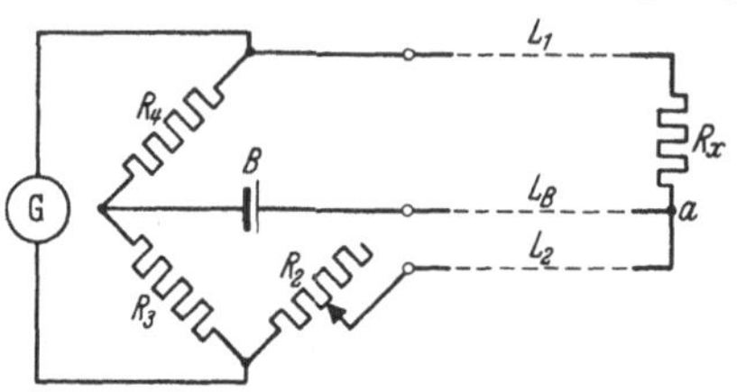


Abb. 178. Widerstandsthermometer $R_x$ in Brückenschaltung mit Nullgalvanometer. $R_x$ Widerstandsthermometer, $R_2$, $R_3$, $R_4$ Widerstände, $G$ Galvanometer, $B$ Batterie, $L_1$, $L_B$ Verbindungen zum Thermometer, $L_2$ Ausgleichsleitung zur Temperaturkompensation.

Abb. 179 zeigt die Verbindung einer Brückenschaltung mit einem unmittelbar anzeigenden Kreuzspulgerät $K$, wie sie besonders von S. & H. entwickelt wurde und wobei die Brücke spannungsunabhängig wird. In einem der Brückenzweige liegt das Widerstandsthermometer, der temperaturabhängige Widerstand $R_x$. Die Widerstände der anderen 3 Zweige sind temperaturunabhängig. Der Strom $i_1$ in der Spule, die in der waagerechten Brückendiagonale liegt, ist nur von der Spannung $U$ der Batterie $B$ abhängig, der Strom $i_2$ in der senkrechten Diagonale von $U$ und der Änderung von $R_x$ bzw. der dort herrschenden Temperatur. Der Einfluß von Schwankungen der Spannung $U$ fällt beim Quotientenmesser heraus, und so ist der Zeigerausschlag am Meßgerät $K$ nur noch von der Temperatur des Widerstandes $R_x$ abhängig. Die Temperatur der Zuleitungen zu $R_x$ spielt, wenn ihr Widerstand groß ist, auch hier eine Rolle, ähnlich wie am Beispiel der Abb. 178 beschrieben.

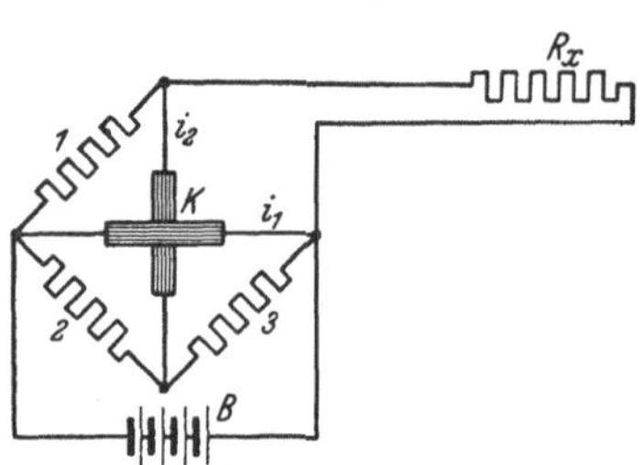


Abb. 179. Widerstandsthermometer $R_x$ in spannungsunabhängiger Brückenschaltung mit Kreuzspulgerät. $R_x$ Thermometer, $K$ Kreuzspule, $B$ Batterie, *1, 2, 3* Festwiderstände.

**Thermometer am Kompensator** nach Abb. 180. Mit dem Widerstandsthermometer $R_x$ ist ein temperaturunabhängiger Normalwiderstand $R_N$ in Reihe geschaltet. Über beide fließt aus einer Batterie $B$ ein regelbarer Strom $I$, der in $R_N$ und $R_x$ etwa den gleichen Spannungsabfall hervorruft. Durch einen Schalter $S$ kann man wechselweise $R_N$ oder $R_x$ an einen Kompensator legen (s. S. 165), ohne $R_N$ und $R_x$ Strom zu entnehmen. So ist es möglich, die Änderung von $R_x$ mit der Temperatur und damit diese selbst zu bestimmen, und zwar mit der Meßtoleranz des Kompensators, die etwa 1‰ beträgt. Diese Methode wird besonders zur Beobachtung sehr kleiner Temperaturänderungen, z. B. von —70° bis —71°, bei wissenschaftlichen Untersuchungen verwendet und zur genauen Untersuchung der Widerstandsthermometer selbst.

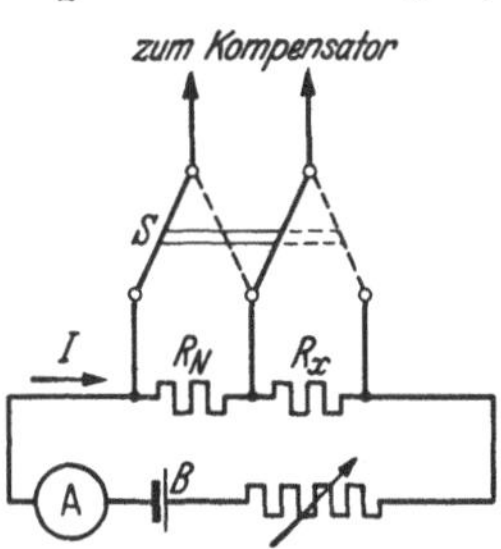

Abb. 180. Vergleich des Thermometerwiderstandes $R_x$ mit einem Normalwiderstand $R_N$ mit Hilfe eines Kompensators.

**Ausführung und Zubehör der Widerstandsthermometer.** Die Ausführung der Widerstandsthermometer hat sich im Laufe der Zeit so vereinheitlicht, daß sich die Geräte der verschiedenen Firmen, auch ausländischer, recht ähnlich sehen. Es haben sich einige Gattungen herausgebildet, die der Temperaturhöhe, dem Temperaturbereich und dem Anwendungszweck angepaßt sind. Für den eigentlichen Meßwiderstand werden fast ausschließlich Platin oder Nickel verwendet, deren Widerstandsänderung mit der Temperatur 0,392 bzw. 0,675%/° C beträgt. Das Edelmetall zeigt die kleinere Widerstandsänderung mit der Temperatur, die bei Verwendung von reinem Platin aus verschiedenem Schmelzgut sich immer in genau gleicher Weise wiederholt. Dies ist außerordentlich wichtig, wenn die Widerstandsthermometer verschiedener Herstellungsreihen und -zeiten unter sich auswechselbar sein sollen. Ferner hat Platin den Vorteil, daß es auch bei hohen Temperaturen nicht oxydiert, und daher seinen Querschnitt nicht ändert. Platin ist bis 600° C verwendbar. Nickel zeigt eine größere Widerstandsänderung mit der Temperatur und ist billiger als Platin. Es gelingt aber nicht, Nickel so gleichmäßig herzustellen, daß der Temperaturkoeffizient aller Schmelzen genau gleich ist. Man muß zur Abgleichung des Temperaturkoeffizienten auf einen bestimmten Wert noch ein Stück Konstantan oder Manganin vorschalten, und setzt damit künstlich die Temperaturempfindlichkeit des Gesamtwiderstandes herab, so daß der Vorteil, den Nickel vor Platin hat, zum Teil wieder verlorengeht. Ferner neigt Nickel mehr zur Oxydation und damit zu einer Querschnitts- bzw. Widerstandsänderung als Platin, muß daher besser geschützt werden, da es in angreifenden Gasen leicht zerstört wird. Nickel ist wegen der Unstetigkeit seines Widerstandes am Umwandlungspunkt über 200° C nicht verwendbar; Widerstandsthermometer müssen ihren Widerstand mit der Temperatur stetig ändern. Eine bleibende Widerstandsänderung darf durch die Erwärmung nicht eintreten, der Widerstand soll unabhängig von Druck und Feuchtigkeit sein.

Der Vorteil der Widerstandsthermometer beruht in der Messung kleiner Temperaturdifferenzen. Ein Nachteil ist, daß man eine fremde Stromquelle benötigt und bei der Messung die Thermometer mit Strom belastet, wodurch sie sich nennenswert erwärmen könnten; man geht daher nur bis etwa 25 mA Strombelastung. Ferner kann man nur die mittlere Temperatur der vom Widerstand $R_x$ eingenommenen Fläche feststellen, aber keine punktförmige Messung vornehmen.

In der Abb. 181 sind die nackten Elemente zweier Widerstandsthermometer dargestellt. Bei a ist ein Platindraht von 3,5 m Länge, 0,7 mm Durchmesser und 90 Ω (bei 0° C) auf einen, an seinen Kanten

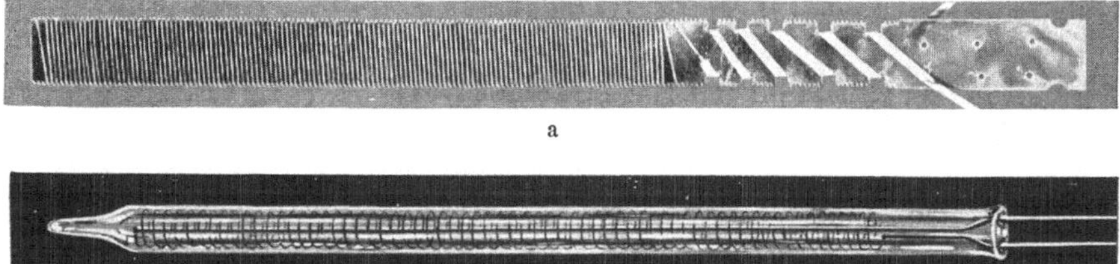


Abb. 181. Widerstandselemente. a Platin- oder Nickeldraht auf Glimmerstreifen. b Platindraht in Quarzglas eingeschmolzen.

fein gezahnten Glimmerstreifen gewickelt, so daß der blanke Draht mit dem notwendigen Abstand zwischen den Windungen in allen Betriebslagen fest liegt. Die Meßdrahtenden sind mit Kupferdrähten verbunden, die zu den Anschlußklemmen führen. Die Nickeldrahtwiderstände werden genau so ausgeführt. Abb. 181b stellt ein Element dar, bei dem der Platindraht von 90 Ω in ein Quarzrohr eingeschmolzen ist.

Diese Elemente werden je nach dem Verwendungszweck in Schutzhüllen eingebaut, von denen einige Ausführungsformen in den Abb. 182 und 183 wiedergegeben sind. Abb. 182a zeigt ein Widerstandszimmerthermometer, wie es z. B. in ferngeheizten Theatern, Trockenanlagen, Kühlräumen usw. Verwendung findet, mit einem in den Sockel eingebauten Widerstand $R_x$. Das Quecksilberthermometer dient zur Messung am Ort. Die Ausführungen b und c sind zum dichten Einschrauben in eine Rohrleitung oder einen Kessel geeignet zur Bestimmung der Temperatur von Flüssigkeiten und Gasen. d ist besonders für Dampfleitungen u. dgl. bestimmt und besitzt zwischen dem Einschraubstutzen und der Anschlußdose einen biegsamen Metallschlauch, der die empfindlichen Meßleitungen vor Beschädigung in rauhen Betrieben schützt. Je nach der umgebenden Flüssigkeit oder dem Gas werden die Schutzrohre aus Eisen, Nickel, Kupfer usw. hergestellt. Die Teile, die zur mechanischen Verbindung von Element, Schutzrohr, Anschlußklemmen mit dem Kessel, Ofen, Behälter usw. dienen, sind je nach ihrem Verwendungszweck lackiert, vernickelt, verbleit, verchromt usw. Das Fieberthermometer nach Abb. 183 trägt am Ende eines langen Gummischlauches — mit diesem vollkommen

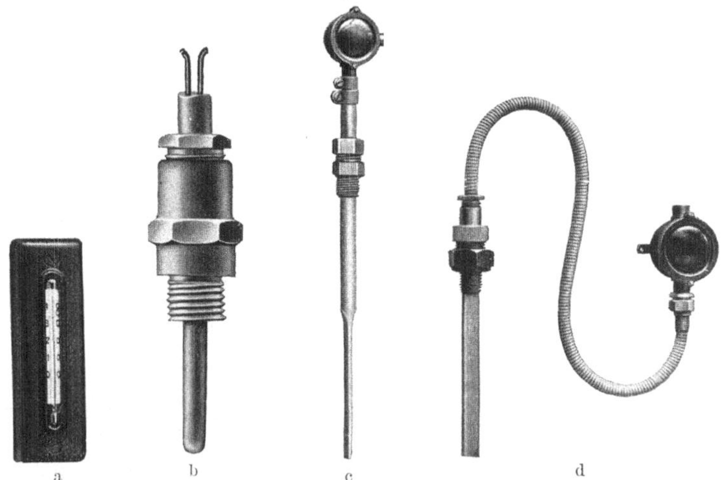


Abb. 182. Schutzhüllen von Widerstandsthermometern (H. & B.). a Zimmerthermometer, b Einschraubthermometer zur Temperaturmessung von Flüssigkeiten, c Einschraubthermometer zur Temperaturmessung von Gasen, d Einschraubthermometer zur Temperaturmessung bei hohen Drücken bis 30 kg/cm².

dicht verbunden — eine vergoldete Metallhülse von 6,5 mm Durchmesser und 35 mm Länge. Sie enthält einen Meßwiderstand ähnlich Abb. 181 b.

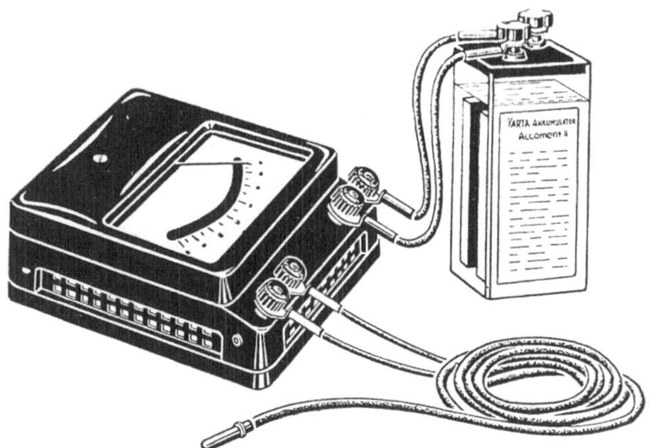

Abb. 183. Fiebertemperaturmeßeinrichtung (H. & B.).

Die Skala des Instruments[1] ist 150 mm lang und umfaßt den Bereich von 35...43° C. An Stelle des Anzeigegerätes kann auch ein Punktschreiber (s. S. 117) Verwendung finden.

[1] Siehe O. Hauser: Dtsch. Ärzteztg. Bd. 9 (1935) Nr. 412.

Die Meßleitungen sind, wie schon an Hand von Abb. 178 dargelegt wurde, nicht ohne Einfluß auf die Messung. Bei kleinen Entfernungen verwendet man zwei Kupferdrähte oder ein zweiadriges Kabel mit einem, dem Verwendungszweck angepaßten Schutz. Sehr häufig dient für mehrere (bis zu 40) Widerstandsthermometer ein einziges Anzeigegerät, welches auf die verschiedenen Meßstellen umgeschaltet werden kann, wie dies Abb. 177 zeigt. Es werden hierzu meist sog. Federsatzschalter mit Edelmetallkontakten verwendet, deren Übergangswiderstand klein sein muß, da er mit in die Messung eingeht. Alle Leitungen, Verbindungs- und Schaltkontakte müssen vor Feuchtigkeit bewahrt werden, damit

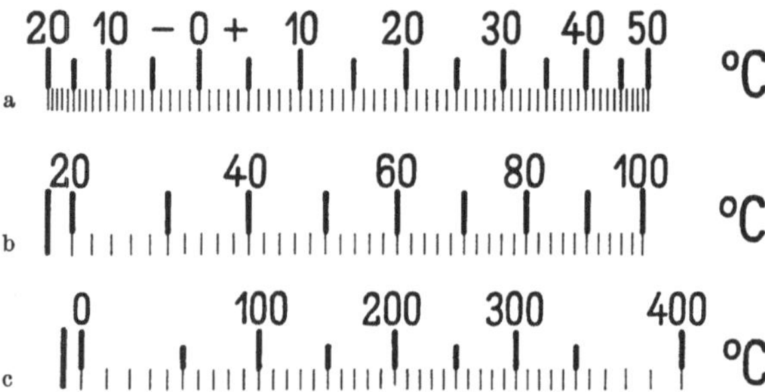


Abb. 184. Skalenmuster für Kreuzspultemperaturmesser. a 180 Ω Platinwiderstand bei 0° C, für 10 Ω Leitung, b 90 Ω Platinwiderstand bei 0° C, für 3 Ω Leitung. c 100 Ω Platinwiderstand bei 0° C, für 10 Ω Leitung.

keine Elementbildung auftritt, die zu Fehlmessungen und Zerstörungen führen kann.

Als Anzeige-, Regel- und Schreibgeräte kommen die Ausführungen zur Anwendung, wie sie auf S. 108 und 109 beschrieben sind. In der Abb. 184 sind Skalen zusammengestellt, die einige Temperaturbereiche wiedergeben. Da das anzeigende Kreuzspulgerät keine Richtkraft besitzt, ist seine Einstellung im stromlosen Zustand unbestimmt und täuscht irgendeine Temperatur vor. Man rüstet daher die Instrumente mit einer „Zeigerrückführung“ aus, die den Zeiger bei Stromunterbrechung, z. B. Leitungsbruch, auf eine rote Marke links vom Skalenanfangspunkt einstellt.

Statt Gleichstrom kann für die beschriebenen Meßeinrichtungen auch Wechselstrom verwendet werden, wenn man statt des Kreuzspulgerätes mit Dauermagnet das auf S. 68 beschriebene Kreuzspulelektrodynamometer einschaltet. Diese Wechselstromthermometer sind trotz mancher Schwierigkeiten zu recht brauchbaren Geräten entwickelt worden, unter anderem von der Firma Trüb, Täuber & Co. in Zürich. Sie sind in besonderen Fällen wichtig, so zur Messung an Hochspannungsmaschinen und Apparaten, wobei das Widerstandselement durch einen entsprechenden Isolierwandler von der Ableseeinrichtung elektrisch getrennt sein muß. Man verwendet diese Temperaturmesser zuweilen auch dort, wo nur Wechselstrom als Hilfsstromquelle zur Verfügung steht, doch hat sich heute das empfindlichere und billigere Gleichstrommeßwerk unter Verwendung von Trockengleichrichtern auch für Wechselstrom eingeführt. Der Anwendungsbereich der Widerstandsthermometer umfaßt etwa —200 bis + 550° C.

**Das Bolometer**[1] stellt das empfindlichste Thermometer dar, das zur unmittelbaren Anzeige sehr kleiner, durch Wärmestrahlung hervorgerufener Temperaturunterschiede dient. Abb. 185 zeigt im Schema eine Wheatestonsche Brücke mit den vier gleichen Widerständen $R_1 \ldots R_4$, dem Galvanometer $G$, einer Batterie $B$ und einem Regelwiderstand $R$. Zwei der Widerstände, $R_1$ und $R_4$, die in gegenüberliegenden Brückenzweigen liegen, bestehen aus mäanderförmig ausgeschnittenen und geschwärzten Blechen und werden den zu messenden Wärmestrahlen ausgesetzt, die beiden anderen sind davor geschützt. Alle Widerstände bestehen aus einer sehr dünnen Folie, meist Platin, von hohem Widerstand und kleiner Wärmeträgheit. Man kann mit diesem Bolometer Temperaturunterschiede von $^1/_{1000}$° C messen, die durch Strahlung hervorgerufen werden. Die bestrahlten und die nicht bestrahlten Widerstände sind durch eine Isolierwand getrennt, so daß alle 4 Widerstände ohne Bestrahlung gleiche Temperatur haben. Die Skala des hochempfindlichen Galvanometers kann in Bruchteilen von Temperaturgraden oder in angestrahlter Wärmemenge pro cm² ausgeteilt sein.

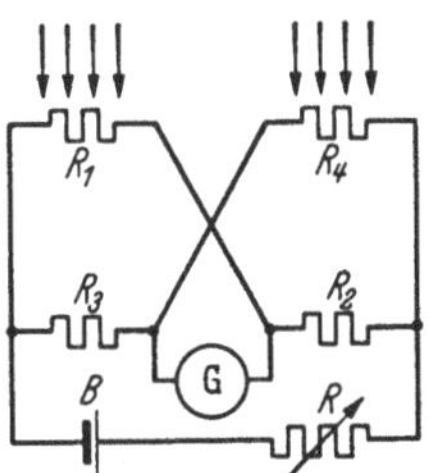

Abb. 185. Schema des Strahlungsbolometers. $R_1$, $R_4$ temperaturabhängige Widerstände, $R_2$, $R_3$ Festwiderstände, $R$ Regelwiderstand, $G$ Galvanometer, $B$ Batterie.

## 2. Thermoelektrische Temperaturmeßeinrichtungen.

**Thermospannung.** Das thermoelektrische Meßprinzip soll durch Abb. 186 veranschaulicht werden: Verbindet man — meist durch Schweißen — zwei Drähte *1* und *2* aus verschiedenen Metallen miteinander und erwärmt die Verbindungsstelle auf eine Temperatur $t_1$, so entsteht an den kalten Enden der Leitungen *3* und *4* mit der Temperatur $t_2$ eine EMK — kurz Thermospannung genannt — die mit der Temperaturdifferenz $t_1 - t_2$ etwa verhältnisgleich ansteigt. In der Abb. 187 ist der Verlauf dieser EMK in Abhängigkeit von der Temperaturdifferenz dargestellt, und zwar für die heute meist verwendeten edlen und unedlen Metalle und ihre zweckmäßigen Legierungen, bezogen auf eine Temperatur $t_2$ der kalten Enden von 20°. Aus der Abb. 187 sieht man, daß die Verbindungen aus unedlen Metallen im allgemeinen eine höhere EMK ergeben

[1] Siehe F. Kohlrausch: Praktische Physik, S. 281. Leipzig: G. B. Teubner 1935.

als die Edelmetalle, dafür sind erstere nur bis etwa 1000° C, letztere aber bis etwa 1600° C verwendbar. Auch hier ist, wie bei den Widerstandsthermometern, eine vollkommen gleichmäßige Herstellung nur bei den Edelmetallelementen möglich. Die EMK ändert sich nicht mit dem Querschnitt der Drähte. Bei einer Oxydation bleibt also das Element so lange in Ordnung, bis sein Widerstand gegen den des äußeren Stromkreises merklich wird, oder bis eine Unterbrechung des Stromkreises eintritt. Die Kurven der Abb. 187 geben gleichzeitig die Temperaturgrenze für die verschiedenen Elemente an; sie gelten angenähert und können kurzzeitig überschritten werden.

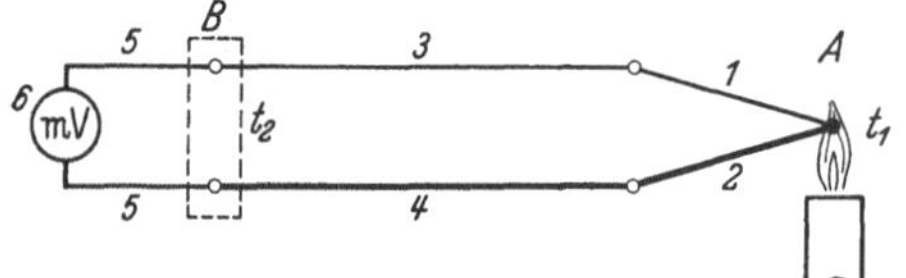


Abb. 186. Thermoelektrisches Meßprinzip. *A* heiße Lötstelle mit Temperatur $t_1$, *B* kalte Lötstelle mit Temperatur $t_2$, *1*, *2* Schenkel des Thermoelements aus verschiedenen Metallen, *3*, *4* Ausgleichsleitungen aus gleichen Werkstoffen wie *1* und *2*, *5* Kupferleitung, *6* Drehspulspannungsmesser.

**Ausgleichsleitungen.** Wenn an der warmen Lötstelle (Schweißstelle), Abb. 186, die Temperatur $t_1 = 1000°$ C herrscht, so wird an den Enden der meist kurzen Drähte *1* und *2* die Temperatur noch über 20° C liegen, und erst in einiger Entfernung bei $t_2$ herrscht die Raumtemperatur von 20° C, von der weiter unten noch die Rede sein wird. Man führt daher von dem Thermoelement nach den in Abb. 186 mit „kalte Lötstelle“ *B* bezeichneten Ort sog. Kompensationsleitungen *3* und *4*, die jeweils von derselben Legierung oder einer solchen gleicher Thermokraft hergestellt sind wie die Schenkel *1* und *2* des Thermoelements, so daß an den Verbindungen von *1* und *2* mit *3* und *4* keine elektromotorischen Kräfte auftreten, durch die die Messung gefälscht würde.

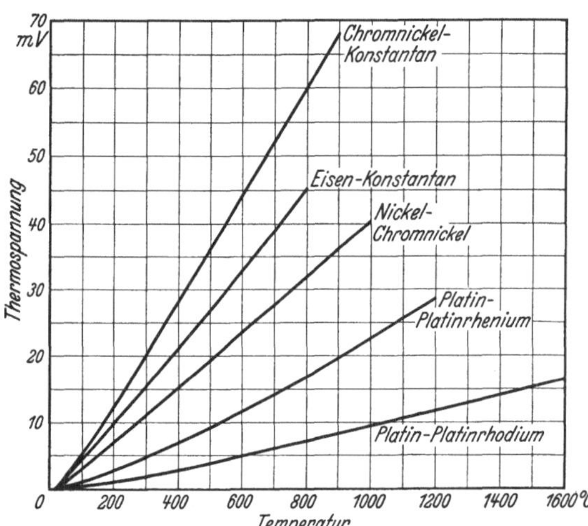


Abb. 187. Verlauf der Thermospannung für die wichtigsten Thermoelemente in Abhängigkeit von der Temperatur.

**Meßwerke.** Zur Messung der EMK an den kalten Enden dient meist ein Millivoltmeter (*6* in Abb. 186). Dabei wird dem Thermoelement ein kleiner Strom von etwa 0,02...1 mA beim Skalenendwert entnommen, der einen Spannungsabfall in den Leitungen zwischen Thermoelement und Drehspule verursacht. Bei der Eichung wird ein bestimmter Leitungswiderstand angenommen, der beim Einbau unabhängig von der Entfernung angenähert einzuhalten ist. Für sehr genaue Messungen der Thermospannung verwendet man eine Kompensationsschaltung, bei der dem Thermoelement im Augenblick der Messung kein Strom entnommen wird. Es sei in diesem Zusammenhang auf den Temperaturschreiber hingewiesen, der mit selbsttätiger Kompensation arbeitet und auf S. 115 beschrieben wurde.

Die Meßwerke der thermoelektrischen Pyrometer besitzen meist ein bewegliches System mit Spitzenlagerung, zuweilen mit Bandaufhängung

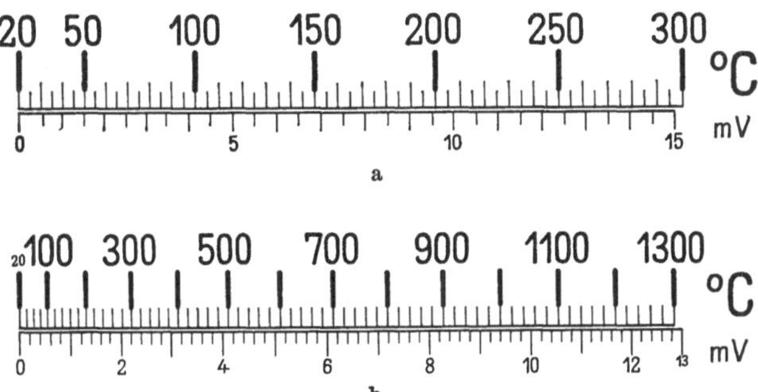


Abb. 188. Skalen thermoelektrischer Pyrometer. a Eisen-Konstantan-Element, für Leitung und Element 3 Ω, für Drehspulgerät 527 Ω. b Platin-Platinrhodium-Element, für Leitung und Element 3 Ω, für Drehspulgerät 300 Ω.

(s. Abb. 25 und 26, S. 30), um die notwendige hohe Empfindlichkeit zu erreichen. Sie werden für Anzeige-, Schreib und Regelgeräte in Gehäuse eingebaut, wie sie aus den Abb. 11 und 98 zu ersehen sind. Zwei Meßbereiche sind als Skalenbeispiele in der Abb. 188 zusammengestellt.

Der **mechanische Aufbau der Thermoelemente** wird durch die hohe Temperatur, der sie dauernd ausgesetzt sind, und das umgebende Mittel bestimmt; Abb. 189 bringt einige Ausführungen. a zeigt ein nacktes Element, die warme Lötstelle (Schweißperle) befindet sich unten. Der eine Draht ist blank, der andere zur Isolation in dünnen Röhrchen aus Kerammasse oder einem anderen hitzebeständigen Isolierstoff zur Vermeidung der Berührung mit dem nackten Draht nach oben geführt. Dort sind über beide Enden Isolierperlen geschoben. b zeigt ein Edelmetallelement mit Zweilochkapillarrohr, bei c und d in Schutzhüllen eingebaut, die bis 800° C aus einem Sonderstahl, bei 1300° C aus Chromnickel oder Chromeisen, bis 1600° C aus Chamotte bestehen. Die beiden Drähte des Thermoelements enden in einer Anschlußdose. Von dort führen die Ausgleichsleitungen zur kalten Lötstelle und dem Meßgerät. Für Glüh- und Muffelöfen bis 1500° C wird die schlankere Form gewählt. Zur Messung hoher Oberflächentemperaturen, z. B. der von Blöcken in einer

Walzenstraße, verwendet man eine Anordnung nach Abb. 190. Die Elementschenkel aus Nickel-Chromnickel sind nicht verschweißt; sie werden mit ihren Spitzen kräftig auf den rotwarmen Block gedrückt, der die elektrische Verbindung zwischen beiden übernimmt.

Die **Temperatur an der kalten Lötstelle** (vgl. Abb. 186) ist, wie schon erwähnt, von Einfluß auf die Messung. Bei hohen Temperaturen, z. B.

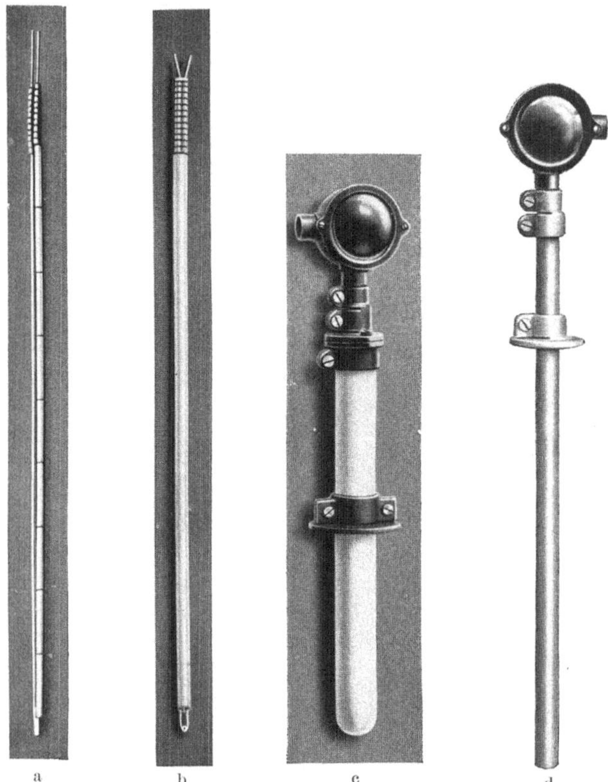


Abb. 189. Ausführungsmöglichkeiten von Thermoelementen (H. & B.). a Unedles Element mit Keramröhrchen isoliert, b Edelmetallelement mit Zweilochkapillarrohr isoliert, c Schutzrohr aus Kerammasse, d Schutzrohr aus Kerammasse für Muffelöfen.

1000° C, haben Änderungen der Temperatur von 20° C an der kalten Lötstelle um $\pm$ 10° C, wie sie in Arbeitsräumen vorkommen, einen Meßfehler von etwa $\pm 1\%$ zur Folge, der in manchen Fällen noch tragbar ist. Da die EMK-$t$-Kurve (Abb. 187) nicht geradlinig ansteigt, sind diese Fehler häufig auch kleiner, sie betragen z. B. beim Platin-Platinrhodiumelement nur $\pm 0{,}5\%$. Bei größeren Temperaturänderungen an der kalten Lötstelle, und besonders bei niedrigen Meßtemperaturen, entstehen unzulässig große Fehler. Für genaue Messungen bringt man daher die kalte Lötstelle an einen Ort mit möglichst konstanter Temperatur in eine

Wasserquelle, einige m unter der Erde, in schmelzendes Eis od. dgl. Neuerdings verwendet man immer mehr einen sog. Thermostat, in dem ein Regler durch eine Heizwicklung die Temperatur selbsttätig auf einen bestimmten Wert, z. B. 40° C, hält. Diese Bezugstemperatur muß

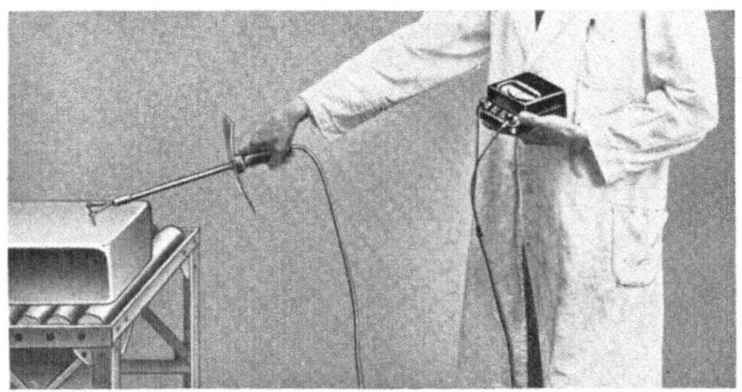

Abb. 190. Element zur Messung von Oberflächentemperaturen (H. & B.).

über der höchsten vorkommenden Raumtemperatur liegen, damit der Regler durch verschiedene Wärmezufuhr die Temperatur an den kalten Enden konstant halten kann; sie muß bei der Eichung des Thermo meters berücksichtigt werden.

## 3. Strahlungspyrometer.

Bei vielen Messungen ist es nicht möglich oder nicht zweckmäßig, am Ort der hohen Temperatur ein Thermoelement einzubauen. Man beobachtet daher die bei hohen Temperaturen auftretende starke Strahlung des erhitzten Körpers (beginnende Rotglut = 525° C, Gelbglut = 1100° C, volle Weißglut 1500° C) aus einer, dem Beobachter zuträglichen Entfernung und mißt hierbei hauptsächlich nach zwei Methoden, einer optischen und einer thermischen.

Bei dem optischen oder **Teilstrahlungspyrometer** wird die Helligkeit eines glühenden Meßkörpers, z. B. die Schmelze eines Hochofens, mit der Helligkeit des Fadens einer Glühlampe verglichen. Der Stromverbrauch oder die Spannung an der Lampe geben ein Maß für die Glühfadentemperatur. Das von dem Meßgegenstand in Richtung der Pfeile $S$ (Abb. 191) kommende Licht wird durch eine Linse $L_1$ gesammelt. Durch eine zweite Linse $L_2$ betrachtet der Beobachter aus der Richtung $A$ das von $S$ kommende Licht und den Glühfaden der Lampe $L$ und regelt den Heizstrom mit Hilfe des Widerstandes $R$ so lange, bis das Bild des Fadens verschwindet, d. h. gleiche Helligkeit zeigt wie das zu messende Gut. An der Einschauöffnung am Fernrohr befindet sich ein Rotfilter $R.F.$, das nur das rote Licht durchläßt. Der Spannungsmesser $V$ erhält eine Gradskala, 700...1500° C in der Abb. 193a. Zuweilen wird zwischen die Linse $L_1$ und die Glühlampe ein Grauglas *R.G.* eingeschoben, das das von *S* kommende Licht schwächt. Durch mehr oder weniger durchlässige Graugläser kann man den Temperaturmeßbereich des Gerätes in groben Stufen bis auf 3500° C erweitern. An Stelle des Grauglases *R.G.* verwendet man auch oft einen sog. Graukeil, dessen Dicke

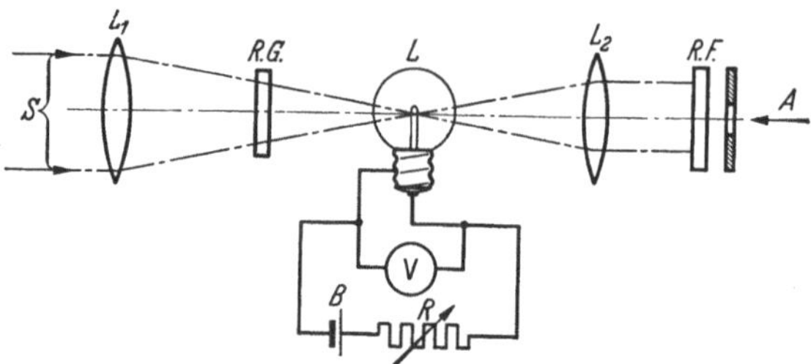


Abb. 191. Optisches Pyrometer (Teilstrahlungspyrometer). *S* Wärmestrahlen, $L_1$ Gegenstandlinse, *R.G.* Rauchglas, *L* Lampe, *A* Beobachtungsrichtung, $L_2$ Schaulinse, *B* Stromquelle, *R* Regelwiderstand, *V* Spannungsmesser, *R.F.* Rotfilter.

und Lichtdurchlässigkeit sich mit seiner Länge ändert. Die Helligkeit des Glühfadens wird dann durch Überwachung des Stroms oder der Spannung konstant gehalten. Die Stärke des ankommenden Lichtes wird durch den Graukeil so lange geschwächt, bis das Bild des Glühfadens gerade verschwindet. Die Stellung des Graukeils gibt dann ein Maß für die Temperatur des Meßgegenstandes. Teilstrahlungspyrometer werden für Temperaturen von 700...3500° C verwendet, die Toleranz beträgt 5...15° C je nach dem Meßbereich.

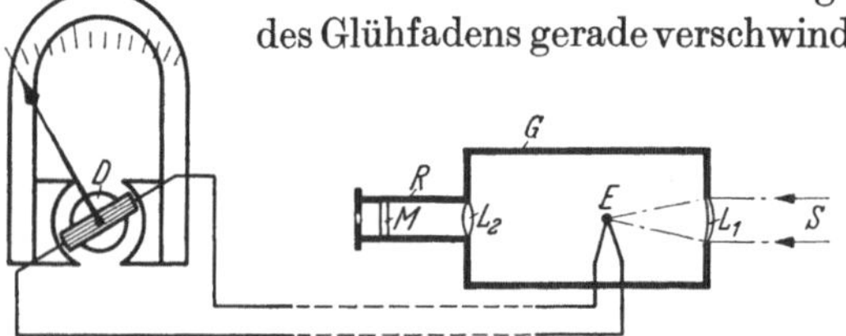


Abb. 192. Gesamtstrahlungspyrometer mit Thermoelement. $L_1$ Sammellinse, *E* Thermoelement, *G* Gehäuse, *R* Rohr mit Linse $L_2$ und Mattscheibe *M*, *D* Drehspulmeßwerk, *S* Richtung der Wärmestrahlen.

Das **Gesamtstrahlungspyrometer** nach Abb. 192 beruht auf der Messung der gesamten Wärmestrahlung eines erhitzten schwarzen Körpers; das ist ein Körper, der alle auftreffenden Strahlen aufsaugt und nichts zurückwirft, andererseits aber bei jeder Temperatur ein Höchstmaß an Strahlung aussendet. Geschlossene Öfen können als schwarze Körper (Hohlraumstrahler) angesehen werden. Das Innere des Schmelzofens wird durch eine kleine Öffnung eines an einem Gehäuse *G* angebauten Rohrs *R*, das eine Linse $L_2$ und eine Mattscheibe *M* enthält, betrachtet. Die Strahlung wird durch die Linse $L_1$ gesammelt, in deren Brennpunkt zwei geschwärzte Platinplättchen aufgestellt sind, die das an ihnen angebrachte Thermoelement *E* erwärmen. Die durch die Strahlung erzeugte Erwärmung hat wie bei den thermoelektrischen Pyrometern eine EMK zur Folge, die mit einem Drehspulgerät gemessen wird. Nach dem Stefan-Boltzmannschen Gesetz ist die von einem Körper ausgestrahlte Energie (und damit auch die Thermospannung) der vierten Potenz der absoluten Temperatur verhältnisgleich, was im Skalenverlauf (Abb. 193b) zum Ausdruck kommt. Der Anwendungsbereich dieser Pyrometer liegt etwa zwischen 600 und 2000° C.

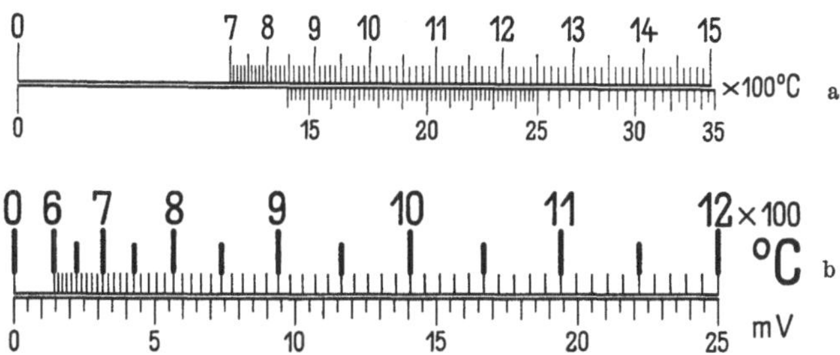


Abb. 193. Skalen von Pyrometern. a Teilstrahlung, b Gesamtstrahlung, für Leitung + Element 0,35 Ω, Drehspulgerät 536 Ω.

Die Strahlungspyrometer werden häufig fest in oder an einen Ofen, z. B. einen Schmelzofen, eingebaut, oft werden sie auch zum Tragen eingerichtet, beispielsweise zur Messung der Temperatur eines Metallstrahles beim Abstich eines Hochofens. Der Einfluß der meist hohen Temperatur (bis zu 100° C) in der Umgebung der Meßeinrichtung, muß zur Vermeidung grober Fehler durch eine Bimetall- oder sonstige Kompensation beseitigt werden.

# XXII. Fernmeßeinrichtungen.

Zwischen dem Ort der Messung und dem Ort der Anzeige ist bei fast allen elektrischen Meßverfahren ein mehr oder weniger großer Abstand. In diesem Sinne sind alle elektrischen Meßgeräte einschließlich der im Kapitel XXI beschriebenen Temperaturmesser Fernmeßeinrichtungen, die meist für die Überbrückung von einigen 100 m zwischen Meßstelle und Anzeigestelle geeignet sind. Bei manchen Verfahren, z. B. bei Verwendung von Meßwandlern, lassen sich auch 1000 m, und unter Anwendung besonderer Maßnahmen auch einige km überbrücken; die Grenze ist durch den Leitungswiderstand ($R$, $L$ und $C$) und den Isolationswiderstand der Meßleitung gegen Erde gegeben. Unter Fernmessungen, die hier beschrieben werden sollen, versteht man nur mittelbare Messungen, bei welchen physikalische Größen, wie z. B. Leistung, Temperatur, Dampfdruck, Wasserstand u. a. m. auf elektrischem Wege unter Verwendung von fremden Stromquellen auf bestimmte Entfernungen übertragen werden.

Die Zahl dieser Einrichtungen ist außerordentlich groß, so daß hier nur kennzeichnende Vertreter beschrieben werden können[1].

## 1. Fernmeßeinrichtungen mit Widerstandsgeber.

Durch das Gebergerät, meist ein kräftiges Meßwerk mit Zeiger, ein Manometer, einen Leistungsmesser u. dgl., wird der Schleifkontakt $S$ (Abb. 194) auf dem oft kreisförmig gestalteten Widerstand $R$ bewegt. Aus einer Batterie $B$ fließen Ströme über die beiden Teile von $R$, die temperaturunabhängigen Zusatzwiderstände $R_1$ und $R_2$, die Fernleitungen $Z$ und die beiden Spulen des Kreuzspulgerätes $K$. Der Zeigerausschlag des letzteren ist, wie auf S. 37 nachgewiesen wurde, nur abhängig von dem Verhältnis der Widerstände in den beiden Stromkreisen, d. h. von der Stellung des Kontaktes $S$ auf dem Widerstand $R$, der so eingerichtet ist, daß er durch das Drehmoment kräftiger Meßwerke betätigt werden kann. Abb. 195a zeigt

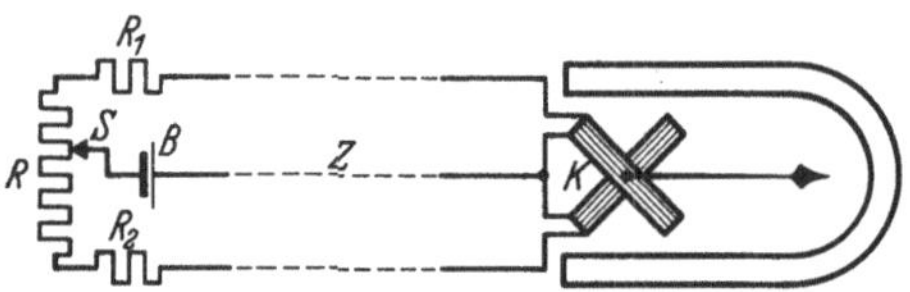


Abb. 194. Schaltung des Widerstands-Ferngebers als Stromteiler. $K$ Kreuzspulmeßwerk, $Z$ Zuleitung, $R$ Ferngeber, $S$ Schleifkontakt, $R_1$, $R_2$ Zusatzwiderstände.

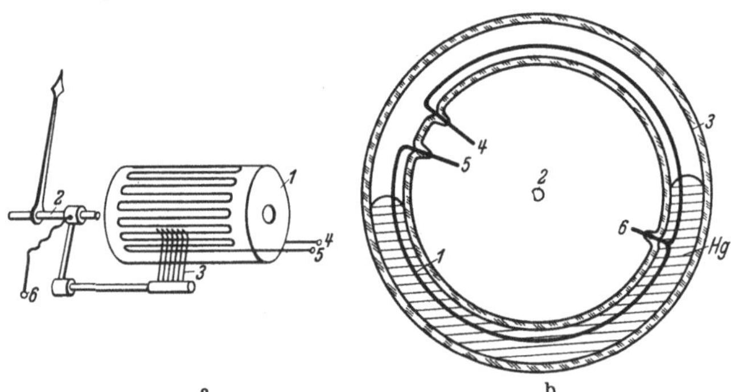


Abb. 195. Widerstandsgeber. a Widerstandswalze mit Bürste (H. & B.). *1* Widerstandswalze, *2* Meßwerkachse, *3* Schleifbürste, *4*, *5*, *6* Anschlüsse für den Widerstand. b Ringrohr mit Quecksilber (S. & H.). *1* Widerstandsdraht- oder -wendel, *2* Meßwerkachse, *3* Glasrohr, *Hg* Quecksilber.

schematisch die von O. Hauser[2] angegebene **Widerstandswalze**, die mit dem Widerstandsdraht bewickelt ist. Hierbei wird der Draht zunächst auf ein gerades, dünnwandiges Rohr gewickelt, das dann mit der Wendel aus Widerstandsdraht flach gepreßt und zu einem Ring gebogen wird. Die Schleifkontakte *3* sind über einen Arm an der Achse *2* des Gebermeßwerks befestigt. Die Enden *4* und *5* des Widerstandes auf *1* führen zu den Widerständen $R_1$ und $R_2$ (Abb. 194), die Schleifbürste *3* über eine bewegliche Verbindung nach dem Ende *6* und von da zur Batterie $B$.

[1] Übersicht und ausführliches Schrifttum siehe Pflier: Die Fernmeßverfahren. Arch. Techn. Mess. V 380—2 (Sept. 1935); ferner Schleicher: Die elektrische Fernüberwachung usw. Berlin 1932.

[2] Hauser, O.: Helios Bd. 25 (1919) S. 25.

Bei b in Abb. 195 ist der **Ringrohrgeber** dargestellt. Auf der Achse *2* des Gebers ist ein geschlossenes, zu einem Ring gebogenes Glasrohr *3* gelagert, in dem sich der Widerstandsdraht *1* als einfacher Drahtring oder als ringförmig gelegte Drahtwendel befindet. Die nach außen führenden Verbindungsdrähte sind in das Glasrohr eingeschmolzen, das etwa zur Hälfte mit Quecksilber Hg gefüllt ist, über dem sich ein neutrales Gas, z. B. Stickstoff, befindet. Das Quecksilber übernimmt die Rolle einer praktisch reibungslosen Schleifbürste. Der Gesamtwiderstand zwischen den Klemmen *4* und *5* bleibt bei der Drehung des Ringrohres mit der Achse *2* des Geberinstruments konstant, dagegen ändert sich das Verhältnis der Widerstände zwischen den Enden *4* und *6* und *5* und *6* wie bei a. Bei veränderlicher Lage des Gebergerätes, z. B. auf Schiffen, ist der Ringrohrgeber nicht verwendbar. Da er aber keinen offenen Kontakt hat, bedarf er in Räumen mit explosiblen Gasen keines besonderen Schutzes.

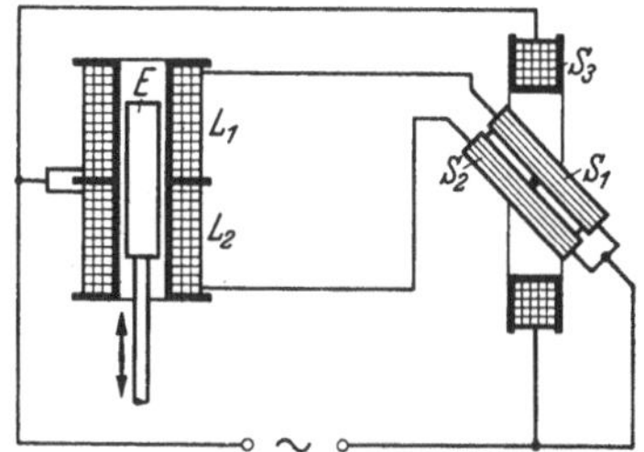


Abb. 196. Fernmeßeinrichtung mit induktivem Geber und elektrodynamischem Doppelspulinstrument. $L_1$, $L_2$ Spulen des Gebers, $E$ verschiebbarer Eisenkern, $S_1$, $S_2$ Drehspulen des Anzeigeinstruments, $S_3$ Erregerspule des Anzeigeinstruments.

Als Empfangsgeräte dienen meist Kreuzspulinstrumente oder Instrumente in Brückenschaltung ähnlich Abb. 178. Die Änderung des Widerstandsverhältnisses bei der Bewegung des Kontaktes $S$ auf $R$ (Abb. 194) ist viel größer als bei den Widerstandsthermometern. Es ist daher möglich, verhältnismäßig große Entfernungen zu überbrücken und Meßwerke mit kräftigen Drehmomenten zur Fernanzeige zu verwenden. Die Anwendungsmöglichkeit der Fernmessung mit Widerstandsgeber ist außerordentlich vielseitig und ist nicht beschränkt auf die Fernanzeige der Stellung einer Meßwerkachse, sondern läßt sich für jede Drehachse, zur Fernanzeige der Stellung eines Schiffsruders, einer Schleusentür, eines Aufzugs u. dgl. mehr anwenden. Es ist auch eine Summierung mehrerer Geberstellungen möglich[1].

Abb. 196 zeigt eine **Fernmeßeinrichtung mit induktiven Widerständen** (Spulen) $L_1$ und $L_2$, in denen sich, gesteuert von der zu messenden Größe, ein Eisenkern $E$ auf und ab bewegt und damit das Verhältnis der Induktivitäten $L_1$ zu $L_2$ ändert. Der Meßstrom wird einer Wechselstromquelle entnommen. Als Empfangsgerät dient ein Wechselstromquotientenmesser mit den Spulen $S_1$ und $S_2$, also ein elektrodynamisches Doppelspulgerät oder ein Ringeisengerät nach Abb. 40. Diese Methode findet unter anderem zur Wasserstandsanzeige in Hochdruckkesseln Anwendung. Hierbei kommt es weniger auf die Überbrückung einer großen

[1] Blamberg, E.: Arch. Elektrotechn. Bd. 24 (1930) S. 21.

Entfernung als auf die betriebssichere Übertragung des Meßwertes aus dem Hochdruckkessel in den Heizerraum an. Bei einer Ausführung von S. & H. befindet sich nur der Eisenkörper $E$ in einem unter Druck stehenden Rohr, während schon die Spulen $L_1$ und $L_2$ außerhalb liegen. Die Abdichtung des vom Wasser getragenen Schwimmers nach außen ist sehr einfach und betriebssicher.

Abb. 197 gibt die Schaltung eines **Fernzählers**[1] mit einem Widerstandsgeber $F$ wieder; beide sind an ein Wechselstromnetz angeschlossen. $F$ liegt in einer, aus den Widerständen $R_1 \ldots R_4$ zusammengestellten Brücke. Steht der Schleifkontakt am Fernsender $F$ (es kann auch ein Ringrohr sein) rechts in der Mitte des Ringes, so ist die Spannung zwischen den Punkten $a$ und $b$ der Brücke gleich Null, und damit auch der Strom $I$ in den Stromspulen des Zählers $Z$. Der Zähler steht still. In den Endlagen des Schleifkontaktes von $F$ läuft der Zähler mit voller Geschwindigkeit vor- oder rückwärts. Er summiert also die Stellung des Kontaktes von $F$ über die Zeit und damit auch eine Meßgröße, durch die der Kontakt eingestellt wird, z. B. eine durch ein Rohr fließende Flüssigkeitsmenge, wenn der Fernsender $F$ durch einen Mengenmesser betätigt wird. Durch entsprechende Wahl der Widerstände kann der Stillstand des Zählers, d. h. der Nullwert, aus der Meßbereichmitte nach einem Ende verlegt werden. Die Anzeige wird unabhängig von Schwankungen der Betriebsspannung, wenn man einen besonderen Zähler ohne Bremsdauermagnet mit einer an die Betriebsspannung angeschlossenen Bremswicklung verwendet.

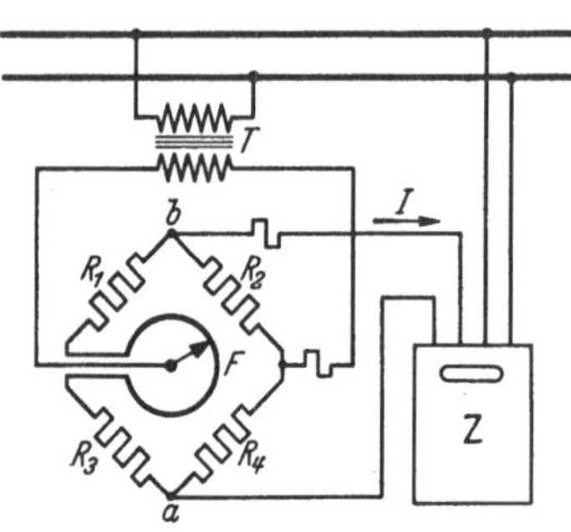

Abb. 197. Schaltung eines Mengenzählers mit Fernsender in einer Brücke (S. & H.). $Z$ Zähler, $R_1 \ldots R_4$, Festwiderstände, $F$ Widerstandsferngeber, $T$ Isolierwandler.

## 2. Kompensationsfernmeßeinrichtungen.

Abb. 198 zeigt schematisch eine auf Drehmomentkompensation beruhende Fernmeßeinrichtung[2]. Das Drehmoment eines Meßwerks $M_1$ (meist ein Leistungsmesser) wird durch das Drehmoment eines Drehspulstrommessers $M_2$ kompensiert; die Achsen der beiden Meßwerke sind mechanisch gekuppelt. Der der Batterie $B$ entnommene Hilfsstrom $I$ fließt sowohl über das Meßwerk $M_2$ als auch über den in der Ferne anzeigenden Strommesser mA und wird an einem Spannungsteiler $Sp$ durch einen Hilfsmotor $H$ geregelt. Ein Wechselkontakt $K_1$ am Gebergerät hält den Motor $H$ so lange in Links- oder Rechtslauf, bis der

[1] Lohmann, H.: Siemens-Z. Bd. 16 (1936) S. 13.

[2] Palm, A.: Elektrotechn. u. Maschinenb. Bd. 34 (1928) S. 857.

Kontaktarm frei zwischen den Kontakten spielt. Dann sind die Drehmomente an $M_1$ und $M_2$ gleich groß, und der Zeigerausschlag am Ferninstrument mA zeigt die mit $M_1$ gemessene Größe an.

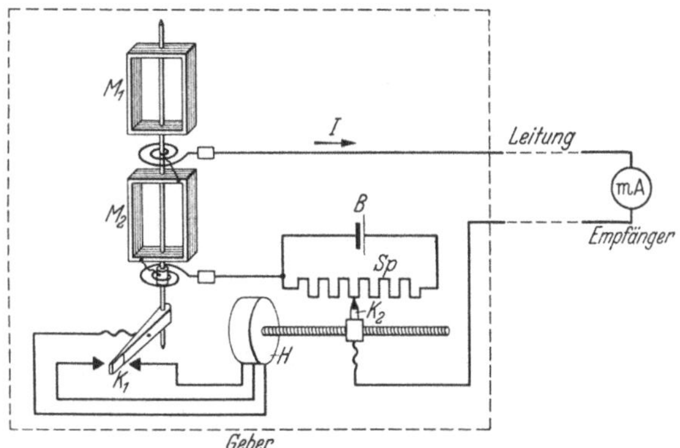


Abb. 198. Drehmoment-Kompensations-Fernmeßeinrichtung mit Steuermotor (H. & B.). $M_1$ Meßsystem, $M_2$ Kompensationssystem, $K_1$ Wechselkontakt, $B$ Batterie, $Sp$ Spannungsteiler, $H$ Hilfsmotor, $K_2$ Schleifkontakt, von $H$ auf $Sp$ bewegt, mA Strommesser.

Die Drehmomentkompensation[1] nach Abb. 199 arbeitet ohne Hilfsmotor. Der Geber besteht wieder aus 2 Meßwerken $M_1$ und $M_2$, die

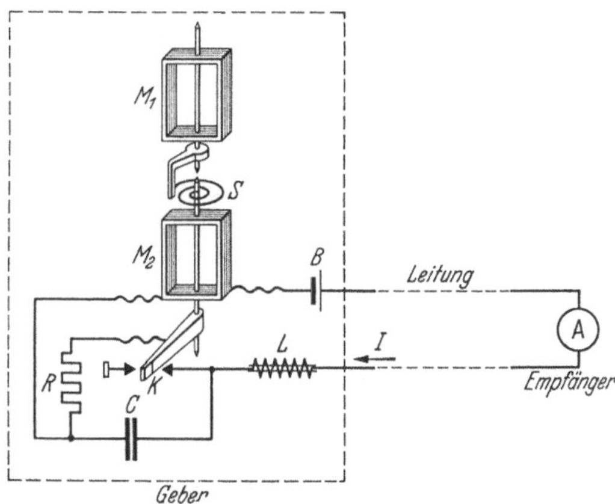


Abb. 199. Drehmoment-Kompensations-Fernmeßeinrichtung der AEG. $M_1$ Meßsystem, $M_2$ Kompensationssystem, $K$ Kontakt, $R$ Ohmscher Widerstand, $C$ Kondensator, $L$ Drosselspule mit Eisen, A Strommesser, $S$ Spiralfeder.

aber hier durch eine Spiralfeder $S$ gekuppelt sind. Das Meßwerk $M_1$ sucht, durch die Meßgröße zum Ausschlag gebracht, den Kontakt $K$ zu schließen, das Meßwerk $M_2$ sucht ihn zu öffnen. Der der Batterie $B$ entnommene Strom $I$ wird immer unterbrochen, wenn das Drehmoment

[1] Brückel u. Stäblein: AEG-Mitt. 1930 Heft 3 S. 185.

von $M_2$ überwiegt, und dann sofort wieder geschlossen, weil bei offenem Kontakt das Drehmoment von $M_1$ überwiegt. Es stellt sich ein pulsierender Strom ein, dessen Mittelwert von dem Fernstrommesser A angezeigt wird und ein Maß für die mit $M_1$ gemessene Größe gibt. Die Widerstände $R$, $L$ und $C$ lassen den pulsierenden Strom $I$ nach einer Exponentialfunktion ansteigen und absinken und verhindern die Auslösung von Hochfrequenzschwingungen und unzulässigen Funken am Kontakt $K$ sowie zu harte Stöße an den Meßwerken.

Die beiden Einrichtungen nach Abb. 198 und 199 ermöglichen den Einbau einer beliebigen Zahl von Anzeige-, Schreib- oder Regelgeräten in den Hilfsstromkreis an beliebigen Stellen zwischen Geber und Empfänger. Summierung und Differenzbildung mehrerer Meßwerte sind leicht möglich. Die Fernmeßleitung, durch deren mit der Leitungslänge abnehmenden Isolationswiderstand ein Teil des Hilfsstromes verlorengeht, setzt den Kompensationsmethoden bei einigen 100 km Entfernung zwischen Geber und Empfänger eine praktische Anwendungsgrenze.

## 3. Impulsfernmeßeinrichtungen.

Im Gegensatz zu den beschriebenen Verfahren werden hierbei nicht dem Meßwert entsprechende Ströme übertragen, sondern Stromimpulse, deren Dauer oder Anzahl ein Maß für die Meßgröße gibt. Diese Impulse können sich höchstens in ihrer Stärke, nicht aber in ihrer Zahl, die durch die Meßgröße gegeben ist, mit den Eigenschaften der Fernleitung ändern. Schließlich gehört hierher noch die Möglichkeit, die Übertragung durch einen Wechselstrom (auch von hoher Frequenz) zu bewirken, dessen Frequenz sich mit der Meßgröße ändert, so daß am Anzeigeort ein Frequenzmesser die kW u. dgl. anzeigt. Letzteres Verfahren fand jedoch trotz der Möglichkeit des Einbaues von Verstärkern noch selten Anwendung, weshalb es hier nur erwähnt werden soll. Die Impulsverfahren dienen fast ausschließlich zur Fernmessung und Fernsteuerung für die Lastverteilung in weitverzweigten Netzen von Großkraftwerken. Zur Übertragung der Impulse werden entweder vorhandene Fernsprechleitungen oder die Hochspannungsleitungen selbst im gemeinschaftlichen Betrieb verwendet. Das Impulsverfahren gibt die Möglichkeit, ohne besondere Meßleitungen und ohne gegenseitige Störungen zu übertragen, was bei Entfernungen von vielen 100 km einen erheblichen wirtschaftlichen Vorteil bedeutet.

**Impulszeitverfahren.** Über der Skala eines beliebigen Meßgeräts wird, in der gleichen Achse wie dessen bewegliches Organ liegend, durch einen Motor ein Kontakthebel vorbeigedreht, der am Skalennullpunkt und am Zeiger je einen Kontakt gibt. Hierzu wird der Zeiger durch eine, dem Kontakthebel etwas vorauseilende Gummirolle auf die Skala gedrückt. Am Empfangsanzeigegerät, das nur aus einem drehbar gelagerten Zeiger besteht, dreht sich synchron mit dem Tasthebel der

Geberseite ein Einstellhebel, der den Empfängerzeiger während der Tasthebelbewegung von Null bis zum Zeigerkontakt am Geberinstrument mitnimmt, der Empfängerzeiger bleibt dann bis zur nächsten Abtastung stehen. Eine sinnreiche Einrichtung, die auf der Empfangsseite zwischen Motor und Zeiger liegt, ermöglicht eine richtige Folge des Empfängerzeigers auch bei abnehmendem Ausschlag des Gebergerätes. Ähnlich ist ein Verfahren, bei dem ein Stromimpuls gesendet wird, der während der Drehung des Abtasthebels von Null bis zum Zeigerausschlag andauert. Die Stromdauer erleidet aber leicht Veränderungen durch die Eigenschaften der Fernleitung, die von Fall zu Fall verschieden sind. Näheres findet man bei Schleicher (s. Fußnote 1, S. 210).

**Impulsfrequenzverfahren.** Die umlaufende Scheibe *1* (Abb. 200) eines Kilowattstundenzählers trägt auf ihrer Achse einen Nocken od. dgl. und schließt damit bei jeder Umdrehung einmal, oder bei entsprechender Ausbildung mehrmals, einen kleinen Schalter *2*, so daß aus der Batterie *7* über die Fernleitung *3* und das Relais *4* ein kurzer Stromimpuls fließt. Die Frequenz dieser Impulse ist verhältnisgleich der Umdrehungszahl des Zählers *1* und damit den dort gemessenen kW. Das Relais *4* zieht bei jedem Impuls eine Kontaktfeder von einem Ruhekontakt nach einem Arbeitskontakt. In der Ruhestellung von *4* wird der untere Kondensator *5* über einen Widerstand geschlossen und entladen, der obere Kondensator wird über denselben Widerstand geladen. Geht das Relais in Arbeitsstellung, so wird der obere Kondensator *5* entladen und der untere wird über die Drehspule des Strommessers *6* geladen. Dieses Spiel wiederholt sich mit der Häufigkeit der am Zähler gegebenen Kontakte, dabei fließt über den Strommesser nur der Ladestrom, dessen Mittelwert von der Kapazität der Kondensatoren *5*, der Spannung der Batterie *7* und der Impulsfrequenz abhängt. Alle genannten Größen bis auf die Frequenz sind konstant oder können konstant gehalten werden, also gibt der Ausschlag am Strommesser *6* ein Maß für die mit dem Zähler *1* gemessene Größe. Dabei muß der Strommesser so eingerichtet sein, daß er auch bei der kleinsten vorkommenden Impulsfrequenz einen konstanten Ausschlag gibt, er muß also gut gedämpft sein. Die Impulsfrequenz beträgt bei Vollast des Gebers etwa 2 in der sec. Der Widerstand ($R$, $L$, $C$) der Fernleitung spielt keine Rolle, wenn nur die Impulse am Geber noch so kräftig ankommen, daß das Relais *4* sicher anspricht. Die Impulsübertragung von *1* nach *4* kann auch mit

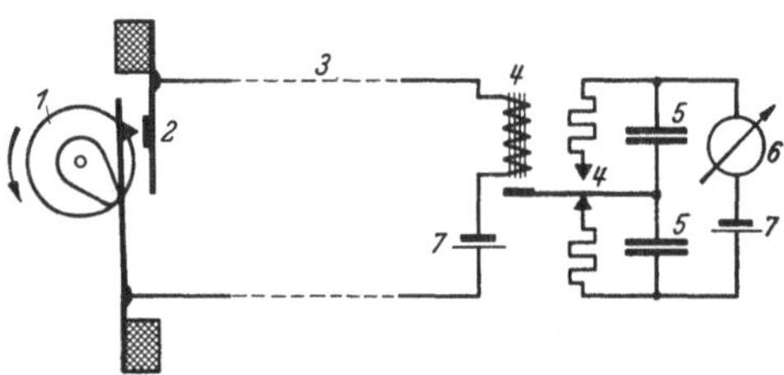


Abb. 200. Prinzipschaltung der Impulsfrequenz-Fernmeßeinrichtung (S. & H.). *1* Zählerscheibe mit Nocken, *2* Sendekontakt, *3* Fernleitung, *4* Empfangsrelais und -kontakt, *5* Kondensatoren, *6* Anzeigegerät, *7* Batterie.

Wechselstrom beliebiger Frequenz (Trägerfrequenz) erfolgen, und es können zwischen *1* und *3* Verstärker bekannter Art aufgestellt werden.

Tatsächlich wird zur Übertragung der Impulse mit Vorteil sog. leitungsgerichtete Hochfrequenz verwendet, wobei als Richtungsleitung die Hochspannungsleitungen selbst dienen. Mit mehreren Trägerfrequenzen lassen sich mehrere Meßwerte ständig und gleichzeitig auf einer Hochspannungsleitung übertragen neben der meist noch vorgesehenen leitungsgerichteten Hochfrequenzfernsprecheinrichtung. So können in einem großen Netz im sog. Lastverteiler wichtige Meßwerte zahlreicher Außenstellen zusammenlaufen und auf einer kleinen Tafel mit Instrumenten angezeigt werden. In Drehspulgeräten mit mehreren Wicklungen lassen sich ankommende Meßwerte nach Bedarf addieren oder subtrahieren, so daß der diensttuende Ingenieur alle Unterlagen für seine Befehle ständig vor Augen hat.

Die Anwendungsmöglichkeit dieses bewährten Fernmeßverfahrens ist auf Gebergeräte mit umlaufendem Meßorgan (Zähler) beschränkt; das bedeutet, daß die Meßgröße erst in eine verhältnisgleiche Zählerdrehung verwandelt werden muß. Diese wohl zuerst von Burstyn angegebene Methode wurde nicht nur in Europa, sondern auch in USA., dem Lande der großen Entfernungen, zu hoher Vollendung entwickelt. Eine ausführliche Darstellung findet man in dem schon mehrfach erwähnten Buch von Schleicher.

# XXIII. Verschiedenes.

Die elektrischen Meßmethoden werden ihrer zahlreichen Vorteile wegen in steigendem Maße zur Messung nichtelektrischer Größen herangezogen. Einige dieser Methoden, z. B. die zur Temperaturmessung, sind eingehend beschrieben worden. Da es nicht möglich ist, im Rahmen dieses Buches eine ausführliche oder gar lückenlose Darstellung zu geben, sollen einige kennzeichnende Beispiele herausgegriffen werden, um die vielseitige Anwendungsmöglichkeit elektrischer Meßeinrichtungen zu zeigen.

## 1. Piezoelektrischer Druckmesser.

Der piezoelektrische Druckmesser eignet sich besonders für die Anzeige rasch verlaufender Druckänderungen, z. B. zur oszillographischen Aufnahme des Druckverlaufes im Zylinder eines Explosionsmotors. Er beruht auf der Eigenschaft gewisser Kristalle, besonders von Quarz, daß auf ihrer Oberfläche elektrische Ladungen entstehen, wenn sie in einer bestimmten, durch den Kristallaufbau gegebenen Richtung mechanisch belastet werden, und daß die Ladungen wieder verschwinden, wenn die Belastung weggenommen wird. Diese Ladungen sind den Kräften verhältnisgleich und weitgehend — bis etwa 450° C — unabhängig von der Temperatur. Wegen des hohen Elastizitätsmoduls von Quarz bedingen die mechanischen Kräfte nur sehr kleine Verformungen des Kristalls, so daß Druckänderungen praktisch trägheitsfrei angezeigt werden. Aus der Abb. 201 ist die grundsätzliche Anordnung zu ersehen. Der Quarz *1* befindet sich zwischen den Druckplatten *2*, die er voneinander isoliert. Die entstehende Ladung, bzw. die Spannung zwischen den Metallplatten *2* wird mit einem Saitenelektrometer oder über einen Röhrenspannungsmesser angezeigt, an den entweder ein Schleifen- oder Kathodenstrahloszillograph oder ein Milliamperemeter angeschlossen ist. Der Druckmesser wird durch Auflegen von Gewichten geeicht. Die Erweiterung des Meßbereiches erfolgt durch einen Kondensator, der den Platten *2* parallel geschaltet wird.

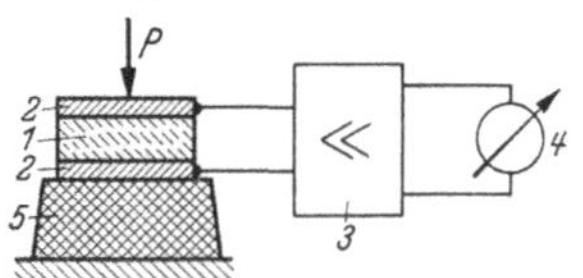

Abb. 201. Schema eines piezoelektrischen Druckmessers. *1* Quarzkristall, *2* Druckplatten, *3* Verstärker, *4* Anzeigegerät (Oszillograph, elektrostatischer Spannungsmesser oder *3* + *4* Röhrenspannungsmesser), *5* Isolation.

Abb. 202 zeigt einen Schnitt durch den Geber eines piezoelektrischen Druckmessers zum Einschrauben in den Zylinderkopf eines Explosionsmotors. Der Druck im Zylinder wirkt über die Membran *4* auf die Quarzkristalle *1*, die sich zwischen den Druckplatten *2*, *3* befinden. Die Druckplatte *2* ist gegen den Mantel des Druckgebers durch Bernstein hochisoliert, die Druckplatten *3* sind mit dem Mantel leitend verbunden. Die Abbildung ist einer Arbeit von Nielsen[1] entnommen, in der auch einige Schaubilder des Druckverlaufs im Zylinder eines Explosionsmotors wiedergegeben sind.

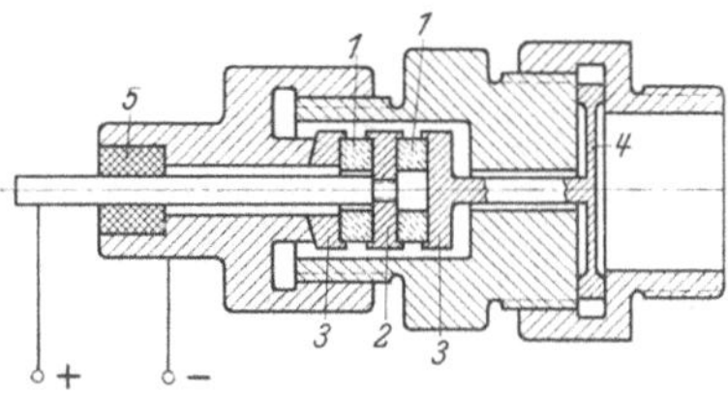

Abb. 202. Schnitt durch den Geber eines piezoelektrischen Druckmessers zum Einschrauben in den Zylinderkopf eines Motors. *1* Quarzkristalle, *2* positive Druckplatte, *3* negative Druckplatten, *4* Membran, *5* Bernsteinisolation.

## 2. Beleuchtungsmesser.

Das Grundelement dieser Geräte ist eine lichtempfindliche Photozelle[2] oder ein Photoelement. **Die Photozelle** ist in der Abb. 203 schematisch dargestellt. In einem hochevakuierten Glasrohr sind zwei Metallelektroden *A* und *K* eingebaut. Aus der Batterie *B* fließt nur dann ein Strom über das Galvanometer *G*, wenn das durch ein Fenster *F* einfallende Licht Elektronen aus der Kathode *K* frei macht. Der lichtelektrische Effekt hängt in hohem Maße von dem Werkstoff der Kathode ab und wird am stärksten bei den Alkalimetallen, z. B. Kalium, Cäsium u. a. m. Die spektrale Lichtempfindlichkeit dieser Zellen entspricht nicht ganz

[1] Nielsen, H.: Arch. techn. Mess. J 137—3. (Jan. 1936).

[2] Geffken, Richter u. Winkelmann: Die lichtempfindliche Zelle als technisches Steuerorgan. Berlin 1933. — Lange, B.: Die Photoelemente und ihre Anwendung. Leipzig 1936. — Sewig, R.: Objektive Photometrie. Berlin 1935.

der des menschlichen Auges. Sie sprechen auch auf infrarotes (Cäsium) und ultraviolettes (Kalium) Licht an, das auf das Auge nicht wirkt, eine Eigenschaft, die zur unsichtbaren Sicherung von Geldschränken willkommen ist. Man benötigt eine fremde Stromquelle, eine sog. Saugspannung von etwa 60...100 V, um den durch die Lichtenergie ausgelösten Elektronen zum Austritt aus dem Kathodenwerkstoff zu verhelfen. Der Elektronenstrom beträgt beispielsweise 60 μA/lm. Für tragbare Beleuchtungsmesser hat die Photozelle wegen der notwendigen Batterie und des für technische Meßgeräte zu kleinen Stroms keine Anwendung gefunden.

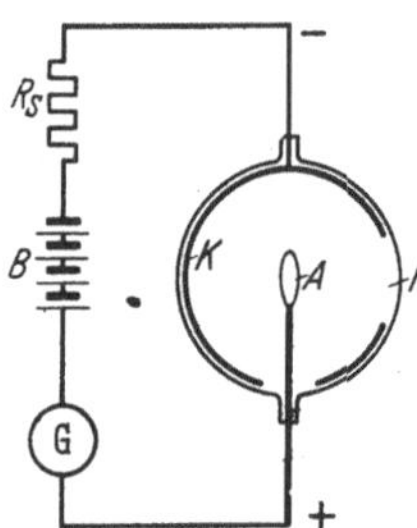

Abb. 203. Alkali-Photozelle. *K* Kathode, *A* Anode, *F* Fenster zum Eintritt des Lichts, *B* Batterie für die Saugspannung, *G* Galvanometer, $R_s$ Schutzwiderstand.

Abb. 204 zeigt das sog. **Sperrschichtphotoelement.** Eine Kupferplatte Cu ist einseitig oxydiert. Auf die $Cu_2O$-Schicht ist ein Gold- oder Silberbelag Ag elektrolytisch aufgebracht, und zwar so dünn, daß das Licht noch in die halbleitende Kupferoxydulschicht eintreten kann. Die im Lichtstrom enthaltene Energie löst in dem Halbleiter $Cu_2O$ Elektronen aus und verhilft einigen von ihnen zum Eintritt in die Kupferschicht. Wie schon bei der Besprechung der Trockengleichrichter ausgeführt wurde, hat die Grenzschicht zwischen Kupfer und Kupferoxydul eine Sperrwirkung in Richtung vom Halbleiter zum Muttermetall. Die in das Mutterkupfer gewanderten Elektronen rufen eine kleine Spannung zwischen dem Kupfer und dem Silberbelag hervor. Verbindet man beide leitend miteinander, so fließt vom Silber zum Kupfer ein Strom von 300...400 μA/lm, der in einem empfindlichen Drehspulzeigergerät μA gemessen werden kann und unmittelbar ein Maß für die aufgefallene Lichtmenge gibt. Je niedriger der Widerstand des Strommessers μA ist, desto größer wird der durch den Elektronenausgleich zwischen Ag und Cu hervorgerufene Strom in der Drehspule. Neben den Kupferoxydulzellen verwendet man meistens Selenzellen, deren Empfindlichkeit für die einzelnen Lichtarten der des Auges sehr nahekommt. Der Vorteil der Photoelemente gegenüber den Photozellen beruht auf dem Fortfall der Glasröhre und der Hilfsbatterie. Näheres über die verschiedenen Zellenarten, Aufbau, Empfindlichkeit, Anwendung u. dgl. findet man im Heft 6 der Elektrotechnischen Zeitschrift 1936 S. 137 bis 154, in dem eine Anzahl von Arbeiten über die Photozelle und ihre Anwendung zusammengestellt ist.

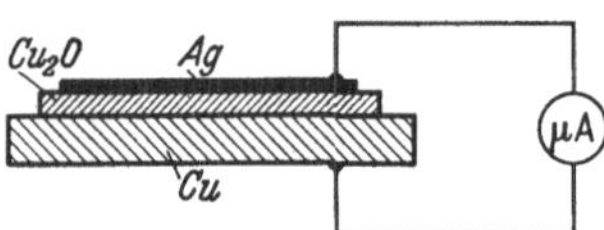

Abb. 204. Sperrschichtphotoelement.

In der Meßtechnik findet das Sperrschichtphotoelement als Beleuchtungsmesser zur Kontrolle der Beleuchtung von Arbeitsplätzen und als Belichtungsmesser bei photographischen Aufnahmen Anwendung.

Zuweilen ist die lichtempfindliche Zelle mit dem Meßwerk in ein Gehäuse eingebaut, das an seiner oberen Wand eine ovale Sammellinse trägt und dessen Skala entweder in Beleuchtungsstärken (Lux) oder in Belichtungszeiten ausgeteilt ist, wodurch bei der photographischen Aufnahme jede Umrechnung entfällt. Häufig trennt man auch das Meßinstrument räumlich von dem Photoelement und verbindet beide durch Kabel.

Von den zahlreichen Anwendungsmöglichkeiten der Photozelle für Meßzwecke seien noch der Trübungsmesser und der Reflexionsmesser erwähnt. Ersterer dient zur Messung der Trübung eines Abwassers u. dgl., das zwischen einer Lichtquelle und einer Sperrschichtzelle hindurchströmt. Bei letzterem wird das Reflexionsvermögen von Papieren, Stoffen u. dgl. gemessen, indem schräg auffallendes und schräg zurückgestrahltes Licht auf eine Photozelle wirkt, deren Strom ein empfindliches Drehspulgerät anzeigt.

## 3. Vorratmesser für Flüssigkeiten.

Es ist oft wichtig, den Inhalt geschlossener Behälter rasch festzustellen. Dies gilt besonders für den Vorrat an Brennstoff und Öl

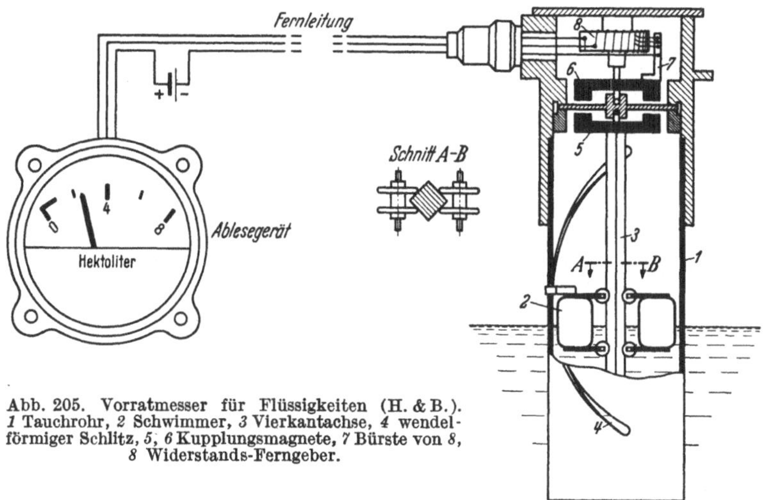


Abb. 205. Vorratmesser für Flüssigkeiten (H. & B.). *1* Tauchrohr, *2* Schwimmer, *3* Vierkantachse, *4* wendelförmiger Schlitz, *5*, *6* Kupplungsmagnete, *7* Bürste von *8*, *8* Widerstands-Ferngeber.

auf Fahr und Flugzeugen. Der Führer muß von seinem Platz aus imstande sein, mit einem Blick sich über die Höhe seiner Brenn- und Schmierstoffvorräte zu unterrichten. Hier hat sich die Übertragung der Anzeige des Vorrates auf elektrischem Wege besonders bewährt. In der Abb. 205 ist ein elektrischer Vorrat-Fernmesser schematisch dargestellt. Das Tauchrohr *1* ist mit seinem Kopf am Deckel eines Behälters befestigt, auf dessen Inhalt sich ein Schwimmer *2* befindet.

Er besitzt oben und unten je 2 Rollen, die, wie im Schnitt *A—B* zu sehen ist, genau über eine Vierkantachse *3* passen. Letztere ist oben im Kopf und unten im durchbrochenen Boden des Tauchrohres gelagert und kann sich drehen, wenn der Schwimmer dies tut. Auf dem Schwimmer ist (im Bild nach links) eine vorspringende Rolle gelagert, die in einen wendelförmigen Schlitz *4*, des Tauchrohres *1* eingreift, so daß der Schwimmer bei einer Auf- und Abwärtsbewegung durch den sich ändernden Flüssigkeitsspiegel gleichzeitig eine Drehung ausführt. Damit drehen sich auch die Achse *3* und der untere Magnet *5*. Letzterer nimmt den außerhalb des Flüssigkeitsbehälters auf einer besonderen Achse gelagerten oberen Magnet *6* durch seine magnetische Kraft mit und führt die Bürste *7* des Widerstands-Ferngebers *8* über dessen Widerstandswicklung. Die Übertragung der Bürstenstellung und damit des Flüssigkeitsstandes über die Fernleitung auf das Ablesegerät ist dieselbe wie in Abb. 194. Das Gerät wird in Liter oder Hektoliter geeicht. Das Tauchrohr ist im Behälter so angebracht, daß der Schwimmer auch bei einer Verzögerung oder Beschleunigung des Fahrzeugs auf dem mittleren Flüssigkeitsspiegel steht. Selbst bei kunstgerechten Wendungen im Flugzeug wird der Brennstoff- oder Ölvorrat richtig auf dem Bordbrett gemeldet. Die Spirale im Tauchrohr kann der Tankform so angepaßt werden, daß bei beliebiger Schwimmerstellung gleiche Mengenabnahmen auch gleiche Drehungen des Schleifdrahts und damit des Zeigerausschlags am Instrument bewirken.

Die magnetische Kupplung durch die dichte Behälterwandung hindurch ist hierbei besonders zu beachten. Die Meßleitungen und der Schleifkontakt kommen damit außerhalb des Behälters mit seinem brennbaren Inhalt zu liegen.

# Namen- und Sachverzeichnis.